大正 14 年、横須賀における戦艦「長門」。飛行機滑走台を装備した状態で、滑走台上に見える飛行機はハインケル水偵(二式水偵)。「長門」は大正 5 年度の日本海軍八八艦隊計画の第 1 艦で、呉工廠において大正 6 年 8 月に起工、大正 9 年 11 月に竣工となった。世界最初の 40 センチ砲搭載艦であった。

(上)大正 13 年 3 月、砲熕公試時の戦艦「陸奥」。(下)昭和 2 年 5 月における「陸奥」。新造時より艦首の形状が改められている。昭和 9 年には横須賀工廠で本格的な大改装に着手し、昭和 11 年に完成した。

NF文庫
ノンフィクション

新装版

大海軍を想う

その興亡と遺産

伊藤正徳

潮書房光人新社

初版の序

一

さきに連合艦隊を弔うの書を公にした。その前年には妻を弔う一冊を上梓した。「次は、何か大いに興るものを書きたいものである」と、私は前著の序文を結んだ。その「大いに興るもの」が、「大海軍を想う」の本書の中に現われたものと考えよう。

大海軍、大艦隊は結局亡びたけれども、その興隆は感銘的であった。その亡びるに当っても無為には亡びなかった。威海衛の清国艦隊（明治二十八年）や、旅順口のロシア艦隊（明治三十七年）や、キール軍港のドイツ艦隊（大正七年）とは明らかに選を異にした。よく戦って後に亡びた。そこには直接間接に多くの教訓があった。が、亡びる際に汲みとる教訓と、興隆の途上に得るものとの間には、多くの異なる点がある。感銘の深さは別として、後者の方に明るさを感じることだけは確かである。

私は、日本の大海軍の上に、日本民族の誇りを見るものである。それは、海軍が好きであったというような感情の表現ではない。或は徒らに民族を自惚れる思い上がりの形容詞でもない。世界が「三大海軍国の一つ」として公認した事実に基き、この資源の乏しい国、百年遅れてスタートした小さい国が、よくも斯かる大海軍を造り上げたものだと、それを造った日本に自讃の言葉を呈し度いのである。その限りに於て、これを日本民族の誇りと称しても、世界は決して笑わないであろう。

二

大正十年のワシントン会議に於て、米英の新聞は、日米英の三国をBig Threeと呼んだ。大正八年のパリ会議で、日英米仏伊の五ヵ国をBig Fiveと公称したその呼称に倣ったものである。日本は「三大国」の一つに位したのである。素より海軍の会議であり、海軍力の関係に於ては、ソ連やドイツは当時全然問題にならず、仏伊もまた遙かに日本の下位にあったから、日米英がビッグスリーであったことは疑いなく、その意味の三大海軍国と言うならば註釈を必要としなかった。しかも直ちにこれを「三大国」と呼称して、世界が必ずしもそれを怪しまなかったのは、当時の日本が八・八艦隊を建設し得るほどの隆々たる国勢伸張を天下に示していたからである。戦艦八、巡戦八、各種補助艦百数十隻を第一線に常備する大海軍の計画は、一九二一年の世界に最大の話題を投げていた。

当時の代表的海軍評論家ヘクター・バイオーターは、八・八艦隊を評した論文の一節に於て、

「かかる常備艦隊計画は、イギリスの現国力に於ては到底困難である。アメリカの国力は堪えるけれども、やがて民間の世論が許さなくなるであろう。当の日本も、遠からず財政的に壁に突き当るのではないか？」

と言った。三大国と雖も、国力的に或は輿論的に実現至難と思われるような大艦隊案を、日本の議会は、大正十年春に協賛し、その第一第二の両艦は海上にあり、第三番艦から第十二番艦までは建造又は計画中、残り四艦を設計中であった。そこまで興隆した国であった。

三

この大計画を成立させたのは、四代の内閣に海相として連なった加藤友三郎（後首相、元帥）の尽力を第一と言っていい。その加藤が、ワシントン軍縮会議に赴いて自らこの計画を御破算にし、僅かに二艦（長門、陸奥）だけを残して他を悉く廃棄する協定を結んだのであった。

アメリカの記者は書いた――加藤は自ら八・八を作って、また自ら八・八を葬った、と。

加藤は残念で堪らなかったであろうか。加藤は内部に対しても、外国に対しても、その表情を暗示していた。いかにも残念であろう、と内外が等しく想像したのは当然である。ところが、加藤の奥深い胸の底には、この機会に八・八艦隊を整理して了おうという、不抜の決心が秘められていたのであった。いかに合理的に潰すか。国防の安全は何ものにも代え難い。そのセキュリチーを保障するためには、主力艦の比率は素より重大な要素であるが、しかしそれだけではない。それを補う他の要素がある。それらを胸中で算用しながら、加藤は八・八の廃棄を考えていた。

自ら計画案を成就させた瞬間、日本の財政は長くこれに堪えないことを早く既に見極めていた。ワシントン会議御座んなれ、と彼れは無言無表情裡に歓迎した。協定は満点ではなかったにしても、それに依って、財政も国防も救われたことは事実だ。日本海海戦でロシア艦隊を撃滅した時の参謀長は、こうした高い識見を持っていたのである。

四

加藤の先輩に山本権兵衛があった。日本海軍生みの親である。海軍部内は勿論、一流政治家に伍して少しも遜色がなかった。独帝ウィルヘルム二世さえ彼れの非凡を認めた。仏の名外相デルカッセと、英の名元帥フイッシャーが、期せずして彼に Big Figure の辞を贈ったほどである。海上の英雄に東郷平八郎と上村彦之丞があり、遡って伊東祐亨があった。

軍艦は日本の誇りであったが、人の面に於ても、世界三大国に伍して誇りに値する将帥がいた。しかも彼等は傲らず、常に自ら足らざる所を外に学んで大成を志して倦まなかった。それが世界屈指の大海軍を造り上げる基本となったのである。

名艦建造の技術、当時に於ける科学最高水準の集積と活用、それを指導運営した人々、みな日本人である。つい十数年前にそれを成し遂げたほどの民族は、心の持ち方次第で、何かの方面に国の誇りを再現し得ない筈はあるまい。

私は、多くの読者から、近著に署名と偶感とを依頼されたとき、その結論に「他日大いに精神を再興して、何事にか世界一流を成さん」と書いた。

昭和三十一年十月

伊　藤　正　徳

大海軍を想う——目次

第三章　黄海の海戦

第六章　日露戦争の第一期諸海戦

第七章 旅順艦隊の撃滅

第八章　日本海海戦

大海軍を想う

第一章　拡張を闘う

1　有史未曾有の発展

七十年で二千トンから百万トンへ

もとより戦艦「大和」なぞは必要としない。「陸奥」や「長門」を出す場面でもない。一隻の重巡さえ、もったいない。が、いまかりに、戦前にあった一万トン巡洋艦十八隻中の一隻が残っており、それが竹島の近海を巡航するとしたらどうであろう。李承晩ラインと称する海上の縄張りのごときは、はじめから現われなかったであろうし、またかりに現われたとしても、たちまち水蒸気のように消え失せることは確かである。

魚族を保護するとかいうブルガーニン・ラインも、そのたぐいに近い。大海軍在りし日には、夢にも想わなかった数々の惨めさが、その失われた後に、ぞくぞくとして現われてくるのは、昔を知る者には残念以上のものであるが、昔を知らない人々にも、一つの夢として、昔を今に返す物語には値するであろう。

島国は、海の上にある。その海を断たれたら、その国は亡び、または衰える。海は彼の生命線である、ゆえに護らねばならぬ、という条理は、何人(なんぴと)も否定することはできない。いな、領土の半面、四半面が海につらなる国でも、その海上交通線を護るための工夫を怠らない。ドイツは、結局は海を断たれて敗れた。ゆえにソ連は、大陸国であるにかかわらず、戦訓の随一として海軍の復興に精進中である。西ドイツもまた、さしあたり二十万トンの海軍を三軍の一基底として再軍備に着手した。

彼らは戦うために海軍を常備するのではあるまい。戦争はモウ真ッ平なはずだ。それは日本人の考えと同じであろう。しかもなおこれを備えるのは、「侵しがたい立場」を保持するためである。己れをまもる人間の本能、独立をまもる国の本分にもとづくのだ。あるいは、主張を重からしめる支えとしての意味もあろう。正論であっても、裸でいばり、叫ぶだけでは通用しない世の中である。だから、はじめは無防備国家などと空論をはいたが、たちまち無謀を悔い、いまや韓国と兵力をきそう幼稚園的海軍を持つようになったのも、じつは、世界の常道に一歩を踏み入れた姿にほかならない。かかる海軍国としての病も、加療養生して先祖の家を継げるまでに成長するかどうかは、今後の国民的問題であるが、とにかく、海に面する世界列国が、ほとんど例外なく備える原則的形態に同調したのは、当然中の当然事である。われわれの先祖は、五十年、八十年の昔に、信念をもってこの防衛の国策をたて、忍従と気魄とをもってこれを培い、よく「侵されない海軍」「主張の裏づけとしての海軍」を造り上げたのである。楽しみに、また襟を正して、その歴史を見よう。

それを造るまでには、苦心惨澹というような言葉では、とうてい尽くせない努力の連続があった。明治初年、国を開いて世界舞台の末席に列(つら)なったときは、まず、五等国であったろう。二十余年後に、三等国まで成長して日清戦争を戦い、勝って二等国となり、十年後にロシアを破って一等国に昇進し、第一次大戦後には世界五大国の一つに位するようになった有史未曾有の大発展は、海軍をはなれては語ることができないのだ。そうしてその海軍は、国民の汗と気概とによって築き上げられたものであった。

慶応四年三月（この年九月、改元、明治となる）、日本最初の観艦式が大阪府天保山沖において行なわれたときの海軍兵力は、艦船わずかに六隻、その排水量合計は二千四百五十トンであった。いまの駆逐艦一隻分である。その日、外国の軍艦が一隻参列した。フランス東洋艦隊中の一艦ジュープレッキス号であったが、わが全兵力はこの一艦におよばなかった。また、そのころ、長崎や神戸にときどき姿を現わしたイギリスやロシアの軍艦一隻分にもおよばなかったし、さかのぼって、ペリー提督の黒船におどろいた時代と、ほとんど変わることはなかった。

それから俄かに眼を海上にひらき、乏しい財布をはたいて軍艦を造り、兵を練り、制度を改めて、近代海軍への道を直進した。明治五年、兵部省を廃して海軍省を設置し、六年、はやくも「迅鯨」「清輝」の二艦を横須賀において起工し、同年、英国海軍少佐ドウグラス以下三十四名を聘して、海軍兵学校を起こし、九年、鎮守府を設ける、といった記録は枚挙のいとまがない。本書は、大海軍成長の大きな段階を追うて解説するが、明治五年、海軍省が独立したときの海軍兵力は、甲鉄艦二、鉄骨木皮艦一、全木造小艦十二、その排水量合計一万三千八百トンであったのが、七十年の後には、甲鉄艦二百五十、排水量百万トンという大海軍に飛躍したのだから、それは世界歴史中のもっとも驚異に値する発展史でなければならない。わかりやすい史実を、観艦式参列艦の数字にとってみよう。

年次	参列艦艇数	同トン数
明治　元年	六	二、四五二
同　二十三年	一九	三三、三二八
同　三十三年	四九	一二九、六〇一
同　三十八年	一六六	三二四、一五九
大正　四年	一二四	五九八、八四八
昭和　二年	一五八	六六四、二九二
同　八年	一六一	八四七、七六六

上表のような累進の勢いであり、もしも、昭和十六年に観艦式があったとすれば、二百五十四隻、百六万トン。小艦艇をくわえれば三百九十隻、百十万トンという威容を見たであろう。

米英に比して大差なく、しかも戦闘力においては王座を争うものであった。それは、日本人が自分の力で築き上げたものであった。いつ、いかにして、それを造り上げたのであろうか。

2 姿だけで漁業を護る

日清戦時兵力は今の五十倍

昭和三十年クリスマスの前夜、東京銀座の人出は八十万を数えたという。百万と報じた新聞もある。警視庁の調べによると、その一日を通算して二百万人にのぼるという話だ。ロンドンやニューヨークをはるかに凌ぐであろう。なにしろ大変なお祭り騒ぎである。

ところが、その同じ日に李承晩ライン付近で日本の漁船四隻のうち三隻が捕まって、韓国に連れ去られた。奇しくもまたその日、南千島エトロフ島沖合いで、日本の漁船十隻が、一網打尽、ソ連の沿岸警備艇に拉致されて、いずこかへ引っ張っていかれた。新聞は、クリスマス・イブのニュースを大きく報道したが、二つの漁船拉致については、報道する紙幅を持たなかった。

私は英字紙ニッポン・タイムスで読んだ。この新聞が取材し得るものなら、日本字の新聞が知らないはずはない。知って載せないのは、整理部が、「またか」と思って、ニュース価値を認めなかったためであろう。そんなに感激がへっては困るのだが、私がとくに感じたのは、たまたま連合艦隊の過去を考えていたときだったので、「またか」と思って、逆に残念に堪えなかったゆえでもあろう。

また、私がたびたび、「李承晩ラインの付近に、わが巡洋艦一隻が浮かんでいたら、韓国の沿岸警備艇のごときは、先方から倉皇として逃げてしまうだろう」という意味を語るのも、同じく、連合艦隊の生い立ちについて構想を練っていた折なので、ほとんど自動的に頭に浮かんだ引例である。海上に勝手に線を引く不当は別として、ハッキリした線が波高い海面で見えるわけはない。朝鮮の軍艦は、その付近に出漁中の日本漁船を見て、古船は黙過し、新造船だけを拉致していくという。日本がかくまで零落するとは、かつていかなる日本人も夢みたことはあるまい。

むかし、連合艦隊の存命中は、第一駆逐隊（「神風」「春風」「朝風」「松風」）が北洋漁業警備のために、オホーツク方面に常駐していた。平時、この旧式駆逐艦隊ほど、国の生産を支援した艦はなかった。その由来はおもしろい。ソ連は昔から領海ラインを沿岸から十二カイリとひとりで決めていた。国際的には三カイリが通念であって、日本ははやくからこれを主張し、ソ連との間に一致点が得られなかった。ところが、漁獲のもっとも豊かな海面は、往々にしてソ連領の三カイリから十二カイリ沖の間にあるので、そのときは日本の多数の漁船は、国際慣例にしたがってその海面に出動する。そうしてそのときは、かならず「駆逐艦」が後ろに見守っていた。

ソ連の沿岸巡視艇は日本の軍艦旗を見るや、見ないふうをしてさっさと自分の港へ帰り、日本の漁船はゆうゆうとして生業に従事した。当時、ロンドンむけカニ、サケの罐詰の輸出年額は、現在換算約百億円に達していたが、その多くはこの辺の海面でとれた優良品であった。「二等駆逐艦」の生産援護かくのごとし、という一場の昔話である。

李ラインのことも、右の故実からおもい出して書いたのである。領海線の三カイリ以上の拡大は、ルーズベルト大統領が、陸続きの海底石油床を保護するために声明したので、急に有名になったが、その是非論は昔からあった。

しかしながら、航行と漁獲とに関しては、三カイリ説が依然として国際通念である。そうした論争が不一致の間は、軍艦の姿を見せるだけで暫定的に解決していた、という歴史を語っておく。

大正十年ごろには、旧巡洋艦「新高」も警備と保護に派遣されていた。が、北洋漁業を完全に保護するためには、旧式艦だけでは不十分だ、もっと暖房設備があり、かつ流氷とも闘いうる特別の軍艦の必要をみとめ、昭和のはじめ、特務艦「占守」級四隻の建造を計画した。予算がけずられ、後年、第三次補充計画でようやく「占守」が造られ、最初の目的には使われずに終わったが、北洋漁業のために特別の建艦を志した熱意と実力とは、なつかしい回顧でなければならない。

「新高」程度なら、五隻や六隻はいつでも派遣しようといった時代の連合艦隊は、世界一流の強大なる艦隊であった。戦後、アメリカで出版された多くの戦争史にも、日本艦隊の強かったこと、それにくるしめられた多くの記録を、公平に取り上げている。そのような大艦隊と、今日の艦隊とを比較して、二百五十対五、あるいは六百対二十三（トン数あるいは隻数比）というのは、相撲の力士と子供の体重をくらべるようなもので、根底が間違っているかも知れない。それなら、時代を六十年前にもどして、明治二十七年の日清戦争開始時と比べてみたらどうであろう。

艦種	明治二十七年	昭和三十一年
戦艦	六	〇
巡洋艦	六	〇
水雷艦艇	二七	五
海防艦	二〇	一八

（注）明治二十七年にはいまだ戦艦という名称はなく、甲鉄艦とか海防艦とか呼んでいた。上表は近代的な名称を付したもの。

明治二十七年を例にとった他の理由は、日本の領土が現在とほぼ同一であったことだ。朝鮮、台湾、南樺太の領土と、満州の勢力圏とを土台として大艦隊は成長したが、六十年前はいまだ四つの島に閉じ込められていた時代だ。

その時代にすでに右のような艦隊を持っていたとは、初めて知る読者も多かろう。隻数は現在の二倍程度であるが、戦力を比較すると、三十倍から五十倍の優越を示している。われわれは、もはや日清戦争を軽視する資格をもたない――。

3　英国商船撃沈事件
日本の朝野、深憂に沈む

新興日本が、国運を賭した第一戦は、明治二十七年七月二十五日に生起した。当時、世界の大国の一つとして東亜に君臨していた清国（いまの中国）に対して、小さい島帝国日本が挑戦したのである。日本は、エジプトやビルマ等に伍して三等国の中にあり、世界は例外なく清国の勝利に七十パーセント以上を賭けていた。緒戦第一日に、おどろくべき大事件が豊島沖（朝鮮の北西）に起こった。日本の巡洋艦「浪速」が、大英帝国の汽船を撃沈してしまったのである。

一八九四年のイギリスは、世界の最大強国として自他ともに認めていた。そのジャーデン・マジソン会社の所有船（清国の傭船となって高陞号と称す）を撃沈したのだから、おどろいたのは日本だけでなくて世界であった。憤ったのはイギリスだけでなくて、日本の朝野であった。「至急、『浪速』に回航を命じて、艦長を軍法会議にかけよ」とか、「没分暁漢の艦長を罷免すべし」とかいう声が巷にわきおこった。気の早い新聞は、即時、陳謝賠償の手続きを論じた。

政府も、おどろきと憤りとにおいて、民間にゆずらなかった。総理大臣伊藤博文は、ただちに海相西郷従道と会見し、閣下の部下からかかる軽率な軍人が出るのは残念至極であると訴え、何分（なにぶん）の措置を依頼した。相手が西郷でなかったら、伊藤は大声叱咤譴責したであろう大立腹であった。

外務省はとりあえず三番町の英公使館に伺候して、遺憾の意を表するとともに、早急の調査善処を申し出るという騒ぎ。

いわゆる周章狼狽という言葉どおりの混乱が、挙国大戦争の第一日に発生したわけだ。あわて方を今日冷笑するのは、かならずしも当たらない。あわてるほうが本筋であった程度の日本だったのである。

大国を相手に、やむにやまれぬ、大和魂の発動とはなったが、いまその大国に輪をかけた大国を怒らせ、それを敵にまわすようなことになったら、小さい日本は戦わずして必敗である。日清戦争は開戦と同時に終わり、日本は一切をあげて朝鮮から退却しなければならない。西郷、大久保の苦心水泡に帰するはしばらく別としても、起ち上がった四千万同胞の拳の行方はどうなるか。

また、国防は裸になって、清国北洋艦隊の侵略の脅威にさらされるであろう。弘安四年、蒙古だけが日本を奪いに来たのではない。朝鮮が清国の手に落ちた翌日は、日本が狙われる戦略形状にあること、明治二十七年になっても、少しも変わってはいない。朝野の心痛は想像に余りあるところであった。

日本の国を挙げての心痛の対蹠は、すなわち清国側の歓びであった。御大李鴻章以下が、緒戦好運来と喜んだのはもちろんだが、艦隊根拠地威海衛における将校たちの歓びは、あたかもイギリスが清国の味方にくわわったような祝杯さわぎを演じ、冷静にこれを制止した「鎮遠」艦長林泰曹大佐との間に、一騒動がもちあがったほどである。林艦長は、人格識見ともに高い良将であり、「浪速」艦長の行動を是認し、まもなく平静に帰することを予見して、ヌカ歓びを警告したのであった。

一方ロンドンでは、外相キンバレー伯がわが青木公使を外務省に招致し、「貴国海軍将校の行動によって生じたる英国民の生命財産の損害にたいしては、貴国政府において、とうぜん、賠償の責に任ずべき」次第を警告すると同時に、東洋艦隊司令長官フリーマントル中将に指令して、日本艦隊の根拠地に伊東司令長官を訪(おとな)わしめ、厳重なる抗議を申し入れるという騒ぎとなった。

多くの場合、外交折衝には、他国よりも一段慎重をもってのぞむを常とする英国政府が、ジャーデン・マジソンの一汽船の撃沈事件について、一電ただちに右のような態度に出たのは、事態の容易ならぬことをしめすものであった。けだし「七つの海を制していた」大帝国の海上航行権が、名もなき一小国の軍艦によって傷つけられたという尊厳冒瀆の感情が、挙措を火急にみちびいたことは想像に難(かた)くない。

政府にしてすでに右の始末だから、民衆の激怒は当然に炎上した。これも比較的冷静な国民であり、その言論界も、したがってセンセーショナリズムを否定する特徴をもっていたが、この場合は例外的にセンセーショナルな記事を大書し、英船が日本軍艦に撃沈されているさし絵を、大きくかかげ、「野蛮人の暴行を禁遏せよ」「極東の無法国に警告せよ」なぞと、めずらしい憤怒の表現が続出し、わが公使館員は外出を遠慮するような羽目におちいった。

三等国日本は、ちぢみあがった。それは、ちぢみあがるだけの環境にあった。なぜ一人の「浪速」艦長のみが平然とかまえていられたのか？

4　撃沈者は大佐東郷平八郎
ロンドン・タイムスの一声に鎮まる

三日目に太陽がロンドンの空に上った。言論界の怒号渦巻く中に、国際法の権威ウェストレーキおよびホーランドの両博士が登場したのである。両博士はタイムス紙に寄せ書きして、戦時国際法のいかなる条章に照らしても、日本軍艦「浪速」艦長のとった処置は、適法にして一点の非難すべきところがないと論証し、英国の言論界に一大警告をあたえたのである。

衆論いきどおる中に、毅然として正論を説いた両博士の立派な態度は、六十年後の今日もけっして忘れてはならない。というのは、昭和十五年一月、英艦が浅間丸を臨検し、船内からドイツ人の乗客数名を拉致した事件の当時——日本は親独排英の時代——日本の学者は、ことごとく政府の対英抗議を支持し、英艦の適法なる措置を弁明する一人の学者も現われなかったことを回顧するからだ。人気とり専門の学者が国をあやまり、勇気ある正論の学者が国を救う一大教訓は、今日もなお変わらないからである。

さて、ロンドン・タイムスはただちに社説をかかげ、両博士の説を引用するかたわら、くわしく「浪速」艦の行動を解説し、日本の海軍と同艦長とが、国際法的にもすでに訓練をつんでいることを称揚し、反日言論の「英国人らしくない」ことを戒めた。タイムスの一論あらわれるや、あたかも獅子の一吼百獣を緘するごとく、排日の言論はロンドンの初夏の朝霧のように消えてしまった。日本にもこのような新聞がほしい、なぞという駄弁を弄しているいとまはない。「浪速」の行動自体の方が、緊要な描写であろう。

高陞号撃沈事件は、豊島沖海戦の最中に偶発した。そもそも、その豊島沖海戦なるものが、両国の宣戦布告もない前に突発した一戦である。もっとも真珠湾もそれに相違なかったが、豊島沖の場合は、日本の第一遊撃隊の三艦(「吉野」「秋津洲」「浪速」)が、偶然に海上に出会った清国の護送艦隊(「済遠」「広乙」「操江」)に対し、礼砲を用意しているところへ、敵から実弾を見舞われ、おどろいて応戦したもの。そのとき、「吉野」「秋津洲」は敵艦と戦闘をつづけ、「浪速」が逃走する汽船高陞号の処理を分担したのである。

「浪速」は追いついて停船を命じ、英語達者の人見分隊長を派して臨検したところ、英船長は、船籍載貨書類一切をしめし、船内に清兵一千百名、大砲十四門および弾薬を積んでいることを明らかにした。そこで「浪速」艦長は信号を掲げ、

「ただちに抜錨して、本艦に続航せよ」

と命じた。すると英船長から、

「清国軍隊はわれを擁して太沽港への帰航をせまり、貴艦への続航を不可能ならしむ」

という信号があがった。そこで「浪速」は英船員に対し、

「ただちに船を見捨てよ」と信号すると、先方から、「端艇の派遣を乞う」という応答だ。そのとき清兵は船長以下に銃口を擬し、日本に応ずるならば、ただちに射殺する勢いをしめしたので、臨検中の人見大尉は急ぎ帰って、殺気みなぎる状態を報告した。その間、「ボート派遣乞う」の信号がくりかえされたのに対し、「浪速」艦長は、

「ボート送りがたきにより、貴君は、すみやかに船を見捨てよ」

と信号し、船長から、「清兵われを阻む」と答えたのに対し、ふたたび、「即時船を去るべし」と信号し、つづいて檣上に赤旗を高く掲げた。

今日ならストライキの必需品として、女の子が振りまわすような赤旗であるが、明治二十七年七月二十五日の赤旗は、そんなものではなかった。

多かれ少なかれ危険の意味はあろうが、「浪速」艦上の赤旗は、「これから砲撃を開始す、危険なり」という意味の戦時国際法に則る意思表示であり、世界にB旗として通称された「生命的危険」の信号であった。

砲術長広瀬勝比古大尉は、おどろいて艦長の顔をうかがった。顔には微笑さえあった。やがて英船長も船から飛び込んで、少々は泳いだところを見はからい、右舷魚雷一本と、右舷の八〇年式六インチ砲を発射するよう下命した。射程九百メートル、照準あやまたず、初弾一発で高陞号の機関室に命中して、船はたちまち沈んだ。「浪速」はボートを急派して、英船長を救いあげた。

この「浪速」の艦長は、大佐東郷平八郎であった。東郷は明治四年から八年間も英国に留学、もっぱら、商船ウォースター号およびハンプシア号で訓練をうける一方、商船学校で国際法と海商法の勉強をつんだ（撃沈された英船長ウォルズウェー氏が、同商船学校で東郷より二期後の卒業生であったのは奇縁だ）。

当時イギリスは、いまだ兵学校の門を三等国日本の士官にひらいていなかった。よって商船学校で八年間も苦労した結果が、豊島沖海戦で役に立ったというしだいである。日本の朝野はようやく安堵した。

5　山本権兵衛の出現

大海軍は山本がつくった説

わが大海軍は山本権兵衛がつくった、という説に反対する人があれば、筆者は、その人と論争を辞しないであろう。海軍の提督何百、なかには山本を非難する者も少なくないであろうが、しかし、彼が海軍建設の第一人者であるという事実にたいしては、みな無条件に承認している。

さらに筆者の調査にして、いちじるしく誤らないならば、日清戦争も、日露戦争も、五十パーセントまでは山本の力で勝ったといっても、過言ではないほどの功績を海軍に献じている。その二回にわたる総理大臣時代の施政にたいしては、筆者にも異説はあるが、その三十年にわたる海軍の建設と指導の功労にたいしては、完全に頭を下げざるを得ない。大海軍を語る前提は、いかに省略しても、数項目を彼の政治力と統制力と、豪胆と精智とがうんだ事績にふれないわけにはいかないのである。そうして、それはすでに高陞号撃沈事件からつながるのである。

まず山本が、東郷大佐の予備役没落を救い出して「浪速」に乗せたことから語ろう。東郷元帥といえば、山本権兵衛、加藤友三郎とともに、日本海軍の三祖と呼んで何人も異議のない提督であるが、明治二十一年から二十六年にわたって健康すぐれず、大佐で馘の予定だった。すなわち、明治二十六年十一月の予備役編入のリストには、末尾に東郷平八郎の名がのっていた。これは「こんにゃく版」と通称された整理候補の名簿で、凡才や病身者は大佐どまり。大佐で整理するには、とくに海軍大臣の承認を得る必要上、リストをつくって提出する習慣であった。そのとき、整理される十六人の末尾にいたわけだ。

海相西郷従道は、海軍主事（高級副官）の山本を呼び、二人でリストを検討し、赤鉛筆で順々に○印をつけていったが、最後に東郷のところへくると、山本が、「この男はモ少し様子を見ましょう」とすすめた。西郷は、「よかろう、どこか嵌めておくところはないか」と人事局長にたずねた。局長が考えていると、山本が、あたかも任命するような口ぶりで、「横須賀につないである『浪速』へでも乗せておこう」といった。同艦は当時、予備艦としてつながれていた。東郷は、その艦長の辞令をもらって、首をつないだのであった。

翌年、日清戦争になると、「浪速」は第一遊撃隊の前線に編入されて出陣し、たちまち、豊島沖の事件を起こした次第である。事件がいちおう片づいた直後、山本高級副官は「浪速」の帰国を命じ、東郷を招致して当時の実相を聴取したのち、かかる場合に処すべき艦長の心がまえについて、懇々と注意をあたえている。

山本にしたがえば、軍艦は日本帝国の一部を海上に浮かべたものだ。その艦長は天皇陛下の代理だ。天皇は敵を沈めるだけが能でなく、その一段上のことを考えるものだ。沈めるだけなら水兵にでもできる。それらを全部助けて、わがものと化するのが天皇の道である。高陞号は、まるまる分捕ってしまえば満点だったと思う。それが艦長の最高の腕というものだ——と。

ところが東郷は、「あの場合、あれ以外には方法がない。今後とも同一のケースに出会えば、私は撃沈するつもりである」と主張して、なかなか頑強である。そこで山本は、「撃沈した勇気は大いにみとめる。が、僕なら撃沈する前に、英国の国旗をおろすことを命ずるが、君はどうしたか」とただした。東郷も、これにはまいった。頭をかいて、「じつは、それを人見に命じてボートを出したのだが、同大尉が先方に行って告げることを忘れてしまった。まことに残念なことをした」と苦笑した。

もともと、東郷を整理のリストから消させたのは山本であり、西郷海相も樺山軍令部長も、山本の意見はほとんど百パーセント容認した実情は、のちに幾多の事例についてあきらかとなるが、そうした関係で、彼は東郷を良将にしこむ肚でいたのだ。そこで、結論して言う。「孫子兵法の筆法でいけば、戦時、敵の船舶を分捕るものは上なり、これを撃沈するものは中なり、これを逃がすものは下なり、ということになる」と。東郷は中等の点数をつけられたが、それでも気が晴れて別れた。

舞台はまわって日露戦争となった。だれが連合艦隊長官の重責をになうかが全軍の話題となったとき、何人も予想しなかった東郷平八郎が抜擢されたのは(このときも予備役編入の第一候補と定評されていた)、万人の驚きであった。が、山本海相にとっては寸毫も驚きではなく、すでに十年前の高陸号事件当時からの予定の任命であったのだ。温顔にかくされた「不屈の闘志」を、前記の会談において発見していたのである。

余談になるが、日本海海戦大捷の後、連合艦隊は露国バルチック艦隊を撃滅して凱旋してきた。敵艦を浦塩に入れてしまったら、日露戦争の勝敗は不明に陥る一戦であったから、一日の海戦に全艦全弾を撃ちつくす激闘が展開され、敵艦は相次いで対馬水道に沈められた。

残った数艦は戦力つきて降伏した。その中に旗艦「ニコライ一世」があった。東郷は、重巡「磐手」にこれを曳航させて凱旋してきた。

佐世保軍港は、もとより歓迎で黒山の人である。艦隊投錨するとき、軍艦旗は奏楽裡におろされた。敵の巨艦「ニコライ一世」「アプラキシン」「セニヤーウィン」各艦の檣上には、ロシアの軍艦旗を半旗とし、その上に高く旭日旗を掲げておいた。それをおろそうとするや、めずらしくも東郷長官が叱咤した。

「あれはおろしては相成らぬ」と。

かくて分捕艦の檣上には二旒の軍艦旗が残って、戦利品の所在を明らかにした。東郷はこれを幾万の歓迎人に見せようとする稚気からではなく、「敵艦船を分捕るものは上なり」といった山本の訓言にこたえ、これを山本海相への手土産に持参したという気持は、十年前を知る人のみが想定しうる秘話の一つであった。

6　大佐、外交に派遣さる

袁世凱大人と二回の会見

山本が、一方で東郷に「中等」の採点をして戒めながら、他方で、英船撃沈の当然性と、艦長の手際とを、内外に承認させるために万全をつくした筋道はおもしろい。

英船撃沈の報に驚愕した伊藤首相が、即刻、西郷海相と善後策を相談したとき、西郷はあわてず、「善後策は山本にやらせるからご安心を――」といって別れた。伊藤は明治二十三年の朝鮮の撤桟事件（注、撤桟事件は、当時、朝鮮における一大国際問題であった。すなわち、重税に悩む朝鮮の商人が、京城にある外国商館にも重税を課すべしと主張し、しからずんば外人の店を撤去せしめよ、と起ち上がった一大民衆運動であった）の当時、「高雄」艦長であった山本を調査全権に任命し、その完備した報告書を読んだときから深く記憶していた。本来ならば在京城の近藤公使の仕事であるのに、とくに海軍大佐を派遣したのは、山本が四年前、「赤城」艦長として仁川に寄港したとき、わざわざ京城に支那（清国）の探題袁世凱（後に支那の大総統）を訪い、たちまち親交を深めた履歴により、閣議において山本派遣を決定したものである。袁世凱を通して、清国の本当の肚を知ろうとしたのであろう。

果たせるかな、他国の使臣とは病と称して会っていなかった袁は、山本を迎えて、長時間国策を論じ合っている。山本は、その会見用談の後に、私見として日清同盟を論じ、「ウラジオからシンガポールまでの海上は、貴国と日本の海軍が同盟して守り、外敵をして東洋の海上権を侵させない用意が肝要である。願わくは、ちかく日清両艦隊の合同観艦式を上海あたりで挙行したいものである。貴見如何」とばかり、袁大人を煙に巻いている浩瀚な報告書が、内閣の古い書庫にのこっている。余談のようであるが、日本の連合艦隊は山本がつくったという史実に関連して、大佐時代からこうした活動によって、早く政界首脳に知られていたことも見落としてはならないのである。

さて、西郷と別れたあと、伊藤はすぐに山本を招致した。首相が不満をもって問い迫るのに対する、山本の返答がふるっていた。

「まず不幸中の幸いといえましょう。その船がロシアの船だったら事面倒で、何をいいだすかわかりませんが、幸いにイギリスは先進文明国であり、事態をよく講究して着実な判断を下す国柄であるから、かりに国際問題になるとしても、さほど心配にはおよびますまい」と、少しもさわがずにこたえるのであった。「若造、生意気ナッ」と口には出さなかったが、伊藤にしてみれば、これほどの心配事に面して、不幸中の幸いなぞと平気でいるのが癪にさわってたまらず、ただちに追究して、「それなら君はいったい平素、国際法を勉強したことがあるのか」と反撃した。それに対する山本大佐の返答は、礼を失わず、そうして少しも乱したところはなかった。

「研究しておりません。ただ事実の真相をたしかめたうえ、国家相互存立の義に照らし、常識をもって処理するほかはありません。撃沈したのには相当の理由があったことと信じます。上海電報はウソが半分です。のちに事実を確かめて、ご心配をかけぬよう善処したいと思いますから、しばらく時間をおかし下さい」

と述べて、しずかに退出した。やがて真相があきらかとなると、山本は、英船長を東京に案内し、かねて懇意にしていたロイテル通信社の特派員にインタービューをさせ、撃沈当時の模様を、くわしくロンドンに打電する手配をした。それは、山本がたのまなくても、一つのスクープとして、記者のすすんで活躍する場面であった。会見記の結論は、清国兵の乱暴と非文明とに反し、日本海軍の軍律が西欧文明を基調として立派にととのっているということであった。この電報はロンドンの各新聞に掲載され、キャプテン東郷を賞讃する記事となり、かねて英国人の対日感情を好転させるうえに大いに役立ったのである。

伊藤総理は、山本に対する評価をいよいよ大にしたわけであるが、これより先、撤桟事件の後に、さらに深く山本を記憶する機会が、明治二十七年六月上旬に起こった。それはじつに、伊藤にとっても忘れ得ない場面であり、ひいて当時の「四面陸軍」の中にあって、伊藤が海軍に深い理解を持つことになった一大原因でもあった。このことは、わが海軍の興隆と不可分のつながりを持つことにもなるのである。

7 山本、閣議に爆弾を投ず

陸軍の将星、彼の説を聴く

朝鮮の独立を守ろうという日本と、朝鮮をあくまで自国の勢力圏下におこうとする清国との、国策上の久しい対立は、明治二十七年夏、朝鮮東学党の乱を機として、爆発点に達した。清国は大いに恐るべしといえども、対岸を他の強大国に占められては、帝国の国防は第一城を失うものである。断じて争うのほかに活路はないという結論になった。

が、政府はわが海軍の力に疑念を抱いていた。陸軍では、川上操六（参謀次長）や児玉源太郎（陸軍次官）の名がひろく国民に信望を植え、世論もまた、陸軍のたのもしさを謳っていたが、海軍にあっては、西郷海相はもと陸軍中将、中牟田軍令部長は無口で有名だったから、いかにも心細く思われていた。そこで伊藤内閣は、和戦の大方針を決める前提として、陸海軍の対清作戦と自信の程度とを聴取する最高会議を開くことになった。あたかも、太平洋戦争中の最高連絡会議を、政府が主催したようなものだ。その最重大な閣議の席上に、山本権兵衛が一大佐の身をもって現われるのである。

和戦の大方針を決定する特別閣議には、全閣僚のほかに、山県枢密院議長と川上参謀次長と山本大佐の三人が列した。まず伊藤首相から、政府は戦争に訴える覚悟であるが、戦備とのわずして敗戦があまりにも明瞭ならば、再考を要する旨の説明があった後、まず陸軍の所信をただした。

これに対して川上操六中将は、とうとうと所信を披瀝し、一年以内に直隷の野に決戦を指向し、北京に進軍して城下の盟いをなさしむること可能なり。陸軍はすでに敵前上陸の準備と計画をも有しており、ご心配はまったく無用なりと弁じ去った。川上は智将であるとともに弁論の雄でもあり、満座傾聴して大いに意を安んじたのであった。そこで首相は、つぎに海軍代表の所信をただすことになった。おどろくべき山本の言論がそこで爆発した。

山本の第一声は、「川上中将におたずねするが、日本の陸軍は進歩した工兵隊をお持ちかどうか」という突飛なる質問であった。川上は傲然として、もとより立派な工兵隊をもっているが、山本大佐の問いは何の意味かと、反問した。そこで、山本の一流の闘論はつぎの通りであった。

「しからば陸軍は、その工兵隊をもって九州から対馬に架橋し、ついで対馬から朝鮮の釜山に架橋し、それを渡って大陸に進軍すれば、すなわち危険はなかろう。陸軍が勝手に海を渡ることは、はなはだ危険だからだ」

この一言に満座は冷水をあび、さすがの川上も沈黙してしまった。

これは、陸軍が単独でも戦争に勝てるような威風を示し、閣僚たちも兵備を陸軍に偏重しているのに対し、冒頭に爆弾を一下する山本の勇気と戦法とを語るものであった。山本は語

をついで、

「海国が兵を海外に動かす場合には、まずもって海上権を制するのを第一義とする。かりに、艦隊をもって陸軍の輸送船を護送する場合においても、途中で敵の艦隊に出会えば、軍艦は輸送船を放擲して敵艦と決戦せねばならない。しかも日本には、護送専門に使うほど軍艦がない。反対に、清国はわれの二倍の軍艦を持っている。その敵が健在する海上で敵前上陸を云々するがごときは、一場の戯れと評されても致し方があるまい――」

と論難した後、戦時海軍の任務を大略五ヵ条に分けて順々に解説し、さらに進んで、

「戦争となれば、わが艦隊は、まず前進根拠地を朝鮮の西方海岸の一点に占有し、さらに適切なる地点に前進し、その防御をかためて活動海面を拡大し、その拡大された比較的安全なる海面に、陸軍の輸送を導くほかはない。その前に主力艦隊の決戦をもって、海上全域を制しうれば最善であるが、それは、敵の出方次第で不明である。ゆえに差し当たり、艦隊の前進と、包擁海域の拡大を期し、その後に陸軍の出兵となる順序である。この戦略順序をわきまえずに陸軍の出兵を急ぐごときは、陸軍の溺死を憂えるのみである――」

と論破した。ここにいたって、閣僚はもちろん、川上次長も、海国の大陸出兵に先駆する海軍の重大性を認識せざるを得なかった。

満座はなお沈黙のままである。そのとき大将山県有朋は口をひらき、「しからば海軍においては、現実にいかなる作戦計画を至当と考えているかを聞かせてほしい」と申し出た。山県は、二年前に山本と二人で有名な「九時間会談」――後述する――を行ない、その人物を熟知していたので、ひそかに期するところがあったものと推察される。そこで山本は、しか

らば、とばかり、かねて研究をつんだ作戦方針を詳細に説明すること、時間におよんだ。伊藤総理大臣以下全閣僚、陸軍の大御所山県有朋、総帥大山巌、東洋のモルトケといわれて飛ぶ鳥をおとす勢いの川上操六。それを向こうにまわして、一介の大佐が、かくも無遠慮に、闘争的に、しかも理路整然と戦略論を独演するというのは、「非凡」という程度の言葉では、とうてい説明のできない胆ッ玉と智略とであった。しかも、国運を賭した建国最初の大戦略が、この一両日における山本の活動によって定まったというにいたっては、ただ驚くのほかはない。

聞き終わるや陸相大山大将はおもむろに口をひらき、「山本大佐の説は、大いに傾聴すべきものと思う。ついては、明日にでも、参謀本部へ来てもらって、総長以下幹部にくわしく説明され、同時に両軍協同の作戦を協議しては如何」と提議した。川上参謀次長もすぐに賛成して、協同作戦の議が一決した。よって山本は、角田秀松大佐を帯同して参謀本部におもむいた。その席には、有栖川宮総長、大山陸相、児玉陸軍次官、川上次長および作戦部長のほかに、山県大将も来会した。山本は、前日よりもさらに具体的に、計画内容を説明し、陸軍支隊の釜山、元山への牽制上陸から、陸軍主力の第一次、第二次上陸地点の想定までも参考として述べたので、陸軍は胸を展いて山本の計画を取り入れ、出師の大綱を決定することになった。一大佐の力としては、あまりにも大きいのに驚かざるを得ない。

しかも一大佐は、太平洋戦争前に簇出した大佐とは物が違い、勇断以外に思慮と計画とが綿密合理的であった。しかも好んで対外折衝をやったのではなく、前述の閣議でも、参謀本部打ち合わせでも、海相と軍令部長から、「君行ってやってくれ」と、うながされて出かけたものである。いずれにせよ、彼が海軍を一人で背負って歩いていたことは、ハッキリとした事実であった。

8 「大佐大臣」剛勇を揮う

海軍の一新に邁進した姿

私は連合艦隊の伝記を書いているのだ。山本権兵衛の伝記を書いているのではない。ところが、連合艦隊は、山本大佐によって創成されたもので、彼の活動なくしては成立しなかったことを発見したので、もう少し、山本大佐について書かなければならない。一大佐の身をもって、それほどの手腕をしめしたのは本当に不思議だ。ところが、貧しい小国が明治二十七年、大清国の海軍を撃破し得た不思議も、さらに三十七、八年に大ロシアの三つの艦隊を全滅させた不思議も、ともに「大佐の不思議」にその源を発しているのだ。

山本の外部に対する活動は、このほかにたくさんの重要な記録があるが、その海軍部門における活動も、まさに、「大佐大臣」の称呼に値するものがあった（後にしばしば「大佐暴君」とも呼ばれた）。昭和十六年のわが大海軍の機構さえも、山本大佐が、明治二十六年に、自分の筆で書いた制度改革にもとづいたものであった。その改革において、山本は、一高級副官の地位にありながら、九十六名の将官と佐官とに退職を申し渡している。海相西郷従道は、非常に躊躇し、もっとおだやかな整理を勧告し、そのなかでも、将官はみな維新の功労者であり、その人々を遇する道として如何（いかが）あらんと心配したが、山本は「新海軍の新人事」を説き、「これ御国の大事、海軍の大事。涙をふるって断行せねばならない。他日、戦争にでもなれば、予備役を現役に復して、大いに働き場所をあたえる道もあるから、ご心配なくおまかせを願う」と主張し、自分の口から自分の先輩同郷人（将官はほとんど薩摩の出身）に予備役を言い渡したのである。真に恐るべき勇気といわねばならない。

副官室には、両三日にわたってはげしい罵りの声がつづいたが、やがて整理一段落とともに海軍の人事は一新され、途中、陸軍から転じた人々はほとんど去り、海軍兵学校から基礎的に訓練された将校が第一線に顔を揃えるようになった。これは、「薩の海軍」といわれた強い藩閥の壁を、「薩の山本」がみずから打ち破ろうとする英断の斧であった。かかる仕事を一人でやってのける山本に対して、非難の声があがったのは当然だが、その二年ほど前から、山本横暴論は海軍の内外に広く流布されていた。一大佐が、大臣や軍令部長の仕事を一人で処理していく権勢に対して、いわゆる嫉妬がおこるのは世の中の常であり、たとえば会社の一課長が社長や専務にかわって人事を処理し、制度を改廃し、商策を独断し、社外に代表権を示すようなことがあれば、——あり得ないだろうが——社論は囂々として課長を排斥するに相違ない。

山本はそれを海軍省において実演し、かつその行動が国の最高政治にも結びついていたのだから、部内の反山本論は暴風に近いものがあり、彼の横暴を訴える声は、伊藤、山県、大山、井上らの政界首領の耳にまで達し、山本に対する疑惑は意外に拡大していった。しかも剛勇山本は少しもおどろかず、海軍を強化するための所信に邁進して、なにものをも顧みなかった。それには、海相西郷の無条件の支持が基本であり、そこに、山本を自由にはたらかせた西郷従道の偉大さがあったことを見のがせない。

ところが、その西郷にも山本はときには喰ってかかった。明治二十六年三月、西郷が仁礼景範の後をうけて海相に就任した直後、山本は多年、苦心研究のうえで立案した「海軍諸制度の全面的改革案」を上申して、至急それを閣議に提出することを要請した。意外にも、わずか一日をへたばかりで海相から返答があった。西郷の言葉はつぎの要領であった。

「これはじつに立派な案である。が、今度、宮中に海軍制度調査委員会が設けられ、そこで慎重に検討されることになった。委員長は枢府議長山県伯、委員には内相井上馨伯、文相井上毅氏、陸軍大佐、その他三名である。了承ありたし」

さあ、山本は肚の虫がおさまらない。即座に容をあらためて、つぎの通りに述べたてている。

「閣下が、余の年来の研究になる厖大なる全般的改革案をわずか一日にて読了され、立派とか評される真偽のほどはしばらく忍ぶとするも、忍びがたきは、その案を、海軍を知らぬ人々の宮中委員会に諮って決することである。海軍の最高責任者たる大臣は、かかる委員会の議を無条件に承認されたるものにや、如何」

前項、閣議の席で陸軍首脳に喰ってかかった面魂から察しても、同国の先輩にこれくらいの攻勢をとるのは不思議でない。二抱えもある草案および説明書を、西郷が一日で読んだはずがないことを見すかして、まず皮肉の一撃を送るのは、山本の常用するところであるが、それよりも、かかる宮中委員会を海相が無条件に承諾するのは、彼らの越権を許すことで、はなはだ不穏当だ、と責める山本の主張には、西郷もちょっと困ったらしい。しかし、威容を正して諭すように言った。

「君が一大佐の身をもって一切の難局に当たっているのは、尊敬とともに同情にたえないが、なおしばらく忍んで君国のために尽瘁されたい。余の再任もまた一に君国のため一身を捧げる覚悟で引き受けたのだ。余は海軍のことは熟知せず、一切を君にまかせて、外部の責任は全部引き受けるつもりである。宮中委員会もすでに設置と決定したうえは、已むを得ないものと了承して善処してほしい」

山本は、心の底で西郷には敬服していた。いわゆる頭が上がらない相手があったとすれば、それは西郷一人であったろう。その西郷にこう言われてみれば致し方なく、しぶしぶながら承知して退去した。ところが三日をへて西郷海相から、「山県有朋伯がぜひ君に会いたい希望だから訪問するよう」勧告され、その結果、後述する「九時間会談」なるものが、目白の山県邸で行なわれることになるのである。

9　目白会談と西郷従道

陸海軍の抗争を治めた第一歩

目白会談は九時間の長きにおよんだ。その時間は、すべて海軍諸条令の改廃に関する質疑応答であった。中には、山県陸軍大将が反対の急先鋒であった「海軍軍令部の独立案」をはじめとして、その他十九件におよぶ条令改正の法案が話題となったものだ。

山本の解説はことごとく山県を満足させ、それまで山県がいだいていた疑惑の念を完全に一掃し、山本が、公人として私情なく、君国のために一意専心していることを実証し得たのである。山県は翌々日の閣議に出でて、つぎの通り述べている。

「余はこれまで山本氏の人物につき、巷間伝うるところ及び人々の情報を聞き大いに疑惑を懐き、大奸物に非ずやと想像せしところ、今回親しく会見して種々談話を交え、篤と査察を遂げたるに、余の疑惑は氷解し、かつ、世間の風評もまったく無根なるを悟り、まったく案に相違の感あり（人物の称揚略す）、余はこの会見により、信頼すべき海軍の一人物を発見して大いに満足せり云々」

閣僚一同ははじめは驚いたが（山本はそれほど誤解されていた）、山県の言葉だからたちまち信を得て、やがて山本観を改めるもととなった。その席で井上内務大臣と井上文部大臣とは、「さらばわれわれも直接に同氏と会見して質疑したき旨」を海相に申し入れ、翌日、山本はこの二人の大臣と三時間あまりにわたって会談し、その改革案の悪評を糾明するような質疑に対し、ことごとく氷解させて会見を終わった。

不思議なことに、宮中委員会、本名「海軍制度調査委員会」は、いつまでたっても開かれない。そうして二十におよぶ海軍提出の改革諸法案は、二十六年五月中に、ぞくぞくと御裁可を得て公布されるにいたったのである。

かえりみるに、海軍制度調査委員会は、じつは「海軍廓清委員会」であり、その狙いは山本大佐個人と山本案とを糾弾することであった。前海相仁礼景範子は温厚な人物で、山県以下外部の圧迫と、部内における山本の主張との間に板ばさみとなって辞職したものといわれている。伊藤首相は、一大佐の活動のために、陸軍と海軍とが対立し、閣内における海軍の不評が高まり、新聞紙中にも海軍を伏魔殿のように書きたてるものがあり、政党はそれを理由として軍艦建造費を削除するような形勢に、日夜、心を痛めた。一方に、一大佐の実力を認め、これを海軍から失ってはならないことも知っていた。そこで、切り札として西郷従道を海相に迎え、西郷の手綱で悍馬を調教する工夫を思いついたのであった。

西郷の就任前に、すでに宮中に「海軍制度調査委員会」をもうけることは決まっていた。が、西郷以外のいかなる海相も、山本を説得することはできないだろう、と伊藤は看破していた。素人政治家の委員が、海軍事項中のもっとも専門的な諸制度改廃の法案を審議することに対し、山本が海軍をあげて反対することは眼に見えていたからである。ひとり西郷の統制力と、その元勲的地位と、さらに同郷の先輩という三つ揃いの条件のみが、山本の突撃を制し得るであろうと考えたのである。

西郷は実兄隆盛が「弟の方がおれより上だ」と語っていたほどの人物であった。伊藤から懇々と海相再出馬をたのまれたとき、すでに清国との一戦も遠からず避けられない情勢を観取し、国家のためにも、また海軍のためにも、一日もすみやかに陸海軍の争いを解決したい、と考えて就任を決意した。そうして登庁第三日に、前記の「宮中委員会」の件を、さっそく山本に打ち明けて承服させたものである。

が、西郷海相は政治家である。山県とも伊藤とも同格の友人である。一方で、山本に宮中委員会の議を承服させると同時に、その委員長であった山県をして、自分の発意として山本を招き、十分にその人物をテストすることを勧告したのであった。西郷は山本の人物を知りつくして全幅の信頼をかけており、もし山県と忌憚なく語る機会を得れば、山本はかならず優等の成績でパスするに相違ないと信じていた。

すでにして、新文明の本山に福沢諭吉を訪うて海軍の必要をうったえ、福沢をして海軍拡張の筆をとらせたほどの説得力をしめし、西郷はそれを、山本の一番の手柄だと激賞していたほどだ。だから山県を説得することも可能であり、かくて、満一ヵ年におよぶ陸海軍抗争の痼疾であった「軍令部独立法案」が解決するなら、お国は万歳であると期待し、午前八時、山本が海軍省を出で、午後六時に帰省するまで、大臣室に頑張って、その成果を待っていたというのである。海軍興らんとする時、山本の上に西郷を得たことは日本の倖せであった。西郷がいなかったら、山本も十割の手腕をふるうことはできなかったろう。西郷は己れに求むるところなく、そうして国家のために常に一命を捧げる高き志操を有した点で、維新政治家中、出色の人物であった。明治十八年四月、伊藤博文が全権大使として清国に赴き、朝鮮問題について談判したとき（天津条約成る）、西郷は、農商務卿の身をもって全権副使をかって出た。その理由は、当時、朝鮮討つべしの民論さわがしく（明治十七年十二月、日清両兵が京城で衝突して以来）、伊藤が平和談判に行くのはけしからんといって、暗殺論がさかんに流布された。西郷はこれを憂い、「伊藤は国家に大切な男だ。暗殺されるなら俺が身代わりになる」と決心して、みずから出馬した。明治三十五年七月、西郷歿するや、伊藤は霊前に号泣し、弔問者を前にして、西郷の国家思いと友情の真相を述べ、多大の感銘をあたえたのは有名な話だ。

さらに西郷の面目を語る実話は、明治三十三年、海軍は予算がつきて戦艦「三笠」の注文を発することができず、注文手付金交付の期間が旬日にせまった。さすがの山本海相も百計

つき、当時内務大臣であった西郷を訪れて智恵をかりようとした。苦衷を聞き終わるや、西郷は呵々と笑って、

「それは御国の大事ではないか。すぐに注文しなさい。予算を流用して、すぐに金をわたしなさい。違憲ではあるが、いまになって大切な建艦を見送るわけにはまいらぬ。もし違憲を追求されたら、君と二人で二重橋の前で腹を切ろうじゃないか。たぶん議会も許してくれるだろう。二人が死んでも、『三笠』ができれば結構ではないか」

と答えるのであった。山本はこの一言で決心がついて、ただちにヴィッカース会社に注文した。かくして旗艦「三笠」は日露戦争に間に合った。

兄の隆盛の名にかくれがちであったが、その兄がみずから評価した「弟の偉さ」は、このへんにも一端をあらわしている。日清戦争の直前に西郷を海相に得たことは（それまでは陸軍中将）、本当に国家の倖せであった。

10　海軍軍令部を独立す
山本が最も闘った改革の礎

お濠端から国会議事堂へ上る坂の右側に、広い焼け跡がいまだにそのまま残っている。参謀本部の跡だ。その参謀本部は、六十年にわたって、そこから日本の作戦用兵を指導しようとした。

参謀本部の頭には「陸軍」という文字がなかった。明治十九年三月から昭和二十年まで、

それで押し通したが、海軍の方は海軍軍令部といって、頭に海軍を冠したのに、陸軍の方が、単に「参謀本部」といいつづけたのは、最後まで主導権争いの滓を残していたのだ。最後に、海軍がその字をけずって、単に「軍令部」と呼ぶことになったのは、それに対する最後の抗議ともいえよう。

「参謀本部」は、陸軍ばかりでなく、海軍の用兵作戦をも管掌する意味で、陸軍という固有名詞をけずってあったのだ。そうして、参謀総長は陸軍の将官とし、次長を二人おいて、一名を陸将、一名を海将とする制度であった。海軍から見れば一種の「居候」である。あまり体裁も悪いし、連絡上も不都合だというので、明治二十二年に、海軍参謀部をつくり、それを海軍大臣の下においた。いわば海軍省にあずけておくもので、統帥の府は依然として「参謀本部」であった。

山本は官房主事に就任するや、真ッ先にこの問題を取り上げ、海軍も「独立した参謀本部」を持つのが当然事だという持論をひっさげ、精査の後、二十五年十一月、「海軍軍令部の独立に関する案」を閣議に提出することになった。

たちまち猛烈なる反対が陸軍から捲き起こった。すなわち参謀本部における参謀総長は、帝国全軍の大作戦にたいして最高の責任を有するもので、陸軍に限られたものではない。国防用兵に関して陛下の帷幄に参画する参謀総長は、一あって二あるべからず、という強硬な主張である。山県大将は枢密院議長で頑張っている。参謀本部は総長が熾仁親王殿下、次長川上操六、陸軍省は大臣大山巖、次官児玉源太郎という鉄壁の布陣である。山本の空拳のごときは、一笑に付し去ろうとする勢いであった。

が、山本は屈せず、一人でその壁に直面すると同時に、各方面に独立案の要を説きまわって、倦むところを知らない有様であった。一年近くも、賛否両論が新聞雑誌をにぎわした一事をもっても、その闘争のあとを偲ぶにたる。山本の論拠は紙幅の関係上省略するが、要は、島国の国防は海上権を先にすべきであるのに、日本は逆に陸を主としている。が、いまは主従を争わない、対等にすべきだ、「車の両輪」であるべきだと主張し、その「車の両輪」というたとえが、その後二十年あまりも引用されたものである。

山本もこの軍令部独立案は、他の十九件の改廃案に先んじて提出され、もっとも強く反対されて、例の「宮中委員会」の導火線ともなったのだが、前述のように、山県との会談によって険路が打開され、二十六年五月十九日に裁可公布を見ることになったのである。しかもその案はいまだ完璧ではなく、なにぶんにも有栖川宮殿下が陛下の御名代のかたちで参謀総長の椅子におられたので、山本も少しゆずり、大本営では殿下の下で、陸海の両作戦代表が併列することを諾し、後年、みずから海相となって、再度、陸軍と争い、ようやく完全対等の地歩をきずいたのであった。

この闘争の一年後に、日清戦争が起こった。その直前、山本が閣議で、川上参謀次長の陸主海従的作戦論に爆撃をくわえた後、すぐに仲直りをして――川上と山本とは、戊辰の役で肩をならべて戦った親友。前者はそのまま陸軍に入って中将、山本は兵学寮に入って、学生から再発足したために、位が下であったにすぎない――対清全面作戦の決定にあずかったこと前述のとおりだ。

それから一週間ほどして、川上参謀次長が大山陸相の代理として、西郷海相を訪れて重要な申し入れをした。「軍令部長を中牟田中将から樺山中将に交代してもらいたい」というのであった。西郷は、さっそく山本を呼んで相談した。山本は答えて、

「陸軍が海軍の人事に喙を容れるのは不都合千万であるが、察するに、大本営を設けて川上と対等に坐るには、樺山がほしいという意味だろう。中牟田中将は自分の恩師として敬慕しているが、川上と併列するのには、海軍の大局から見て樺山中将（前海相）の方がしかるべし」

と。すると西郷は、「樺山と自分とは折り合いのいい方ではなく、彼の頑固のために摩擦が起こりはしないか」とめずらしく心配顔で語るので、山本は、

「それは、海相と軍令部長との新しい職務分野があって、衝突は起こらないと思う。もしかかる形勢があれば、願わくは山本にお任せを乞う」

どこまでも太ッ腹な大佐である。西郷はすぐそれを容れ、日清戦争の海上戦は、西郷、樺山、山本の線で行なわれることになった。たまたま、樺山は就任の翌日、早くも山本に出足を抑えられる事件があり、由来、海軍の専門事項は、山本を中心に進めるようになって、三者の協調が完全に行なわれた。

第二章　国民の建艦

1　連合艦隊の誕生

山本官房主事これを作る

連合艦隊は、明治二十七年七月十九日、海軍大佐山本権兵衛がはじめてつくったものである。それまでは「聯合」という言葉は、海軍の用語の中には見当たらない。山本がどこからこの字を捜してきたかは、ついに不明であるが、とにかくもその後は、わが海軍の光輝の代名詞となった。

彼がこれをつくった経緯は、前稿に樺山資紀中将（のち大将）を軍令部長にむかえ、西郷海相との仲を円滑に取り結ぶ役目をかって出たことに関連して興味がある。樺山は西南の役には、熊本鎮台の参謀長で雷名をとどろかした剛勇の鹿児島藩士であり、識見もあったが専断的な性格を持っていた。西郷はその性格を心配していたのだ。その匡正の機をねらっていた山本の前に、好機が一日で到来した。

当時、わが海軍には二つの艦隊があった。常備艦隊と警備艦隊とがそれであった。あたかも軍令部長に任命されたばかりの樺山中将は、さっそく大本営に顔を出して、海軍の諸問題を話し合ったが、その席の輿論では、警備艦隊という名称はいかにも退嬰的に聞こえて、戦時にふさわしくないから、全軍艦を常備艦隊に編入して、威容を張るべきであるというのであった。樺山はすぐに賛成して、翌朝その次第を山本に語り、常備艦隊案をとりはからっては如何（いかん）と申し入れた。

山本は、「待ってました」といわんばかりに遮り、

「しばらくお待ちを乞う。軍艦の中には、老朽艦もあり練習艦もあり、またいわゆるマテリアル・レザーヴと称する予備艦も必要であり、使命と用途が区々である。名称が不景気だといって、全部を常備艦隊にするのは名実がともなわない。のみならず、作戦の先鋒に立つ常備艦隊の効率にも影響があろう。すぐにそのことについては、不肖にも一案がある。今後かかることは、前もってご相談をいただきたい」

頑固な樺山ではあったが、海軍のことは、いまだ素人であり、いたずらに固執すべきでないと考えてただちに了解し、「海軍のことをあまり知らないで、外部で口約束したのはよくなかった。取り消す」とアッサリ解決した。樺山のいいところである。そこで、山本の立案となるのであった。

翌日、早くも画期的な海軍省令が発せられた。要領はつぎのごとくであった。（明治二十七年七月十九日付）

一、警備艦隊を西海艦隊と改称す。
一、常備艦隊と西海艦隊とをもって聯合艦隊を組織す
一、聯合艦隊の司令長官は、常備艦隊の司令長官これを兼摂す

この方式が太平洋戦争まで継承されたことは、周知の通りである。右と同日、軍艦の配分はつぎのとおり発表された。

◇第一、常備艦隊＝「松島」「橋立」「厳島」「千代田」「扶桑」「比叡」「吉野」「浪速」「秋津洲」「高千穂」

◇同、付属艦＝「八重山」「筑紫」「磐城」「天城」「愛宕」「摩耶」「鳥海」水雷艇六隻

◇第二、西海艦隊＝「金剛」「大和」「武蔵」「天龍」「葛城」「赤城」「大島」「高雄」

◇第三、軍港警備艦＝「筑波」「満珠」「干珠」「鳳翔」「館山」「海門」水雷艇十八隻（三軍港に配属）

以上軍艦は三十一隻、水雷艇は二十四隻を算し、数の上では相当のものであった。老朽艦が多く、戦力のあるのは、常備艦隊の十隻と他に三、四隻であったとしても、ともかくも「連合艦隊」の形をととのえて、大清国自慢の北洋艦隊と決戦し、海上権を掌握する自信をもって出撃するにいたったのは、「大海軍国」の先祖の名に恥じなかったといえよう。

問題は、それまで明らかに「陸軍国」であった日本、そして貧乏であった日本が、どうして「連合艦隊」と銘打つほどの軍艦数を集めたかということだ。

それは、もとより文字どおりの苦心惨憺の産物であり、本文はこれからその内幕を調べることになるのだが、ともかくも、七月二十三日に、連合艦隊は佐世保を抜錨して征途に上るのである。

今の間に戦えば勝てるから戦争をはじめよう、というのではなかった。また、戦えば二年間は大丈夫だから冒険しようというのでもなかった。かく勝敗の算にもとづいて戦争を決め

るという思想は、昭和十六年の日本を支配したが、明治二十七年の日本はかかる権道は踏まなかった。

大義名分にもとづいて和戦の方針を決定し、戦争のやむなきにいたって、作戦の万全を期するという王道を直進したのである。

だから、閣議が朝鮮派兵を決定した六月二日には、海軍はもちろん、戦備をととのえていない。旗艦「松島」は、「高雄」と「千代田」をともなって、南支の福州に親善巡航中であり、「金剛」と「高千穂」は移民保護のため、布哇（ハワイ）ホノルルにあり、「大和」と「筑紫」とは、公使館警備として仁川に、「大島」は釜山に、「磐城」は北海道に出張中という分散状態であった。

大至急にこれらの軍艦を集結し、前述のように連合艦隊を組織して（七月十九日）、二十三日の出撃となった。

当時、その模様を述べた文章に、「意気巳（すで）に渤海を圧するの概あり、巨艦徐々斜に煤煙を曳き港口を出づ。時に天色拭ふが如く、風静に波恬にして鎮西諸山も亦（また）翠黛を凝し、秀眉を展べ、此（こ）の壮行を送るものの如し」とある。

高砂丸に乗って見送る樺山軍令部長は、檣上たかく信号旗を上げた。

「帝国海軍の名誉を揚げよ」

伊東祐亨司令長官はこれに答えて、

「確かに名誉を揚げん」

と。そのころの武士らしい用語に微笑みたい。

2　三等国の六四艦隊

粒々辛苦の建艦第一期

　明治二十七年夏、艦籍にある軍艦の中で三分の一は老朽であったが、ともかくも二十隻の軍艦が、「帝国海軍の名誉を揚げる」決心の血をわかしながら出撃した。そうして、はじめて聞く「連合艦隊」の名に、みずからの威風を満喫した。本隊と遊撃隊とをあわせた十五隻の軍艦が、単縦陣を張って朝鮮半島の東南端を迂回するときの意気ごみは、すでに清国の北洋艦隊——東洋一と称されていた——を降伏させるような勢いであった。これだけの多数軍艦が一隊を成して航進することも初めてであり、まして帝国海軍が外国と戦争をするのは初経験であるから、当時、「勇敢」を武器とした日本軍人の艦上の戦意が沸騰したのは当然であった。

が、海軍は「勇敢」だけではいけない。軍艦と大砲が主体だ。操艦と射術が決定する。ボロ艦をそろえて口先で威張ってみても、話にはならない。海軍の場合、意気敵を呑むというのは、自分の乗艦に相当の戦闘力を意識しての話である。十数隻が力をあわせ、勇敢に巧妙に戦えば、名にしおう天下の北洋艦隊（清国の主力）といえども、撃破し得るという信念があってはじめて意気天を衝くのである。もしも当時の連合艦隊が、「鳳翔」「満珠」「館山」「干珠」「磐城」といった三流艦のみであったら、日清戦争は戦わずして屈したであろうし、意地で戦争をあえてしても、艦隊の将兵に「名誉を揚げる」勢いなぞは湧いてこないにきまっている。

問題は、繰り返して言うように、よくこれだけの軍艦を、まがりなりにも備えていたものだ、という感動すべき事実である。

この第一次「連合艦隊」の戦力は、本文第一回に略言したように、昭和三十年現在のわが海軍力の少なくとも三十倍であったし、戦力比較の方式によっては、五十倍とも百倍ともいえるほど優勢なものであった。当時は、代用品ではあったが主力艦六隻をそなえ、さらに今日の重巡に比すべき四隻の高速部隊を持っていたが、現在は零であるから計数的には比較にならない。

その「連合艦隊」は、日本が海軍を創設してから、わずか二十年の間にできていたのだ。戦後十年にして、いまだ正式の小型軍艦を五隻しか持っていない日本は、もちろん幾多の制約のために劣弱を嘆じているにしても、それが解放されたところで、二十年の間に、「六四艦隊」と称しうる一大艦隊をそなえる見込みは、まずもって空であろう。しからば、国貧しくして、有事この連合艦隊を間に合わせたわれわれの先輩は、一体どうした建艦政策をとったのであろうか。

前に明治政府がその出発にあたって整備した軍艦は十五隻であったことを書いたが、その中で大洋を航しうるものは六隻（九百トンないし千トン）であり、その中の国産品をほこる「千代田型」は百三十五トンであり、明治初年の大阪湾における観艦式には、六隻しか集め得なかった。それも、帆船に大砲一門のせていた程度であった。幕末の諸事件をかえりみて、かかる貧弱なる海軍では、とうてい世界各国と対等の地歩には立てないことを自覚し、明治天皇は兵部省にたいして海軍確立の方策をただされた。
その結果、明治三年五月、兵部省から廟議に提出された建議は、一読に値するものがある。それは、浩瀚なる建議と建造計画案からなるものだが、その前文に、

「（前略）それ民土の強大なる此の如きは（注、日本のこと）西欧各国に於て幾許か有るや、故に国力を用いて形勢に随い海軍を厳備せん時は、彼の五大国（英、仏、露、独、墺）と唱うる者と雖も、我に抗して何んぞ漫りに其強大を誇るを得んや。至速に海軍を振起し（国策の項略）云々」

といい、建艦案としては、経費一千万両と米二十万石とをもって、二十ヵ年の間に軍艦二百隻、兵員二万五千名を常備するという厖大至極の計画を提起した。これは書生論に過ぎた。明治六年に初代海軍卿勝安芳は、十八ヵ年に百四隻の軍艦を建造する計画を提出したが、当時、陸軍の勢力が圧倒的であった閣議において、一笑裡に葬られてしまった。その年の陸軍予算八百五十万円にたいして、海軍費は百二十万円という時代だから、大建艦案が問題にならなかったのは当然である。

間もなく西郷従道が台湾征伐にさいして軍艦の必要を痛感し、余儀なくイギリスから二隻の商船を購入し――軍艦を買う足許を見られて高く売りつけられるというので――これに横須賀造船所で大砲を装備して出陣したのもおもしろい。西郷は討伐中にいっそう海軍の要を感じ、帰国後、みずから海軍大将に転出して建艦の音頭をとり、廟議を動かして一挙に三隻の軍艦をイギリスに注文した。初代の「金剛」「比叡」「扶桑」がそれである。一方に横須賀造船所に対しては、明治六年末に二隻の建艦を命じてあったが、明治九年にその国産品の第

一号軍艦「清輝」が完成した。明治天皇の行幸があって、海軍の威力大いにふるう、と当時の新聞は特報した。

3　明治九年、国産第一艦生まる
たちまち驚く「定遠」「鎮遠」の威力

横須賀海軍工廠が軍艦「清輝」を建造したことは、たしかに当時の手柄であった（つづいて「迅鯨」をつくる）。石川島の方は四百トン以上の造艦はできなかったが、横須賀はフランスの技師ウェルニーが同国ツーロン軍港の方式を移し、その三分の二規格で建設した関係上（元治元年、小栗上野介の裁決。慶応元年起工、明治四年完成）、わが海軍造艦の曙を迎えるには十二分の能力を示した。

さて、日本はそのみずからの手でつくった軍艦の顔見世を西欧各国にこころみた。明治十一年末から十二年にかけて世界を一巡したが、各国はアジア諸国のなかで、開国わずか十年の間に、排水量一千トン近い軍艦をつくって、遠洋を航海する小国に対し、大いに敬意を表した。かくて軍艦「清輝」は面目をほどこして帰国し、日本海軍の名誉を海外に伸ばしたと報道されているが、そのころのわれわれの先輩は、うぬぼれて小成に安んずるよりは大成の野望に燃えており、「清輝」の巡航には、多数の造艦技師が乗り組み、各国においてそれぞれの優秀艦と比較研究する役目を果たした。

日清戦争前後のわが造艦を指導した「洋行帰り」の新進造船家たちは、帰朝の報告に、

「わが新鋭艦『清輝』は、世界一流国の前に出れば、新造して早くすでに老朽艦というも可なり。すべからく軍艦を外国に注文して、兵備をかためながら術を学ぶとともに、国内にひろく各種技術の学問を興し、官民一致して将来の良艦建造をはからなければならぬ。今日のわが海軍は世界の劣等に伍す、ゆめゆめ傲るべからず」と述べ、海軍拡張のために大いに警鐘を乱打している。

それから三年目に、はじめて海軍拡張計画が成立した（明治十五年。川村海軍卿）。明治十六年以降八ヵ年にわたり、毎年、三百三十三万円を投じて、大艦五、中艦八、小艦七、水雷砲艦十二隻を建造することが廟議で決定したのである。八ヵ年継続費、総額二千六百万円であるが、明治十六年の海軍省予算が三百八万円であったことから考えると、毎年、同額以上の建艦費を支出するのは、相当の覚悟であった（当時の四千トン級戦艦の建造費は、百四十万円程度であった）。ところが間もなく、それでもとうてい日本の進運をみちびくのには、はなはだ不足なことがわかってきた。

ここで私は「定遠」と「鎮遠」について語らなければならない。何事だ、「定遠」「鎮遠」とは？　昔ばなしにすぎるばかりか、今の人は、その何物であるかさえ知らないではないか？　大平洋戦時の提督連も、おそらく見たことのない古い軍艦だが、この二隻の清国戦艦こそ、日本の海軍を大ならしめた偉大なる対抗目標であり、春秋の筆法でいえば、この二艦が日本の連合艦隊を結成せしめたのであるから、わが国の海軍の発達史は、サラーガ、レキシントン（米の大空母）よりも、これを重要視しなければならない理由があるのだ。四千万の日本人は、小学生までが「定遠」「鎮遠」を知っていた。そのころ小学校では、甲乙二組に分かれた一方に「定遠」「鎮遠」に擬された主将格の生徒があり、それを捕えるかどうかで勝負を決める戦闘遊戯が流行したくらいである。つまり、この二巨艦を負かすのが日本の戦略目標であることを教えられたのだ。

それは、明治十四年に、ドイツ（ステッチンのフルカン造船所）で建設された七千四百トンの戦艦で、十二インチ主砲（三十センチ）四門を砲塔内に装備した世界的強大艦であった。むろん、建造したドイツ自身が、同型艦カイザー号を、これにならって建造したほどである。

欧州の一流海軍国には一万トン艦ができつつあった。英のネプチューン級、フランスのマルソー級、露国のカザリン二世級、イタリアのレパント級（以上、四大海軍国）がそれであったが、米、独、墺、西の二流海軍国では、一八八一年に「定遠」ほどの巨艦を設計したものはない。東洋一の大国をほこった大清国の気宇の大を見るようである。

それはまた、昭和十七年のわが「大和」「武蔵」に類するともいえよう。いな、あるいはもっとおそろしい軍艦であった。「大和」の十八インチ砲は驚異であったが、相手は十六インチ砲であった。「定遠」の十二インチ砲は、日本軍艦の六インチ砲を相手としたのだから、口径は二倍だが、威力は十数倍であり、とうてい比較にはならない強さであった。

日本には鋼鉄艦は三隻ほどあったが名ばかりのもので、多くは「鉄骨木皮艦」である。ところが「定遠」は砲塔に十四インチの装甲を有するばかりでなく、舷側にも十二インチの鋼帯をそなえ、そうしてその甲鉄はドイツのクルップ会社自慢のアーマー（甲鈑）とあっては、大和魂だけではどうにも手の出しようがない。明治二十四年、この二大艦が「済遠」「致遠」等をしたがえて日本を訪問した。わが朝野は、いかにこの巨艦を眺めたか。

4　二大艦の訪日示威

「定遠」「鎮遠」と戦えるか？

「定遠」「鎮遠」の訪日は、名は親善巡航であったが、じつは、あきらかに示威運動であった。二大艦を中心とする北洋艦隊が、提督丁汝昌にひきいられて横浜港に投錨したときには、それを迎えた朝野幾千の男女は、疑いもなくデモンストレーションのショックを受けた。案内した日本軍艦の三倍以上もある巨艦が、聞きしにまさる威容を誇りながら入港してきたのだ。

呉、神戸、長崎と各港で艦上にパーティーをひらき、名士や将校を招いて、艦内を自由に参観させた。機密をいとうよりは、開放して威圧するのが目的であったろう。海軍将校たちがいちばん驚いたのは、十四インチ鋼装の砲塔であった。日本には、砲塔をそなえた軍艦は一隻もなかった。それを見て、これが音に聞くターレットかと感心した。

日本艦の主砲は一枚の楯で弾片をふせぐ程度で、いわば丸裸も同然であった。巨砲二門が厚さ十四インチの鋼塔につつまれ、その塔内から自由に操作発砲しうるのは、まさに神業のように思われた。くわうるに、舷側の鋼帯が十二インチの厚さでは、日本海軍にこれを貫く大砲はない。とすれば「定遠」「鎮遠」は不沈戦艦ではないか。一体それらの堅艦を相手に戦う術があるのか。

そのころは昭和十年以後のように軍人が威張る時代ではなく、政治家でも論客でも無遠慮に軍を評したものだ。半可通の政客たちが、海軍軍人をからかう流行語のひとつに、「君、『定遠』に勝てるかネ」というのがあった。海軍の連中は歯がみして口惜しがったが、「勝てる」と肩をいからす者はなかった。裸同士の組み討ちとは違う。戦いうる軍艦をあたえないで、「勝てるかネ」と冷笑するのは酷である。が、単純な軍人たちは、なんとかして勝てる術はないかと懸命に考えたあげくの一策は、結局、敵艦に躍り込む一法で、元寇の昔に蒙古の大戦艦に切り込んだ河野通有（みちあり）の故事をまなぶものであった。すなわち曰（いわ）く、「『定遠』は沈まないとすれば、その巨砲を沈黙させるほかに術がない。ところが、巨砲は不貫徹の砲塔にまもられているから、砲撃によって沈黙させることは不可能だ。そこで快速艇をもって迫り、艦上に乗り移り、小銃をもって砲塔の窓を破壊し、もって大砲の出し入れを不可能にし、そのうえで分捕（ぶんど）るほかはない」という結論になった。

第二案に曰く、小汽艇では敵艦への到達おぼつかなし。むしろ水雷艇を曳航して敵前百メートルで放し、魚雷を敵の艦底に撃ち込むに如（し）かずと。当時のわが水雷艇は五十トン前後で、大洋航行も危うく、魚雷も数十メートルに迫らなければ自信がなかった。そこで第三案が出た。前二者は可能性が少ない。確実な方法は、やはり敵の横腹にわが艦首をつきさすラミング・ダウンの戦法よりほかない。明らかに神風特攻の思想である。いずれにしても、この二巨艦を撃つために、全海軍の神経が一本になっていたという涙ぐましい事実は、笑いごとではなかった。

かかる敵愾心なぞは、どこ吹く風かとばかり、丁汝昌提督は芝紅葉館における歓迎会の席上で、日清親善論を獅子吼した。東洋の兄弟牆（かき）に鬩（せめ）いで外侮（そとあなど）りを受けんよりは、日清艦をつらねて西夷を討つの利あるに如かず、幸いわれに不沈の堅艦あり、何ぞ惧るるに足らんや、というのであった。丁汝昌はもと知日派の名提督として知られており（司令長官在任十五年）、日清連合論も単なる世辞ではなかったろうし、不沈の堅艦うんぬんも日本への示威ではなかったろうが、満座のわが海将たちに、「定遠」「鎮遠」がしぜんと胸にひびいたのも是非ない次第であった。これは樺山海相の主催で、訪日清国艦隊の幹部を招いた海軍の宴会であったが、その席での丁提督の演説が、「定遠」「鎮遠」のデモンストレーションとして、ひろく民間に伝えられたのも時の勢いであった。

　というのは、すでに清国が二巨艦を持つ以上、日本も強艦を造らねばならぬ、といって建造費はたらないので、明治十九年から向こう三年間に、一千七百万円の「建艦公債」を発行するという破天荒の財政策を実施し（海軍予算は四百九十万円）、国民は冗を節して争って応募した記憶がいまだ胸中に生々しく残っているときだから、「定遠」とその司令官の来訪は、単に友邦の名士がきたという親愛感をもって割り切ることができなかったことも想像にかたくない。当時の一千七百万円は、今日の幾千億円であろう。その公債で軍艦をつくるという国民の意気ごみは、これを今日にくらべ、単に隔世の感という一言で片づけてしまっていいかどうか――。その間、有名なる「三景艦」ができつつあった。

5　有名な三景艦

仏の造船大監ベルタン招聘

三景艦と呼ばれて、当時の国民に「浮かべる金城」とたのまれたのは、「松島」「橋立」「厳島」の三艦であった。そのころの呼び方は一等海防艦であったが、事実は、主力艦隊の中軸となる軍艦であり、それらは、まさに清国の「定遠」「鎮遠」を目標として、これを打ち破るために苦心設計された国民の血の結晶であった。

いかに血を湧かしても、貧乏はなんとも致し方がない。といって、「定遠」「鎮遠」と戦いうる艦を持たなければ、日本国の独立をいかにせん、というせっぱつまった立場にあった。かりに和平を希う開国以来の国策であるとしても、朝鮮問題に対して口出しができず、朝鮮半島が野心ある第三国の手に落ちるのを黙って見ていなければならないようなら、独立の名あって実なきもの、やがてわが独立が脅かされることは必然である。なんとしても、「口を出せる」背景をととのえなければならない。それが前記、明治十六年の建艦計画となったわけだが、それでも巨艦を造るには金がたりない。

そこで、できるだけ安く、できるだけ強く、できるだけ早く、主力艦を整備する方策如何という問題になった。安く、強く、早く、という三つの矛盾した要求にさんざん頭を悩ました後、結局フランスの海軍造船大監ベルタン氏に託することになった。前言したように、横須賀港はフランス人の設計に成った関係で、造船所には仏人の顧問が残っており、そうしてベルタン氏が、いまや「定遠」に対抗する造艦を引き受けることになったわけだ。ついでながら、のちに日本の造艦を指導した佐雙左仲や福田馬之助、近藤基樹ら（いずれも造船中将）は、ベルタンの下で鍛えられた人々である。

エミール・ベルタン氏は、西郷海相が欧米巡遊中にフランス政府と交渉し、最優秀の指導官を得る目標で招聘した仏国海軍の至宝的人物であった。後年仏国が、その巡洋艦にエミール・ベルタン号の名を付した一事をもってみても、同氏の立場と功労とは明白であり、事実わが造艦の基礎は彼に負うところ頗る大なるものがあった。

さて、新艦の大砲は「定遠」よりも大なるを要し、その費用は一隻百四十万円以下なるを要し、完成は明治二十二年中なるを要するという条件の下において、ベルタンはつぎの設計を定めた。

一、大砲は「定遠」の三十センチに対して、三十二・五センチとすること。

一、排水量は四千トンとすること。

一、各艦は巨砲一門を装備し、これを三隻つくって敵の二艦に当たること。

一、速力を「定遠」よりも二ノット以上はやくして、進退を機敏ならしめること。

この設計により、「松島」と「厳島」はフランスで造り、「橋立」は横須賀で国産することになった。なにぶんにも無理な要求に応ずる特殊の設計であったから、「橋立」は難工じつに六ヵ年近くをついやし、フランス製の二艦も回航に難渋を反復しつつ、ようやく明治二十五年に日本に到着した。国民の歓びは大変なものであった。

新聞は「海防の安心」をたたえた。海軍はこの二大主力艦を国民に参観させるために、横浜港につないで後援にこたえるという特別の行事を展開した。建艦公債の話が消えないころであり、また「定遠」「鎮遠」が憎くてたまらなかった当時だから、拝観者は全国から蝟集し、新橋、横浜間の汽車は二本の臨時列車を出したが運びきれず、プラットホームに多くの死傷者が出る一方、徒歩ではるばる鶴見の高台まで行って遠眺する黒山の人に崖崩れが起こり、そこでも怪我人を出すという騒ぎであった。当時の国情民心を語るいきた歴史のひとこまであった。

ところがいざ大砲を撃ってみると、小さい艦に巨砲一門というのは、バランスが取れないのでよわった。「松島」は後甲板に、「厳島」は前甲板に三十二センチ巨砲一門をすえたが、それを左右いずれに回すのも、大変な苦労と時間とを要するのであった。とくに、右舷で戦うべく巨砲を右に旋回すると、艦自体が右舷にお辞儀をしてしまう。そこで水平に撃つにも仰角をかけて発砲する始末であるが、さて発砲すると、その反動で艦首が右にまわり（「松島」艦の場合）、二発を撃つためには、舵を取って方向を左方に正さなければならないことになった（「厳島」と「橋立」は反対）。

つぎに、敵が左方に現われて、巨砲を旋回するような場合は、いよいよ大変だ。まず右舷甲板に重量物を運んで、いったん艦を水平に直したうえ、おもむろに大砲を左方に回し、そこで左に傾いただけ仰角をかけて砲を水平にたもち、それからあらためて距離をはかって、仰角を加減するという騒ぎだ。そこで、これを早く操作することが猛訓練の第一条となったが、いかに熟練したといっても、一時間に何発撃てるかの問題だ。少々荒い横波でもくったら、なおさら始末にいけない。一時間に二発や三発撃っているのでは、照準が定まるころには戦争が終わっているかも知れない。といって、あの費用で、あの大きさで、あの巨砲をつむ作戦上の要求に対して、造船官があたえ得た解答は、まずこのへんが上等の部であったろう。いまはただ、日夜練磨して、可及的短時間に命中弾を撃ち出すのみであった。

それにうながされて、今度は「速射砲」への憧れが将兵の全部を支配するようになった。

幸いにして公債による拡張案が認められ、ここに「天下の『吉野』艦」が颯爽と登場することになった。

6　世界的快速艦の出現
陛下の御寄付と国民献金

三景艦をつくって主力を充実する一方に、英国に注文された「浪速」「高千穂」「千代田」の各艦が、すでに第一線にあったが、建艦の財布はすでに底をはたいて、もはや『速射砲をそなえる軍艦』の要請に応ずる金はない。しかも充実された三景艦の巨砲の威力も、発射速度の遅緩のゆえに、「定遠」「鎮遠」との戦闘に万全を期しがたいとの声が、明治天皇の御耳にも入った。陛下はいたく心配され、明治二十三年三月に、左のような勅語を下された。

朕惟フニ立国ノ務ニ於テ海防ノ備一日モ緩クスヘカラス　而シテ国庫歳入未タ遽カニ其巨費ヲ弁シ易カラス　朕之カ為メニ軫念シ茲ニ宮禁ノ儲餘三十万円ヲ出シ聊其費ヲ助ク閣臣旨ヲ体セヨ

この聖旨がつたわると、国民の上下が感激措くあたわず、わずか数ヵ月の間に、じつに二百三万八千余円という巨額の「建艦寄付金」が集まった。巡査や小学校教師の月給が三円ないし五円の時代だ。その二百万円は、いまの何百億にのぼるか。新聞は、三十銭、五十銭という寄付者の名を掲載するために、連日、一段二段の紙面をさいて、この壮挙を熱援した。いまとは違う、国興らんとするときの新聞の奉公の姿を見る。とにかく、これで二隻の巡洋つ光景である。やがて東亜に覇を唱えようとする国民の進取不屈の精神が、脈々として波う艦がつくれた。

それで、ブラッセー年鑑に誌すところの"The world's fastest warship"(世界最速艦)「吉野」艦が英国アームストロング造船所において進水した。

巡洋艦「吉野」は日清戦争の花形であったばかりでなく、世界の驚異でもあった。四千二百トンの排水量で待望の「速射砲」を十二門搭載した。すなわち、六インチ速射砲四門と四・七インチ速射砲八門を装備し、ほとんど近代の単一主砲主義に近い武装方式を実現したが、世界の驚きはじつはその快速力にあった。ブラッセー年鑑には二十二・五ノットと記載されてあったが、試運転では二十四ノットを疾航し、乗組員が胆をひやし、当時のイギリス新聞にもニュースとして報道されたのであった。

このような快速艦は造れるはずがないといわれた時代に、どうして「吉野」が突如として出現したかの物語は感銘的である。有名なるイギリスの造艦技師ペレットが、日本流にいえば斎戒沐浴、魂を打ち込んで設計した一代の傑作となって現われたのだ。ペレットは親日の英人ではあったが、貧しい国民が二百万円の大金を醵出して建艦するという精神に感激し、「神と相談しながら」一艦よく数艦と戦う「神出鬼没」の新鋭艦をつくることを誓い、経験と創作力とを動員してつくり上げたものである。

当時は、設計後に模型をタンクに浮かべて試験する方法はなかった。科学以外に「勘」をはたらかせる時代であった。二十ノットは出るが、それ以上はどうか疑問であった。試運転で、全速力を出したら、速度計は二十四ノット近くを指した。ペレット技師長は、監督官坂本大佐をかえりみて成功を祝し、「これは、貴国の国民がつくったものだ。ここに青年日本の姿を見る」とかたく手を握った。自分の設計工夫を一言も自慢しないイギリス技師のおくゆかしさを感ずると同時に、ペレットの表現が正鵠を射たことを偲ぶのであった。すでにして「浪速」「高千穂」「秋津洲」「千代田」の四艦が十八ノットの速力をもつ一級巡洋艦であったところへ、あらたに「吉野」がくわわったので、いわゆる「遊撃艦隊」としては、断然、清国を凌駕することになった。過ぐる「定遠」「鎮遠」等が日本を歴訪して、瀬戸内海の風景を叙した報告の中に、「山の中腹を耕すごとき貧窮の小国が、沃野無辺の大清国と事を構うるごときは笑止なり」という一項があったが、その通りの貧しい中を、骨をけずって軍艦をつくり、ようやく速力にまさる一流の艦隊を建設したのである。

そこで速力の問題であるが、日本の軍艦が太平洋戦争にいたるまで、「速力」において、つねに英米をぬいていた五十年の歴史は、その源を、「吉野」「浪速」「秋津洲」の構想に発したことを回顧するのである。すなわち、貧しいから巨大艦は対等につくれない。量においてもおよばない。とすれば、敵と戦って危うければ、戦闘圏外に離脱し、集中によって利を得れば肉薄していく戦法をとるために、機動力のまさった少数の軍艦を持つのが賢明だという結論になる。これがおぼろ気ながら日清戦争のわが造艦政策をみちびいた原則であり、それが日露戦争時の六隻の大巡洋艦政策に引き継がれ、さらに、近代の「金剛」級巡洋戦艦となり、さらに戦艦「陸奥」「長門」さえも、公表速力二十三ノットでありながら、じつは二十六ノットの高速力を秘蔵するような特徴を示すにいたったのである。

貧乏にかかわらず、いちじるしく強かった艦隊は、明治二十三年代の先祖の苦心を、その血の中にうけて成長したものにほかならない。

7　海軍拡張否決と建艦詔勅

全官吏の俸給一割献納

かくのごとくにしてようやく緒についた建艦案は、突如思わぬところで鉄の壁につきあたり、国民総動員に類した海軍拡張の勢いは、いっきょに冷水をあびる事件がもちあがった。明治二十四年、第二議会が、軍艦製造費の全額を削除した闘争がこれである。

建艦費の全額を否定するごときは、今日から見ても非常識の極であり、さらに当時の国際情勢――清国との海上権抗争――から見て、乱暴きわまるものであったが、藩閥官僚にたいする民党の政争は、多年の反感がつもって、ついに軍艦のうえに爆発したのであった。藩閥の専政すでに二十余年、怨みかさなる政党がはじめて議会に相見(あいまみ)えたとき、その最大の武器は予算協賛権であるから、これをふるって軍閥の一角を攻略するに決し、政府が緊要第一として提出した軍艦製造費を、全部削り去るという特攻的突撃を敢行したものである。

二割とか、三割とかいうのではない。全額（七百九十四万円）をことごとく削るのだから酷い。が、政府側もすごい。猛将樺山海軍大臣が予算総会において、「君たちがあくまで反対するなら、議会に大砲を撃ち込んでも本案を通してみせる」という世界一の大暴言をはいて睨みつけたのは、この時である。昭和十三年、陸軍大佐佐藤賢了の「黙れ」なぞは、これにくらべれば空気銃ぐらいのものである。「撃てるなら撃ってみろッ」と議員総立ちの大混乱に議会解散。そこで、これまた有名なる品川内相の選挙大干渉にあったが民党屈せず、新議会はふたたび建艦費を全額削除してしまった。

この間の政情を書いているいとまはないが、そこで松方にかわって伊藤博文の内閣が生まれ、閣僚に明治の元勲全部の顔をそろえてのぞんだが、民党一歩も退かず、第四議会において三度目の「建艦費全額削除」を強行した。時すでに明治二十六年二月である。朝鮮問題をめぐる日清両国の対立は、日に尖鋭の度をくわえつつあり、建艦の必要はいよいよ急を告げるときであったから、政府は頑として査定に応ぜず、憲法第六十七条を援用して、建艦の実行を宣するにいたった。民党は負けていない。衆議院は議長星亨の名において、内閣弾劾の上奏文を奉呈するという非常手段に出づれば、政府は同日、またも議会の解散を奏請し、建艦の貫徹を期するという大騒動になった。

ここにおいて二月十日、明治天皇は閣僚と貴衆両院議長とを宮中に召され、国家の大局から両者の和協を詔訓され、すすんで、つぎのような重大なる申し出を宣された。

国家軍防ノ事ニ至ツテハ苟モ一日ヲ緩クスルトキハ或ハ百年ノ悔ヲ遺サム　朕茲ニ内廷ノ費ヲ省キ六年ノ間毎歳三十万円ヲ下附シ　又文武官僚ニ命シ特別ノ情状アルモノヲ除ク外同年月間其ノ俸給十分ノ一ヲ納レ　以テ製艦費ノ補足ニ充テシム

これはわが海軍の建設史上において、おそらくは最も大きい出来事である。国家公務員の全員が、六年間にわたり、俸給の源泉において一割を建艦に献納するごときは、世界の軍備史に空前絶後の記録であり、さらにそれが国民の納税思想と、海軍思想の上に大きい感化をあたえたことは、当時の新聞紙にもいっせいに特筆されたところである。

かくて政争一日にしてやみ、政府は前年の軍艦製造費七百九十万円をさらに拡大して、「七ヵ年に一千八百万円をもって、戦艦二隻、巡洋艦一隻、通報艦一隻を製造する案」を提出し、それが一日で満場一致可決されたのもおもしろい。これより先、激争解散の議会において、予算委員長河野広中の建艦費全額削除に関する報告演説の中には、「余等もと軍艦製造の必要を認めざるにあらず。ただただ海軍部内積弊累積し（中略）建艦の大事を託するに安んぜざるなり。もし海軍にして十分の整理を遂げ、方針を確立するならば、議会は喜んでこれに協賛を与うべきなり」とあり、民党も国民とともに建艦の急務を認めてはいたのだが、政争の激越なる遂に国の急務を戦術に悪用することになった。

そこに、二ヵ年の空虚が生じた。海軍は大急ぎで戦艦「富士」「八島」をイギリスに注文した。それは十二インチ砲四門をそなえて、「定遠」「鎮遠」と正面から戦うための設計であった。三景艦は彌縫（びほう）の主力艦であって、その後、一門の十二インチ半砲は、訓練に故障が多くて海軍の一つの悩みとなっており、「吉野」の快速と六インチ速射砲はたのもしいが、敵の戦艦二隻には及ぶべくもなく、結局、「富士」「八島」を決断したのだが、それが二ヵ年の政争にはばまれ、それが完成して雄姿を横須賀に現わしたときは、日清戦争はとっくに終わっていた。

かかる経緯があったので、世界海戦史に海上決戦の一つとして記録されている Battle of Yalu――黄海海戦――は、本文がいままで挙げてきた多種多様の軍艦を連合して戦われることになるのである。

8　かくて日清戦争に赴く

艦隊の船団護送の初経験

豊島沖海戦から一週間をすぎて、日清両国は宣戦を布告した。わが海軍の作戦方針として、山本が閣議および参謀本部において、事前に説明したところは、「まず主力の決戦」をもとめることであった。いいかえれば、渤海湾の制海権を確保して、陸軍をぶじに大陸に進めることであった。勝つ見込みがあったのか？

彼は昂然といった。

「いまや『定遠』『鎮遠』も恐るるにたりない。砲力において少しく劣るところはあるが、運動力においては断然まさっている。ゆえに戦法と勇気とによって、彼を撃滅すること可能なり、戦法は従来訓練をつめる方式（単縦陣を指す）を守るべく、勇気は彼に倍すること明らかである。ファラガット（米国の提督）のいえる、『軍艦の鉄量――iron in the ships――は将兵の鉄心――iron in the men――に及ばず』の金言は、わが海軍将兵のひとしく知悉するところである。安んじて形勢を見られたし」

と。そうして第一の仮根拠地を朝鮮南端の長直路におき、ついで西岸の隔音島にすすめ、さらに、大同江口の漁隠洞に進出する計画である。その間、敵の主力をもとめて決戦をここ ろみ、少なくともこれを旅順口か威海衛に追い込んで、仁川港までの護送を行なう。それまでに急を要する出兵は、軍艦の護衛をつけずに釜山上陸を企図する。そうして艦隊の活動海面を拡大しながら、朝鮮西北部への大兵護送を実施しようというのであった。

連合艦隊はこの方針で出撃した。開戦から一週間、朝鮮西岸の隔音群島に仮根拠地をととのえつつ、八方に索敵したが敵影を見ない。飛行機や無線や潜水艦をもって索敵するのとは違う。一に巡洋艦が海上を捜しまわるだけであるから、容易に見つからないのが本当であった。ただ陸戦場が朝鮮の中北部に予定されている関係上、陸兵護送の路線上に会敵を期する公算はあった。

そこで、連合艦隊が決戦をいどむ海面は二つあると伊東は判断した。一つは大同江の沖、他の一つは威海衛。よって、いちはやく第一遊撃隊の四艦を、大同江から大東河口の方面に索敵させたが、ついに敵影を見ない。そこで八月八日、全軍を率いて威海衛に向かった。威海衛は北洋艦隊の根拠地であるから、これを砲撃して艦隊を誘い出し、砲台の射程外に洋上決戦を断行しようというのだ。勇気の点はモウ心配することはない。

敵の砲台群にせまって敵艦隊を誘い出すというのは、相当の荒業であるが、その不利な体形をおかしても、あえて決戦をいどむという闘志は、そのときすでに連合艦隊の名に値するものがあった。敵が港内に敗走する場合に追撃する目的をもって、とくに九隻の水雷艇を率いていったのも、抱負の一端を説明するものであった。しかし砲台と撃ち合った後、その水雷艇を港内に侵入させてみると、わずか三隻の小さい砲艦が島かげにあるだけと判明して、艦隊はむなしく引き揚げた（開戦第一日にも同様の誘出攻撃を行なった）。

が、陸軍はいつまでも待ってはいられない。山本にしたがえば、火急を要する出兵は、まず対馬水道を小出しに輸送することであった。連合艦隊が、長直路または隔音島に進出した後はこの水道は軍艦の護送なしで安全と考えられた。そこで野津中将の第五師団は、この水道に裸輸送をこころみ、七月二十二日から八月十五日までの間に、戦時師団の約半数を陸揚げした（釜山に八千八百、元山に二千二百名）。ところが、朝鮮の狭い悪道路の進軍は、戦闘自体よりも苦しく、なんとしても北鮮の戦場近くまで、海上輸送の絶対必要なことを再認識した。

はじめ大本営の作戦計画では、すみやかに海上権を制した後、大軍を直隷湾頭に輸送し、天津を中心とする直隷平野において、いっきょに決戦を指向する案であったが、時機が延びたために計画を変更し、まず朝鮮に大兵を集め、遼東半島を進撃して、旅順口を攻略することを第一期作戦とすることになった。

一方に連合艦隊は、長直路から大同江口までの朝鮮南岸を七十パーセント制圧したので、陸軍の要請を勘案して、大軍の護送を引き受けることになった。まず、立見旅団の十一隻を仁川に送ったのち、八月十二日、第一軍司令官山県有朋、第三師団長桂太郎らの乗船した船団三十隻を護衛して仁川に向かった。これ、わが艦隊主力が陸軍の大船団を護送した最初の経験であり、先鋒には第一遊撃隊が二隻ずつ両翼をかため、「松島」以下の主力六艦がこれにつづき、後陣には第二遊撃隊の六艦がつらなり、船団は二列縦陣となって、陸岸側に位置し、艦船あわせて五十三隻、列の長さ三カイリ半、粛々として進んで、黎明、仁川港外にいたる。「八重山」「海門」の二艦これを迎えて航海のぶじを祝った。

いまは平凡に見える護送も、このときはわが海陸軍の初経験。一夜眠らずに航した陸軍の将兵は、山県、桂以下ひとしく艦隊の価値に感謝した。

第三章　黄海の海戦

1　清七、日三の世界の賭博

戦争の大局を決する海戦

黄海海戦が、六十二年後に、長々と脚光をあびることはタイムリーでなかろう。しかし、司令長官伊東祐亨中将にたいし、世界の言論が"Admiral of the Yalu"の名を贈り、あるいはまた"Yalu Ito"の敬称を呈した史実は、日本がはじめて戦った海上決戦の特異性を宣揚するものであって、自ら連合艦隊と不可分のつながりを持つものである（Yalu は鴨緑江の名であり、同海戦は鴨緑江沖で戦われたので世界名はヤルー海戦となっているが、日本では黄海の海戦という）。

黄海海戦――現代の人には、その名も忘れられているであろう制海権争奪戦が、ひろく世界の話題となった理由は、いくつもあった。

第一は、二十八年間にわたって平穏無事であった世界の海上に、久しぶりで大海戦が生起したことである。交戦国の主力艦隊決戦は、墺伊リッサの海戦後たえてなく、その間に進歩した軍艦の戦術とが、今回の戦争でどんな作用を演ずるかが注目されたこと。

第二は、英のホーンビイ元帥をはじめ、各国の権威ある提督ならびに軍事評論家が、つぎつぎと論評を発表し、長い期間にわたって、言論界のはなばなしいトピックになったことだ。コロム、フリーマントル（英）、マハン（米）、ウェルネル（独）、ローラン（仏）、ウィトゲフト（露）等の有名な提督による批判のほか、著名なる論文は、少なくとも三十八編をかぞえたこと。

第三に、清国に七、日本に三の勝算を賭けた世界が、開戦二カ月を経ないあいだに、全然反対な勝敗を見せつけられたこと、等はその主なるものであった。

こうした角度から黄海海戦を振り返ってみることは、かならずしも死んだ興味を無理に引き立てるものではなかろう。

「清七、日三」は世界の賭けであったが、それは海軍の場合にも同じように通用すると考えられた。

中には、絶対に日本海軍の勝利を予言した米国のベルナップ提督のような人もあった。提督は、わが艦隊の訓練や演習を目撃した体験から説き起こして、

「日本の艦隊運動は、じつにみごとに指揮されている。将兵の軍律は厳しく、その責任におもむく勇気はおどろくべきものがある。小国なりといえども、彼らはすぐれた素質と勇気とをもって、他のアジアの諸人種をはるかに凌いでいる。もしも、同等の艦隊をもって、イギリスの提督と戦わしめたなら、余はその勝敗を予断するに苦しむものである。いずれにしても日本は、東洋において英国のもっとも恐るべき競争相手となることはあきらかだ。日本の海軍は、やがて恐るべき海軍になろう」

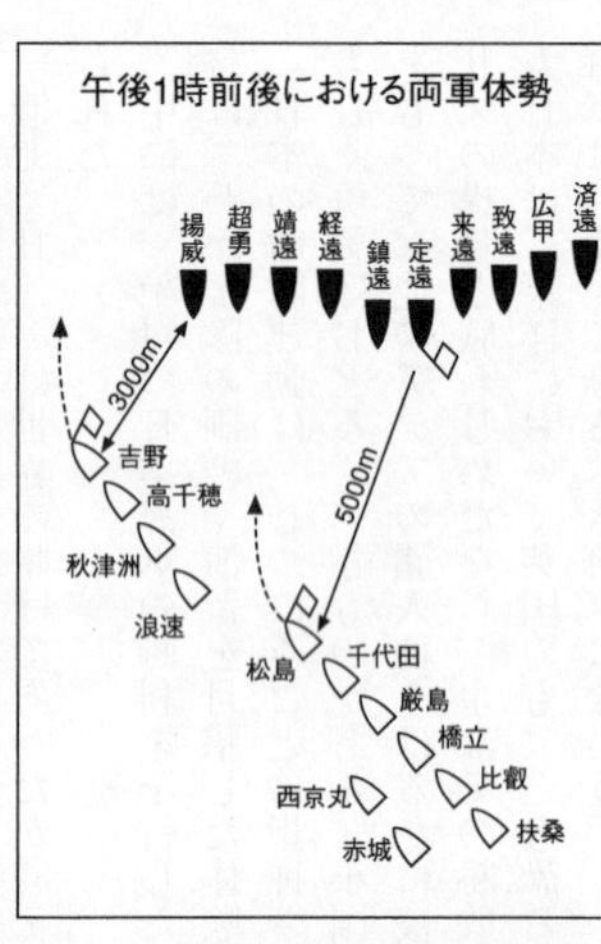

と論じ、無気味なる過賞を呈したが、黄海海戦後、十一月十四日のニューヨーク・サン紙上において、さらに詳説して予言の的中をよろこんだ。が、これは本当の例外であって、戦前の海戦予想は、大部分が「定遠」「鎮遠」の二大甲鉄艦を中軸とする清国艦隊の優勢を認め、日本の無鋼装快速艦（「吉野」）が、どんな太刀討ちをするかが見物である、といった程度であった。

伊東司令長官は、艦隊を指揮する経験と技量とにおいて第一人者であり、坪井、相浦両少将がこれにつぐものと定評されていた。だから、何人も伊東が連合艦隊の長官たることを怪しむものはなかったが、性格は、どちらかといえば自重派の人であった。

ここでまた、山本大佐が登場するのだが、彼は西郷海相の賛成を得て、樺山軍令部長の現地派遣を策し、樺山の猛進的性格を利用して、伊東のたらぬ点を補うことをすすめた。一方には、山県が前首相、枢密院議長の閲歴をもって、あえて第一軍司令官を引き受け、朝鮮の戦線に出陣するのであるから、海軍もその最高指導者を戦場に派するという含みもあったろう。

そこで樺山に「参謀官」という名義をもって、八月上旬、戦地の巡察を請うことになった。

目的は巡察であるが、伊東とともにあって「戦略」の相談にあずかり、あるいは指令する場合も予想したが、「戦術」はあくまで艦隊長官に一任するという条件である。いわば樺山の闘志と、伊東の戦法とを合わせて、制海権の早期獲得を狙ったものである（樺山の留守中、大本営の方は、山本の片腕角田大佐をあたらせた）。

樺山は旗艦に乗らずに、汽船「西京丸」に乗った。裸の汽船もどうかというので、四インチ砲を一門と機銃三門をつみこんで、これを「仮装巡洋艦」と号した。二人は、「松島」と「西京丸」を往復して軍議した。すでに第一軍の上陸援護をすませて護送一段落となった機会に、樺山はさっそく海上決戦を主張し、伊東これに賛して索敵決戦に出撃することになった。二十七年九月十六日である。

2　両軍主力艦隊の遭遇
決戦陣形の完全な対立

なんとしても今月中には、「定遠」「鎮遠」と勝負をつけようという意気ごみである。それなら渤海、直隷の沿岸を全面的にさがそうというので、一週間のスケジュールをもって大連、旅順、太沽、山海関、牛荘（ニューチャン）、威海衛の順に回ることになった。航程一千百カイリ、当時としては一大遠征。石炭を咽喉までつめて、九月十六日の夕刻にチョッペキ岬（北朝鮮の西岸）を出撃した。

はじめから決戦体勢をとって弱艦をともなわず、第一遊撃隊の「吉野」「高千穂」「秋津洲」「浪速」を先陣とし、主力本隊として「松島」「千代田」「厳島」「橋立」「比叡」「扶桑」がつづいた。すなわち「六四艦隊」の陣形である。それに、沿岸および港湾偵察用として、吃水の浅い砲艦「赤城」をともない、また情況視察のために、樺山軍令部長の乗船「西京丸」を随航させた。航海力その他戦闘力の関係で、他の軍艦十余隻と水雷艇とは朝鮮沿岸に残された。

前記十隻が連合艦隊の決戦兵力であった。ただ、「扶桑」と「比叡」とは明治十一年竣工の古艦で、速力も十三ノットにとどまり、わが艦隊の特徴である機動力をはなはだしく欠いたけれども、しかし艦の中央部に甲鉄帯を装備したのは、この両艦と「千代田」の三隻だけであり、したがって「不沈性」は、「松島」や「吉野」よりも強大だという計算で、主力戦隊にくわえられたものである（事実は十ノットの速力しかなく、黄海海戦の艦隊運動の上に邪魔となったことは、のちに書く通りである）。

これこそ天佑というのであろう、出撃の翌日、すなわち九月十七日の午前十時二十三分、第一遊撃隊の旗艦「吉野」の檣上見張員は、海洋島の東北東、秋晴れの水線に一条の煤煙をみとめ、すすんで十一時三十分、数条の煙を確認して「敵の艦隊東方に見ゆ」の信号を揚げた。

伊東長官は即刻、隊形を群陣から単縦陣にあらため、「赤城」と「西京丸」を右側より左側に移し、檣上に大軍艦旗をかかげて、全員を戦闘配置につかせ、敵の方向に十カイリの速力で進み寄った。遅速艦をともなうので、これ以上は走れない。その間、早飯を給して腹ごしらえをすませ、一時間以内に起こるべき両軍全力決戦の準備を終わった。当時の戦記には、十一時ごろに全員が昼飯をすませたことが、例外なく書いてある。太平洋戦争中のレイテ海戦第二日（昭和十九年十月二十四日）に、敵機の連続空襲のために昼飯の暇なく、夕刻前に全員が疲労困憊したという物語とあわせ考えて興味がある。

正午、清国艦隊の十隻が、後翼単梯陣（単横陣）を張って進んで来るのをみとめた、奇しくも十隻同数の対戦である。旗艦「定遠」と「鎮遠」の二大艦を中心に、左翼の「来遠」「致遠」「広甲」「済遠」をすえ、右翼に「経遠」「靖遠」「超勇」「揚威」の四艦を列べ、横一列の陣を張って速力七ノットで迫ってきた。はるか右方に「平遠」「広丙」および三隻の水雷艇が、大東溝（大洋河）から戦場に来援中であり、午後零時五十分の発砲時には、挿図のごとき体勢であった。

清国北洋艦隊の主力は、九月十六日に陸軍を大洋河口に上陸援護し、これを終わって沖合いに仮泊中、われと邂逅したものである。あらゆる記録を徴すれば、敵の長官丁汝昌もまた日本艦隊との早期決戦を希求し、朝鮮西岸の海上権を掌握して、日本の陸軍補給を遮断しようと志していたのだから、わが連合艦隊を発見するや、「好敵ござんなれ」と進撃してきたことは疑いをいれない。

敵の単横陣は、「定遠」「鎮遠」「平遠」「経遠」等の主砲が前甲板に装備されているのを、全力動員するためでもあったが、当時は単横陣も戦法の一つの型であり、日本艦隊の単縦陣も対立する、兵術思想の両極であった。十九世紀末の海軍界は、決戦陣形として、単横陣（line abreast）と単縦陣（line ahead）との可否の論争がさかんであったので、黄海海戦における両軍の陣形は、専門家の真剣な注目をひいたのであった。

日本艦隊

艦名	排水量	砲力	速力(ノット)
松島	四二七八	三二センチ―一	一六
厳島	四二七八	三二センチ―一	一六
橋立	四二七八	三二センチ―一	一六
扶桑	三七七七	二四センチ―四	一三
千代田	二四四〇	一二センチ―一〇	一九
吉野	四二一六	一五センチ―四	二三
浪速	三七〇九	二六センチ―二	一八
高千穂	三七〇九	二六センチ―二	一八
秋津洲	三七〇九	二六センチ―二	一八
比叡	二二八四	一七センチ―二	一三
赤城	六二三	一二センチ―四	一〇
西京丸	四一〇〇	一二センチ―一	一五

清国艦隊

艦名	排水量	砲力	速力(ノット)
定遠	七三三五	三〇センチ―四	一四・五
鎮遠	七三三五	三〇センチ―四	一四・五
来遠	二九〇〇	二一センチ―二	一五・五
経遠	二九〇〇	二一センチ―二	一五・五
靖遠	二三〇〇	二一センチ―三	一八
致遠	二三〇〇	二一センチ―三	一八
平遠	二一〇〇	二六センチ―一	一一
済遠	二三〇〇	二一センチ―二	一五
超勇	一三五〇	一〇センチ―二	一五
揚威	一三五〇	一〇センチ―二	一五
広甲	一二九六	一五センチ―二	一五
広丙	一〇〇〇	一二センチ―三	一七

他に水雷艇三隻

なお、当日の両軍決戦参加艦艇の要目比較を掲げると、表の通りである。

3　つねに単縦陣を布くべし
わが伝統戦法の発祥を見る

戦闘の模様を詳しく書くことはやめる。ただ、日本の海軍が、生まれてはじめての海戦をいかに戦ったかについて、日本の後継者が記憶する値打ちのある諸現象だけをひろってみよう。

遊撃隊の司令官少将坪井航三は、異名を「単縦陣」と呼ばれていた。彼は、当時の戦略第一人者をもって容易に人に下らず、伊東が連合艦隊の長官となって、自分がその下で司令官になるのは、戦術力量からは逆だ、と自覚していた。任命に際し、西郷は、坪井が受けるかどうかあやしいよ、といったが、山本は請け合って、彼を麻布の私邸に訪問して口説いて、承服させたものである。

前述したように、横陣と単縦陣の論争は、世界的であり、日本のみが例外ではなかった。しかして横陣を可とする理由の一つに、「衝角戦法」があった。自艦の艦首をもって敵艦の横腹に突き刺して撃沈する方法だ。文字どおりの体当たりである。もちろん砲戦が主体であるが、途中、戦い不利となった場合、混戦の機を見て突進衝撃を断行するには、横陣が便利だと主張するのだ。

そのいきた手本が、墺伊戦争におけるリッサ海戦で実演された（一八六六年七月）。艦隊兵

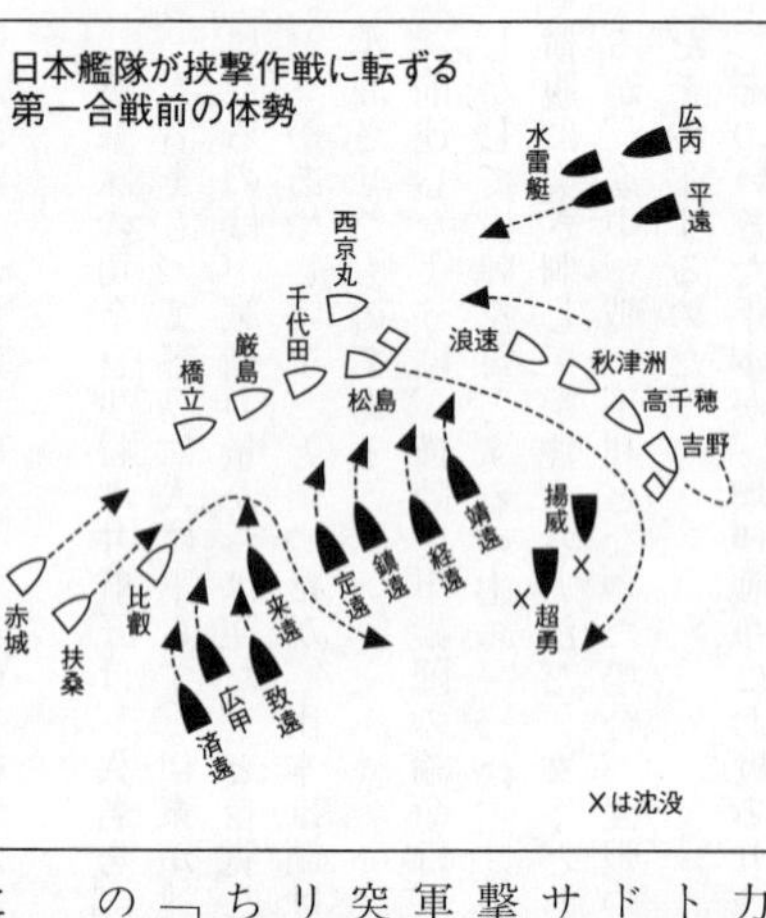

力はイタリアの方がはるかに優っていた。オーストリアの艦隊は、三列横陣をもってリッサ島（アドリア海）に向かって来た。イタリアの長官ペルサノは単縦陣に展開して、いわゆるT字形で迎え撃ち、砲戦はすこぶる有利に進んでいたとき、墺軍の年若い勇敢なる長官タゲトフ（四十三歳）は、突然、全速力をもって突進し、伊の旗艦ルｰ・デタリア号の中腹に衝撃して、真ッ二つに爆破し、たちまち敗勢を勝利へと逆転してしまった。それは「タゲトフ精神」の名において、海軍将兵の勇気の手本とたたえられたものである。

この精神が日本に謳歌されないわけはない。現に筆者が海軍省の記者になったころ（一九一五年）も、幾度かタゲトフ精神を聞かされたほどである。まして明治二十年代の日本海軍の突撃思想と、またさらに、「定遠」「鎮遠」は日本の大砲では沈めることができない、と考えられていた事実に徴しても、衝撃に便利な横陣論が、相当の信者を持っていたことは、想像に難くない。

ここで両陣形の得失を論じているいとまはない。ただ、坪井の主張は一つの見識であった。「『定遠』沈まずとすれば、これを沈める必要はない。艦上の敵兵を射掃して皆殺しにすれば、すなわち『定遠』なきにひとしい。うまくいけば、そのまま分捕れるではないか。自分の軍艦も沈む覚悟で衝撃するのは邪道である。戦闘員を殺傷して戦闘力を奪うのが最善であり、それには、艦隊操作と速射砲の活用とが肝要である」と説くのであった。

つまり、艦隊の運動を便ならしめるには、絶対に単縦陣を可とし、また、片舷の全砲を用いて敵艦に集弾するにも好都合である。自分はいかなる場合にも単縦陣をもって戦う――この主張を十年来力説したので、「単縦陣」のあだ名がついたのだが、伊東長官もこれには同意見であり、かくて黄海海戦は、終始一貫「厳正なる単縦陣」をもって戦われたこと、図示する通りである。

これよりさき、七月二十五日に豊島沖の海戦あり、坪井の率いた「吉野」「浪速」「秋津洲」の三艦が、敵の三艦「済遠」「広乙」「操江」と戦ってこれをやぶり、「操江」号を捕獲し、同時に前章記述の高陞号撃沈事件を起こした一戦は、なまなましい記憶であった。しかしこの海戦は、坪井艦隊の絶対優勢の下に戦われたので、勝敗ははじめから明らかであった。

今度の海戦はちがう。主力全軍の決戦であり、名にしおう「定遠」「鎮遠」が真ン中にひかえている。のみならずほとんど大部分の将兵にとっては、これが海戦の初陣である。闘魂燃え、血汐は逆流し、砲手の手足は武者ぶるいした。午後零時五十分、「定遠」は「吉野」にむかって第一弾を放ち、各艦これにならって集弾してきた。距離五千八百メートル。一瞬にして五十発以上が「吉野」の周辺に落下した。このとき、「吉野」の檣上にひるがえった幾条の信号は、

「厳正に単縦陣を守れ。速力十四ノット」「三千メートルに迫ってのち発砲せよ」「まず敵の

右翼を撃破せよ」

等々であった。零時五十五分、「吉野」まず発砲して三艦これにつづき、一時十四分までの第一合戦において、敵の右翼二艦「揚威」および「超勇」に、はやくも致命的打撃をあたえたのであった。

4　腹背から挟撃する戦法

火災頻発になやむ巨艦「定遠」

四時間半にわたる海上決戦が、ほとんど同一の海面で戦われたことは、黄海海戦の一つの特徴であるが、それは、わが連合艦隊の二群が、敵の周囲を挟撃的に運動し、敵はただ方向を左右に変えながら、遅速力で応戦した結果である。

極端にいえば、敵艦隊は土俵の真ン中を緩慢に左右に移動し、日本艦隊は前後を縦横に疾駆して腹背から攻撃したのであった。この二つの単縦陣をもってする転回運動のために、敵は艦首を変じて応戦する間に、陣型を乱して重なり合い、いちじるしく発砲の自由をさまたげられた。

改正されたばかりの敵の信号（英語を用いた）は、全軍に不徹底であったので、開戦の直前にこれを中止し、「三大基本戦術」なるものを指令した。

（1）同型艦は共働し援助せよ

（2）つねに艦首を敵に向けよ

（3）旗艦の運動に注意せよ

これは「定遠」に坐乗した戦術顧問ハネッケン（ドイツの将校）の報告によって明らかとなったものだが、これによれば、敵は十二隻の軍艦を一艦隊と見ないで、おのおの独立した戦闘単位とみとめ、はじめから整然たる艦隊運動を期待しなかったものである。したがって、わが両戦隊の挟撃にあって陣列が錯乱し、集中戦法などは思いもおよばぬ結果となった。これわが第一遊撃隊の四艦が、開戦十分の間に、敵の右翼二艦（「超勇」「揚威」）に集弾して、それに大火災を起こさしめ、おりからの東風に黒煙全艦隊をおおって、士気を沮喪させたのと好対照をなした（両艦はまもなく沈没）。

「鎮遠」に乗っていた作戦顧問米国海軍少佐マッギフィン氏は、一八九五年八月、センチェリー誌上に詳細なる海戦記を発表した中で、「日本艦隊が終始一貫、整然たる単縦陣をまもり、快速力を利して自己の有利なる形において攻撃を反覆したのは、驚嘆事であった。清国艦隊は、いきおい守勢に立ち、混乱せる陣型において応戦するほかはなかった」と述べている。

まさにその通りであった。単縦陣による攻勢作戦は、海上決戦の初舞台において、日本の提督に「驚嘆」の辞を贈るのに十分であった。本文にはさんだ作戦運動の図は、ある時間における代表的な形を描いたものであるが、要するに、あまり運動しない敵群を外方からつつみ、往復しながら攻撃を反覆し、十九世紀における機動海戦の標本といわれるにいたった。

艦隊運動とともに、世界の戦評をにぎわしたのは、日本艦隊の「速射砲」と、その命中率であった。「定遠」「鎮遠」の有名な十二インチ巨砲は、もちろん日本艦隊を苦しめた。「鎮

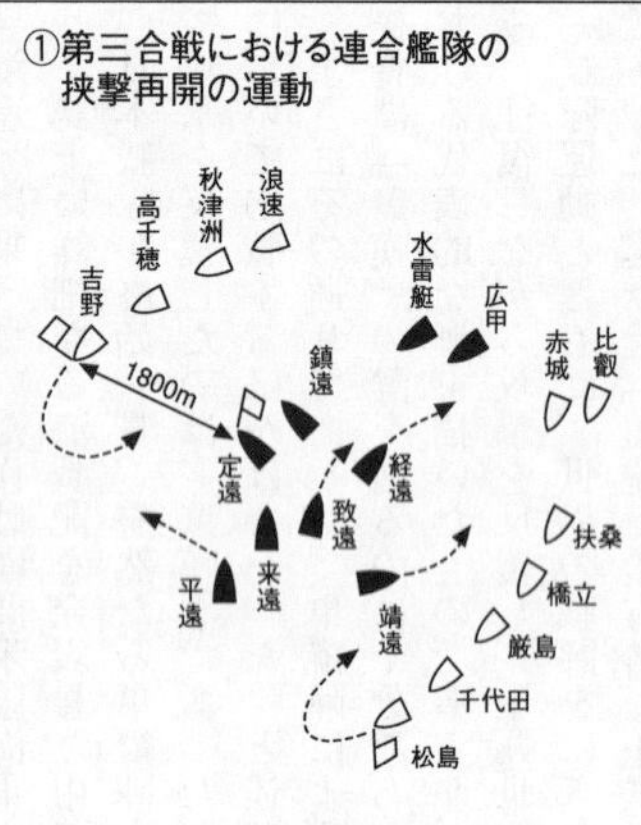

①第三合戦における連合艦隊の挟撃再開の運動

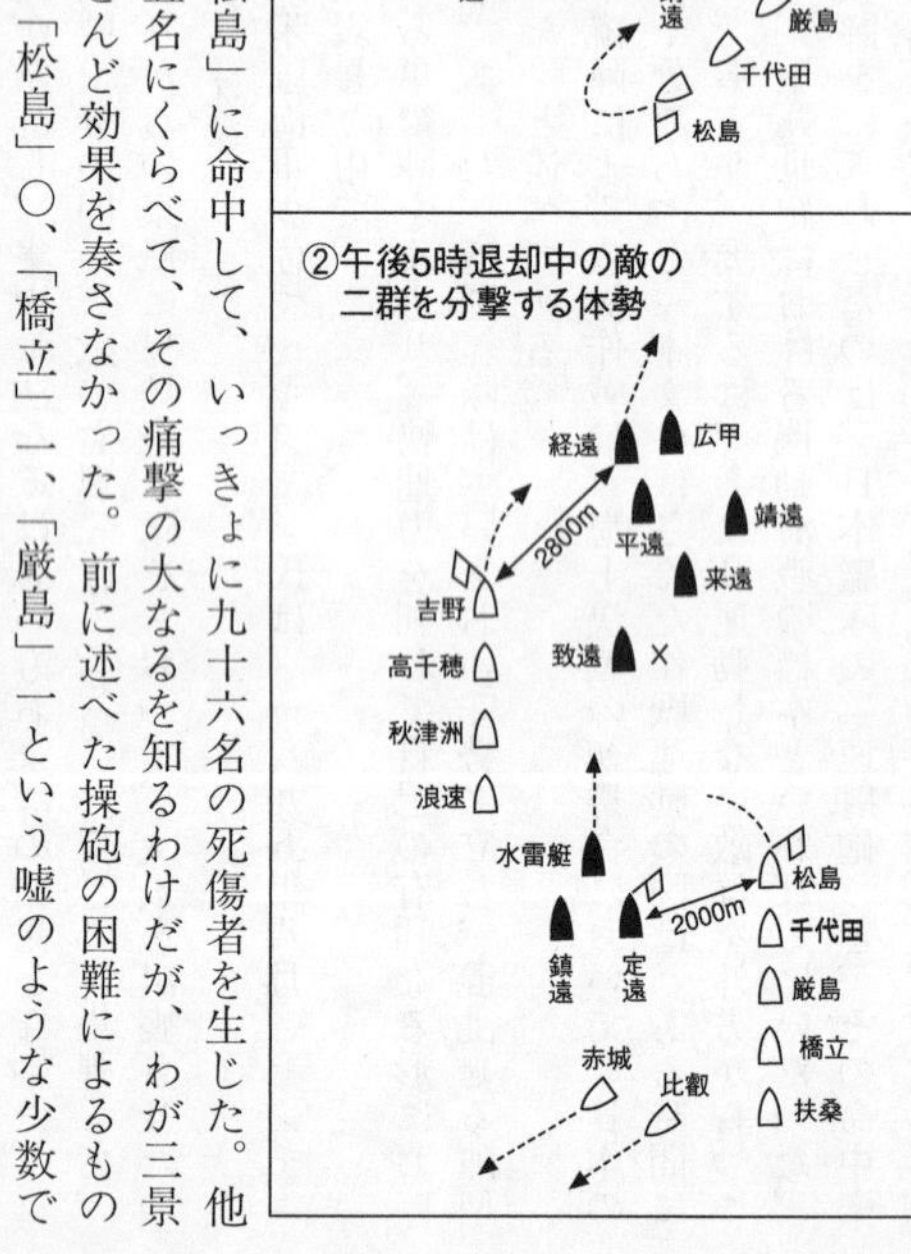

②午後5時退却中の敵の二群を分撃する体勢

遠」の放った一発は、旗艦「松島」に命中して、いっきょに九十六名の死傷者を生じた。他の十一艦の死傷者合計百八十五名にくらべて、その痛撃の大なるを知るわけだが、わが三景艦の十二インチ半巨砲は、ほとんど効果を奏さなかった。前に述べた操砲の困難によるもので、実戦中に発射した弾数は、「松島」〇、「橋立」一、「厳島」一という嘘のような少数であり、しかも、それが命中して敵に損害をあたえたという記録は残っていない。

もちろん、三景艦の三門の十二インチ半主砲は、敵の「定遠」「鎮遠」を狙い撃つはずであったが、敵を眼前に見て、悠長かつ面倒なる巨砲の操作をするわけにいかず、それを捨てて、艦側の四・八インチ砲のみを撃ったのである。当時少尉で、「橋立」に乗っていた舟越楫四郎氏（のち中将）の追想によれば、戦前の演習では三十二センチを射撃して全艦震動し、故障が起こりがちで困ったことを憶えているが、黄海海戦では撃った記憶がない。たぶん故障を心配して使わなかったのではないかと思う。撃ったとしても一発か二発で、他は眼の前の敵に速射砲をたたきこむのに夢中であったという。「定遠」に命中しているわが砲弾は百五十九発、「鎮遠」には二百二十発の多きにたっしたが――おどろくべき集弾である――しかし、鋼板を四インチ以上貫徹したものは一発もない。だから、この二大艦は二百発という砲弾をこうむりながら、旅順口に帰り得たわけだ。ただ、両艦とも、たびたび火災を起こして戦闘力を中断されたのは、命中率のよいわが速射砲の威力によるもので、それが敵将兵の戦意をくじくうえに大きい作用を演じたことは争われない。なかんずく、「定遠」の火事は容易に鎮火せず、完全に消えたのは旅順口に逃入したのちであった。敵艦「来遠」のごときは、二百二十五発も被弾した。彼は、交戦実動時間二時間弱であったから、一分間に二発ずつ連続被弾した計算となる。これでは、大砲を撃っているいとまがない。そこで「速射砲」が世界海軍界の論題になったのである。

5　連合艦隊の初陣の大勝

敵軍は再出撃の戦意失う

黄海海戦において、日本の連合艦隊は意外なる大勝をあげた。世界はひとしく「意外」とし、わが大本営もまた、これほどの快勝が得られようとは予期しなかった。全国都町の市民は、提灯行列を催して心から戦勝を祝った。

十二隻の敵艦隊は四隻（「経遠」「致遠」「揚威」「超勇」）が撃沈され、一隻（「広甲」）が擱坐後破壊されて、七隻が旅順口に敗走した。日本は旗艦「松島」と「比叡」「赤城」が損傷して修理を要したほかは、戦闘力を完全に保有し、その夜も威海衛方面に追撃決戦を計画して出動している。敵は全艦が相当の修理を要したばかりでなく、将兵の戦意はまったく挫折し（顧問ハネッケン報告）、ふたたび日本艦隊と海上に相見える（あいまみえる）ことが困難になった。すなわち、海上権は大半日本の手に握られたようである。海上決戦の勝敗は、これ以上に明らかなことはない。

が、そのころ、日本と清国とに対する世界の〝ひいき〟は五分五分であった。清国に味方する評論は、これを「引き分け」といった。その証拠に、伊東司令長官は、五時半に戦場を引き揚げている。これは自分の方も損害が多く、これ以上の勝負を諦めたためであると説くのだ。事実、第一遊撃隊はなお敗走中の敵の六艦を追撃中であり、坪井司令官もさらに一時間は戦う意欲を持っていたのを「呼び返された」ことは明らかだ。この点に「追撃不充分」の非難は残るであろう。黄海海戦の一つの小さい遺憾は、「あと三十分の最終攻撃」を断念したところにあると言えよう。

伊東長官がジェリコー提督とまったく同じ理由をもって、戦闘を中止したのはおもしろい。一は、英のジェリコー提督は、ジュットランド英独主力海戦（一九一六年五月三十一日）において、独の潜水艦を警戒して、日没後、追撃を中止し、翌日の砲戦に期待して敵を逃がした。伊東もまた、敵が水雷艇（三隻）をもっていたので、夜間雷撃を警戒したこと、二は、翌朝の砲撃決戦を行なうために、暗夜、離れて追跡したことであった。そうして英の大艦隊が撃滅の機を逸したように、わが連合艦隊でも、敵の大半を旅順口に逃がしたのであった。

ところが、ジュットランド大海戦で、ドイツは英国よりも軍艦の沈没数は少なかったが、巨弾による艦上の被害は甚大であり、その結果、将兵は英の大艦隊には「勝ち得ない」という敗戦心理におそわれ、その後、二度と北海に出航せず、海上権は英国に移り、したがって英軍の勝利という結論になった。黄海海戦の場合は、それよりもはるかに明白に、戦闘自体のうえでも――艦隊の被害――連合艦隊が勝っているのだから、大勝利を疑う理由は少しもなかった。

そこで、その大勝利の原因如何（いかん）が、世界の話題となるわけだ。いくつもある中に、私は日本の前述来の国民の苦心――「定遠」「鎮遠」に対抗する建艦――をかえりみて、「大砲の戦い」を取り上げたいのである。

戦勝の一大原因は、わが速射砲の榴弾がおびただしく命中して、敵の甲板をおびやかし、兵員を殺傷し、火災を頻発させ、発砲力を減殺したことである。敵艦を撃沈する威力をもつ大口径砲（十二インチ以上）は、清国の八門に対して日本は三門であり、さらに発射速度と利用率とから見れば十対一にもおよばず、また八インチ以上の大砲では、清国の二十一門に対して日本は十一門であった。すなわち、巨砲を主戦兵器とするならば、日本は清国の半分、というよりも実力では三分の一以下であった。

ところが、それ以下の中小口径砲は、清国の百四十一門にたいして、日本が二百九門とまさっており、なかんずく問題の速射砲にいたっては、比較にならないほど日本がまさっていた。「松島」以下の三景艦のごときも、十二インチ半砲は飾りのようなもので、主兵器は四・八インチの速射砲十二門であった。「世界の快速艦」といわれた「吉野」は、六インチ速射砲四門と、四・七インチ砲八門を装備していた。かくて、連合艦隊の速射砲数は七十六門であったのに対し、北洋艦隊には新式の速射砲はぜんぜん装備されていなかった。これ日本艦隊の被弾数百四十発に対し、清国艦隊のそれが、無慮千二百発以上と推算される理由である（残存艦だけで七百四十九発）。

ここにおいて、マハン提督の有名な言葉が生まれた。それは、「重砲は砲数の少なきを意味し、砲数の少なきは弾数の少なきを意味し、弾数の少なきは命中の少なきを意味す」というのである。マハン提督（米国）は、海のクラウゼヴィッツ（ドイツの戦略家）といわれた海戦略の権威であり、その多くの著述は、わが兵術思想の上にも大きい影響を持った名将であった。もちろん、軍艦の大口径主砲の価値は認めていたが、速射砲が副砲として著大なる戦果をあげた黄海海戦の実績にかんがみ、主砲偏重をいましめて、「艦上砲力のバランス」を主唱したことは、世界の造艦政策に一大感化を及ぼしたのであった。

6　勇敢なる水兵の出現

軍艦「比叡」の単独敵陣横断

英の海軍中将フリーマントル氏が、黄海海戦をあらゆる角度から論評した長論文は有名であった。そのなかで中将は、赤穂義士四十七士の物語をのせ、いまにいたるも泉岳寺の墓前に香煙を絶たないのは、日本人の義心と勇気とを表徴するものであって、黄海海戦は、古来の戦訓たる「勝敗の根底は軍人の道義心に存す」という一条を如実に説明した、と書いている。

旗艦の「松島」が「鎮遠」の巨弾をこうむって大損害をうけたとき、伊東長官はその惨憺たる現状を見舞った。血と死体の中から瀕死の水兵がなかば身を起こして、「長官ご無事でしたか」と、その足にすがりついた。伊東が、「祐亭(すけゆき)はこのとおり無事だから安心せよ」と肩に手をかけると、「長官がご無事なら戦さは勝ちです。万歳」と、かすかに叫んで息絶えた実話は、当時ひろく伝えられた主従一心の決戦物語であるが、同様の悲壮な光景は他にも数多くあった。

さきに、『連合艦隊の最後』の緒論で回顧した「勇敢なる水兵」の歌詞もまた、佐佐木信綱博士が、「松島」艦上の他の情景をたたえたものであった。瀕死の三等水兵三浦虎次郎が、向山少佐（副艦長）にすがって、「まだ『定遠』は沈みませんか」と問い、「定遠」の戦闘不能に陥ったのを聞くや莞爾として瞑目した物語は、明治時代はもちろん、大正の前期までも、小学校の唱歌に採用されて、あまねく愛国心をやしなう好個の資料に供せられた。

（注）この海戦直後、修理のために「松島」が佐世保に帰り、副長向山少佐が、行きつけの本屋に立ち寄って水兵戦死の雑談をした。本屋の主人は東京の二、三新聞の通信員を嘱託されていた。彼は感激して通信を送った。その新聞記事を見て、若い歌人佐佐木君がただちに感激の歌詞を一夜でつくった。それが「勇敢なる水兵」の名歌である。

国民義金の建艦も、艦隊運動も、砲撃の精度も、大きい勝因に相違なかったが、燃え立った愛国心と勇気とが、兵術思想のいまだ若かった時代には、とくに大きい勝因に数えられるのであった。海戦は機械力の戦闘であるが、この時代には千メートル前後に迫って撃ち合い、また衝撃戦法も一戦術とされ、いわゆる舷々相摩す式の戦闘が演ぜられたのだから、勇気は一つの決定的要素であり、この点で日本艦隊の力は一流のものであったろう。

軍艦「比叡」の突撃乗り切りのごときも、この勇気の代表的運動として、外国まで伝えられたものである。同艦は遅速力（実際は十ノット前後）のために、「松島」以下の本隊に遅れがちであり、午後一時すぎ、本隊が敵前を通過して後方に迂回する運動に同行すること不可能と見るや、艦長少佐桜井規矩之左右は、最短距離を通って本隊に合するため、一転して敵の横陣の真ン中に突進した。すなわち、挿図（九十二ページ）に示すようにである。驚いて避ける「定遠」と「来遠」の中間を縫い、さらに左に転じて「靖遠」と「経遠」の中間を縫い、近道をへて本隊に追いついたのであった。これは非常識なほどの猛勇として、ハネッケン報告中にも特筆されているところである。軍艦のラグビー戦と思えば、その光景を描けるであろう。

清国の艦隊にも勇将がいなかったわけではない。「経遠」の艦長鄧世昌が、戦勢非なりと見るや、突然、艦首をめぐらして、「吉野」を衝撃すべく突撃し来り、百メートル前方で第一遊撃隊の集中砲火に撃沈されたごとき、あるいは水雷艇「福龍」の艇長蔡廷幹が、「西京丸」に突進して四十メートルにせまり、前後三回の魚雷攻撃を敢行せるがごとき（あまり接近して発射したため、水雷は「西京丸」の船底を潜り、樺山軍令部長は助かった）、敵ながら勇猛なるを感嘆せしめたが、それらは巡洋艦「済遠」艦長方伯謙や、「広甲」艦長呉敬栄らの卑劣怯懦なる行動によって抹殺され、世界の論評は、清国兵が臆病で、とうてい日本軍の敵でなかったことを断定した。

「済遠」は横陣の最左翼に位置していたが、開戦劈頭、数弾をこうむるや、ただちに艦首を転じ、となりの「広甲」をさそって旅順口に逃走してしまったのである。「鎮遠」艦長林泰曾（事実は参謀長格）、これを憤って航路前方を射撃したが、方艦長は傍目もふらずに遁走した。残った七艦が翌朝、旅順口に入港すると、「済遠」は無疵で安閑と待ち構えていた。豊島沖では自分ひとり善戦したのだから、今回は勘弁してもらいたいといった格好だ。軍律は厳しい方ではなかったが、さすがに赦されずに銃殺されたが、かかる行動は、日本では落語の人物にも採用されない非常識と怯懦の見本であった。大体において、「定遠」「鎮遠」の自信と、豊島戦報復の戦意もあって、緒戦は相当に戦ったが、漸次、龍頭蛇尾に陥った。日本将兵の方がはるかに勇敢であったことだけは、マッギフィン顧問さえも戦況報告中に確認したものである。

かつて北洋艦隊が、英海軍ラング大佐を顧問として訓練をつんでいた間は、英国流の海軍思想に養われていたが、政争私闘のために、ラング大佐を解雇（明治二十三年）して後は、軍律ようやく緩み、砲塔の前で非番の将兵が賭博を遊ぶほどに堕落し（フリーマントル中将論文）、かわってドイツの砲兵少佐ハネッケンを海軍顧問とするに及んで（はじめは築城のために招聘）、戦術的にも実力低下をまぬがれなかったろう。黄海敗戦後は、急に英国の船長マックルーアを少将の格式で聘したが、マックルーアは、ついに水兵の戦意喪失を救い得なかったことを告白している。

くわうるに清国政府は、豊島沖海戦後は極度に軍艦の喪失をおそれ、丁汝昌提督にたいし、「山東角燈台より鴨緑江河口まで一線を引きたる線外に出動すべからず」と厳命し、艦隊の自由活動を制限したほどだから、汝昌長官も、とうてい断乎たる作戦実施はできなかったわけだ。八月中のわが陸軍輸送にたいし、ぜんぜん挑戦の気配もなかったのは、かかる不合理なる命令があったためで、日本が「将兵の鉄心」――アイアン・イン・ザ・メン――に鞭うって、早期決戦を命令していたのと雲泥の差あり、黄海の勝敗は、その最高指導者の意気ごみの上にも決定していたと言えるであろう。

7 処女地への大軍上陸掩護

敵艦再出撃に関する内紛

連合艦隊の全軍が掩護し、一個師団半を上陸させるのに十五昼夜を要したのは、有史まれに見る難上陸であった。海軍も陸軍も、完全に疲れてしまった。万一、その背面海上を清国艦隊に襲われたら、大敗をこうむったに違いあるまい。

大本営は、大山大将を軍司令官とし、山路中将の第一師団と乃木少将の第六混成旅団を金州半島に陸揚げし、年内に旅順、大連を攻略する方針を決めていた。ところが、そのころの日本には、清国の詳しい地図なぞはなかった。どこへ上陸していいのか、ぜんぜん見当がつかない。海軍は参謀連を派して、沿岸を踏査させた結果、鴨緑江と旅順の中間に「花園口」を見つけて、十月二十四日から上陸を開始した。が、ここはいわゆる港ではなくて、ようするに花園河口の小漁村。風があれば停泊不能。潮が干ると数カイリが砂浜だ。ようやく陸揚げを終えると、今度は陸上の道路が酷くて雨天は軍馬も不通だ。そこで、海上を北進して貔子窩港を上陸地点にしたが、これまた大同小異だ。やむなく冒険して、警戒区域を大連湾まで拡張し、そこに塩大澳という良好なる上陸地点を発見した。爾後、武器糧食の陸揚げには、塩大澳を利用することになったが、これらの苦心経験が、十年の後、日露戦争において、最初から作戦計画の中に組み入れられて、進軍日程を編成し得ることになるのだ。いまは平凡なる仕事も、多くは先人が苦心開拓した難業であったことを回想、感謝すべき一例として掲げておく。さらに、連合艦隊が沖合い仮泊になやんで、八方に泊地をさがしまわった結果、東方数マイルの海上にある長山列島中に良好な錨地のあることを発見し、それが十年後に、東郷艦隊の旅順封鎖戦の根拠地になったことも忘れてはならない。

さて、ここに重大な問題がのこっていた。それは「定遠」「鎮遠」の再出撃であった。旅順に逃れてからすでに一ヵ月半。修理もすんだであろう。その二隻の「不沈戦艦」を中心とする艦隊が、わが上陸難業中に「殴り込み」をかけてきたら、それは、太平洋戦争における栗田艦隊のレイテ湾殴り込みなぞとは、比較にならない合理性を持つものだ。清国の艦隊はこの無二の好機をいかに逸したか。

清国、人なきに非ず。李鴻章は、早くも九月二十四日（わが大本営の金州半島攻略決定の日）、司令長官丁汝昌にたいして、「倭国もし陸兵を送って直入することあらば国家の大事なり」といって、艦隊の出動牽制を命令している。これにたいする汝昌長官の返事は、「前略——会敵すれば兵力不足にして、いたずらに彼の勢威を揚ぐべく、接戦すれば艦を失うて、国威さらに減ずるを恐る。一挙力戦、身をもって国にむくい、艦人ともにほろびて昌が責もまた尽く。これ望むところなりといえども、単に已れを屑くするにとどまって、毫も国家を益するところなからん。かえりみるに、日本は一万二千トンの甲鉄艦二隻（「富士」「八島」をさす）を建造中にて、明年竣工せんとす。われは二隻ないし四隻を要し、また巡洋艦も八隻を添増し、おのおの日本の『吉野』より優等なるを要す。国家百年の計は海軍を薄弱ならしめざるにあり。請う天下の財を湊合し、なお外債をつのりて必成を期されたし」

と、ゆうゆうたる返事をしている。その後、二回にわたって出撃をうながした後、スパイ第二報が日本の輸送船団二十隻、大同江口に集結するを伝えたので、十月四日付で四回目の出撃をうながして曰く、

「前略――六艦を早く海上を遊弋し、彼をしてわが艦隊の作戦可能なるを知らしめば、敵の運兵船は傲然深入りするを得ざるべし、決してわれより戦さをまじゆるを要せず、敵もまた、後方を遮断さるるをおもんぱかって、しいて争うことなかるべし。しかるに、わが艦隊の蟄伏は何故ぞ。兵を用ゆるの道は虚々実々。汝らよくこの意を体せよ」

と、すなわち、「決戦を避けつつ牽制する」戦略を指示した。二日後には北京の総理衙門から、また十月九日には李鴻章から、合わせて六回目の催促である。

艦の修理いまだ全からず、また自身の損傷もいまだなおっていない丁汝昌は、雨とそそぐ出港令と譴責とに対して憤懣やるかたなく、長文の陳述書を李鴻章（直隷総督）に送り、政府に対する不満と、自分の決心を一緒に爆発させた。政府に対しては、

「無事の日にあっては軍艦製造の需費を整備せず、しかして有事に際すれば、ひとえに進剿

の命をつたえ、彼我の衆寡をはからずして一意接戦を促すのみ。勝算を操るの術なき誠に愧ずべきなり」と論難した後で、「しかるに、李閣下のみは独り情形を洞知して、われより戦さを尋ぬべからずと諭さる――感激惜く能わず」といい、十月十八日、「定遠」以下の全艦隊を率いて出港し、翌日、威海衛に入った。

伊東長官はその後、全艦隊をあげて威海衛にせまること両三回におよんだが、敵は出て来ない。汝昌は軍港に拠って戦意の再興をはかっていた（黄海海戦の心の傷を治す）。その間に、驚くべし、旅順口が一日で陥り、戦局は急転して威海衛に移り、そこで史上有名な水雷戦が生起するのである。

第四章　威海衛の水雷戦

1　敵の二大根拠地を奪う作戦

海陸協同作戦の第二次展開

大本営の方針は不動であった。直隷平野における野戦決戦がそれであった。そこで決勝を遂げたのちに、北京城下の盟いという段取りである。

決戦の時期は四月中旬と予定されていた。軍の防寒装備と運動の活発という条件から策定されたもので、いわば春季攻勢である。ところが、旅順口が予定より一ヵ月も早く陥落したので、時間の空白ができた。この戦争の余白をどうするかが大本営の問題となった。兵隊を戦地で五ヵ月も遊ばせておくのは百害のもとである。すでにして内地では、黒木中将の第六、佐久間中将の第二師団も動員ずみである。

一方に、太沽から洋河口方面における冬期の上陸は、いちじるしく困難であることが判明し、軍は剣銃の向け場を失った。

そこで海軍は、敵の艦隊に決戦を強制し、渤海、直隷の両湾を完全に支配する方針を定め、その手段として、陸軍をもって威海衛砲台を背面から攻略し、敵艦隊を洋上に追い出すことに協定された。

また上陸地点さがしがはじまった。十二月下旬から一月にわたる冱寒強風の季節に、第一、第三遊撃隊の各艦は候補地を捜しまわった。その間に、わが軍艦が出会った外国の軍艦は、英艦「アンダウンテッド」「クレッセント」「ジブラルタル」「スパルタン」米国軍艦「ボルチモーア」ほか二隻、仏、露おのおの一隻であり、あたかも国際観光艦の面前で戦争をしている姿であった。そのために、危うく大事故を起こしかかったことさえあった。

あたかも旅順口攻撃が開始される少し前に、哨戒中のわが第二水雷艇隊の四隻は、旅順、大連間の島かげに、薄暮、一大軍艦を発見したのでただちに突進し、四方から魚雷を擬して二百メートルに接近し、司令の号令を待つところまで行くと、艦上からさかんに汽笛が鳴り、大音声でアメリカ、アメリカと叫ぶらしい合唱がきこえ、同時に檣上に大きいアメリカ国旗が掲げられ、それに探照燈が照射されたので、当方も驚いて襲撃体勢をといた物語がある。その軍艦は、米国巡洋艦「ボルチモーア」号であった。同艦は探照燈を照らしたために、清国の砲台から発見され、さんざんに背面から撃たれて危機に陥ったという。

常識からすれば、必死の戦場に、各国の軍艦が横行するなぞは考えられないことであるが、当時の日本と清国の国際上の地位から見れば、厭味ひとついえなかったのが実情であった。そのころ、日本の軍艦は、敵の軍艦には一回もあわないで、外国の軍艦にだけ何回も出会っている。戦争がやりづらかったことを想像するにかたくない。

さて、威海衛攻略のための陸軍上陸地点は、山東角をまわったところの栄城湾と決まり、まず大山司令官の第二軍を大連湾から輸送することになった。直隷湾の湾口九十カイリを横切るのである。そして四十余隻の船団が三隊に分かれ、一日おきに航行するのだが、それは敵艦隊主力が碇泊している威海衛の前を横切るのであるから、考えようでは一大冒険であった（第一回は艦隊が護送したが、後の二回は無護送）。

日本の艦隊ならもちろん見逃すはずはない。艦隊の存在理由が許さない。百歩をゆずって、主力艦隊は日本との会戦を自重して待機するとしても、奇襲用の水雷艇七隻を有し、それらは日本水雷艇と同型であって、外洋に出撃することができる。だから、無護送の日本船団を夜襲しないという法はない。

彼に少しく敢闘の精神があったら、直隷湾頭の裸横断は、常陸丸の悲劇を十年前に現出していたかも知れない。

五分間以上は水中に浮かびえない渤海湾の真冬の海を、平気で乗り切った船団の胆もふとかったが、威海衛港外を睨んでいた連合艦隊の自信も、すでに完全に敵をのんだものであった。

軍艦の出動は、たびかさなる戦闘回避の事実から、これを軽視しえたとしても、夜間、水雷艇の船団奇襲は、なかったのが不思議だ。はたせるかな、水雷艇左隊二号の艇長李仕元中尉は、司令艇「福龍」の艇長蔡廷幹と連名で、汝昌長官に水雷艇隊の奇襲出撃を提案して、不許可となった事実がある——。

しからば、上陸地点栄城湾の敵は如何。わずかに一中隊程度の陸兵が丘から発砲したが、「八重山」「磐城」の砲撃にたちまち敗走し、一月二十二日から無抵抗で全軍陸揚げがはじまり、二十六日には、先鋒はすでに威海衛にむかって進撃を開始した。

2　清国陸海両将の反目
艦隊の勇将、毒をあおいで逝く

わが陸海軍は、力をあわせて威海衛の攻略と敵艦隊の撃滅にとりかかった。十二月十六日の大本営命令には、「敵の艦隊を撲滅すべし」と書いてある。仕事も荒いが言葉も荒い。が、軍の協力は兄妹のように進捗して、花園口以来、満点であった。鬼参謀といわれた藤井茂太少佐が、栄城湾で感謝の暗涙をもよおした物語さえある（藤井は、日露戦争には第一軍の参謀長）。

ところが清国は、海陸軍が抗争に終始した。日本軍の威海衛攻略の意図を知った丁汝昌提督は、清国陸軍の無能を知っているので（難攻不落といわれていた旅順要塞を一日で放棄敗走したのがいきた証拠）、砲台の守備は海兵にゆだね、陸軍は出でて敵を険路に扼することを李鴻章に申請した。その理由に、「各砲台は容易に日軍の手に落つること旅順口のごとく、しかして備砲は逆に味方の軍艦を破壊する武器となること明らかなり」とある。これを聞いて、要塞司令官戴宗騫は烈火のごとく憤り、李鴻章に答申して、「砲台の守備はすこぶる堅なり。戦わずして陸兵を撤するがごときは、擾乱あるのみ。爾今、汝昌の容喙を禁遏されたし」と罵る。

三日の後に、最堅の砲台竜廟嘴があやしくなった。軍港を砲撃し得る位置にあるので、汝昌は戴司令を訪うて、事前に備砲を撤去するよう懇談したが、頑として応ぜず、辞し去ったおとの翌日、砲台に日章旗がひるがえり、つぎの日には、湾頭の東口砲台も陥って、艦隊いよいよ危険となる。汝昌はたまらない。そこで、さらに近いところにある西口砲台の備砲破壊を申し入れると、さすがの宗騫も苦諾した。よって英人顧問メロース以下を派して破壊準備を終え(薄暮)、翌朝、海兵三十名を赴かしめたところ、驚くべし、清国陸兵はその破壊用の電纜(コード)を、夜中に切断して逃走していた。余儀なく他の一名の米国顧問ホーウィー氏を急派し、西口各砲台の大砲を傷つけ、ようやく使用不能として引き返すという始末であった。

眼前に敵を見ながら、こんな内輪喧嘩をしていては、第一に道義の神様が許すはずがない。陸岸の諸砲台はつぎつぎと陥り、艦隊は劉公島(港内の一島)の陰にひそんで、かろうじて呼吸するような有様となった。

この時までは、丁汝昌は出撃決戦の意志を喪失してはいなかった。ただ新兵員の未熟と、艦長らの闘志減退とを憂え、十月十九日には、日夜砲術を訓練することを命じ、かつ弾薬燃料を十分に整備して、火急の出航に応じ得るよう諭告している。いっぽうに軍港規律令を公布し、「逃兵を稽査し、滋事を禁止し、奸匪を密緝し、もって地方を静謐ならしめよ」と訓示している。軍律かたむいて良将ひとり悩む光景が目に浮かぶ。

ところが清国政府は、丁汝昌が旅順の急を救わなかったという理由で、罰として位一級を下げ、今後軍功があれば復するという条件で留任させる一方、威海衛の軍政顧問にドイツ人ネルゼン、艦隊顧問に英人マクルーアを特派し、三者協力して威海衛を死守させることにした。

のである。

そこで汝昌は、軍港の防備計画に没頭中、日本軍の栄城湾上陸と軍港への進撃に直面した。いくたびか艦長会議が開かれた。汝昌はいまは独断命令しないで、衆議をもって進退を決することにした。すなわち海上に出撃して日本艦隊と勝負をこころみるか、あるいはかたく軍港を守るかを論議したところ、衆議は劉公島に拠って軍港を死守する方針に決定した。論議に、もし汝昌の片腕とする勇将林泰曾（「鎮遠」艦長）がいたら、あるいは出撃一戦の段階をへてしかるのちに、軍港を死守する方略に決まっていたかも知れない。黄海で最後まで力戦したのも彼であったし、旅順口応援を主張したのも彼であったからだ。この岳飛の再来といわれた林泰曾は、十二月十八日、港外巡航訓練の帰途、西口の機雷標を避けようとして、暗礁に乗り上げて艦底を傷つけた。威海衛には修理ドックがなかった。旅順口には完備していたが、いまや日本軍の手中にある。

責任を感じた彼は、その夜、毒をあおいで自殺してしまった（明治二十四年の日本訪問のとき、各所の宴会において花柳界の女性たちは、彼を包囲して離さなかったというほどの男らしい人物でもあった）。

林艦長は、将兵の戦意挫折に失望、憤慨していた自棄的理由もあったようだが、いずれにしても、その死は清軍には落雷の打撃をあたえた。彼を片腕とたのんできた汝昌長官が、戦意の一半を失ったことは想像に難（かた）くないし、また、「戦さは林艦長に学べ」と公認されていた模範の闘将を、艦隊存亡の危機に失った全軍の落胆は大きかった。もはや、艦隊がふたたびわが連合艦隊と見（まみ）える日はあるまい。

3　不完全きわまる国産魚雷

郡司大尉と鈴木貫太郎艇長

敵艦隊が絶対に出てこない以上は、それを撃滅する途は、水雷艇を威海衛港内に潜入させて、雷撃戦を強行するほかはない。ここに日本の「特攻作戦」第一号が出現する。

いまは、水雷艇の夜襲といっても、それは危険をおかす強行作戦くらいに感じられる程度であるが、当時の攻防施設から考えると、まさに決死隊の特攻にほかならなかった。

水雷艇の排水量は、「親玉」と呼ばれた「小鷹」号の二百トンを例外として、他の二十余隻は五十トン内外であった。気のきいた河蒸気船の方が大きかった。それで渤海湾の荒波を乗り切ったのであるが、転覆するにはあまりに小さかったとでも言えるだろう。それに将兵十六名が乗り組んで、不完全な水雷を武器として死闘をつづけたのだ。

艇内の生活自体がなみたいていではなかった。第一に便所の設備はない。小さい甲板から板を二枚舷側に差し出し、前を布でさえぎって用を足すのであるが、浪の高い日、寒風凛烈の日、その光景は、読者が最もおかしく、また最もみじめに想像しても、それに過ぐることはない。が、そんな生活苦は問題にもしなかった。問題は、あたえられた魚形水雷が完全かどうかということであった。もらった魚雷が、果たして真ッ直ぐに走って、目標に当たるものかどうかは、一度試験をすましておかないと不明であった。水雷艇にとって、これより心細いことはない。

そのころの魚雷は、一直線に走る保証はなく（縦操舵器が墺人オブリイによって発明されたのは明治三十二年）、左傾するか右走するか、あるいは何十メートル進んだ後に、左右いずれに曲がるか、またその曲がる角度はどの程度か。野球の投手がサインを間違えてカーブを投げれば、一回のパスボールで終わるが、敵前必殺の魚雷が、大きくドロップして艦底をくぐり抜けたり、あるいはアウトカーブをつづけて、左方の味方を撃ったら大変だ。現に左旋回の癖のある魚雷が、数十メートル走ってから、カーブをつづけて自艦にもどって来たような例はいくつもあった。

だから、兵器部から供給されたらまず自分で試験をして、その魚雷の癖を確認し、左傾か右傾か中道かをテストしたうえで採用——いや採用は命令であるから、その癖を確かめて受領し、マークを付して大切に保蔵しておかねばならない。ゆえに、入庫試験は死活的重大事である。ところが試験中に魚雷を沈めた艇長があって以来、原則として試射を許さない方針が決まった（沈めたのは自分で捜してひろいあげる規約になっていたが、遂に見当たらぬ事件が両三回に及んだ）。

そのころの魚雷は、銅製で非常に高価であった。「天皇陛下のご寄付だゾ」「国民醵金の結晶だゾ。喪失は許さぬ」と叱られたら、それに抗議する軍人は一人もいなかった。

日本が、墺国からシワルツコッフ式魚雷を買ったのは明治十七年。その製造を開始したのが二十四年だ。一年間苦心して、ようやく成功し、それからは全部国産品でまかなえるので祝杯をあげた。しかし、射程は三百メートル内外で、「百メートル程度までは真ッ直ぐに走るはずだから、その心得で使え」という心細いものであった。それで、戦争に出ていく艇長らは、心配でたまらない。軍港の専任参謀をおがみたおし、内密で試験を行ない、各割り当てられた魚雷の偏射角度を調べあげ、マークをつけて出撃した。

ところが、さらに驚いたのは、威海衛戦の直前に魚雷の爆発度を試験してみたら、度合どころか、当たっても爆発しない。頭部の信管が馬鹿になっていることがわかったのだ。湿度の関係かどうかわからないが、爆発しない魚雷では、敵艦に当たっても、軟球のデッドボールでしかない。艦隊の大問題になったのは当然である。といって、内地から取り寄せるのでは、眼前の作戦に間に合わない。

鳩首凝議の結果、巡洋艦「浪速」と「高千穂」が、英国から帰るときに英国製の魚雷と信管を仕入れて所持していたので、その信管を取りつけて試射することになった。すると、轟然爆発して一同が歓声をあげた。さっそく、日本製の信管を全部取りはずし、英国品に取りかえて、勇躍戦場に向かったという秘話がある。何物にも「舶来品」といわれた時代の代表的事例であり、また和製の武器が、量的にも質的にも、はなはだ不十分であった軍需品困窮の一例でもあった。

軍需品困窮といえば、第三水雷艇隊は、第一着手として、威海衛の防材を破壊することになったが、艇隊には爆薬がない。艦隊に交渉すると、各艦みな少量の配給割当しか持っていないので分割はできぬ、自分で工面せよ、という返事である。たまたま第六号艇長鈴木大尉(貫太郎大将、のち首相)が、柳樹屯に郡司大尉を訪ねて品不足の笑い話をすると、太ッ肚の郡司(端艇で千島移住をこころみて有名な人)は——予備から現役にかえって兵器庫係長を勤務中——「よし、ここに分捕りの綿火薬があるから持って行け」と信管、雷纜一切を合わせって渡してくれた。みな舶来品である。それで防材を破壊したのも、小さい秘話の一つである。（しかも分量が不足で、破壊は不十分であった）。

4 英艦心配しつつ見学
防材を腹ばいに乗り越えて

夜襲決行の命令は、一月三十日に水雷艇隊にくだった。その夜、風浪が高いうえに、零下三十度という寒気。五十トンの水雷艇は、一波をかぶって二波が襲う間に、はやくも甲板が凍り、わらじばきの水兵も歩くことができない。のみならず、水雷発射管の管口に氷柱が下がるという難況である。

将兵屈せずに進撃したが、襲撃はおろか、航行があやしくなり、かろうじて中途から栄城湾にに帰港した。その帰航中、背後に見なれない大きな軍艦が追尾してきた。イギリスの大巡「エドガー」号であった。栄城湾に入って艦長は語った。

「今夜はよもや出撃しないと思った。あの激浪で、二、三隻はおそらく転覆すると思った。六十度くらい傾くのはたびたびであった。覆ったらすぐに助けようと思って、万端用意してついて来たのだ。明晩はしッかりやりたまえ」

「エドガー」号の艦長は親日家で、伊東司令長官の知己であり、その許可を得て、水雷攻撃の見学に行動中のものであった。真夜中の三時ごろ、威海衛港外から陰山口の海上を遊弋して、わが水雷艇隊の夜襲を観戦しようと待機していた勉強は、海の王者のいわれを語るものであった。

明くれば風浪冱寒にくわえて雪をまじえ、軍艦が凍るような騒ぎだ。白綿をかぶった満艦飾は美しい景色であっても、戦争の姿ではない。これほどの寒さで水雷が発射管から滑り出すかどうかを苦心検討しつつ、天候の回復をまった。

二月五日、風やんで出撃。第二艇隊（藤田少佐）、第三艇隊（今井大尉）の合計十隻は、午前三時半、月落つるのを待って、魚貫して港口にせまる。小艇が一列ですすむ姿は、魚貫の字につくされるが、その小魚が、まもなく大鯨をはむのは、恐ろしい決闘である。第一艇隊（餅原少佐）の五隻は、威海衛の西口に待機し、敵艦が東から逃れて来たら撃とうという作戦だ。

防材は破壊したはずだが、不十分であった。その防材はドイツ人技師アルベルト・ネルゼンの設計したもので、わが海軍の防材常識をはるかに超越した堅牢無比のものであった。だから、破壊口からの侵入よりも、前夜発見した秘密出入口を手探りのように捜して突入することになった（付近に電気機雷多し）。時間はせまる。各艇が防材に接して突入口を捜しているとたん、第十四号艇は、後ろからきた大波に押されて防材に乗り上げ、驚いている間に、つぎの波で前方に乗り越えてしまった。これ天佑とばかり、波乗り式に防材に突進しながら乗り越えたのが、他に二隻あった。

（注）防材の上を腹ばいに乗り越えたのは、翌日の第二回襲撃の時であった、という記録もある。が、いずれにしても、手段を選ばずに、港内に突入して行った各艇隊の武勇の一つであった。

これよりも、敵艦にどこまで迫って発射するかが問題であり、前夜の艇長会議では、かなり激しく論争された。慎重論者は三百メートルで、敵に発見される前に撃つといい、中間の二百説が飛び、また百メートル以内の肉薄が叫ばれた。中には五十メートルならどんなヘボ魚雷でも当たるから、五十歩百歩で、そこまで迫れという主張が出た。結局、百メートル以内で、各艇長の判断決行に任せるという結論になった。六、七十メートルなら、近ごろ流行のゴルフの下手が、最短距離用のクラブ（ニブリック）で、らくにとどく距離だ。方向の偏斜また同じ——。それはとにかく、目と鼻の間だ。もっとわかりやすくいえば、肩の悪い外野手の球が、らくに本塁にとどく距離だ。暗夜とはいいながら、それほど近寄って水雷を撃とうというのは、特攻精神以外の何物からも生まれない闘志だ。憎い「定遠」「鎮遠」を沈めようとする日本国民の総念願を一つの魂に結集して、文字どおり必殺の突撃を敢行するものであった。

港内は真ッ暗闇であった。当時の警戒法としては、いっさいの燈火を消して、静まりかえっているのが常識であったろう。港内は東西が四カイリ、南北が五カイリという広さ（ただし三分の二は浅い）。その東口は三カイリ弱、西口は一カイリ弱で、その幅いっぱいに防材を敷いて第一の護りとしていたのだ。すこぶる大規模であるが、本来なら、水雷艇をして交代にその付近を不断に哨戒させるのが、敵としては常道であったろうが（敵は日本と同型の水雷艇七隻のほかに、艦載水雷艇を四隻持っていた）、それらも消燈静坐して動かなかった。対岸の砲台はすでにわが陸軍に占領されて、ただ劉公島の四つの砲台が艦隊の掩護に利用し得る状態であった。その島の前面に、二十隻近い艦艇が安住の地を求めていた。

これから、世界海戦史はじめての、水雷艇隊の夜襲が敢行されようとするのだ。それは、英艦「エドガー」号の見学に十二分に値するものであった。

5　世界最初の水雷夜襲

「定遠」を撃破した大戦果

威海衛戦が世界的に有名になった理由は、それが有史はじめての水雷夜襲戦だからである。魚形水雷は一八六八年、英のホワイトヘッド技師によって発明され、それを専門に利用する水雷艇は、一八七三年、おなじくソーニクロフト氏によって創作された。しかし、両者を実戦に駆使した元祖は、日本の海軍であった。多くの戦術は、先人の伝えたものを改善して近代化する。ひとり、威海衛水雷戦は、わが海軍の創作にかかる。だから航法も戦法もことごとく独自のものであった。第二、第三の両艇隊が東口から潜入して雷撃すれば、敵は西口に脱出するであろう、そこに第一艇隊が待ち伏せていて止めを刺す、という構想は、あるいは武田信玄のいわゆる啄木の戦法に由来したのかも知れない。

十艇魚貫して防材にいたり、港内に入ったら一列横隊に展開し、隊伍をととのえて進撃し、百メートル以内にせまって魚雷を発射したら、各艇みな右方に旋回し、ふたたび魚貫して港外に出る――という攻撃法の打ち合わせであった。が、演習ならそれは整然と行なわれるであろう。ところが生死の戦場。しかも暗闇では、机上論は成り立たない。まず初動において、防材を越すときに早くも陣列が乱れ、襲撃突進は各艇バラバラとなり、撃って帰る者と、これから行く者とがすれちがう場面となり、右旋回も左施回もめちゃくちゃになってしまった。第六号艇は約束どおり旋回すると、目の前に真ッ黒な巨艦があって回れない、あわてて左に回るとたんに、味方の一艇と艇側を激突するような事故も起こった。

帰り途の一艇が、「お前の前方にデッカイのがいるぞッ」とおしえられ、「ヨーシ来た」と前進してみたら、あんがい小さい帆船であったので（迫っても発砲しない）、水雷がもったいないと思って撃たずに帰る艇もある。中には発射しようと思ったら、管が氷のために故障して、撃てずに引き揚げたのもある。

第二十二号艇は襲撃を終わって帰る途中、暗礁に乗り上げてしまった。艇長はキャンパス・ボートで数名を六百メートルの対岸に送り、二回目を送る途中で転覆して、多くは凍死した。すでに夜が明けて、敵はさかんに砲撃し、わが砲台は応戦している。艇長が行方不明なので、二隻の僚艇が救いに急行した。艇に上がって調べると、艇長福島大尉はブランデーを一本たいらげてイビキをかいて寝ていた。それから「福島の胆には毛がはえている」という噂話がにぎわった。毛がはえている、という流行の俗語は、すでに五十数年前にあった。言語学はあまり進歩していない。

余談は措き、わが水雷艇はほとんど各自単独に強襲をおこなったこと前述のとおりだ。襲撃を知って合図の火箭があがると、敵艦は瞬間的に探照燈を点じて猛撃をくわえてきた。各艇に、二十発ないし六十発の小銃弾が当たったところを見ると、相当の射撃ともいえるが、致命傷となったものはなかった。「定遠」に乗っていた顧問英人テイラーの報告によれば、「定遠」が敵襲を知って上甲板から凝視したときは、日本の水雷艇二隻が、すでに二百メートル以内にせまって、なお白波をあげて突進しているときであったという。

さらにテイラー報告によれば、それから一分もへないうちに、「定遠」の艦底に轟音が起こり、かつ激震を感じた。すぐ防水扉の閉鎖を命じたが、そのときには、海水が昇降口から噴出し、間もなく機関室と士官室に氾濫しはじめた。そこで錨鎖を切って南航して、浅瀬に擱坐して転覆をまぬかれたという。

その時につかった魚雷は、口径十四インチ、爆薬二十一キロ、速力八ノット、射程三百メートル、横舵のついていない創造時代のものであった。太平洋戦争時のわが世界一の魚雷は、口径二十四インチ、爆薬五百キロ、速力三十六ノット、射程四万メートルという隔世の差だ。

その不完全魚雷で、暗闇で艦が見える近距離へ迫って(五十~百メートル)撃ったのだ。が、何艇が何艦を撃ったのか判らないし、命中したかどうかも判然としない。とにかく、魚雷が横へ曲がらない距離まで突進し、撃って引き返したのだ。

旗艦「松島」以下、首を長くして陰山口で待っていた。そこへ早暁各艇は帰って来たが、さて敵艦を撃沈したという報告は一つもない。伊東長官は報告を聞き終わるや、「チェースト」と叫んで、後ろを向いてしまった。「チェースト」はそのころ流行した感嘆の俗語だが、薩摩ではこれを反語に用いて冷笑することもあったから、その意味の「チェースト」であったろう。いずれにしても、じつに愉快なる伊東の人間が現われている。

また、「魚雷は撃ちましたが、命中は不明でした」という報告は、太平洋戦争中の大戦果報告にくらべて涙ぐましい正直さであった。「定遠」の撃破――これこそ大戦果――は、翌日になって竜廟嘴砲台員が、「定遠」の錨地移動と擱坐とを遠望して、はじめて知って驚いたのであった。かくて夜襲第一戦に、第一級戦艦を雷撃して、世界のレコードをつくった。水雷戦は日本の得意とか、夜戦はわが海軍の自慢であることは、太平洋戦前にひろく伝えられたが、その海軍の先輩は、不完全きわまる兵器をもって、初陣にかくのごとき功績をあげたのである。

（注）水雷による軍艦撃破は四年前（一八九一年）、チリの軍艦「ブランコ」号（千トン前後）が、沿岸遊弋中に、アルゼンチンの軍艦に撃たれた記録はあるが、「定遠」とは比較にならない。

6　第二次夜襲に敵は戦意崩壊

上崎兵曹の割腹と忠魂碑

五日午後、各艇長は相会（あいかい）し、「オイ、今朝は『定遠』をやッつけたんだそうだ。長官のところに行って、チェーストをお返ししよう。ついでに『鎮遠』をやらしてもらおうじゃないか」と欣喜雀躍の最中に、長官から命令が伝達された。「『定遠』を沈めたるは功労なりといえども残艦なお多し。よって今夜、引きつづき夜襲を強行すべし。餅原隊は東口より進入して攻撃せよ。藤田、今井の両艇隊は西口に待機し、敵艦の脱出するを攻撃すべし」

六日午前三時半、第一艇隊の五隻は、前夜の経験を体して港内に侵入した。「海水甲板を洗って氷結し、兵員の動作はなはだ悩む」と司令日誌に書いてある通り、航行即決死隊の実情であったが、前夜の成績に負けてはならぬ競争心もあって、第七号艇の故障したのを除き、四艇ことごとく敵に肉薄して魚雷を撃った。敵も前夜の経験をいかすつもりで、暗黒警戒のかわりに探照警戒を行ない、したがって遠距離から砲銃を乱射したが、われも目標を確認し得て一気に突進し、いわゆる白兵戦を戦って、敵艦「来遠」を転覆させ、「威遠」と砲艦「宝筏」を轟沈して、全員ぶじ陰山口の基地にかえった。かかる強襲で戦死者が一人もないというのは、天下のレコードであろう。司令長官伊東中将は、長男の祐保少尉を第二十三号艇に乗せて、決死の出撃を激励したのであったが、天佑を保有して帰還した。

話はすこし前後するが、五日に夜襲戦を嚮導した第三艇隊の第六号艇に、水雷主任として模範的兵曹上崎辰次郎君がいた。「鎮遠」らしい巨艦に迫って魚雷を撃とうとしたら、発射管の故障で射出不能、むなしく帰陣したことがある。上崎は無念骨に徹し、また責任を痛感して軍法にかかりたい（罰を乞う）といったが、従来の重なる戦功――旅順口機雷群の航破、防材破壊の実行等々――から、上官はだれも笑って問題にしなかった。五日の襲撃に魚雷が出なかった理由は、水雷発射薬をはやくこめておいたので、時間がたって湿気を吸い、火力が弱ったためであることが事後の研究で判った。

威海衛が陥ちて清国が戦意を失い、李鴻章が講和のために日本に行くことになり、その乗船が威海衛の前を通った。艦隊は全部港外にならんで、一大示威運動をこころみた。それがすんだ直後に、上崎は腹を切って死んだ。遺書の大要は、

「水雷が出なかったことはどう考えても申し訳がない。自分は後でかならず戦功を樹てて償う覚悟であった。しかるに、もう平和が近づいて戦功をたてる機会がなくなった。申し訳は腹を切るほかにはない。艇長も戦友も、どうかこれで許して下さい」

というのであった。鬼貫太郎以下全員が泣いた。水雷艇隊の各司令はもちろん、全艦隊が

同情した。彼の義烈碑建立の議がすぐまとまり、千円の基金が集まった。いまの百万円以上の金である。腹を切った日本刀は水雷学校に保存され、碑は横須賀の長浦の集会所側に建っている。その辺を通る市民も、いまではあるいは、この忠勇にして責任深い兵曹の故事を知らないものも多かろう。歴史はいきている。十年の間、わが日本を威圧した大戦艦「定遠」は、こうした人々の手によって撃沈されたのである。

旗艦「定遠」が被雷擱坐して、北洋艦隊の戦意はいよいよ低下した。とくに「定遠」の乗り組みの水兵たちは、動けない軍艦に乗っている不安と不満とが昂じて、はやくも反乱の傾向を見せはじめたので、汝昌はこれが全軍に感染するのを恐れ、六日正午、旗艦を「鎮遠」にうつす一方、七日、水雷艇にたいして脱出を許可した。この日から日本艦隊の艦砲射撃がはじまったので、それを避ける意味もあった。「脱出の自信あるものは出でて芝罘（チーフー）に逃れよ」といえば、半数くらいは威海衛を死守して、艦隊と運命を共にすると申し出るだろうと期待したところ、意外も意外、排水量わずか十六トンの艦載水雷艇までが、石炭を満載して飛び出してしまった。

こんなのが航しうる海ではない。港外に出づるや、たちまち転覆または擱坐し、六十トン級だけが、先を争って芝罘方面に遁走した。が、見張っていた連合艦隊に追撃され、全部が沿岸に擱坐して、水兵は濡れ鼠で逃走し、大型「福龍」一隻が白旗を掲げて捕獲され、その日から名を「ふくりよう」と書いて、日本の艦隊の中にくわえられた。かくて北洋艦隊の水雷艇群は全滅した。

伊東司令長官は七日、連合艦隊の全兵力を率いて——参加軍艦二十三隻——劉公島、日島砲台および港内軍艦の砲撃を実施した。水雷艇にばかりまかせずに、艦隊も最後の誘出決戦をこころみたいという輿論にこたえたものだ。そのときに飛び出して来たのが十余隻の水雷艇で、それをことごとく料理したというわけである。軍艦はついに現われない。

7　伊東の武士道、世界に高し

北洋艦隊の降伏と丁汝昌の自決

敵艦隊は港外に出るはずがなかった。港内が天地をくつがえすような騒ぎである。二月七日から連合艦隊の艦砲射撃が開始され、占領砲台からも協力攻撃がくわわって、劉公島および日島の砲台は、急角度に勢いを減じたばかりでなく、砲弾が港内の軍艦泊地に落ちはじめた。水兵の反戦心理は刻々にたかまるところへ、砲台守備兵が逃げてきて合流し、戦争中止を叫ぶ声が島にながれる騒ぎだ。

九日正午、わが艦隊の一巨弾が巡洋艦「靖遠」の火薬庫に命中して、一瞬轟沈するにおよんで、反乱のきざしはいよいよあらわれ、反戦の怒号に軍律まったく紊（みだ）る。林泰曾すでに自殺し、ただひとり残った丁汝昌の片腕、「定遠」艦長劉歩蟾は、これを見て悲憤禁ずるあたわず、綿火薬を艦の中央要部につめて爆破し（三時十五分）、同時に拳銃をもって自殺してしまった。この二人の艦長を失っては、汝昌もいまは天涯の孤将である。が、あくまで祖国海軍の名誉をまもろうとした老提督は、ドイツ人顧問スクーネルの雄弁にたよって、将兵の戦意を回復しようとこころみた。記録によれば、スクーネルの説諭は、言々句々まことに肺腑を刺すものがあったが、将兵代表はついに諾しない。そこで汝昌は、みずから赴いて大義を説くとともに、最後の一戦を賭して、重囲をやぶって脱出することをはかったが、一人として賛成しないのみか、四囲の水兵群は白刃をふるって降伏をうながし、愴惨名状すべからず。なるほど、これでは、艦隊が港外に出て来るわけがなかった――。

これより先、伊東長官は、名提督丁汝昌が自殺でもしては惜しいと考え、降伏させてわが国に亡命させようと思い立った。そこで十二月十日、大山大将を金州城に訪問して賛成を得、一月二十四日、長文の降伏勧告書を丁汝昌に送った。

書は、友情あふれると同時に、理義をつくして亡命再挙を諄々とすすめている。仏のマクマホンが普仏戦争に捕虜となり、のちに仏の政権を担当して国に酬いたこと。また、トルコのオスマン・パシャがプレヴナの一戦に敗れてとらわれ、のちに帰って名陸相と謳われるにいたったこと。さらに日本の天皇陛下が、榎本武揚や大鳥圭介をゆるして重任につかせた実例をかぞえ、すすんで、

「すなわち一艦隊を敵にあたえ、全軍をもって降るも、これを邦家の興廃に比すれば、まことに些々たる小節にして拘るにたらず。ここにおいて僕は、世界に鳴る日本武士の名誉に誓い、閣下に向かって、しばらく我邦に遊び、他日、貴国中興の気運が、閣下の勤労を要するの時節を待たれんことを願うや切なり。請う友人誠実の切言を聴かれよ」

と、本当に涙ぐましい真情の披瀝であった。

丁汝昌は部下を集めてこれを読み上げ、「伊東中将の友誼と真情とは感に堪えたるも、報国の大義は滅すべからず、余はただ一死もって臣職をつくすのみ」と、部下を戒飭して大い

に防御をかためたのであった。しかしながら三週日を出でない間に、前述のような敗勢が到来し、汝昌は万策つき、二月十二日、ついに、英艦隊司令長官を証人とし、人命保全を条件に、艦船砲台を献納する降伏書を提出するにいたった。そうして伊東がこれを許し、慰労に贈った葡萄酒のうえに涙をもよおし、「国家有事の際、これをも私受し得ざるを悲しむ」旨の一書を草し、その夜、薬を飲んで自殺した。

降伏条件とその商議は略する。ただ、その談判中に現われた一つの佳話は記録しておかねばならない。すなわち威海衛港内の水兵たちを、ジャンクに乗せて帰国させる話になったとき、伊東長官は清国の軍使牛、程の両氏に向かい、「丁汝昌の柩はいかに輸送するや」とただしたところ、それも同じくジャンクにて送るつもりだという返事であった。

ここにおいて伊東は、二人をにらんでいう。

「丁汝昌はかつて大艦隊を指揮し、久しく威名を東亜に謳われた北洋艦隊の司令長官である。もし汝昌にして死処を得れば、その柩を護送するのは『定遠』か『鎮遠』でなければならない。いま戦さ敗るといえども、その柩をジャンクにのせて運ぶとは何事であろう。それは仁義を主とし、士道を重んずる日本海軍軍人の見るに忍びないところである。貴君ら策なきや」

二人の軍使、面を上げずに伏す。そこで、伊東は語をついで、余は汝昌の英霊を慰めるため、貴艦隊の運送船「康済」号を捕獲せずに、とくに貴官に交付するから、それに提督の柩をのせ、余地があれば、兵員をのせてもよろしい、と宣した。軍使おどろいて座を立ち、三拝九拝して引き揚げた。十六日、「康済」号は、多数のわが軍艦に見送られ、半旗を掲げて静かに威海衛を去った。

伊東は前記勧降書の中で、「世界に鳴る日本の武士道」をみずから謳った。太平洋戦争の前ごろから、かなりはげかけた武士道は、そのころ威海衛の沖に高々と波打っていた。いな、世界は間もなくこれを聞き伝えて、伊東提督の措置を世界海軍礼節の最高峰とほめたたえた。それはまた、わが国現代の礼節にも、なにものかを教えるごとくである。

8　天皇の大陸遠征論

代案「征清大総督」と下関談判

軍はいわゆる破竹の勢いをもって前進し、陸上では旅順に迫り、海上では黄海大海戦の勝利から威海衛作戦に移ろうとするころ、大本営に一つ大きい問題が起こりつつあった。大本営を広島から大陸に進輦することであった。つまり、天皇陛下が大連か旅順口かに進まれるということである。

理由は二つあった。軍の士気を鼓舞すること、それから大戦略の実施を敏活にすることであった。ちょっと考えると適切に思われた。前者は説明を要しない。後者も、無線電信のなかった時代に、大陸に全軍を進めて命令するためには、望ましい方法と考えられた。陸上は電線があったが、それが海上となれば、報知艦が電信を配達するほかはない。陸上も一本の電線が切られてしまったら通信不能というのだから、心細いことは確かであった。

その他の理由に「勢」があった。思いもかけぬ大勝利に乗じ、盛京、直隷、山東の各省を席巻して、北京城下の盟いを強いる大作戦を実施するためには、広島は遠隔の田舎町である、という勢いである。ナポレオン、フレデリック大王の思想である。天皇陛下の大遠征である。この案が陸軍方面から起こったことは想像に難くないが、漸次、閣僚たちを動かして、具体的に密議される段階に進んだ。それを耳にして、おどろいて諫止したのが海軍であった。当時、海軍といえば、前述のように山本大佐であった。

山本はまず西郷海相を説き、ついで伊藤首相を訪ねて、反対の理由をつぎのように述べている。

「わが軍が幸いに、直隷平野に進撃して北京城下の盟いをせまるようになれば、そのときこそ、列強の干渉が起こることを予期しなければならない。天皇が清国に進輦されるとなれば、日本が大陸に野心を有するものと考えられるのは当然であるから、干渉はほとんど避けられないであろうし、またその干渉は、かならず実力をともなうものと予期せねばならない。そうなったら、わが大本営は海外に孤立する姿となり、威信たちまち墜ちて、敗戦同様の惨果をまねくであろう。その場合、陛下を日本にご帰還願うには、海軍の力によらねばならない。ところが、日本の海軍力は、列強海軍の海上封鎖を突破することはできない。陛下は海外に残留されることになる。ゆえに絶対に進駐すべからず」

と。伊藤は了承したが、進駐運動はだんだん盛んになるので、山本は病中の伊藤に長文の手紙を送って、前述の論旨を反復力説した。伊藤はそれに同感し、すぐに返事を書いて、

「至尊の戦地御動座は万無之候えども、直隷に進軍せんとするあかつきには、相当の計画を要すと存候。事軍機にわたるをもって書外拝光に譲り候」

と述べ、快癒出勤後、すぐに会談、御名代として皇族中の御一名を派する対案を語った。彰仁親王が「征清大総督府」を率いて旅順口に渡られたのは、これにもとづいたのであった。

山本の見識を語る一例であるが、それよりも、ものを「海」の立場から観るという習性が、こうした予想や判断を助けていることを、見のがしてはならない。島国に海上権、という不断の想念が、「海上を遮断されたら」という配慮をみちびく。海外の大本営が日本に帰れないような惨状を心にえがくことになる。「陸」の立場からのみ考える習性の人には、海を心配する前に、まず「陸上の所要」で頭がいっぱいになってしまう。

この陸上的な考察は、戦争が長びくと、最後に海の圧力に潰えるのが歴史の教訓である。ドイツのチルピッツ提督は、第一次大戦における敗因を解剖してドイツ人を戒めたが、ヒトラーはまた同じ過誤を犯して敗れた。英国の有名な海軍記者バイウォーターは、海洋的関心——Ocean minded——の方が自然的にものを広く観る、と書いたが、かならずしも海軍の弁護のみとはいえまい。もっとも、せっかくものを広く見て、海の圧力を痛感していても、それを実政策の上に断乎として主張する勇気がなければ、昭和十六年の日本海軍のようになってしまう。

いや、ここでは議論をひろげてはいられない。山本が献策した征清大総督が、軍艦「八重山」「和泉」「千代田」「龍田」の四艦をしたがえて、馬関海峡を旅順口に向かって出航するのと、清国の講和全権李鴻章が下関の宿舎に休むのと、まさに同時であった。歓呼の声に送られて出征する威風堂々たる四艦を、宿屋の欄干からながめていた清国全権は、台湾のほかに、遼東半島の割譲もやむをえないという心理にかられたことであろう。

第五章　三国干渉と対露建艦

1　臥薪嘗胆の下に強兵策

万事はわが実力をやしなった後

講和条約は戦勝国日本の要求どおりに締結され、台湾のほかに、遼東半島（旅順・大連の半島）の割譲も決まった（他に朝鮮独立。償金二億両。都市開放等々）。歓声全国にこだます。ところが調印後六日目の四月二十三日、露独仏の三国は、友誼的勧告に名をかりて、「遼東半島の永久領有は、朝鮮の独立を有名無実と化し、東洋永遠の平和に禍根を残すおそれがあるにより、その領有権を抛棄することを勧告す」る旨を申し出た。日本の歴史に有名なる三国干渉である。

この報つたわるや、国内は当然に沸鼎の状を呈した。昨日までの全国的歓喜は、同じ深さの憤りと怨みとに変じた。政府の憂色は想察するまでもない。伊藤首相は、つい先ごろ、山本が列強の干渉うんぬんと警告を発したことを想起し、ただちに山本を招致し、「貴下が列強の干渉うんぬんを反復説示してから、いまだいくばくも過ぎない今日、ここに早くも干渉に遭遇するとは思わなかった」と感慨ぶかく語った後、対策について意見を求めた。山本は三月、少将となり軍務局長に任ぜられ、いよいよ海軍代表の形を成していた。答えていう。「英米の調停も考えられるが、おそらく無効であろう。すでに三国の軍艦は太沽に集結しつつある。問題は軍艦と大砲であって、今日のわが国には勝算絶無である。しかして遅疑逡巡していれば、彼らはさらに難癖をつけぬとも限らない。海上を封鎖されてしまったら、島国日本の敗北は明白である。すでに勝算絶無なる以上、すみやかに勧告に従うほうが得策である。万事はわが実力をやしなって後のことである」

相当の識者までが悲憤慷慨したことは、容易に想像されるであろう。また、断乎として勝利の果実を手放すなかれ、大和魂をもって紅髪青眼を懲らせ、という主戦的言論が、巷に叫ばれたことも不思議ではなかった。大局を知る伊藤は、山本が海上権の見地から、屈服の余儀なきを説いたことに、百万の味方を感じた。数日後、主戦派の政党代表を、京都の旅館に引見した伊藤首相が、「いまは諸君の名論卓説を聞くよりも、軍艦と大砲に向かって相談している」と答えた有名な話も、山本少将との会談につながりがある。伊藤はもちろん陸軍代表の意見も同時に徴したが、川上参謀次長も隠忍自重に賛したので、陸奥外相の活動一段落をつぐるとともに、勧告後十日をへた五月五日に聴従の議を決したのであった。陸奥宗光は「剃刀陸奥」と呼ばれた鋭利なる才能と、維新の青年政治家が持っていた闘志と肥とをそなえ、日本外交の真の開祖であった。彼は即刻、英米駐在公使をして、日本が両国から期待しうる援助の限界をたしかめ、結局はわれ一国をもって露独仏三国と一戦をまじゆる覚悟を要するを知り、ついに干渉に聴従する決意をした。最後の決定は、舞子の私邸にて行なわれた。伊藤と陸奥は抱きあって号泣した。陸奥は胸を病んでいた。まもなく吐いた大量の血に、愛国の外交の祖はふたたび起たなかった。

しばらくして上京した伊藤を、若い陸軍士官代表が帝国ホテルに訪ね、大いに抗戦論を熱弁したとき、伊藤は静かに一度説いた結論に、「このうえ、君たちの棺を新橋駅に迎えに行くのは、我輩人間として堪えがたいのじゃ」と諭した。下剋上は昭和のガンであり、政治家を射殺するごとき軍律の頽廃は、明治の御代には想像もつかなかった。さて、転禍為福は政治の要訣。国民の悲憤慷慨は、みごとに「臥薪嘗胆」に置き替えられた。だれが唱えはじめた言葉か知らないが、この四字の中に、四千万国民の生活がはじまった。

臥薪嘗胆の勢いは、三年もへないのに、露国（後ソ連）が突如として旅順口と大連とを租借したことによって、内攻して骨髄に徹した。名は租借、じつは永久占領である。東洋永遠の平和を害するといって、日本の領有抛棄を強要（名は勧告）したその舌の根のかわかぬ間に、恬としてこれを奪うの奸佞と野望とにたいし、これを憤らない国民があったとすれば、その国民はすでに亡びていたであろう。

俄然、軍備の大拡張が開始された。贅沢は罪悪、倹約は美徳というスローガンは、少しもとっぴな文字ではないが、それで剰された金を、ことごとく軍備に注ぎ込むというのは、今日ではもちろんのこと、普通の時代にも通用するはずはなかろう。ところが、それが大威張りで通用したのが、「臥薪嘗胆」時代の特徴であった。というよりも、国家の「強兵政策」に対して、全国民が熱狂的な支持を送り、三度の飯を二度にしても「遼東還付」――旅順・大連を奪い返されたこと――の怨みを酬いる義憤にふるいたったのであった。

明治二十九年の予算は、いっきょに二倍二割と跳躍した。いまの予算一兆のワクが、二兆二千億にはねあがったのと同じだ。租税もまた、同じ調子で重課されたわけだ。重税なぞという文字では説明のできない、苛酷以上のものだ。いまの所得税が倍に上がったらどうなるだろう。考えてもゾッとする話だが、それに近い過重負担を「臥薪嘗胆」の国民は、歯がみをして堪えたのだ。怒りを知る国民の、その怒りの結果は、まことに恐ろしいものであった。

2　臥薪嘗胆の大建艦

艦隊の威力一新す

予算がいっきょに二倍にはねあがったのも嘘のような歴史であるが、軍事費が、翌年は三倍、そのつぎの年は四倍になった事実は、嘘の自乗のように思われるであろう。常識ではとうてい考えられない「大軍拡」が、「当然の国策」として推進されたのである。数字は次表の通りだ。（単位は千円、比率はパーセント）

年度	総歳出	軍事費	比率
明治二十八年	九一、六三二	二九、四四〇	三二
同　二十九年	二〇三、四五八	九八、一〇六	四八
同　三十年	二四九、五四七	一三七、四二一	五五
同　三十一年	二四六、四七二	一二三、〇二一	四九
同　三十二年	二五二、〇九八	一〇七、九八九	四三

この間に、陸軍では「師団倍増」の基礎がつくられたが、海軍の拡張は、いっそう大規模なものであった。あたかも伊藤内閣から山県内閣の時代であり、陸相は桂太郎が留任し、ともに海外戦争における海上権の絶対性を、身をもって体験したので、山本の第一期、第二期拡張案は順調に閣議を通過し、海軍費は

つぎのように大膨張を示した。(単位は千円、対歳出比はパーセント)

年度	海軍費	対歳出比
明治二十八年	一三、〇〇〇	一四・〇
同　二十九年	三八、〇〇〇	一八・七
同　三十年	七六、〇〇〇	三〇・四
同　三十一年	六三、〇〇〇	二五・五
同　三十二年	三二、〇〇〇	一九・八

つねに陸軍費の方が何割か多いのを常とした予算が、三十年、三十一年には海軍の二割下という異例を甘受したのは、めずらしい記録であった。

今度は「定遠」「鎮遠」ではない。「ペトロパウロスク」「ポルタワ」級の十余隻を相手としなければならない。そこで明治二十八年十二月、第一期拡張案として七年計画九千五百万円が協賛され、翌二十九年には第二期案として、十年計画一億一千八百万円が満場一致で議会を通過した。つまり十ヵ年に二億一千三百万円をもって、軍艦百三隻、十五万三千トンを建造することになった。数年前、「吉野」や「富士」をつくるのに、大騒動を演じた史実をかえりみると、ほんとうに隔世の感である。これによって建造された新鋭なる艦隊の規模も、また一見して驚異である。おそらく二度と見られないであろう建艦表を、一つの記念として掲げておこう。

戦艦＝四隻(「敷島」「朝日」「初瀬」「三笠」)
重巡＝六隻(「八雲」「吾妻」「浅間」「常磐」「出雲」「磐手」)
軽巡＝六隻(「笠置」「千歳」「高砂」「新高」「対馬」「音羽」)
通報艦＝一隻(「千早」)
河用砲艦＝三隻(「宇治」「伏見」「隅田」)

駆逐艦＝二十三隻（「叢雲」級）
水雷艇＝十六隻（「白鷹」級）
同小型＝四十七隻（百トン級）
小艦船＝五百八十七隻

これに、二十六年協賛の戦艦「富士」「八島」、巡洋艦「明石」、通報艦「宮古」をくわえると、わが海軍の主力は、完全に面目を一新し、世界一流の新鋭艦隊を備えることになったのである。

ところが、この大建艦でもなお安心できない形勢が東洋にせまってきた。それは、露国（ソ連）が満州から撤兵する約束を果たさないばかりか、逆に増兵し（明治三十四、五年）、一方には太平洋艦隊を拡張するために、七ヵ年二億三千万円計画のピッチを上げてせまっていたことである（日本は十ヵ年に二億一千万円）。そこで海軍は、第三期拡張案として、経費約一億をもって八万五千トンの建艦を提議した（明治三十五年、第十七議会）。

所得税は、すでに耐乏生活の限界を超えようとしている。財源は地租増徴のほかにない。有が、この固定資産税の方も、地方代議士の大部分が反対する程度まで高率になっていた。有名な尾崎行雄の反対演説が行なわれた。尾崎は雄弁をもって自他ともに許した政客で、重大な議会論争の場合には真ッ先に壇上に起つのを常とした。「日本の歳計は二億五千万、ロシアは二十億である。競争をつづければ日本の国力が先に疲れることは、諸君の算盤にも出るはずである」という皮肉なる一席の後に、建艦費は否決され、議会は解散された。海軍費をめぐる議会解散の三回目であった。

総選挙はいぜん野党（政友会）の多数に帰した。衆議院は海軍拡張の必要はみとめるが、財源（地租）が悪いというのだ。一方に、露国の極東進出がますます露骨となって、形勢は危局を明示していた。そこで、桂首相は山県元帥を介して伊藤（政友会総裁）と妥協し、財源を他にもとめて第三次拡張案を成立させた。戦艦「鹿島」「香取」を主体とするもので、この二大艦は、惜しいかな、一年遅れて間に合わず、日露戦争の終わった翌年、英国の造船所で竣工した。おもしろいことは、明治二十四、五年の建艦案否決と議会解散のために、二大戦艦「富士」「八島」が、日清戦争に一ヵ年遅れたのと同一の嘆をくりかえしたことであった。

「鹿島」「香取」が間に合わぬと見るや、海軍はただちに外国軍艦の購入に着目した（注、日清戦争のときも、チリー国の軍艦を購入した。巡洋艦「和泉」がそれであった）。はしなくもここに、建造中のアルゼンチン軍艦二隻をめぐって、日露の争奪戦が展開されるのである。

3　日露はやくも軍艦購入戦

二大艦が日本に入手された真相

日露戦争は、二隻の外国軍艦の買収競争からはじまった、といっても差し支えないほどの争奪戦が、明治三十六年秋に起こった。

不思議なめぐりあわせのごとく、ちょうどそのとき、アルゼンチンの重巡「リバタビア」号と「モレノ」号の二隻が、イタリア、ゼノアの造船所で竣工に近づきつつあった。両艦とも排水量は七千六百二十八トン、前者は十インチ砲一門と八インチ砲二門、後者は八インチ砲四門を装備し、仰角が高く、射程世界一という良艦であった。

これよりさき、日本は英国で建造中であったチリー国の戦艦「コンスチチューション」号と「リバーダット」号の二隻（一万二千トン）の購入を考えたが、この時すでに遅く、チリー国はロシアの巧みな商談に乗って、売却寸前にせまっていることが判明した。これを知るや同盟国イギリスは傍観せず、ただちに外交手腕をふるって、即金で二戦艦を自分で買ってしまった。のちの英戦艦「アジャックス」等がそれである。同時にイタリアで建造中の、モレノ級二隻の即刻購入を日本に示唆応援したのであった。友邦がいかにありがたいものであったかを忘れてはならない史実である。日本はすぐに交渉をはじめた。露国がそれをかぎつけたときは一日遅く、それでも買収価格その他で競り合ったが及ばず、明治三十六年十二月三十日という土壇場にようやく日本の手に落ちた。

なにぶんにも、この二隻が日本にくわわるか、露国にくわわるかは、両国の海上戦力に大きいプラス・マイナスをわかつ。その十インチ砲および八インチ砲の射程（二万メートルと一万五千メートル）は、日露の主力艦のいずれよりも大であり、重巡としての価値はもちろん、主力艦の代用としても立派に役立つ軍艦であった。イタリアの造艦造機には天才的なところがあって、この「リバタビア」号のごときも、同一排水量の軍艦では、最も高い戦闘力をもっていた。そうしてその建造には、早くとも二ヵ年半はかかる。日露両国が血眼になって購入を争ったのは当然であった。

日本の歓びと、ロシアの失望は言うまでもないが、すぐに起こった心配は、この二艦をぶじに日本まで回航することができるかどうかの点であった。

日露交渉はすでに開始されていた。経験の浅い外交官なぞには、とうていできない死活的交渉が綿々としてつづいていた。その間、露国の満州兵備増大と朝鮮国境にせまる威嚇とは、爆発を早晩さけがたいものに導きつつあった。日本は、この二隻の軍艦を、開戦の前に日本の軍港に運ばねばならない。万が一、回航前に戦争になったら、ロシアはこれを捕獲するに相違ないし、また回航中であったら、拿捕あるいは撃沈するに決まっている。彼はその用意をして、イタリアの軍港と、地中海とで待ちかまえていた。

両艦を見下ろすホテルに日本の回航委員は宿泊していた。同じホテルに露国公使がローマから出張して泊まり、朝夕艤装の進行をにらんでいた。港内に一隻の露艦が常泊し、出づれば地中海の仏領ビゼルタに、ロシアの艦隊が待っていた。国交破裂の一電がくれば、二艦の命はなかった。

明治三十七年一月八日、国交はいまだ絹糸一本でつながっていた。「日進」「春日」と命名された新鋭の二艦は、ペンキの未だかわかない姿を、地中海に浮かべた。兵装が一応ととのえばいい。他の装備は横須賀で行なう予定である。大切な機関も、航海中に試験して整調することに決め、機関部にはイタリア人、甲板の方には英国船員が乗り組んで、しゃにむに出航してしまった。

露国は艦隊を二分し、戦艦「オスラビア」の一隊は、ポートサイドに先回りして待ち、一隊は「日進」「春日」の前方を航行し、警戒誘導の陣形を張った。地中海の英軍港モルタを通過すると、期せずして心づよい現象が起こった。というのは、英国の新鋭重巡「キング・

アルフレッド」号（一万四千百トン）が出動して、露国艦隊と「日進」「春日」のちょうど真ン中に割り込み、三国の軍艦が一列になって、地中海を東航する形を現出したことだ。英艦は、「日進」「春日」に乗り組んだ百二十四名の英国船員を保護する名目をもって、じつは英海軍の威力をもって、日本の軍艦を保護したのであった。

その保護は、ポートサイドでいっそう具体的になった。同港の石炭も艀も、みな英国のものだ。露国艦隊が石炭積みを依頼すると、艀は全部日本に予約されてあるというので後回しにされ、まず日本の二艦に積み込んで出航させ、それからゆうゆうと取りかかるという合法的援助をあたえてくれた。露艦の大半はそこで引き返し、三隻が紅海まで執念ぶかくついて来たが、ついに帰ってしまった。

インド洋の中途で、英艦「キング・アルフレッド」号は、「本艦はここで別れて豪州に行く。両艦がぶじ本国に到着することを信じかつ祈る」と信号して方向を転じた。友だちのありがたさをつくづくと味わった場面である。なお、それまでの航海中、甲板の英国船員は大砲の手入れをし、砲弾を運び込んで、いつでも戦える用意をしていた。回航艦長は英海軍の予備中佐リー氏と少佐ペインター氏であった。

4　「日進」「春日」の回航

英士官を驚かした大歓迎

野球にたとえれば、場外ホーマーを打てる選手は、強打者の中でもめったにない。連合艦隊第一線軍艦四十一隻の中で、これを打てた大打者は、「日進」「春日」の二艦だけであった。

艦隊は作戦の必要から、旅順港海正面の主砲台であった黄金山や老鉄山を砲撃せねばならなかったが、砲台からの攻撃に、つねに距離的に圧倒された。だから、腰をすえて撃つのは危険で、したがってヒット・エンド・ランの戦法しかとれなかった。ひとり「春日」の十インチ砲のみが、砲台弾丸の射程外に頑張って、砲台を攻撃した。同艦の主砲が高い仰角をそなえて、二万メートルを撃ったからである。ロシアの守備軍は、購入競争で日本に取られてしまった腹立たしさのうえに、自分のとどかない海上から、ゆうゆうと撃ち込んでくる姿の憎らしさに、怨恨の胸をかきむしられたのであった。

それどころではない。後述のとおり、戦艦「初瀬」と「八島」が触雷沈没し、主力戦隊が六から四にへった大穴を、即時に補充したのも、じつに「日進」と「春日」であった。しかも八月十日の苦戦時に、東郷が回転機を遅れたために、追撃しても容易に砲撃有効距離に入らず（約六千メートル）、全軍、焦慮の色を呈したとき、単縦陣の最後方に位置した二隻のみが、はやくも砲弾を敵陣に撃ち込み、先方からは弾が来ないので、砲術関係外の将兵は甲板で見物しながら、昼飯を食べていたという実話まである。

前稿にその回航の始末を略記したが、それは英国アームストロング会社の請負回航で、一大冒険の仕事であった。会社の全責任で、三十五日間に、伊国ゼノアから横須賀へ運ぶ、請負賃百万円（いまの数億円）という契約が、出航のわずか十日前に成立した。回航艦長二人（リー中佐とペインター少佐）が、ロンドンのア社出張所に落ち合って、すぐにダイスをふった。分担を決めるためだ。一人は即刻ゼノアに行き、一人はロンドンで、回航員百二十余名を募集して急行するのだ。広告で水兵は集まったが、軍医と砲術長は得られない。命がけだからである。すると、ペインターの親戚の予備陸軍大佐が見かねて、おれが行ってやろうと乗り組んだ。甲板の英水兵（船員あがりが多数）と機関のイタリア工員と、言葉がぜんぜん通ぜず、かつ途中で逃走者続出し、各港でその地の人種を補充したので、横須賀に着いたときは、七ヵ国の人種が乗っていた。この一事をもって難航の一般がわかろう。が、ぶじに着いたとき、日本の歓喜はまさに挙国的であり、今日その有様を追想しても、一種の嬉しさを禁じないものがある。「春日」の回航艦長ペインターが、英国のユーナイテッド・サーヴィス誌に寄せた回航記の一節を読もう。

「日本の歓迎には胆を潰してしまった。新聞は両艦の記事でうまり、数種の絵はがきが飛ぶように売れていた。横須賀町民大園遊会の後、一行が横浜にいく汽車の各駅は装飾され、沿道で住民は国旗を振って万歳を叫んだ。横浜に着くと、各大都市からの感謝状と土産物が山のように積まれていた。

特別列車で東京に迎えられて仰天した。数ヵ所に歓迎門が飾られ、兵隊が整列し、街路は市民でうまり、まさに凱旋将軍を迎える有様であった。かくて比谷公園の式場にのぞんだが、終わって天皇陛下に拝謁を許され、旭日勲章をさずけられ、かつ優渥なる謝辞と記念品とをたまわった。あとで自分は思った。自分は生涯の大事業を、この一回航でなし遂げたのだと。云々」

国民が、いかに「日進」「春日」の安着を待望し、そうしてその歓びを爆発したいつわらない感情の流露を偲ぶのである。

それに劣らぬ佳話を追記しておこう。回航にあたり砲術長は間に合ったが、他の大切な軍医は得られなかった。ちょうどドイツに私費留学中だった大軍医鈴木徳次郎氏が帰朝するので、「春日」に乗艦してもらった。ペインター艦長は医務予算を持っていたし、当然の報酬として、そうとう厚い札束を鈴木軍医に提供した。すると、軍医は、「大切な軍艦を運んでくれた君に、当方からお礼するのが本当で、私のサービスのごときはむしろ恥ずかしい提供である」と称して、なんとしても受けない。ペインターはさらに「報酬」の意義を説いて、受領をせまったが応じない。結局、鈴木は、「では、受けることにするが、それをイギリス海軍に関係のある何かの施設に寄付する」という条件を固執した。そこでペインター少佐は、帰国してポーツマス軍港内にある将校集会所（私営。ウェストン夫人経営）に寄付した。ウェストン夫人は感激し、その金をもって、一室を建て増し、それに「スズキ・サロン」の名をつけて、高級将校の集会に使うことにしていた。一海軍軍医の厚い志は、おそらくは日本人のだれにも知られずに、長く友邦提督たちの心をつないでいたのである。いまもなお、この一室は、戦禍をうけても消え去らないで残っていることであろう。

5　大艦輸入、小艦国産の主義

ハリス米公使の予言的中す

ライターならば、ダンヒルでも、ロンソンでも、たちまち模造してしまうが、軍艦はそう簡単にはいかなかった。頑丈につくって、二、三十年も保たせるためには、経験と科学と材料と諸工業と金と、そうして精神が必要であることは言うまでもない。日本はその精神が先駆した。

　なんとかして、自分の軍艦を自分でつくりたいという野心が、早くから軍の底流にささやいていた。明治九年というのに、早くも軍艦「清輝」をつくって、世界を一周したことは前述の通りだ。

　が、建造に二年、三年を費やしている間に、世界の造船技術は急速に進歩し、日本の新艦が、浮かぶと同時に老朽艦になってしまうのでは、貧乏国はつづかない。先進国から新艦を買うほうが、はるかに経済的である。だから、いわゆる進歩主義というか利巧者というか、あるいはハイカラと称された人々は、さかんに軍艦輸入主義を主張した。ところが、国粋派とでも称すべき一派は、横須賀に拠って「国産主義」を唱えてゆずらなかった。

　それを海上で運用する将兵にしてみれば、外国製艦のほうがはるかに効率が高いから、自動車の運転手が輸入車を好む心理と同じものがあったろう。ところが、愛国心の一片、国産の軍艦を使いたいと熱望する将兵も意外に多く、中には転覆しないで大砲が撃てればよろし、というような勢いのいいのもあった。その間、造船技術者は、もとよりその国粋的空気を深く呼吸して、心血をそそぐ十年を送った。

　海軍省ははやくから常識の府であった。明治十四年、建艦方針として、「大艦は輸入、中小艦は国産」という主義をたてた。当時（明治十年〜二十年）、世界の一流海軍国は英、仏、伊、露、米、第二流の海軍国は独、墺、チリー、アルゼンチン、清国等であって、ドイツ以外の二流海軍国は、ほとんど全部が軍艦輸入主義をとっていた。たとえば清国は、北洋艦隊二十二隻のほかに、広東、福建の両艦隊合計四十隻の全部が外国製であった。だから日本の併用主義は、当時としては刮目すべき一大決断であったことがわかる。

明治十六、七年、「大和」と「武蔵」がキールをすえた。小野浜と横須賀において。この「大和」「武蔵」が、日清戦争に参加した国産軍艦の最初のものであることは、その偉大なる第二世が、太平洋戦争の花形として、日本海軍の最後を記念したなまなましい史実に対照して忘れがたい。

ついでながら、神戸の小野浜造船所は英人キルビイ氏が経営したもので、その人物が信頼され、国内における軍艦の民間注文の緒をひらいたことを付記しておく。

「大和」「武蔵」は、千五百トン、速力十三ノット、六インチ砲二門という小型巡洋艦ではあったが、「清輝」にくらべると格段に進歩し、「試験優良」と称せられた。同時に「葛城」が横須賀でつくられ、十八年から「摩耶」「鳥海」「愛宕」の三艦（鉄製、六百余トン）が、小野浜、石川島、横須賀で建造された（それらの第二世も、みな太平洋戦争で有名であった）。

二十年に「八重山」、二十一年に「橋立」が起工され、翌年には「高雄」（千八百トン）が竣工し、日清戦争には、参加軍艦二十六隻の中に、九隻の日本製軍艦を数えたのは快記録といっていい。

有名な初代駐日アメリカ公使ハリス氏が、東亜各国を遍歴して日本に就任した印象に、「この民族は明らかに東洋の他の諸民族に優る。他日かならず成すところあらん」と予言したその根拠は、チョンマゲと高下駄のどこに発見したのか知らないけれども、憲法発布以前に、すでにその予言の的中を見るようである。

それは、今年七十歳になる老人が、ちょうど生まれたころである。大学に造船科があって、基礎学を教えられたのでもない。二流海軍国は前述のように舶来品に依存していた。その時代に、三流海軍国が、軍艦や大砲や魚雷をつくるようになったのは、東洋の天地においては、一つの驚異でなければならなかった。

いうまでもなく、造船技術の責任者は、とうてい筆紙に尽くし得ないような苦心を反復した。一艦一命、という言葉が当時の建艦を説明していた。一隻つくり上げたら斃れても悔いない精神と、つくり上げたら心身ともに枯死するほどの苦心が、千トン級の建艦にそそがれたことを語るものだ。

これに関連して、海相西郷従道が、欧米海軍視察旅行の途次、フランスから同国の海軍造船大監エミール・ベルタン君を傭ってきたことは、特記されねばならない。それは日本が例の三景艦の建造を開始したとき、すなわち明治十九年七月であった。「松島」「厳島」の二艦はフランスでつくり「橋立」は、ベルタン監督の下に日本で建造しようと考えたのである。ベルタンはまず通報艦「八重山」（千六百トン、二十ノット）を設計し、ついで戦艦「橋立」に着手した。

明治後期の造艦を指導した佐雙左仲、桜井省三、福田馬之助、近藤基樹といった人々が、ベルタン氏のもとで鍛えられたことは前述したが、彼は、「橋立」の船殻は横須賀でつくったが、機関はわざわざ英国ニューキャッスルのホーソン会社から取り寄せ、日本の技師職工に組み立てさせるという指導方針を考え、野心に燃えていた造船家たちの心臓に十分の血を送った。

6　国産巡洋艦の成長

「畝傍」艦の覆没と荒天試航

巡洋艦「畝傍(うねび)」がシナ海で亡くなってしまった。フランスで建造し、日本へ回航の途中、シナ海まできて完全に行方不明となって、永久に記録から消え去った。生存者は一人もなくて原因不明だが、大台風に遭って転覆したことは、ほぼ確実である。

同時代(明治十九年)に、日本技術家の独自の設計に成る巡洋艦「高雄」が横須賀で竣工した。完成は二十二年であった。艦長に中佐山本権兵衛が任命された。大切な軍艦を一隻亡くしてしまったうわさ話はなお消えない。そこで山本は、新艦「高雄」の特別試験を申請した。「造船造機の技術官を選抜乗艦させ、四十日間、怒濤を乗り切る実験をして資料を集める」というのだ。「畝傍」と同じような運命に終わればそれまでのこと。暴風怒濤を征服する間に、乗員の訓練と耐波性や機関強度の研究が成就すれば上乗、という冒険をあえてするもので、それを「荒天試航」と銘打った。

山本という男は、陸上で十二分にあばれたこと既述のとおりだが、海の上でも劣らずにあばれて来たことがわかる。海軍では、新造艦を太平洋の真ン中で暴風とかみあわせられては危ない、というので、航行区域を「朝鮮沿岸」に限定して許可した。その申請も許可も、空前絶後の異例である。山本は前記ベルタンの高弟たちを積み込んで、浦塩(ウラジオ)近海から半島をめぐって鴨緑江口にいたり、荒天訓練を終わって、多くの資料報告を提出した。結論に、「造船造機の諸士も気魄を注入され、大いに自信を得たるもののごとし」とある。平常から「造船屋の尻をひッぱたけ」と怒鳴っていたその主張を実地に演出したものであろう。

しかしながら、偏狭な国粋万能に陥ってしまわないのが、海軍の伝統といって間違いなかった。イギリスでできた「浪速」「高千穂」とくらべたら、後からできた「高雄」も問題にならなかった。もっとも、「浪速」――東郷が高陞号を沈めて有名になった――は、英国屈指の造船官ウィリアム・ホワイト君の自慢の作であって、その回航送別式に招かれた英国の海軍士官たちが、ひとしく羨望措かなかったというほどの軍艦であった。そのころ、英国の造船会社は、外国の注文に対しては、試験的意図をもって新設計をこころみたので、しばしば優秀なる新艦を成就した。その成績を見て、安心して自国のものを造るという方針であったと伝えられている。

世界的優秀艦「吉野」のことはすでに書いたが、それと同時代に横須賀がつくった「秋津洲」も、「浪速」を手本として、相当の良艦を国産したわけだが、それでも「吉野」とは比較にならなかった。一方に、「造船屋の尻をひッぱたけ」といわれたのは、戦艦「橋立」（四千二百トン）の完成に満六ヵ年を要したことにも、一大理由があったろう。明治二十一年八月に起工され、ようやく二十七年六月に連合艦隊にくわわることができたのだ。もっとも、三景艦は初めから設計に無理が多かったとみえて、「厳島」も「松島」（仏国製）も始終故障を起こしたが、「橋立」も試運転のたびごとに故障を起こし、改造や修理に年月を費やし、さんざん海軍首脳を心配させたあげく、ようやく日清戦争に間に合ったのであった（二十七年六月二十六日完成）。

万難を排しつつ、「主力艦は舶来、補助艦は国産」の主義をつづけ、日清戦争には、とにかくも九隻の国産軍艦を使ったのだ（水雷艇をくわえると十数隻）。トン数で示すとつぎの通りである。

日清戦争参加造艦別＝外国製軍艦二十三万二千トン。日本製軍艦五万二百トン。

戦争がすんで「鎮遠」「済遠」「平遠」「広丙」の四艦がくわわり（その他小型七隻）、威力が増大したのを喜ぶ暇もなく、三国干渉にともなう「臥薪嘗胆」の建艦時代が到来した。時局きわめて重大であるが、しかもなお「補助艦国産主義」はつづけるつもりであろうか。

のちに明らかになるが、想定敵国のロシアは、当時は第三位か第四位の大海軍国であった。清国なぞは足もとに及ばない大艦隊を持っていた。第二次大戦当初の英首相チェンバレーン氏の父君ジョセフ・チェンバレーン（植民大臣）が、駐英露国大使の肩をたたいて、「大鯨と大熊とが争うのは第一に自然に反するではないか」と揶揄した話は有名だが、その北欧の大熊（ロシア）は、大鯨（イギリス）に追いつくような勢いで海軍拡張をやっていた。今日でも、あまり必要とは思えないのに、極東に百隻の潜水艦を備えているような国柄であり、大きい国でありながら、膨脹を国是とするので恐れられていた。

わが海軍拡張は急がねばならなかった。そこで全艦外注の説も高かったが、山本は発達中のわが建艦術にも、最低限の機会をあたえる方針を定め、一万五千トン級戦艦の全部を英国に、九千九百トン級重巡六隻を英、仏、独に、快速軽巡三隻を英、米に分配発注して、主力艦隊の予定期間内完成を期するかたわら、六隻の軍艦を国産に俟(ま)つことにした。相当に立派な巡洋艦「新高」「対馬」「音羽」「明石」(三千トン級)が横須賀と呉で建造され、日露戦争でいずれも戦務を完遂した(他の二艦は通報艦「千早」と砲艦「宇治」)。とにかく、国力不相当といわれた大建艦は、三十七年の戦争に八割以上間に合った。

(注) 駆逐艦は二十三隻中の七隻が国産。水雷艇は六十三隻中の二十一隻が国産。

7 聖断——開戦延期せよ

有名な一月十二日の御前会議

臥薪嘗胆の結論とはいいながらも、当時、世界で一、二をあらそった強大国ロシアに対し、ようやく二等国のドン尻にくわわったばかりの日本が、いよいよ一戦を強いられる時がせまった。

譲り忍んだ六ヵ月の交渉も、ついにわが独立の最後の線を守れないことが明らかとなった。その一月十一日、山本海相は霊南坂に伊藤元老を訪い、万に一つでも戦争を避けうる途はないかと智恵をしぼりあった。政府当局間の交渉は坐礁してしまっていたので、ほかに何か打開の途はないかと考えたわけだ。長い協議の末に、最後の方策は、

伊藤博文案——伊藤よりウィッテにたいし、大所高所から難局打開の方途を発見することについて、尽力を要請すること。

山本権兵衛案——わが天皇陛下から露国皇帝に御親書を送られ、両元首了解のもとに、両国代表をして妥協発見を協議させること。

の二つに帰着して討究された。ウィッテ氏は露帝のもっとも信任の厚い元老格政治家（後にポーツマス講和会議全権）であったが、もはや今日となっては、斡旋の効果はあやしいという結論になった。一方に、山本案の方は、国際紛争に陛下をわずらわすことは、臣子として紊りに言為すべきでなかろう、ということになり、結局は、「誠に困り入った次第」と長嘆息を交換して別れた。

昭和十五、六年の人々とちがって、最後の時間まで平和の道を求めようと苦心した史実。そしてまた、陛下御親書の着想がすでに三十数年前に存在した史実は、記憶に値するであろう。それよりも、この会談が契機となって、いっきょに最後の断（開戦）に発展した史実は、微妙なる事物の運動に聞連して注目に値すると思われる。

そのころ重大な国策は、桂、山本、小村（外相）の三相会議で処理されていた。山本は、帰りに桂首相邸に寄って経過を語った。その夜、桂は伊藤を訪うて対策懇談中、「山本の印象では、閣下も最後のご決心がつきかねるようで、同君も困惑の様子だった」と、少しく誇張をまじえて口ばしるや、伊藤は遽然として立ち上がり、「ナニ、伊藤に最後の決心がつかぬと。無礼千万。赦しがたい。明早朝、閣議を開いてくれ、その席で糾問する」と怒髪冠をつくありさまに、桂はいまさら自分が想像をまじえたともいえず、閉口して引き下がった。伊藤がこれほど怒ったことは、十年の交際に見たことがないという。桂は山本に連絡して、翌朝六時（一月十二日）に会談を申し入れた。会ってみると、前夜伊藤との会見始末を語り、山本の援兵を請うのであった。間もなく伊藤があらわれた。形相ただならぬ勢いであった。山本がたちまち伊藤をやわらげたテクニックは、例によってあざやかであったらしく、伊藤はすぐに釈然として会談をまじえた後、引きつづき諸元老と主要閣僚および軍代表の重大会議が催された（首相官邸）。その席上で、伊藤は筆墨と巻紙を要求し、

一、ロシアに対する政策
一、英米その他諸外国に対する方寸
一、国民に示す要領
一、天皇陛下の御挙措に関して、お願い申し上ぐる諸条項

の対露四大項目を、約二メートルにおよぶ長さに詳記し、「これ以外に対策あらば伺いたし」と申し出た。一同、異議なくこれに賛した。すなわち、対露開戦の議が決定したのである。

伊藤は、決意を疑われた「心外千万」の怒りは晴れたが、今後、疑義の起こるのをふせぐ意味で、巻紙に自筆したわけだが、その断案も、終夜考えつくして到達した最後の決であった。親露的傾向があるといわれた伊藤侯、また政治眼の最も高いと考えられていた伊藤侯が、開戦さけがたしと断じては、もはや何人も言うところはなかった。その日の午後一時から、御前会議が宮中の御学問所で開かれた。

ついでにぜひ書いておきたいことは、この重大会議が、明治天皇の御一言で、決議にいたらないで散会されたことである。

桂首相は胃痙攣を起こして、山本海相が政府を代表、小村外相、寺内陸相、曾禰蔵相の四閣僚。元老は伊藤、山県、松方、井上。参謀部から大山総長と児玉次長。海軍軍令部から伊東部長と伊集院次長が列席した。山本まず議案を逐一説明し、「国交断絶について聖断を仰

ぎ奉る」旨を述べ、ついで伊藤、山県、松方の三元老が、政府当局の国交断絶、自由行動開始の通告の至当なるを述べて聖断をあおいだ。

終わって明治天皇は山本に対し、議案中の数ヵ条について御下問があった後、

「なお一度、催促して見よ」

とのお言葉があった。そこで山本は、「交渉事項に関してなお一度、露国に催促せよ」との御意味なるかをうかがったところ、御首肯になったので、かたずをのむ重大会議は、ただちに散会となった。あくまでも平和を念とされた明治天皇のお心を拝するとともに、天皇にたいする臣節が、東條内閣時代のそれとは大いに趣きを異にするを見る。

かくて、重臣閣僚が一致決定した国交断絶案（前記伊藤案と内閣三相案とを整理して小村外相が書いた案）は、陛下の御一言で、しばらく金庫におさめられることになり、それから外交はなお忙しく、約三週間も露国にたいして回答の催促をつづけたのであった。聖慮と、絶対の権威とを回顧する日本歴史の荘厳なる一ページである。

8 海上には機先を制す

東郷平八郎任命の波紋

緊急軍事情報が、二月三日の午後、芝罘（チーフー）駐在の森中佐から海軍省に入った。いわく、「二月三日午前十時、露国の全艦隊は旅順口を出港せり。その行き先は不明なり」と。これを手にするや、山本は部下をかえりみて、「戦機はまさに迫れり。いなすでに熟したり」といっ

た。そうして露国艦隊の行動に対して四つの作戦目的を想定し、ただちに対策を上奏すると同時に、前線に命令した。山本はロシア艦隊が、

一、まず鎮海湾の占領に向かうか、
一、佐世保および竹敷を攻撃するか、
一、仁川、大同江の陸軍上陸を支援するか、
一、冬期に備えて洋上に火入れ訓練を行なうか、

の四つの場合を考え、敵の機先を制する海戦略のために、艦隊行動は一日も待てないという判断に到達した。しかし、聖断の下るまえには、軍事行動は厳に自制する方針であったから、佐世保の長官と竹敷（対馬）の司令官には、演習名義にてただちに機雷を敷設するよう電令するとともに、その次第を三日夜中に伺候上奏した。事態急を告げたので、四日、御前会議が開かれ、席上、山本から旅順艦隊の出動とその対策に関する説明があって後、「佐世保または竹敷に露国軍艦あらわるる場合にはこれを撃破する」一件について、陸下の聖断をあおいだ。陛下は一言、「よろしい」といわれた。そこでただちに戦闘準備の軍令が一下された。旅順艦隊は、四日の午後三時、大連湾に一泊したのち、帰港したことがわかったが、その行動がわが海軍の戦闘準備を、発砲の寸前にまで動員させ、山本の「海上先制主義」の途をひらいたのは一つの運命であった。

山本がもっとも恐れていたのは、敵にいちはやく鎮海湾を占領されることであった。これ、機先を失うものであり、かりに戦ってこれを奪回するとしても、その間、朝鮮海峡の航海は杜絶し、わが陸軍の派兵は重大なる逸機の打撃をこうむること明白だからであった。

しかも、ロシアは鎮海湾をねらっていたのだ。ロシアの極東海戦略の目標は、一に馬山浦、二に鎮海湾、三に対馬であった。それはわが徳川時代からの遠大なる野心であり、いまでも朝鮮の東北部には、コルチャコフ湾その他ロシア語のいくつかの湾が、彼国の地図に残されており、現にその通称をとどめているのもある。対馬に対しては、幕府時代に露国の軍艦がたびたび寄港し、対馬守であった宗家は、つねに警戒の神経をゆるめなかった歴史が残されている。ちょうどわが海軍が開いた竹敷要港の入江に、ボートで乗り入れ、婦女子が逃げまわった古老の話も伝わっている。鎮海湾にいたっては、これを制する者は朝鮮海峡を制する戦略要衝である。のちに東郷艦隊が、ここを根拠地としてバルチック艦隊を撃ったので有名になったが、その以前から、専門家の間には定評のある港湾であった。

片岡第三艦隊長官のポケットに蔵われていた。山本海相の密封命令――一電ただちに開いて行動に出るための機密軍令――には、「ただちに出動して、鎮海湾を占領すべし」と書いてあった。二月六日、開封の急電をうけて、片岡中将はすぐに鎮海湾に出撃したのであった。かかる歴史的かつ兵用地誌的理由から、山本は旅順艦隊の出港情報と同時に、鎮海と対馬とを電流的に頭に感じ、艦隊行動の一刻をあらそう必要を、御前会議に持ち出したわけである。

三十六年九月、山県元帥の朝鮮派兵（二個師）を諫止して、外交の慎重を期した山本は、勢いのおもむくに応じ、見えない海軍の準備をととのえることにおいて、水も漏らさぬ手腕をしめした。まず十月十九日、常備艦隊長官に東郷平八郎を任命した。舞鶴長官から移って、日高中将の後を継いだもので、異数の抜擢と評された（この辺で予備役編入と一般に考えられていた）。

　ところが、十二月二十八日にいたって艦隊の編成替えを行ない、東郷を第一艦隊長官、上村彦之丞を第二艦隊長官、片岡七郎を第三艦隊長官に任命し、第一、第二を合わせて「連合艦隊」を組織し、その長官に東郷中将を兼任させた。物議が海軍の内外に起こった。東郷は予備の噂があったほどで、とうていこの大任は果たせない。日高壮之丞こそ連合艦隊の長官に然るべし、という批判が高まった。主唱者は山本と位をあらそっていた呉の長官柴山矢八中将といわれたが、真偽は明らかでない。部内では、東郷のかわりに柴山を任命し、二大人物をもって日露海戦を戦うのが最善だという声も高かった。その声は宮中にまで聞こえていた。ある日、明治天皇が、山本にたいして東郷任命の理由をただされた。山本の復命がおもしろい。

「東郷は運の好い男ですから使いました。ご安心ください」

　陛下は、「それはよろしい」とおおせられた。もともと、山本海相の肚は、とおく日清戦争当時から、「将来危急の場合には東郷」と決めていたように思われる。大戦争の主将には、無神経なほど、ものに動じない闘将が絶対であり、その点、東郷の右に出る者はいなかったからだ（智将は幾人もいたが——）。

　そうして連合艦隊発令の三日前、山本は野間口秘書官を艦隊に特派し、日露交渉の最後の段階に関する往復文書の写しを、前記三中将に回覧させると同時に、山本の決意を伝達せしめ、「事にのぞんで万遺算なきを期すべく、各司令官までには極秘に大意をつたえて可なり」と通牒した。ここにおいて、艦隊の三長官は戦争のいよいよ迫れるを知り、機をおさめ、砲を磨いて万遺算なきを期した。

されば二月六日、連合艦隊が佐世保を進発するころ、片岡艦隊の一部は、竹敷要港を出でて鎮海湾に向かいつつあり、その一支隊は、つとに仁川港内の敵艦を看守し、万遺算なく海戦の幕を開いたのであった。

第六章　日露戦争の第一期諸海戦

1　世界一級の艦隊対陣す

わが全力をもって敵の半力と戦う

臨戦体勢において連合艦隊を組織し、第一艦隊の司令長官をして連合艦隊の長官を兼ねさせる方式は、日清戦争時とまったく同じだ。また、連合艦隊が佐世保を進発した日は、冬にはめずらしい麗日和風、そうして多数将校が汽艇で港口に見送り、信号を掲げて激励壮行する光景も、また日清戦争時と同じだ。黄海の海戦も必ず勝つであろう——と、人々は感慨にうたれた。宣戦は二月十日に布告された。第三次海軍拡張は前述のように間に合わなかったが、第一、第二の拡張計画が完成して、まったく一新された連合艦隊が、つぎのごとき陣容で出撃したのであった。

◇第一艦隊（東郷平八郎中将）——戦艦六＝「三笠」「朝日」「敷島」「初瀬」「富士」「八島」（第一戦隊）、軽巡四＝「千歳」「高砂」「笠置」「吉野」（第三戦隊）、通報艦＝「龍田」、駆逐三隊＝「白雲」「朝潮」「霞」「暁」「雷」「朧」「電」「曙」「薄雲」「東雲」、「漣」、水雷二隊＝「隼」「鵲」「真鶴」「千鳥」第六十七、六十八、六十九、七十。

◇第二艦隊（上村彦之丞中将）――重巡六＝「出雲」「吾妻」「浅間」「八雲」「常磐」「磐手」（第二戦隊）、軽巡四＝「浪速」「高千穂」「新高」「明石」（第四戦隊）、通報艦＝「千早」、駆逐二隊＝「速鳥」「春雨」「村雨」「朝霧」「陽炎」「叢雲」「夕霧」「不知火」、水雷二隊＝第六十二、六十三、六十四、六十五、「蒼鷹」「鴿」「雁」「燕」、特務艦船＝「大島」「赤城」春日丸。

◇第三艦隊（片岡七郎中将）――旧式戦艦四＝「厳島」「鎮遠」「松島」「橋立」（第五戦隊）、軽巡四＝「和泉」「須磨」「秋津洲」「千代田」、雑艦十＝「扶桑」「平遠」「海門」「磐城」「鳥海」「摩耶」「愛宕」「済遠」「筑紫」「宇治」、通報艦＝「宮古」、水雷三隊＝第四十、四十一、四十二、四十三、七十二、七十三、七十四、七十五、「白鷹」、三十九、六十六、七十一、特務艦船二＝「豊橋」有明丸。

のごとくに、第三艦隊は中古品の一団であった。日清戦争で有名な「鎮遠」と三景艦とをもって第五戦隊、「秋津洲」級四隻をもって第六戦隊、「扶桑」以下十隻をもって第七戦隊を組織し、それに通報艦「宮古」と特務艦二隻、水雷艇十二隻を付し、いわば日清戦争時の主力艦隊に、ホルモンを注射して働かせるようなものであった。

しかしながら、連合艦隊は排水量合計二十六万余トン、日清戦争当時に比して四倍であるが、戦闘力は四十倍というよりは、百倍といっても誇張ではなかった。主力戦艦六隻、同重巡六隻は、ことごとく世界一流の新鋭艦であり、八隻の軽巡は、「吉野」級三隻以外は新規のものであった。とくに十九隻の駆逐艦と十二隻の水雷艇は、ことごとく艦齢第一期内の働きざかりであったから、主力艦隊はいっせいに新鋭であり、その意味において、あえて昭和十六年の無敵艦隊にゆずるものではなかった（相対的に）。

それを歴戦の東郷が指揮した。第二艦隊の上村長官は、黄海海戦では「秋津洲」の艦長。第一艦隊参謀長島村速雄は、旗艦「松島」の参謀、第二艦隊の加藤友三郎は、「吉野」の砲術長として名声をあげたといった具合。また主力各艦の艦長は、ほとんどみな黄海または威海衛で砲弾をくぐった人ばかりであった。戦術論議のほどは知らないが、実際に戦って強いのは、これらの提督であったろう。

が、敵も、相当の強者であった。その兵力量は恐るべきものがあった。〝北欧の大熊〟は、海に入って大鱶の狂暴をたくましくする両棲の怪物であった。もしも、太平洋、バルチック、黒海に分かれていた艦隊を統合するならば、排水量合計五十一万余トン、戦艦十二隻、重巡十隻をもって、日本の主力を紛砕するであろう。その太平洋にあって東郷に直面した勢力だけでも、ほぼ対等にちかかった。念のために回顧しておこう。主たる軍艦で、いまだにわが古老の記憶に残っていると思われるものだけでも、つぎの通りだ。

戦艦七隻＝ペトロパウロスク、レトウィザン、ツェザレウィッチ、ポベーダ、ポルタワ、ペレスウェート、セバストポリ。重巡四隻＝ロシア、グロンボイ、リューリック、バヤーン。軽巡八隻＝パルラーダ、ディアーナ、ノーウィック、アスコリド、ボヤーリン、ザビアーカ、ボカツイリ、ワリヤーグ。駆逐艦＝ストロイヌイ以下二十五隻。水雷艇＝第九十一号以下十七隻。砲艦その他＝コレーツ以下十五隻。

まさに堂々たる大艦隊であった。

戦艦は東郷の主力と対等の一流戦艦。とくに重巡は、年式は少し古いが、排水量でも速力でも、わが「浅間」級新鋭を一歩ぬいていた。そのうち、戦艦二、巡洋艦五、駆逐艦七の一隊は、三十六年秋、日露交渉の進捗中に欧州から回航されて、対日兵力比の均勢化を露骨に計画し、わが朝野の大きい話題となったことを回顧する。さらに年末にいたり、前述の「日進」「春日」が日本に増勢されたのを相殺するため、戦艦オスラビア、重巡ドンスコイ、軽巡アウローラ、駆逐艦六隻の第二次極東派遣を決定し、準備を終わって、出航と同時に開戦となって延期された（これらは、のちに日本海海戦で沈んだ）。露国が陸戦においても不敗の陣を布き、朝鮮半島を「領土の東端」におさめる国策遂行の燃ゆる決意と、その野心の大きかったことがわかろう。

しかして極東に浮かぶ眼前の大艦隊は、敵の総力の半分以下である。残りは北欧に待機している。かえりみれば極東二十万トンの軍艦は、ことごとく北欧から回航されたものだ。しからば残る三十万トンはいつ回航されて来るであろうか。これが東郷に課せられた戦略上の決定的の問題であった。

2　東郷に経済戦争の枠

宣戦前の旅順港奇襲問題

東郷は「経済戦争」を戦わねばならなかった。敵海軍の兵力合計は、日本の二倍だ。東郷は、まず面前の極東艦隊を撃滅し、つづいて第二の本国艦隊を迎撃しなければならない。「各個撃破」と口では雑作なくとなえるが、最初の一戦において、かりに撃滅の大戦果を挙げたとしても、その際、自分も大損害をうけたならば、つぎの迎撃戦では、逆に撃破される公算が多いだろう。だから、極東艦隊を撃破するにあたっては、わが艦隊の損害を極度に避ける前提で戦わなければならなかった。

海戦略は「目的の集中」を教えるにしても、旅順艦隊を撃滅するために、損害をかえりみずに決戦を強いることができるだろうか。彼は、三十七年一月九日、作戦の大綱を幹部に指示したなかにも、撃滅の決意を明示している。しかし、胸底では、経済的にそれを遂行せねばならぬという必須の条件を、自分に言いつけていたであろう（八月十日の大海戦―辛勝の一戦―のごときも、その視角から眺めねばならない）。

もし緒戦の功を急いで、戦艦や重巡の二、三隻を失ったらどうするか。日本には建造補充の途がない。だから、満々たる闘志はいいが、つねに補充の不可能を心の奥にたたんで戦争をしなければならなかった。そこで感心することは、かかる制約のもとにありながら、提督たちの作戦に、少しも退嬰的な点の見えなかったことである。太平洋戦争中には、日本は戦艦、空母以下三百八十三隻の軍艦を造ったが、それにくらべると、昔の海軍当局がいかに苦しい戦争を戦ったかが、涙ぐましく回顧されるのである。

さて、旅順艦隊を撃破する戦法は、二つしかなかった。一つは彼を洋心に誘致し、艦隊決戦を強いること。他は彼を港内に封じて、背面砲台から撃滅することである。わが連合艦隊の首脳、東郷、上村、島村、加藤以下は、これを十年前に、旅順口と威海衛で体験している。背面の高地を奪って、港内の軍艦を狙い撃てば、撃沈は容易だ。だからいちばん楽なことは、陸軍が早く旅順を陥れて、山上から港内を掃射することだ、と素人にはいちおう考えられる。ところが順序は逆だ。「まず海上権の掌握」が問題だ。旅順要塞を攻略する陸軍は、まず海軍が敵の艦隊を完封して、安全にこれを遼東半島まで運ばなければならない。どうしても海戦が先決だ。連合艦隊はただちに出撃して、旅順および浦塩(ウラジオ)の敵艦隊を撃破しなければならない。

まず、なによりも急を要する京城進駐の臨時派遣軍（木越少将の混成一連隊）には、実力護送を実施し、すなわち、三隻の輸送船に、重巡「浅間」以下六隻と水雷艇四隻を付して（司令官瓜生少将）、仁川港在泊の露艦二隻（ワリヤーグ、コレーツ）の面前に上陸を敢行する。一方、東郷の主力は旅順口さして進航し、敵の主力が現われたら決戦する体形をとり、さらにその前方に、駆逐艦を先遣し（旅順に十隻、大連に八隻）、港外に敵あらば奇襲を断行する作戦であった。

二月六日に国交は断絶し、外交官は引き揚げつつあった。海相山本は、九日を迎えたら最善の形において攻撃することを指示した。二月五日に詔勅が陸海軍軍人に下され、六日に艦隊は出征したが、その以前に、開戦劈頭の作戦に関して、山本、伊東（軍令部長）、東郷の間に協議がすんでいた。

その九日の零時を過ぐる二十八分、駆逐艦「白雲」の放った魚雷が、戦艦ツェザレウィッチを撃ったのである。つづいて戦艦レトウィザン、軽巡パルラーダを雷撃し、奇襲の目的を果たして引き揚げた。日米戦争は真珠湾の魚雷で開始されたが、その先祖は旅順港外の魚雷であった。そうして真珠湾の奇襲が長く問題に残るように、旅順港外の魚雷も永く問題を残し、じつは、一九四二年当時の米軍当局も、「第二の旅順口」をいちおう警戒し、“Orange at Port Arthur”の会話（オレンジは日本人のあだ名）が交わされていたほどだ。さらに、あるいは山本五十六の頭の中に、先輩の旅順奇襲戦史の一行がひらめいたという想像も、かならずしも無稽ではないかも知れない——。

この機会に書いておくが、右の旅順口奇襲は、前回（日清戦争）の豊島沖海戦を想起して、戦後たちまち世界の問題となった。その時までは、国交断絶の後はいつ戦争になってもあえて咎めなかったが、日本の二回にわたる奇襲が、軍事上の不意討ちはしばらく措き、市民の上にも不慮の大損害をあたえる可能性が問題となったのだ。すなわち一九〇七年、ヘーグにおける第二回平和会議（第一回は一八九九年）で、「戦闘開始に関する条約」が議定され、戦闘の開始は、その宣言あるいは他の明確なる意思表示をなす事前に行なってはならないことが決まった。これの加入国日本は、昭和十六年十二月八日、真珠湾奇襲の三十分前に、開戦の意思表示をするはずであったが、華府大使館で暗号翻訳に時間をついやし、逆に奇襲の三十分後に通告する結果となって、「条約違反」の汚名を、世界外交史の上に残すことになった。

3　水雷夜襲の戦果判定

命中報告のインフレ的傾向

真珠湾は日曜日の早朝であった。旅順口はマリア祭の当夜であった。「よもや」と思っていたところに、たちまち砲声がとどろいた。旅順口はマリア祭の当夜であった。マリアと名のついた婦人が祝福をうける露国の習慣で、上流社会では舞踏会が通例であり、艦隊司令長官スタルク中将夫人の名もマリアだから、陸海軍首脳は官邸で踊っていた。酒もそろそろまわりはじめたころに、一カイリと離れない港外で、何百門の大砲が落雷のように鳴りだしたのだ。ジャップの奇襲！

駐日公使引き揚げの情報は、二日前に旅順にも入っていたし、港内外の警戒はもちろん、数週間前から規則的に行なわれていた。が、その緊張が、マリア祭とも関連してゆるんでいた。交代に二隻の駆逐艦が港外を巡航していたが、「敵に会っても発砲すべからず。急ぎまず旗艦に報告せよ」と命令されていた。その二隻は、零時十分にわが第一駆逐隊を発見し、ただちに帰投して戦艦ツェザレウィッチに報告したが、その報告と、同艦に魚雷が命中するのと、ほとんど同時であった。

碇泊中の全艦は防雷網を下ろしていなかった。翌朝あたりは、港外に東郷艦隊が出現するかも知れないとは予期していたが、駆逐艦の奇襲が先駆するとは考えなかった。内港ならともかく、外港の方は港ではあっても外海の一部だから、あの危機には網ぐらいは下ろして仮泊するのが当然だった。三隻の軍艦が要修理二ヵ月の損害をうけたのは、劈頭の一撃を不用意にくったものだ。スタルク長官は罷免されて名提督マカロフが代わった。マカロフは世界に知られた海将であり、その戦略論は日本でも翻訳されていたほどの提督であった。

一方において、奇襲が不十分であったという問題が、欲張った人々の陰口に上った。アメリカ海軍兵学校の教程には、"poor torpedo work" とあった。外港仮泊中にネットも張らず、燈火をもらし、かつ警備艦船をともなわなかった主力艦隊に対し、日本駆逐艦隊の攻撃は手ぬるかった。魚雷発射数十八本は過少である、もっと勇敢に攻撃を強行したら、その奇襲によって露国艦隊の大半を撃破し、いっきょに大勢を制し得たはずである――と説くのである。

理屈はその通りである。学生にはそう教ゆべきだ。また事実においても、モット戦果をげ得たかも知れない。たとえば、大連港に第四、第五の二隊を派したが、そこに敵がいなければ旅順に向かえ、と命じておけば、現に襲撃に間に合っていたごときがそれだ。しかし、批判の根底は、それが「奇襲」であって、「強襲」を避ける必要のあった一点にもとめなければなるまい。緒戦に、全部で十九隻しかない駆逐艦の大半を失ってもかまわぬという「資産の余裕」はなかったろう。だから、敵の三艦を傷つけてわが全艦がぶじ帰投したことで、ひとまず満足すべきであったろう。その時からすでに戦略上の大きい制約が作用していたことを知るのである。

ここで話を奇襲戦の実際に移す。第一駆逐隊の浅井大佐、第二の石田中佐、第三の土屋中佐の三司令は、翌十日午後、仁川港外の連合艦隊に帰投し、「三笠」に東郷長官を訪うて戦果を報告した（十年前、餅原、藤田、今井の三司令が、威海衛夜襲を終わって伊東長官に報告した形と同じだ！）。司令たちは、相当の打撃をあたえた確信を報告した。威海衛のときは、「命中不明です」と報告があって、伊東長官が「チェースト」を叫んだ話を書いたが、今回は相当に命中したという報告であった。

すると、折からワリヤーグ撃沈の報告にきていた「浅間」艦長の八代六郎大佐が、「それでは、何隻沈めたか。それが大事だ」と口をはさんだ。石田中佐は癪にさわったものか、「夜盗が金を取ったらすぐに逃げるのとおなじで、電燈をつけて札を勘定している手はない。それはわざわざ巡査に捕まるようなものだ。撃って当たったと思ったら、急いで退却するのが本当だ。わざわざ敵に沈められるのを待つ手はない」と応酬した。今度は八代が負けていない。「そうばかりは言えぬ。財布を懐ろにした後で家人を起こし、飯を食って一杯飲んで、ゆうゆうと失敬する手もあるという話だ——」と胆ッ玉論でやり返した。黙って聞いていた東郷も、そのときは笑いだしたという。

とたんに秋山参謀が、大本営への戦果報告草案を持ってきて、「長官、敵の損害を何隻にしますか」と聞いた。すると三人の司令が、「長官、それは可哀想だ。東郷は即座に、「二隻としておこう」と答えた。相当にやッつけたはずです。もっとふやして下さい」とせまった。そんなに少ないことはありません。すると東郷は、「では、一隻ふやして三隻にしておこう」と決裁した。東郷がどうしてそんな計算をしたのか、ついに不明であるが、思うに、威海衛当時の実感と、駆逐隊の襲撃経過の説明とから、判断したものであろう。太平洋戦争時ならば、「敵艦の大部分を撃破せり」と公表されそうな戦果を、東郷の報告は、「敵の巨艦三隻に損害をあたえたり」と公表された。戦果の報告は、日清戦争時からだんだんと値上がりしたようだ。物価のごとくに上がっていった。が、幾倍の不思議は、三日後に、雷撃された軍艦が三隻であることが判明した一事であった。

4 艦隊保全主義と要塞艦隊主義

ロシア海軍とこの兵術思想の関連

要塞艦隊主義（Fortress Fleet Doctrine）と艦隊保全主義（Fleet-in-Being Doctrine）とは、二つのことなる用兵術である。が、その根底には、思想のつながりがある。できるだけ冒険をさけて兵力を保存しようとする観念がそれである。また、この二つに共通する危険は、「保全」という「手段」が、往々にして「目的」に転化し、肝腎の決戦を回避する風潮を生むところにある。

要塞艦隊主義は、海戦史家の定論するように、十九世紀をもって終わりをつげた。日清戦争における威海衛の清国艦隊が、その墓碑を刻んだはずであった。ところが、二十世紀初の海戦において、ロシア艦隊は、これを旅順口に再演したのである。つまり、艦隊が要塞に身を託し、要塞の守備に専念し、要塞と生死をともにしたのである。

さかのぼって考えてみると、ロシアは、政策的には攻撃的であり、作戦的には守勢的の国である。これは民族の伝統でもあろう。膨脹侵略の野心は、つねに心に灯っているが、それを戦い取る方略は、長期戦と防御作戦にまつのが世紀不変の道であった。それだけに防御戦に強い。彼の攻勢は、まず防御して敵を傷つけた後に試みる。開戦と同時にいっきょに攻撃をとる神速の妙は、ロシアの兵術書には見当たらない。

陸戦に深入りするのは避けるが、その防御的な民族心理が海上決戦を主目的とする艦隊を支配したことは、ロシア海軍の不幸、また祖国の不運であった。防御的の民族心理は、おのずから艦隊の守勢作戦を招来し、その六隻の主力戦艦を中心とする大艦隊は、洋心に出撃して日本艦隊と戦い、自分も損傷するが、東郷をも傷つけるという大戦略上の要求を無視した。かりにみずから三艦を失って、敵の三艦を沈めるという互角の海戦を敢行すれば、つぎに来るものは、無傷のバルチック艦隊と、深傷を負うた東郷艦隊との決戦になる。日本海海戦の結果は逆になる計算だ。そうしたら日本は、戦争全体を失ったかも知れない。ところが、彼は決して洋心に出なかった。艦隊運動の形において東郷と交戦したことは、八月十日の前にも二回あったが、ともに砲台の着弾距離内でいばったにすぎない。東郷をさそいこんで、艦砲と要塞砲で挟撃するという常套作戦以外に、一歩も出なかった。

転じて、「艦隊保全主義」を見れば、これは「要塞艦隊主義」とは異なり、利用をあやまらなければ、一つの戦術として生命がある。その起源は遠く一六九〇年にあって、めんめん今日まで論議される長寿二百六十余年の歴史的戦略思想である。当時、英仏ビィチーヘッドの海戦において、英長官アーサー・ハーバートは決戦を断念して退避し、敗戦の責を問われたその査問委員会で、「われに艦隊が保全されている限り、敵はわが国に上陸することはできない」、すなわち"The enemy can not invade us while we have a fleet in being"と弁明した。その語尾の一句が、フリート・イン・ビーイングという戦略思想の名を残すことになったのだ。

ハーバート提督は敗戦退却したに相違なかったが、前年、バントリイ湾の戦勝で爵位をさずけられたばかりであり(トーリントン卿)、彼を弁護する提督が多かったうえに、敵が上陸を強行しなかったことも眼前の事実であったから、罪を免れるとともに、そのフリート・イン・ビーイングの戦略論が、逆に生命をあたえられ、長寿二百数十年にもおよぶことになったのだ。しかしながら「艦隊保全主義」が、決戦を回避する弱気の提督に、戦略上の口実をあたえてきたことは事実であり、ウィトゲフト長官のごときは、開戦の二ヵ月前からすでにこれを表明し、早くから決戦回避の思想を告白していたわけである。

(注) 山本五十六大将が、ミッドウェー作戦を決定するさいの論議において、「僕は艦隊保全主

義には反対である」と言明していたのは興味がある。

この主義の是非は論じないが、この場合、旅順艦隊が、バルチック艦隊の来航の日まで「保全」されていたら大変である。おそらく東郷にも勝ち味は少なかったといえよう。敵があくまで「保全主義」でくるなら、われはあくまで「破壊主義」を戦う。そうしてその方法は、もはや要塞を攻略して、山の上から港内の艦隊を撃つほかはない。ここにいたって、東郷と乃木とは一つだ。「戦争の原理」が、ここで教えられた。思うに大目的は、「敵の抵抗の主力をつぶすこと」である。陸も海もない。主力が敵の首府にたてこもったら、海軍も陸戦隊と重砲隊とを供出すべく、また敵主力が要塞艦隊ならば、陸軍は要塞を攻略して挟撃に任ずる。すなわち、陸海力を一にして敵の主力を撃つのが戦略大本であり、陸主海従だの、海主陸従なぞと、幼稚なる観念論や、軽薄なる自我意識にとらわれていたら、戦争に勝てる道理はない。これが平戦両時を一貫する国防の抜本的原則であり、戦争においてとくに明らかに眼前に顕示されるのだ。

いまや、旅順艦隊を、バルチック艦隊の来航前に撃滅することが戦略目標となり、これが敵の主力を撃つゆえんとなった。明治三十七年五月二日、ロシアはその北欧の全艦隊を極東に回航することを決定し、名を第二太平洋艦隊と改めて、ロジェストウェンスキー中将の長官任命を発表した。東郷は待っていられない。乃木も万難を排して攻略を急がなければならぬ。二者帰一して要塞艦隊を撃滅しなければならない。それは運命でもあった。まず、乃木の軍隊と重砲とを、安全かつ迅速に旅順口の背面に運ばねばならない。運ぶためには、旅順艦隊を封鎖しなければならない。そこで苦しい封鎖作戦が、いくつかの物語を残すのである。

5　決死隊の旅順港口閉塞戦

広瀬中佐の銅像行方不明

東京神田須田町の一角に、大きくそびえていた広瀬中佐の銅像も、いつしか消え去って、旅順口閉塞決死隊の物語も、民族の話題から消えてしまった。戦争を謳う記念なぞはなくていい。ただ、人の情愛や責任感、とくに「部下思い」という道徳の教材を失ったのが淋しい。

閉塞戦は、旅順要塞の弾雨をおかして港口に汽船をすすめ、自沈して水道を塞いだのちに、ボートで漕ぎ帰る決死行であった。その二回戦(明治三十七年三月二十七日)に、広瀬指揮官は、ボート移乗後に杉野兵曹長の不在を知り、単身、沈没中の福井丸にもどって杉野を捜索したが、ついに見当たらず、後ろ髪をひかれながら、ボートにもどって漕ぎ帰るとたん、中口径砲弾を一身にうけ、肉片一塊を残して散華したのであった。

明治四十年、田舎から上京、東京名所のひとつとして銅像前に案内された時、筆者はとくに愛国心は感じなかったが(当時の日本人は、それを戸籍と同じように固有していたから――)、友愛と犠牲の尊い教訓を、おぼろげながら自得して頭を下げたことを記憶している。

惜(お)しむべし、正確には、昭和二十年十一月、警視総監によって撤去が命令され、二十二年六月、某土木会社の請負いでどこかへか運び去られ、いまはその会社もつぶれ、像の行方もわからない。宛として当時の亡国の姿を見る。何々温泉や何々劇場の前で観光バスが停まる世の中ではあるが、もし広瀬中佐の銅像が残っていたら、その前でもバス・ガールの説明が聞かれるだろうか――なぞという感傷の筆は早く切り上げて、作戦の本体に移ろう。

日清日露両戦役の中間に米西戦争（一八九八年）があり、西領キューバ島のサンチアゴ要塞にたいして、米軍の陸海協同攻略戦が行なわれた。苦闘百日にして、アメリカ軍がそれを抜いた。旅順ほどの堅塁ではなかったが、港内の艦隊にたいする封鎖、誘戦、背面要塞の攻略にいたるまで、あたかもそれはわが旅順戦のために、一切の参考資料を実戦によって提供してくれたような戦闘であった。

アメリカ提督サンプソンは、サンチアゴ軍港沖を三重に封鎖したが、艦隊は疲労困憊してしまった。そのとき一人の勇士が現われ、一隻の大きい汽船を、港のもっとも狭い水道に自沈させて塞いでしまう方法を考案し、死をおかしてそれを決行した。名はホブソン中尉、船は「メリマック」号であって、いまも世界戦史に大きく誌されるところである。

日本人。旅順戦。それをやらない手はない。それこそ、日本人が決行する誂え向きの戦法である、というのが何人の主唱をも待たないで、わが海軍将校の間に語られていたのは当然であった。

いよいよ開戦となったので、すぐにその戦法が参謀の間で取り上げられ、自沈用の船船五隻（四千トン級）も準備され、二月六日、作戦第一手として東郷長官の裁可を求めた。これに対する東郷の裁定は、深く味わうべきものであった。

「まだ軍艦が一発の大砲も撃たない前に、丸腰（非武装）の商船に戦争をさせることは感服できない。準備しておくのはよろしい。いずれ命令するから待て」

と。まず第一戦は、二月九日の駆逐艦奇襲。ついで主力艦隊の二回にわたる港外会戦の後、二月十八日にいたって、ようやく閉塞の決行が命令されたのであった。しかも、その命令に関して、さらに味わうべきことは、「兵を救うに万全を期すべし」といい、隊員の収容計画を綿密に検討してみずから修正し、本当に万全を期した一事である。計画はつぎの通りであった。

一、各閉塞用船には、一隻ずつ水雷艇を付す。

一、第五駆逐隊は前衛となって、港外の敵哨艦を撃攘したるのち、東方に航して敵の注意を同方面に牽かしむ。

一、第一駆逐隊は、まず船隊の前方を警戒して、これとともに老鉄山付近にいたり、船隊進行の後はその後方を警戒し、戦果を報告せしむ。

一、第九水雷艇隊は、老鉄山東方より港口に徐航し、収容にもれたる隊員を救助せしむ。

一、第四駆逐隊は天明後、港外にいたり、収容の成否を注意せしむ。

という行き届いたものであった。決死隊だから単に猪突猛進せしめる思想とは、およそ対蹠的な人命尊重の万全を講じたのであった。太平洋戦争における特殊潜航艇以下の決死用兵とは、少しく趣きを異にするのを認める。

五名の指揮官を先決して後に隊員を募集すると、一日に二千八十名が出願し、なかには血判をもって申し出でるものがあった。東郷は、生還の困難をおもんぱかって極度に兵員を節し、六十七名を厳選して五隻の用船に配属した。かくて天津丸（有馬中佐）には水雷艇「千鳥」、報国丸（広瀬中佐）には「隼」、仁川丸（斎藤大尉）には「鵲」、武陽丸（正木大尉）には「真鶴」、武州丸（島崎中尉）には「燕」の各艇を直属させ、その他前掲の計画どおりに手配して、二十四日午前四時半、各船は猛砲火をおかして港外に爆沈を果たした。ほとんど大多数が収容されたが、はじめての冒険で効果が乏しかった。そこで三月二十七日に第二回、五月三日に第三回を決行した。そのつど、経験者採用論が圧倒的だったのに、東郷は、「将校はよろしいが、兵員は同一人は相成らぬ」と一人で峻拒してしまった。

6　閉塞戦と日英米三海軍

一流海軍に一流の闘志共存す

天下、旅順に優る天険はなかった。内陸補給源を持たない半島の弱味を別とすれば、要害としては世界無比であろう。背後の三方面は丘陵重畳、港内は軍艦三十隻をいれ、港口は九十一メートル（深水道）、そうして丘山はことごとく砲台であった。二〇三高地、鶏冠山、二龍山等々は、乃木軍の死闘とともにその名を知られたが、同様の堡塁砲台が全部で二十七座の多きをかぞえ、その大部分が海正面をも制瞰していたのだ。

たとえば、横浜や神戸の陸正面高地が砲台であるのはもちろん、その両側にも高地が突出して、そこが全部砲台になっている地形とおもえば間違いない。そこに、老虎尾堡塁団、黄金山堡塁団、労律嘴堡塁団と呼ぶ三つの砲台グループを築き、数百門の各種口径砲を旋回式に装備して、陸海両面の敵を待ったのである。その面前に商船を乗り入れて自沈する閉塞戦が決死的であったことは、容易に想像し得るであろう。

港口全幅は二百七十三メートルだが、巨艦の出入口は九十一メートルで、そこがボットル

・ネックだ。そこまで侵入して塞がなければ効果がない。すでに警戒厳重。早く発見されて未然に撃沈されたら元も子もない。第一回戦はそれであった。そこで第二回出撃前、各指揮官を「三笠」にあつめた席で、秋山参謀から、「早く見つけられて猛射されたら、出直すことにして引き揚げたらどうか」という提議があった。

すると広瀬武夫が起って、「イヤ、断じて行なえば鬼神も避く。猛砲火はつねに免かれないから、退却を許すことになれば、結局は何度やっても駄目だ。弾雨をおかして突進するの一事あるのみ」と断言した。東郷は、「各指揮官の情況判断で進退してよろしい」と裁決して、一同を見送った。その回も、敵の砲撃と駆逐艦の出撃せるをおかして港口に自沈したが、沈没位置不良と隻数不足のために、効果が不十分であった。そこで五月三日は、いっきょに十二隻を沈めて水道を塞ごうとした。

六千八百名という熱烈なる応募者の中から百十余名が選ばれて、今度こそは完封しようと進入したが、あいにく天候険悪、風浪強烈で、乗組員の収容はとうてい望めないので、総指揮官林中佐は中止を命じたが、暗夜と狂濤のために命令徹せず、八隻だけが突入して不完全なかたちで爆沈した。しかも閉塞は不十分と判明したので、それを限りにこの作戦は打ち切られた。

十年後に世界戦争が起こり、その末期に、ドイツはベルギーの要港ゼーブリュージュ（ジーブルージ）を潜水艦の基地として、英国を悩ました。そこで、英国は日本海軍の旅順口閉塞の戦史を綿密に研究し、数回の予備訓練と、数回の示威運動をこころみ、警戒の比較的ゆるやかなる一夜（一九一八年四月二十三日）、猛然としていっきょに閉塞を強行した。すなわち、老朽巡洋艦ビンディクチブ以下四隻をもって、砲戦しながら港口に自爆させると同時に、他の決死の一隊は防波堤に上陸急進し、同港とブリュージュ（ブルージ）市をつなぐカナルの水門を爆破して、ほとんど完全に潜水艦基地を閉塞した。

猛提督ロジャー・キースの有名なる一戦であり、英軍は死者二百二十五、負傷者四百十七という犠牲を払ったけれども、敵潜の脅威を減殺した効果は大なるものがあった。そうしてその手本は、日本が旅順口で書き下ろし、その不完全なところを修正して、英国が完成したという順序だ。いな、お手本の第一行は、前述の通り、米国のホブソン中尉がサンチアゴ戦で書き下ろし、日本がそれを修正して旅順戦にほどこし、そうして未完成で英国に引き継いだかたちである。日英米は軍艦だけが大であったのではなく、精神力にも共通の大があった（たれか言う。その二つを相手にした盲目を！）。

さて、同型の戦闘であった前記サンチアゴ要塞戦の成り行きも、この機会に一瞥して無駄でない。スペインのサルバラ提督は港内に入って出て来ない。米のサンプソン艦隊は封鎖に疲れ、戦局はすこしも進展しない。ここにおいて米国政府は、シャフター将軍を軍司令官として、陸背面からサンチアゴを攻略し、敵艦隊を要塞から撃滅しようとはかった。シャフター将軍は、スペイン守備兵の頑強なる抵抗にあい、有名なサン・ジュアン・ヒルの死闘を反復して、攻撃はなはだなやみ（乃木軍の第一回総攻撃とまったく同じ）、しきりに艦隊の海上挟撃を要求しつつ難戦をつづけた。

奇しくもそのとき（七月三日）、スペインの全艦隊が突然出港した。ハバナ総督ブランコ元帥の命令による。ここにサンチアゴ海戦が起こり、旗艦マリア・テレサが開戦五分にして集弾され、擱坐して形勢さだまり、米艦隊の大勝に終わった。八月十日、旅順艦隊が皇帝命令によって出港して、あの大海戦を演じたのとまったく相同じ。歴史の相似点を見て余談にはしったが、かえって旅順港外の悲しい相似点を描くことにしよう。

7　名将マカロフの魚雷論

提督の旅順出現は一大脅威

天佑は、不義の戦さをしかけた者の上にはこない。それなら、大義名分を完備した日露戦争の日本の上に、それが恵まれたのは大自然の動きであったろう。

いくつかの天佑のなかで、将帥の戦死に関する顕著なる例が、少なくとも四つある。陸戦においては東部兵団長ケルレル中将が、遼陽前面の戦闘指揮中に、流れ弾にあたって戦死したこと、および旅順要塞の鬼とよばれた歩兵第七師団長コンドラチェンコ少将が、東鶏冠山堡塁の戦闘中（十二月中旬）に斃れたことである。前者は総帥クロパトキンの片腕で、終始わが軍を苦しめた勇将、後者は要塞守備の士気の中心として全軍の信頼をつないでいた闘将であった。ケルレル中将が死んでから、露軍の抵抗がゆるんだと、藤井参謀長は述懐していたし、コンドラチェンコ師団長が戦死して、要塞死闘の度合いが減じたように感じられたと、攻囲軍の各指揮官は語っていた。

陸戦はおき、海戦においては、四月十三日、司令長官マカロフ提督の戦死と、八月十日、司令長官ウィトゲフト提督の戦死である。四ヵ月の間に、艦隊長官を二人も失うのは、どう考えても、勝運に見放されていた実証であろう。太平洋戦争では、日本の方が二人の司令長官を戦場で失った。そのとき、私は日露戦争における前記の史実を想起して、縁起をかつぐわけではないが、戦争の前途がいかにも暗黒に感じられたのであったが、さすがにそれを筆にすることもできずに、ひとり心底を圧せられたまま黙過した。

マカロフ提督の戦死は、その時期と、その統帥力とから見て、日露戦争の大局に影響した。マカロフの名はつとに日本に知られていた、というよりも世界に知られていた。当時は英のフィッシャー、独のティルピッツがようやく頭角をあらわしはじめたころで、海戦略の雄としては、米のマハンと露のマカロフが世界的に尊敬されていたのだ。

マカロフの戦略論は、わが海軍軍令部で邦訳されて教材になっていたのはもちろんだが、それよりも、マカロフの「水雷戦術論」が、わが海軍を二分し、軍令部と海軍省の対立を誘発し、魚雷制式の採用について、「軍務局長以下が印を捺さない書類を、大臣だけが捺印して通した」という空前絶後の非常認可が強行された騒ぎまで起こしたほどである（明治三十三年）。これは、戦争にも関連がある興味ある秘話だから、ついでに書いておこう。マカロフの新水雷戦術というのは、

「魚雷は速力を十二ノット以下に減ずれば、その距離を三千メートル以上に延長し得る（速度三十ノット、射程六百カイリが当時の魚雷水準）。将来の海戦はこの遠距離魚雷を利用して、艦隊運動と砲戦俺護を考策すべきだ」という要旨だ。たしかに一つの理屈であり、軍令部はひとしく賛成し、魚雷の制式をこの方面にみちびこうと考えた。

ところが、軍務局にいた威海衛実戦の勇士たちは激しく反対した。すなわち、「魚雷は肉

薄攻撃の武器である。それには速力と爆破力こそ必要であって、射程は第二、第三の問題だ。貧乏海軍が大敵と戦う最良の兵器は快速魚雷であって、断じてマカロフ魚雷ではない」というのだ。これまた立派な主張で、両々ゆずらない。

反対論は軍務局の若い将校連で、鈴木貫太郎中佐が急先鋒であった。軍務局の軍事課長が、加藤友三郎であった。加藤は、実戦の経験を有する部下たちが、印形を捺さないのは理屈があるから、俺も捺さないといって、対立半年に及んだ。ついに山本海相があらわれ、俺にまかせろ、といって大臣印だけで通してしまった。同時に艦政本部長を呼んで、魚雷を二種類つくることを命令して、双方をおさめた。

ついでに、この一局にケリをつけておくのは無意味ではなかろう。いよいよ日露戦争の勝敗を決める日本海海戦がせまったとき、加藤は連合艦隊の参謀長であった。鈴木は、軍艦「春日」の副長から第四駆逐隊の司令に転任されて、鎮海の根拠地に入った。待っていた加藤は、旗艦「三笠」に鈴木を招き、「一隻でもいいから戦艦を沈めておいてくれ」と申し入れた。鈴木は、「なるべく四隻を沈めて、ご期待にそう決心です」と答えた。それだけの会話の中に、明治三十三年のマカロフ魚雷問題がいきており、加藤は駆逐艦の肉薄強襲を期待し、鈴木はその往年の主張どおり、これを成就して、当時の軍事課長の庇護にむくいる決意を表明したものである。この海戦で、鈴木の挺身攻撃は敵艦三隻を撃沈し、「鬼貫」の愛称をつくったのであるが、こうした人間のつながりが、後年、加藤海相の下に鈴木次官をおき、問題の八八艦隊完成まで発展したことは、のちに改めて書こう。

さて、それほどの因縁の深いマカロフ。また戦術の大家として雷名をとどろかせたマカロフが旅順口に現われたとき、日本の海将連がいちだんの緊張を感じたのは当然であった。

8　マカロフの旗艦爆沈

東郷の舶来望遠鏡のみが正確

名将マカロフを敵として、いちだんの緊張を示したのは、日本海軍だけではない。その任命を聞いただけで、旅順艦隊がまず緊張した。フリート・イン・ビーイングの思潮は、港内から雲散するであろう。彼は、ロシアの伝統的または民族的傾向としての守勢戦略を否定する積極作戦論者であり、そのゆえに中央から敬遠され、しかも優れた実力を葬ることもできないので、しばらく黒海艦隊に封じ込まれていたのだ。

マカロフいたって艦隊の士気は一変した。彼はまた身をもって戦闘精神の昂揚につとめた。着任後四日目、港外に日本の駆逐艦四隻の運動中なるを聞くや、単身、快速巡洋艦ノーウィック号に坐乗し、軽巡二隻を率いて出撃し、わが艦隊を撃攘して帰陣したごときは、長く港内に沈滞した将兵の士気を振作するうえに大なる効果を奏したこと、ロシアの公刊戦史にも特筆されているところである。引きつづき、旅順艦隊の港外運動は頻度をくわえ、東郷は従来の封鎖方式をいっそう厳にするの必要に迫られた。マカロフはいつ出勤し、一戦を賭してウラジオ回航を断行するかも判らないからである。

四月十一日、東郷は第七次旅順口攻撃に出動した。この日、問題の軍艦「日進」「春日」が初めて戦列に加わり、艦隊の意気沖天の趣きがあった。東郷は、水雷敷設船蛟龍丸をして、敵艦隊の行動圏中、もっとも港口に近い海面に敷雷を命じ、第二、第四、第五駆逐隊、第十四水雷艇隊をもってそれを掩護させ、さらに第三戦隊（「常磐」「浅間」「千歳」「高砂」「吉野」「笠置」）をして港外に誘致作戦を命じ、主力をその後方に陣して決戦を期した。

くしくも同じ日に、旅順艦隊は大挙出動して大連湾にいたり、暫時にして旅順に帰港した。その翌十二日夜、蛟龍丸と掩護駆逐隊とは、港口に泊まって機雷を敷設したのだ。敷設終わって駆逐艦が引き揚げる十三日払暁、折から二隻の敵駆逐艦（ストラーシヌイ及びスメールイ号）に遭遇したので、わが二駆逐隊（「雷」「曙」「電」「朧」）は、敵の退路を扼して猛撃し、ストラーシヌイ号を撃沈し、他を大破させた。この敵は十二日夜、旅順を出港した八隻中の二艦で、夜間航行中に僚艦を見失い、帰港の途中にあったものだ。

マカロフは激怒した。艦隊行動の未熟と不注意とを叱したが、しかし、ただちに救援を重巡バヤーン号に命ずると同時に、みずから旗艦ペトロパウロスク、戦艦セバストポリ、同ポベーダ、軽巡三隻、駆逐九隻を率いて出撃し、遠くわが第三戦隊（出羽司令官）をみとめて追撃にうつり、優勢なる攻撃を実施して、砲台の射程外十五カイリまで進出した。いままでに例のない攻撃であった。そのとき、はるか南方に東郷の主力八隻（「日進」「春日」くわわる）の進航するのをみとめて退却した。

が、マカロフは港内には退かなかった。砲台の弾着界に入るや、第一次戦に参加しなかった諸艦を出動させ、戦列を整理して、ふたたび東郷を迎撃しようと考えた。かくて戦艦隊を先頭にして西方に回頭した一刹那、真っ黒な煙団がもうもうと巻き上がった。そうして、その団雲が上騰し去ったときは、戦艦の数が一隻へっていた。機雷にふれて一瞬轟沈したらしい。それは、逆番号に回頭中の殿艦だ。旗艦ペトロパウロスクではないか。

「三笠」の司令塔では、東郷をはじめ、島村、有馬、秋山、松村の参謀連が凝視しており、軍艦が爆発を起こしたことは確認したが、それが戦艦の沈没であると視たのは東郷一人であった。

東郷は、かたわらの島村（参謀長）をかえりみて、「戦艦が轟沈した。旗艦だ」といった。島村以下は、爆発の煙は見たが、それが戦艦であるか、また沈没したかはわからないので、疑問の返事をすると、東郷は、間違いないと微笑で応酬しつつ、残艦が発砲しながら港内に入って行くのを凝視していた。

おもしろい回顧は、東郷だけが、本当の望遠鏡を持っていたという実話だ。その前年、小西六の杉浦氏が、ドイツからツァイスの望遠鏡を三つ購入して帰り、一つを宮様に、一つを東郷に贈った。日露戦争の写真に、東郷がいつも胸のところに掛けているのがそれだ。

いまでこそ、日本のレンズ工業は世界一流であり、終戦時アメリカの海軍が、「魚雷と眼鏡は日本に負けた」といったほどに進歩したが、明治三十七年のそれは「和製品」の粗悪を代表し、望遠鏡と称しても肉眼の二倍とはとどかず、かつ曇っていた。

そのうえに、巨艦の轟沈は一瞬の現象であり、もうもうたる黒煙が騰りきって水面が見えるときは、モウそこに艦の姿をとどめないはやさであるから、和製望遠鏡で距離を合わせている間に、現象は消え去って姿を見ない実情であった。東郷のツァイスの眼鏡だけが、ハッキリと隊尾の巨艦が大爆発を起こして沈んだことを捕捉したのであった。しかし、それが旗艦ペトロパウロスク号であったことは確認されない。それを確認したのは、じつにタイムス紙（ロンドン）の戦時特派員リオネル・ジェームス君であり、マカロフ提督の戦死もまた、同君によって確認報告された経過を書こう。

9　日本最初の機雷の偉勲
タイムス特派員の大スクープ

タイムス紙の特派員ジェームス君は、汽船ハイムン号（千二百トン）を傭船し、それに発明したばかりの無線電信機をすえ、威海衛にステーションを設け、日露海戦の実相を、黄海および旅順口から、ロンドンの本社に速報する計画をたてた（わが海軍が戦場出入の許可をあたえた肚も大きい）。

四月十三日、ハイムン号は旅順港口を去る数カイリに航入し、東郷とマカロフの両艦隊の中間後方に位置をしめ、これから生起するであろう大海戦を目のあたり観察取材するつもりである。新聞記者にこれ以上のスリルはあるまい！　ジェームス君は甲板の椅子に腰をおろして、マカロフ提督が五隻の軍艦を率いてルチン岩（港外東端）の東方にいたり、そこで港内から残りの全艦隊を呼び出したのと相会（あいかい）し、陣形を整備しているのを眺めていた。すると突如、その陣形の一端に、黒黄色の団煙が閃光とともに立ち騰るのが見え、ほとんど同時に、大爆発音が耳を聾した。とたんに船長コーフーン（豪州海軍の予備中佐）が大声をあげて、

「見ろ！　ロシアの旗艦がやられてるッ――」

――Look! The leading Russian in heeling over!――

と、躍り上がって絶叫した。望遠鏡はいらない。ジェームス君はいま目の前に戦艦ペトロパウロスクが真ッ二つにわれ、後半身がスクリューを上にして没していくところを見届けたのである。爆発は水雷と火薬庫の誘爆により、触雷から沈没までを一分三十秒と記載された。

しばらくにして、大きい波のうねりがハイムン号の舷側を洗った。ジェームス君は、その場からロンドンに打電を終わり、終夜航海して、翌朝、鎮南浦の第三艦隊基地にもどり、細谷司令官に事実を報告した。まもなく、ハイムン号の無線機は、露国の暗号電報をとらえた。それによって、マカロフ提督およびモーラス参謀長の戦死を確認し（世界的に有名な画家ウェレスチャーギンの殉死とともに）、それを打電してのち、東郷に報告した。日本の新聞がこの大ニュースを知ったのは、タイムス紙上の旅順特電を、ロイテル通信が日本に打ち返してきた三日後のことであった。本当のスクープ（特種）とは、これらを言うのであろう（彼らの他のいくつかの特種は省略する）。

わが海軍は、大新聞社の特種競争に無類の便宜をあたえたが、その代償としての情報入手によって、利益したところも甚大であった。ハイムン号にそなえつけたデ・フォーレスト式無線機は、当時の最新式で、マルコニ式にまさり、技師アサーン、ブラウンの両君は、米国で一、二を争うといわれ、とにかくわが連合艦隊の旗艦よりも、はるかにすぐれた通信力を持っていた。

惜しむべし、やがて陸軍から強い抗議が出た。ハイムン号が、黒木軍の上陸風景をかたわらで眺めていたのは我慢したが、今後の上陸作戦を引きつづき見物されることは軍機上、忍びがたいというのだ。海軍はさらに大いに利用する肚であったが、陸海軍がこれで争うのもどうかと思われ、いちおう航行面の制限を考慮中、ジェームス君が感づいて、みずから引き揚げることに決めてしまった。彼はウラジオへも行く計画であったのだから、その情報しだいで常陸丸の悲劇はまぬかれたかも知れない、と第三艦隊の首脳（ジェームスの連絡先）は残念がった――。

記者の共感から、つい報道関係の横道に入りすぎたが、旅順の戦場は、マカロフの戦死によって形勢を一変した。マカロフは、艦隊出港前にはかならず港口外水道を掃海させていたが、この日にかぎり、駆逐艦ストラーシヌイの急を救うために、掃海のいとまなしに出動して、この惨果を招いたのは諦められない、と全軍が嘆いたのも後の祭りであった。ペトロパウロスクは、その前夜、わが蛟龍丸が敷設したばかりの機雷に引ッかかったのである。

興味があるのは、それが、日本海軍の使用した最初の機雷であったことだ。機雷戦術は長く下積みにされていた。中佐小田喜代蔵が主任で黙々として努力をかさね、ようやく、艦隊付属として、千トン未満のボロ船三隻からなる敷設隊ができた。そのころ、ロシア艦隊は旅順口を出て、鮮生角の沖からルチン岩の南を通って帰港する運動を、常時、反復していたので、そのコースに敷設してみようということになり、蛟龍丸（五百トン）は小田原司令の直接指揮で決死潜入し（一同遺書を残して出発）、黄金山砥地砲台の探照燈のカーボンの音が聞こえる地点まで進んで、敷雷したのであった。

一方に第四駆逐隊の「村雨」「春雨」は、他の駆逐艦が旅順攻撃その他で戦功をあげていたのに反して、いまだに実戦の機にめぐまれず、闘志横溢する同駆逐隊の将兵一同の不満が爆発点に近かった理由により、その夜、団平船二隻に機雷を満載して曳航し、おなじく決死の覚悟で敷設を命令されたのであった。靄があり、幾十条の探照燈火がこの両艦船を発見しなかったことも天佑の序幕であり、その敷設終了と、ペ号の轟沈までには七時間しか過ぎておらず、遅速力の蛟龍丸は、駆逐艦「村雨」からたのまれた団平船を曳いて帰る途中に、敷設海面で大爆音を聞いておどろいたという話が残っている。

10 旅順口外の五・一五事件

戦艦「初瀬」「八島」等七隻を一挙に失う

名将マカロフと、旗艦ペトロパウロスク号をほうむった日本機雷の凱歌は、因果循環、こんどは逆にロシア機雷戦の大戦果に涙をのむことになった。五月十五日、わが主力戦艦六隻中の二隻、「初瀬」と「八島」が、いっきょに触雷沈没してしまったのである。

この日ほど、厄日という言葉が将兵の神経を痛打した日はない。その日の午前一時半、出羽少将の艦隊五隻は、旅順口直接封鎖からの帰航中に濃務に襲われ、「春日」と「吉野」が衝突して、後者がたちまち沈没してしまった。新艦購入で有名になった「春日」の艦首衝角が、日清戦争の花形艦「吉野」の左舷中央をつきさしたのは、ネーム・バリューをあわせて惜しいかぎりであった。「吉野」は総員退去の瞬間に艦が転覆して、ボートを圧没し、わずか一隻が助かったその中に、陛下のお写真があったことを、せめてもの慰めとするような惨状であった(ほとんど全員戦死)。

出羽少将と入れかわりに旅順沖に出動した梨羽艦隊——戦艦「初瀬」「敷島」「八島」、軽巡「龍田」「笠置」——は老鉄山の南東沖十カイリの地点に進んだとき、午前十時五十分、三番先頭の「初瀬」が機雷にふれた。司令官は、すぐに後続艦に南方へと転針を命じたが、三番艦「八島」は五分後に、「初瀬」被雷の線上において、つづいて二回触雷し、刻々、艦が傾きだした（遇岩付近まで自力航行したが、午後六時近く、ついに沈没）。「初瀬」の方は八度くらいの傾斜で止まったので、「笠置」に曳航を命じて操作中、第二回目の触雷に轟沈してしまった（零時三十分）。「初瀬」の第一回触雷以後の措置が、従容として機宜をえたかどうかは別問題である。五分か十分の間に、東郷艦隊主力の三十三パーセントを、いっきょに失う大惨劇に直面して、神経の平衡を失わない者があれば、彼は人間の仲間には入れなかったかも知れない。ましてそのとき、敵の駆逐艦十六隻は、二隊に分かれて戦場に突進してきたのだ。のみならず、黄金山砲台の無線台は、「第一潜航艇隊は帰れり、第二潜航艇隊は未だし」と放送し、あたかも戦場の主人公が潜航艇であるように、欺瞞の威嚇をこころみていたのだ。

いまから思えば滑稽のようだが、当時は「潜航艇」の有無について、両軍とも的確な知識がなく、敵がすでに使っているのではないかと、互いに疑いあっていた。とくにロシア艦隊は、それを恐れていた。だから、ペトロパウロスクが触雷轟沈したとき、それが日本の潜航艇によるものと誤信し、各軍艦は、「潜航艇を警戒せよ」の信号をかかげて、海面を乱射しつつ港内に遁入したのであった。すなわち、そのときの自分の恐怖を想起して、いまぞ日本艦隊を恐怖攪乱させようとはかったわけである。

当時、潜航艇はアメリカ海軍ではすでに就役していた。さかのぼっては、一八六四年、アメリカの南北戦争で、潜航艇（デービッド号）で敵艦を撃破しており、一八九九年に、名技師ホーランド君によって完成され、一九〇〇年に正式に採用されていた。だから、日露両海軍が互いに疑ったのも無稽ではない。現に日本は戦争中に米国から五隻を購入し、横須賀で組み立て中に終戦となったのだ。

日露戦争の会期を通じ、ロシア艦隊が日本の軍艦を海戦で沈めたのは一隻もない。ただこの一日に、大戦艦二隻を機雷にかけて沈めたのは、相対的にはもちろん、絶対的にも偉大なる戦果であった。そうして記憶すべきは、その功労者が一人の海軍中佐であったことだ。

彼は、砲艦アムール号の艦長イワノフ中佐であった。イワノフは日本艦隊の封鎖行動を研究し、黄金山砲台を去る十カイリの地点を南方に旋回する習性をたしかめ、機雷を、その地点幅一カイリにわたって、東西に約五十フィート間隔に敷設する計画を長官に提出した。それまで機雷は、港湾付近に防御用として使っていたが、洋上に攻撃的に使用する着想はなかった。イワノフ中佐は、洋心敷雷を考え、それに触れて日本艦隊の混乱するに乗じ、艦隊出撃して敵を撃滅する案を提議したのだ。ウィトゲフト長官が許したので、五月十四日の夜半にそれを実行したその機雷原に、翌日、早くも日本が引っかかったのである。

思うに、こうした新工夫は、若い人々の間に創案され、幹部がそれを改善して案を築くこと、一般の社会においても共通の現象である。ウィトゲフト少将が、無駄になるかも知れない洋上敷設に、七十個の機雷を給与したのは、退嬰的な同長官としては大出来であったが、わが艦隊混乱中——その海面には戦艦「敷島」のほかに、軽巡「龍田」「高砂」「笠置」「須磨」等があり、救助と「潜航艇警戒」で大混乱を呈していた——に出撃しなかったのは、ロシアのためには惜しいかぎりであった。

また、救助と敵駆逐艦の撃攘に、おおわらわの活躍をした「龍田」（釜屋中佐）は、帰途、光緑島辺の暗礁に乗り上げて破艦し、厄日に一損を付加した。

戦艦「敷島」が助かったのは、不幸中の幸いであった。艦長寺垣猪三は、敵潜警戒とか、左に避けろとか、右がいいとか、衆論やかましい中に、機雷なら同一個所に二個はないと考え、それには「初瀬」の舷側すれすれに、通過するに如かずと決心し、「南無阿弥陀仏」を唱えながら全速力で通り抜けたことが、後年、寺垣中将自身によって語られている。

11 独り東郷さわがず

英提督の感激の回顧談

旅順口沖の〝五・一五事件〟は、昭和七年の蛮行の不名誉とは比すべくもないが、海軍の大厄日であることは同じであった。連合艦隊決戦力の三十三パーセントが、一時に亡くなってしまった。

そもそも主力戦隊が、同一の海面で同一の行動をくりかえす封鎖作戦は、つとに改むべきであったのだ。その戦隊は、旅順港口の見えるところで、しかも砲台の射程外である地点を選んで、これをX地点と通称し、その海面で示威して引き返す方式をつづけていた。その日は、戦艦隊の第二分隊の出動日で、「初瀬」「敷島」「八島」の番。つぎの日は第一分隊の「三笠」「朝日」「富士」の番であった。番がちがって東郷が触雷戦死でもしていたら、それこそ大変なことになるところであった。

すでに一ヵ月前に、旅順艦隊が同一行動を反復するのを発見して、そのコースへ機雷を敷いて敵将と旗艦を倒したのだから、それをわが身にかえりみて、封鎖方式を変更するのが当然の策であった。それは、名将を待って知るほどのことではない。現に、その危険を警告した多くの艦長連があったのだ。艦隊参謀もすでにこれを容れ、〝五・一五〟を限りに、X地点巡航方式を廃止し、他の方法によって遠距離封鎖を実施することに決定し、東郷がそれに裁可をあたえていた。その「今日かぎり」という日に、二大戦艦が亡びてしまったのだ。その前日に「宮古」が触雷沈没、十七日は「大島」が衝突沈没、駆逐艦「暁」また触雷で沈没。すなわち、「吉野」「龍田」と合わせて、七隻の軍艦を奪われた東郷の胸中はどうであったか。

梨羽司令官、中尾（「初瀬」）、坂本（「八島」）、寺垣（「敷島」）、釜屋（「龍田」）、井手（「笠置」）の各艦長は、長山列島の根拠地に着くや、ただちに「三笠」を訪うて東郷長官に戦況を報告した、というのは後の話で、だれも報告はできなかった。東郷の顔を見るやいなや、みな大声で泣きだしてしまったのだ。

その状あたかも、旅先で一人息子を急死させた母が、飛来して主人の前に泣き伏すにも似ていた。いな、それ以上のものであった。艦長たちは、「あの二大戦艦を失って、東郷長官が今後いかに戦われるだろうか」と、それのみを案じつつ根拠地に帰り、さてその長官の顔を見るや、感慨一時に発して、ただ号泣するのみであったのは怪しむにたりない。ようやく言葉に出たのは、「お許しください」という一語であった。泣き声が長官室をこめたという惨憺たる光景は、少しも形容詞ではなかった。

その時の東郷はどうであったか。少しも取り乱さず、というような叙述では、とうていその姿を描くことはできない。あたかも、悲しみの作用をつかさどる神経を手術摘出してしまった人間のように、悲しみを示さなかった。ただ、「御苦労だったネ」と静かに一言して、茶菓をすすめただけであった。日本海軍はよい司令長官を持ったものである。

その「よい司令長官」を、もっとも雄弁に説明したのは、英国海軍のペケナム提督であろう。ペケナムは当時大佐で、観戦武官として、戦艦「朝日」に乗っていた。第一次大戦には、英国巡洋戦艦隊の第一戦隊司令官をしていた。一九一七年、日本海軍は秋山中将一行を、同盟および協商国の慰問兼視察に送った。一行が根拠地ロサイスにペケナム提督を訪問すると、提督は麾下の全将校をともなって歓迎の午餐会を催し、その席上で、はしなくも、「『初瀬』『八島』の遭難と東郷提督」と題する一場のスピーチをこころみた。その大要は感銘的である。

「大惨事の翌日、東郷提督が『朝日』に見回りに来られた。私は固唾をのんで待った。私は心から『初瀬』『八島』の喪失を悲しんでいたので、提督が甲板に上がられるとすぐに、手を差しのべて弔詞を述べた。すると提督は微笑しながら、『有難う、ペケナムさん』とかたく握手をして、あたかも何かプレゼントをもらってサンキューと言うときのように、なごやかな印象をあたえられた。

それから巡視の後について艦内を回ったが、足固く踏み、胸正しく張り、温顔に威をたたえ、昨日の惨事なぞは、その挙措のいかなる部分にも、露一点も宿っていない。この態度に接して、昨夜悲しみに眠れなかった六百の将兵は、にわかに安心を回復した。あたかも萎れた草花が慈雨にあって、いっせいに頭を上げた光景を思わせた。私は、敗戦を勝利にめぐらすのは、往々にしてかかる主将の自若たる態度であることを痛感した。そうして、つぎの海戦はやはり東郷提督が勝つという確信を、山田艦長に告げたことであった――」

秋山中将の一行は、これを聞いて目頭があつくなったそうだ。いまだ健在であった本人に帰朝報告したかどうか文献にはないので、取材記者のメモとして書いておく。ついでながら、このときの悲報は記事が差し止められたが、識者の間にはだんだんと判って、随所に嗟嘆の私語を聞いた。やがて八月十日の黄海海戦後に発表され、「将兵は屈せずに奮闘し、よくこの損害を補えり」と注された。太平洋戦争のミッドウェー海戦における四大空母の喪失が、最後まで秘匿されたのにくらべて感慨が深い。

明治三十七年五月二十日(東京日日)

東郷連合艦隊司令長官より軍艦初瀬及び吉野遭難に関し大本営に達せし報告の要領左の如し

其一

本職は茲(ここ)に不幸なる変災の報告を進達するを遺憾とす

十五日午前五時、千歳、出羽司令官よりの無線電信報告によれば本日午前一時四十分頃、第三戦隊は旅順口封鎖の任務より帰航中、山東角の北方海面に於て濃霧に遭ひ、春日は吉野の左舷艦尾に衝突し、吉野は浸水甚(はなは)だしく遂に沈没せり。春日より出したる救助艇にて収容されたる者機関長以下約九十名なりと、濃霧未だ霽れず痛心に堪(た)へず

其二

(略)「初瀬」の沈没を報ず。

第七章　旅順艦隊の撃滅

1　ロシア皇帝、出撃を命ず

八月十日の大海戦生起の事情

五・一五の日本艦隊の危機に乗じて、旅順艦隊が出撃しなかったことは、ロシアにとって大なる不幸であった。日本にとっては、天佑と言ってもよかった。要塞に安住して、バルチック艦隊の来航を待つというウィトゲフト長官の消極方針によって、日本は救われたようなものだ。

それだけに、ウィトゲフト長官にたいする非難は、日ごとに増大していった。内外の軍事評論はこぞって彼の怯懦をわらった。不満は旅順艦隊の内部からも、とうぜん巻き起こっていた。また要塞の陸将さえも、艦隊の蟄居には不賛成であった。スミルノフ中将とコンドラチェンコ少将は忠告していわく、「兵力に格段の差あればとにかく、現兵力をもってすれば、ウラジオへの突出戦は可能であろう。本国艦隊来航前に旅順が陥落しないという神の保証はない。その場合には艦隊は犬死に終わる。いまや出撃して、大山大将の輸送路を攻撃する一戦をこころみるのが、海戦略の正道であろう」と。

四面上下の出撃論にうながされて、六月二十三日、ウィトゲフト提督は、ついに出撃した。報を聞いた東郷は午前九時に根拠地を出たが、敵艦隊の速力を誤算したために、捜索に長時間を費やし、発見したのはじつに午後六時であった。危ういかな。すんでのことで、敵をウラジオへ逸するところであった。しかるに幸いなるかな、敵は一戦を賭ける勇気がなく、東郷を見るや、一斉に回頭して、サッサと旅順口に帰ってしまった。東郷は胸をなでおろした。

旅順艦隊のこの逸機は、ロシアの朝廷まで怒らせた。八月七日、こんどは皇帝から勅命が下った。「貴官は全艦隊を率いて、すみやかにウラジオストックに向かうべし」と。勅命には無条件に服従するウィトゲフトは、八月十日、全艦隊を率いてウラジオ回航の途についた。午前六時というのに、全市民は、ふたたび帰港しないであろう艦隊を、歓呼して港口に送った。

聖アンドリュウの軍艦旗を真夏の朝風にひるがえした艦隊は、快速軽巡ノーウィック号が、八隻の駆逐艦をひきいて先陣し、旗艦ツェザレウィッチ、レトウィザン、ポベーダ、ペレスウェート、セバストポリ、ポルタワの六大戦艦これにつぎ、後方に重巡アスコリド、パルラーダ、ディアーナの三艦を配した堂々たる陣容であり、「初瀬」「八島」を失い、「出雲」「吾妻」「磐手」「常磐」の四重巡を欠いた東郷艦隊に比して、いささかの遜色もない戦列であった(四重巡は朝鮮海峡にあった)。

こころみに、その十二インチ主砲の数を比較すれば、ロシアは六戦艦で二十四門、日本は四戦艦で十六門だ。砲術にして大差なければ、ウラジオへの逸走は言わずもがな、洋上の決戦において、易々と東郷に屈するはずはあるまい。いわんや東郷には「補充不能の弱点」があり、ロシアには「本国艦隊現存の強味」があるのだから、犠牲をおそれぬ猛攻のチャンスは、東郷の上にはなくして、かえってウィトゲフトの側にあったのだ。

思えば、この日の東郷ほど辛い立場をしいられた提督は、史上に少ないだろう。八十八歳で世を去るまでの間、この海戦の回顧談は何十回あったか知れないが、そのつど、「八月十日はネー」と、軽い嘆声をもらしていた東郷は、日本海海戦とは比較にならぬほどの作戦苦を、この一戦に傾注したのであった。

虫がいいといえばそれまでだが、東郷は、自分の方は一隻も沈めずに、敵の何隻かを沈めることを、戦争の大局から要求され、義務づけられて会戦したのである。眼前にウィトゲフト艦隊あり、脳裡にバルチック艦隊あり、というのが、八月十日の海戦であったのだ。かりに本能寺の敵は滅しても、のちに備中からの反撃に敗れることは、東郷の名誉の問題ではなくして、日本帝国の敗戦を不可避とするものであったからだ。

その日未明、東郷は四隻の戦艦と通報艦「八重山」を率いて円島の北方にあったが、六時半に敵大挙出動の報に接し、ただちに「日進」「春日」に合同を命じ（帽島南方にあり）、「三笠」「朝日」「富士」「敷島」「春日」「日進」の順序に単縦陣をつくって、敵の進路想定海面に直行した。こんどは、六月二十三日の失敗をくりかえしてはならない。前回は敵の速力を誤算して、敵いまだ来らざる海上をはるかに索敵して、九時間をついやした苦い経験にかんがみ、速力を落として遇岩（旅順の東方海上約二十五カイリにある）の方面に進んだ。それは図にあたって、午後零時三十分、病院船モンゴリア号をしたがえて、南東に航行する敵を発見した。東郷の内蔵する闘志に火がついた。

経済戦争を余儀なくされている東郷ではあったが、「獲物」を見て襲いかかる固有の闘志は、彼の生命と不可分のものであった。彼の道楽は狩猟以外にはなにもなかった。獲物を撃つときにのみ、彼は生き甲斐を感じたようであった。加藤友三郎と昔話をするときは、ほとんど例外なく、「加藤さん、『吉野』はよく当てたネ」といった。それは日清戦争の黄海海戦で、「吉野」の砲弾が高い命中率をあげ、そのときの砲術長が加藤（のち元帥、首相）であったことを褒めているのだ。それほど砲の命中に生命を感ずるのだ。

敵艦隊を見た瞬間、彼は、いかにみごとに敵の旗艦を撃とうかと、ツェザレウィッチ号をにらんで、身動きもしなかった。が、獲物は動いている。しかも必死だ。狙いははずれてしまった。

2　東郷の最大の苦戦
奇しくも海軍重砲隊の偉功

複雑怪奇。これは、国際情勢の急変におどろいた平沼内閣の世迷い言だけではない（昭和十四年八月）。この海戦を評した戦史家ウェストコット大佐の言に、「複雑怪奇なる艦隊運動」と書いてある。すなわち言う、「四時間以上にわたって理解しえない艦隊運動が行なわれ、しかも両軍は、あるいは敵の隊首に出で、あるいは隊尾に回り、三転四転するといえども、距離はつねに決定砲撃圏に入らず、したがって、敵にほとんど打撃をあたえずに終わった。兵力優勢なる東郷の解しがたい戦闘である」という大意である。いささか酷評にも思えるが、また正鵠を射た点もある。とにかく第一合戦では、東郷は敵を逸したこと明らかである。というよりは、ウィトゲフトが巧みに東郷を迷わしたと評していい。

それから三十分近くは、両艦隊が北東に航しつつ併航戦で撃ち合った。といっても、距離はいまだ遠くて、散発的応酬の段階であった。ときどき「日進」と「春日」の砲弾が、敵のポベーダ、ペレスウェートの艦上に炸裂するのが見えた。

挿図をたどって読んでいただきたい。東郷は敵の前方を南に横切った。が、いわゆるT字戦法によって敵の隊首を撃つのには距離が遠すぎた。そこで南方に航し去ってから、逆番号に回転し（その位置で一斉に回頭）、殿艦「日進」を先頭とする陣列で、併航戦が開始された。図の一時十五分の態勢がそれだ。

露国の戦史には、その一斉回頭の前に、反航の途中で「日進」「春日」が発砲し（一万二千メートル）、露の一艦が応じたと書いてあるが、それはどちらでもいい。問題は、東郷の併航戦法を乱す陣形異変が、一時四十分に生起したことである。

すると一時三十五分、敵艦隊は針路を二直角に転回して、真南に航進を開始した。驚いたのは東郷である。敵はわが艦隊の後方を横切って、南方に逸走する形だからである。ここにおいて東郷も、これに応じ、二直角に転回し、全速力を出して南方に驀進した。ここは逃がしてはならないところだから、艦隊速力は十五ノット半という最高戦速で走った。するとしばらくして敵は、急に左方に直角の転回を行ない、東をさして一目散という陣形となった。図のごとく、東郷は遠くで背中を見せる形になってしまった。俗にいえば、肩透しをくったかたちだ。

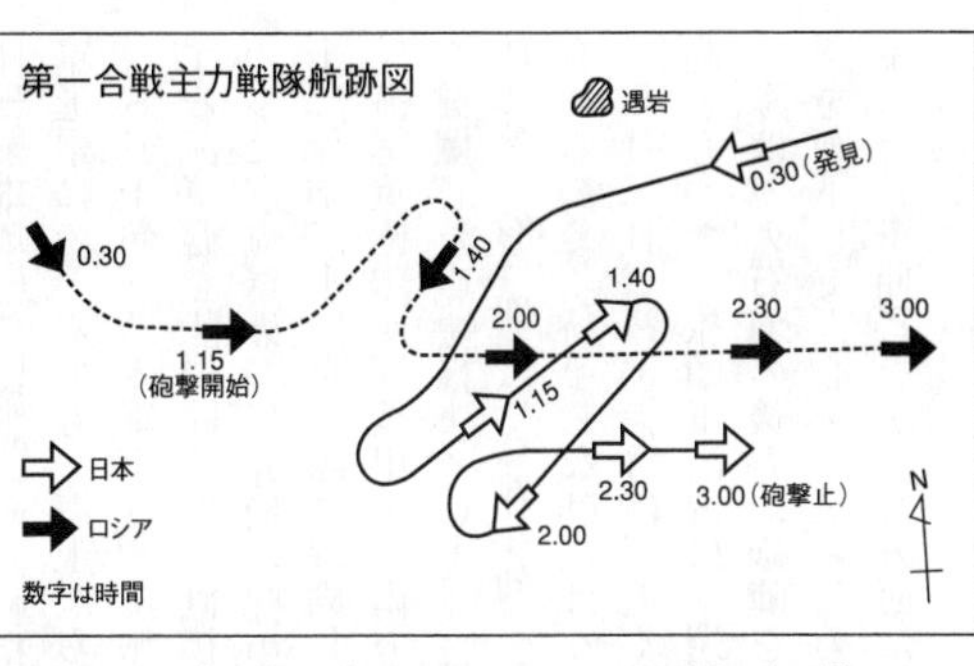

そこで東郷は、「三笠」を先頭とする単縦陣のままで、大きく二直角の円を描いてまわり、それからまた東にむきなおった。この一回り半の運動中に、敵艦隊は、虎穴を脱した兎のように、東方に向かって一直線に走り、東郷がたちなおって睨んだときは、薄靄の彼方、三万メートルの海上に離脱していた。東郷は歳末の円タクのように走った。罐いっぱいに石炭が投じられ、真夏の機関室は百数十度の暑さだ。東郷の心臓はもつとしても、軍艦の心臓はもつだろうか。敵をウラジオに逸してしまったら、戦さは負けである。いまはただ、敵に追いつく以外に戦術はない。東郷は、機関部以外の全員に昼飯を命じた。

この時、日本への天佑が、ロシア艦隊の中に起こりつつあった。戦艦レトウィザンの水線の故障が再発して、艦隊速力が十二ノット半に低下したことである。原因は不思議なところにあった。東郷が、乃木の要望をいれて、海軍の重砲隊を要塞攻撃に使用したその協力が、この海上で酬いられたのだ。求められた至当なる協力には応ずるものだ、という教訓という意味でも、この奇縁は一言しておいてよかろう。

これより先、奥大将の第二軍が南山の堅塁を抜くにあたっては、東郷は軍艦「鳥海」「平遠」「築紫」「赤城」を金州湾に派して、終日敵要塞を砲撃させ、その戦闘に「鳥海」艦長林三子雄（第三回旅順港閉塞戦指揮官）が戦死するような協力をはじめとし、乃木大将の第三軍進撃にのぞんでも、海上からの側面援助をつづけた。

六月上旬、乃木軍ようやく旅順にせまるや、海上からの協力をもってたらず、長射程を有する海軍砲を陸揚げして、直接に乃木軍の砲力不足をおぎなう必要を感じ、東郷・乃木協定の下に、海軍は、黒井悌次郎中佐（のちに大将）を指揮官とし、四・八インチ速射砲六門、十二斤砲二十門を三隊に編成して、第三軍に供出した。

海軍重砲隊が、後甲子山南方高地以下七ヵ所に布陣し、陸軍第十一師団長の指揮下に入って健闘した戦史は書くいとまはないが、その第三中隊指揮官永野修身中尉（のち大将、軍令部総長）の一砲が、意外な効果をあげた一事は、奇しくも八月十日の海戦と不可分の関係を有するので、特筆しなければならぬ。

八月二日、乃木大将は、近く要塞に降伏勧告をおこなうので、それに先立ち、海軍長射程砲をもって、旅順軍港内に一週間の撒布射撃を行なうよう命令した。そこで永野の重砲第三中隊は、火石嶺の後方に砲陣を布き、八月七日から砲撃を開始した。目的は軍港や市街に砲弾を雨下して人心を寒からしめ、もって開城の輿論を醸成させる点にあったが、その効果は、まったく予期しなかった方面に発展した。

3 危うく敵を逸する危機

「三笠」艦上に死傷者続出す

八月七日、真夏の海辺にパラソルを立てて遊んでいた婦女子の上に、突如として砲弾が落ちはじめたことは、乃木が狙った威嚇の効果をあげたに違いないが、それよりも、砲弾数発（三日間に千三百発撃った）が、西港に碇泊していた戦艦レトウィザンの吃水部に命中し、七百トンの浸水をこうむらせたのは、警異の出来事であった（戦艦ペレスウェートでは数名の死者が出た。ともに八月九日朝の命中）。

既述のごとく、皇帝の出港命令は八月七日にくだされて、艦隊は準備中であったから、周章は一通りではない。ただちに応急修理がほどこされたが、なにぶんにも出港予定日の前日であり、試験の時間もない。全速航海をすれば、震動のために傷がもどり、浸水のために減速する危険は、十分に予測された。そこで東部要塞司令官グレゴロウィッチ少将は、戦艦レトウィザンその他、遅速の軍艦を残し、高速艦隊を編成して、ウラジオに逸走することを勧告したが、ウィトゲフトは、「皇帝は全艦隊と宣えり」と答えて応じなかった。

重砲第三中隊が穴をあけた戦艦レトウィザンの水線部の傷は、八月十日午後三時、艦隊がみごとに東郷の裏をかいて逸走中の超重大な時間に痛みだした。

「われ水線部故障。速力四ノット減」という信号がレトウィザンの檣上に上がったとき、アッと驚きの声をあげたのは、ひとりウィトゲフト長官ばかりではなかった。

いま旅順艦隊は十四ノットの速力で走っていた。東郷艦隊は、十五ノット半で追っていた。やがて追いつかれるにしても、その時の計算では、午後七時すぎになるはずであった。もう夏の日も傾いて、余映は三十分くらいである。三十分の砲戦なら、大損害をうける心配はない。あとは夜の幕にかくれて逸走は十分可能であり、参謀長マセウィッチは、対馬水道の東側をぬける航路まで考案していた。その刹那に、レトウィザンの減速だ。二月九日の夜襲で損傷し、四月には坐礁し、八月九日には流れ弾で怪我し、いままた傷を再発してひとり速力を失う、本当に縁起の悪いヤツだ——と、将兵期せずして、長嘆息をもらしたのも無理はない。そんな縁起の悪いヤツは、単独で旅順口に帰してしまえッ——と叫んだのは、短気の将校ばかりではなかった。ウィトゲフト長官もちょっと考えた。ひとりで帰らせても、日本の戦艦は追うはずがなく、追うとすれば、重巡「八雲」と「浅間」がせいぜいだから、戦艦レトウィザンは、これを撃攘することもできそうだ。

しかしながら、その十二インチ砲四門は、自分にとっても惜しいし、できるなら僚艦をつれて行きたい。それには、速力である。あまりの減速ならあきらめるが、実情はどうかと思って、「可能最大速力知らせ」と信号した。レ号から返事に、「修理成り、十二ノット半は十分可能なり」と答えてきた。それなら、東郷に追いつかれて砲戦をまじえる時間が、三十分ほど余計になるとおもえばいいわけだ。その程度なら僚艦を見捨てて走り去るのは、皇帝の全艦隊回航命令にも反するし、情においても忍びない。かくて艦隊速力を二ノットだけ減らして、東航の方針をつづけた。

こちらは、東郷である。英海軍中佐クレスウェルの戦評には、「この不利不運も、最後の勝利を確信する提督の巌のごとき態度を、いささかも乱すことはなかった」と書いてあるが、それは一面の真相であっても、全部ではない。心の底では、東郷がいかに日の暮れないことを神に祈ったかを察するに余りある。

それが冬であったならば、レトウィザン号の減速があっても、敵はウラジオにおおかた逃げのびたであろう。夏の太陽は、むごくも、旅順艦隊の甲板を二時間以上長く照らした。午後五時三十分に、「三笠」は敵の殿艦ポルタワ号の七千メートルに追いついたのである。

それは、山東角の北方四十五カイリの地点であった。東郷は胸をなでおろした。あと二時間ある。もう撃って撃ちまくるだけである。

思えばその二時間は、勝敗死活の二時間は、じつにレトウィザン号がめぐんでくれたといっても過言ではなかった。もう一度、前日の海軍重砲隊の旅順港撒布射撃に最敬礼をしなければなるまい。彼が固有の速力で走っていたら、東郷の砲戦時間は三十分前後であり、したがって、八月十日の戦勝は得られなかったであろう。敵がウラジオに逃げてしまったら封鎖は数倍むずかしく、朝鮮海峡はつねにおびやかされ、そうして最後にバルチック艦隊到着の日、東郷は同時に二大艦隊を相手として戦わねばならなくなったのだ。果たして勝算ありやいなや。

もはや、経済戦闘の片影もなくなった。東郷は併航戦で敵の隊首に進出し、これを左方に圧して撃破する得意の決戦陣へと急航した。旗艦「三笠」が、ちょうど敵艦隊の中央まで進んだころは、日本艦隊がもっとも苦しい陣形に入ったときであり、六隻の敵艦の砲火は八割までが「三笠」に集中してきた。十幾つかの巨弾が「三笠」に命中した。一弾は、東郷のかたわらにいた若い有為の参謀殖田謙吉少佐以下数名を倒した(殖田は間もなく佐世保病院で死んだ)。他の一弾は、同じ位置で艦長大佐伊地知彦次郎以下十名を倒した(重傷)。他の一弾は、水雷長小山田少佐以下五十余名を、いっきょに死傷させた。ひとり東郷には当たらなかったのは、山本海相が陛下に御答えしたとおりの「運の好い男」であった。

4 運命の一弾

死人の舵取に陣列散乱

両軍は五千メートルで併航して、砲戦をつづけた。敵の砲撃は予期以上に立派であった。参謀の中には横陣に展いて東郷陣を圧し、かつ衝撃しようという積極論もあらわれたが、ウィトゲフトは自重して、いぜん直線コースを走り、薄暮まで交戦しながら、逸走ができると信じていた。かくて一時間は、いずれに軍配が上がるかわからない激戦がつづいた。その時、六時三十七分、有名なる「運命の一弾」が、戦局を一瞬に転換する作用を演出した。

もしそのときに、映画の技師がいて、実況をフィルムにおさめていたら、それは百年の後までも、映画館を満員にする作品を残したであろう。もちろん、この筆ではその悲劇の半分も描くことはできない。

東郷はようやく敵を追い越して、敵の旗艦ツェザレウィッチを横後方に見る位置をしめて集弾した。六時三十七分に、「三笠」の十二インチ砲が、敵旗艦の司令塔付近に命中炸裂し、ウィトゲフト長官以下数名の幹部を、海中に吹き飛ばしてしまった（長官の片脚だけが前艦橋に残ったと、ロシアの公刊戦史にある）。参謀長マセウィッチ少将以下も重傷を負うた。

艦長イワノフ大佐が指揮権の移譲を考えている瞬間に、第二弾がつづけざまに命中、司令塔の天蓋をやぶって爆裂し、艦長、航海長、操舵手以下の全員を斃した。この砲弾の破片が、ロシア艦隊に未曾有の大悪戯をする結果となるのだ。砲弾が操舵手を即死させればよかったのだ。彼を十数秒苦悶させた後に「絶命」させたことが、運命の大悪戯になったのである。すなわち操舵手は、針路保持のため取舵をとっている瞬間に、背中から砲弾の大きい破片で突き刺された。彼は苦悶してその舵柄にかじりつき、左に身をひねって舵を圧したまま死んでしまった。塔内には一人も生き残っている者はない。旗艦ツェザレウィッチ号は、当然に左方に回転をはじめた。

だれも信号を掲げる人もなく、そうして旗艦のかかる惨害は知らないから、二番艦レトウィザンは、長官の戦術的方向転回と信じて、同じく左方に転舵した。三番艦ポベーダもこれにならった。すると旗艦の描く円形がどうも狂気じみているのに気がつき、二番艦は独断でふたたび右方に転回し、三番艦とともにウラジオを指した。ところが、旗艦の円転は一回りして、四番艦の横腹を目がけて突進して来ることになった。吃驚した四番艦ペレスウェートは、大慌てでかろうじて右に避け、面前に東郷を見てただちに左に転じ、北方に航路をとった。艦上の司令官ウフトムスキー少将は、全軍を収拾再建しようとしたが、マストが二本とも倒されていて信号の揚げ場がない。将旗を司令塔横に出したが、硝煙のために見えない。五番艦セバストポリは航跡につづき、六番艦ポルタワは遙か後方にあって、ちょうど旗艦が舵をなおして孤立している近傍で、迷いながら東北に転針した。すなわち二艦は東に、二艦は北に、一艦は東北に、一艦は南に、という分裂である。その間、巡洋艦三隻は快速を利して南南東に脱出した。われわれの先輩がつくった「四分五裂」という文字のそのままを、運命の一弾がこの海面で描き出したのであった。

このとき、東郷はすでに完全にたちなおって、敵の隊首を左方に圧迫し、ウラジオ急行の

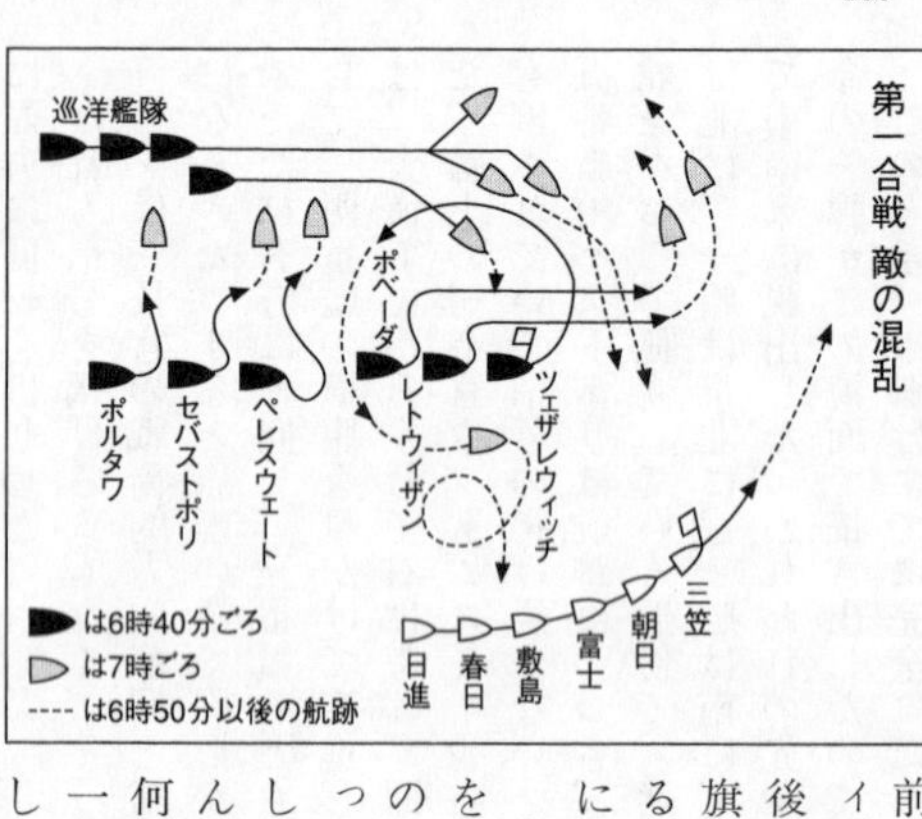

第一合戦 敵の混乱

前路にふさがって、砲弾を雨下していた。先導艦レトウイザンは三千メートルの近距離で完膚なく撃たれ、さて後続艦を振り返ると、ポベーダが左後方にあるだけで、旗艦は見えず、他の三艦は旅順口をさして北に走っている。そこでにわかにウラジオ逸走の意をひるがえし、左に直角に回って旅順行きに転向した。

旗艦ツェザレウィッチは、大円形一回りを描いて陣列を分断したころ、舵そのものにも、スクリューにも故障のないことを調べたカミガン大尉が、急いで艦橋に上がってみると、一面の死者で、生存者は一人もなく、そうして「死人が舵を取っている」のを発見した。仲間を呼んできて舵機を分解整調したときには、両艦隊はすでに何万メートルの東方で、砲戦たけなわであった。そこで一気に膠州湾に逃れ、そこからウラジオへ逸走しようとしたが、各部の損傷、なかんずく煙突の根元を爆破されて倒れかかっており、とうてい高速航海ができないので、ついに断念し、そこで武装を解除された。

快速巡洋艦ノーウィックは長駆、樺太まで逃げた。わが軽巡「千歳」と「対馬」がこれを追いつめ、同艦はついにコルサコフの近海で擱坐した。同じく、アスコリドは上海で武装解除。ディアーナはサイゴンまでのがれ、艦をすてて（武装解除さる）、乗員は露都に帰った。その艦長セミョーノフ大佐らは、ふたたびバルチック艦隊の一艦に乗って、日本海で東郷に直面した。「ああ、また八月十日と同じヤツが、同じ戦列でやって来た」という対馬戦記の面白い序文は、このセミョーノフ君の筆になるものであった。

5　八月十日の海戦の批判

駆逐隊の追撃に遺憾あり

走りくるった旗艦ツェザレウィッチと、勇敢なる司令官ライツェンシタイン少将の軽巡艦隊の最後はわかったが、残った戦艦五隻はどうしたか。それでも東郷よりも一隻多い主力戦艦隊である。ぶじに生かしておけない厄介な勢力である。

　八時二十五分、夕闇が黄海の水を鉛色にそめて、視界は砲の照準外にちぢまった。戦艦の夜戦は、いまだそのころの日本海軍には着想されていなかった。もう二、三十分は追撃を冒険する手もあったかも知れないが、東郷はそれを無益と考え、主力の戦列を収拾して帰路についた。一つには「三笠」の損害が、敵の戦艦よりも大きいくらいに酷かったことも一因であったろう。

　前述のように、「三笠」はようやく敵に追いついて、その横中央に迫ったころ、敵の六艦から集弾され、しばしば右方に小回転をしてそれを避けながら追ったが、追いぬくまでの間に、相当に撃たれた。その形は、東郷がつねに用いる敵の隊首集弾の戦法を、逆に敵からうける陣形であり、そこに一つの危機があったわけだが、かろうじて脱して、やがて追いぬいて、「運命の一弾」を見舞うことになったのだ。

思うに、敵は例によって旅順に逆もどりするものと想像し（六月二十三日の出撃のごとく）、今度はその退路を遮断してやろうと南方に回ったとたんに、敵の本気のウラジオ行きを発見し、急遽、踵を返したが時おそく、敵を遠くに逃がしてしまったのが苦戦の因であった。すなわち、作戦の誤りであった。病院船をつれていたのだから、必死のウラジオ逸走と認定する方が自然だが、そこに疲労からくる判断の過誤があったと考えて不当ではなかろう。

疲労はほとんど限界に近づいていた。封鎖という難業を五ヵ月もつづけた艦隊は、佐世保を出撃したときの艦隊ではなかった。人は同じだが、その力は心身ともに衰えていた。艦は同じだが、その速力は減っていた。機関の手入れ、塗り替え、艦底清掃などを放擲して半年戦っている間に、「三笠」の十八ノットの計画速力は、十五ノット半に落ちていた。人間も、交替封鎖で出動中はもちろん、基地にもどっても、日中は石炭積みを将校までが手伝い、陸に上がれば木石のほかには友もない生活を半年もつづければ、不知不識の間に人が化石に近づくのであろう。

太平洋戦争中は、軍が長く滞在するような地方には、たいがいは慰安のために白粉の匂いも、日本酒の香も運ばれたものだが、日露戦争の当時には、そんな思想は皆無であった。根拠地裏長山列島に、カッフェーやバーを設けることは、思想的に許されなかったに違いないが、東郷といえども、ミルク・ホールぐらいは認可したであろうに、こうした休息の施設はぜんぜん冗談にも上らなかった。そのころ、人はただ戦うだけであった。

その疲労のゆえに、駆逐艦隊の襲撃が零に終わったと見るのも、半分は当たっているであろう。東郷は午後八時三十分に、水雷戦隊にたいして敗走敵艦の襲撃を命令した。陣列を乱し、十二ノット前後の速力で旅順に敗走中の戦艦は、二十五ノットを走れたわが駆逐戦隊の好餌でなければならなかった。ところが一隻も射止めずに、むなしく引き揚げた。日本海軍らしくない戦いぶりではないか。

報告には、「暗夜敵を見失えり」とある。だが、旅順への道はどうあろうと、港の入口は一つだ。未明に、その付近に待ち伏せて疲憊艦を襲撃する術もあったはずだ。もちろん、港外には機雷原もあり、敵駆逐艦の護衛もあり、簡単には強襲はできなかったろうが、一隻にすら擦過傷も負わせなかったのは、不覚と評されても仕方があるまい。撃ったことは撃った。が、遠距離からの発射で無効に終わったのだ。

少なくとも、駆逐戦隊は、東郷があれほどの「三笠」の損害をかえりみずに苦悶したその闘志にくらべて、いちじるしく遜色を示した。疲労がファイトを減殺し、モウこの辺でよかろう、と追撃を打ち切った事情を察するに難くない。各司令の報告は、過ぐる二月九日の夜襲を報告したときの勢いとは、段違いにめいっていた。東郷は少しも責めずに、頷いただけであった。しかし幕僚は、そのときに駆逐隊の司令を全部更迭する肚を決めた。旅順夜襲で金鵄勲章をすでに約束された司令や艦長は、命を惜しむようになっている。全部新人に取り替えねばならない、と結論されたのだ。

一方に、旅順口の市民は驚いた。水盃をしてウラジオに赴いた軍艦が相次いで帰って来るのだ。が、一見して、途中、大激戦をまじえて追い帰されたことが一日で判った。戦艦ペレスウェートのごとき、二本のマストを失って、軍艦の形をしない鉄の塊りを西港岸壁に横たえているのを見たからである。間もなく（八月十九日）、陸海合同の重大軍事会議がひらかれ、この敗残艦隊の今後をどう措置するかを論じ合った。

要塞司令官スミルノフ中将もコンドラチェンコ師団長も、二度とウラジオ行きをすすめる勇気なく、むしろ、艦隊の中口径砲以下をことごとく要塞に移し、バルチック艦隊の来航まで、旅順口を死守する方針を提議した。あらたに長官となったウィレーン少将は、これを快諾した。海軍の砲手は山に上がった。が、その作戦変革は、旅順が陥落するまでは、東郷には全然わからなかった。

6　蔚山沖の海戦

常陸丸の悲劇と無智の市民激昂

八月十日の戦勝から四日目に、上村艦隊の四艦（「出雲」「吾妻」「磐手」「常磐」）は、ようやくウラジオ艦隊を朝鮮の蔚山沖に捕捉した。重なる恨みをはらす一戦が、四対三の重巡同士で、砲弾を撃ち尽くすまで戦われ、日本の勝利において五時間の打撃戦の局を結んだ。敵の艦隊は、ロシア、グロンボイ（各一万二千トン）、リューリック（一万トン）から成り、日本の九千トン級よりも風袋が大きく、かつ速かった。わが将校がはじめて彼らを見たとき、それは「三笠」級とおなじ程度に見えるので、「大きいヤツだな」と口ばしると、上村長官が、「大きいからヨク当たるのだ。今日はどうあっても逃がしてはならぬ」と大声で命令した。

そのころ、短気無理解なる一部市民は、毎晩のように東京の上村の屋敷に投石し、あるいは門前で罵倒し、あるいは手紙で脅かし、きわめて下等なる示威運動をやった。それは、六月十五日、運送船常陸丸（須知中佐の近衛後備連隊が乗っていた）、佐度丸（田村工兵大佐の鉄道提理部）の二隻が、玄界灘においてウラジオ艦隊に撃滅され、それを見逃しているのは、上村艦隊が無能だからという判断からであった。が、かかる判断は幼稚であり、また海軍に無智な民衆のおちいりやすい誤解であった。誤解はしばらく許すとしても、上村を「国賊」と呼び、「露探」（ロシアのスパイ）と罵るにいたっては、許すべからざる侮辱であり、かつ低劣憐れむべき下賎の暴露であった。長官夫人が、毎日、信心の寺詣りをして、敵艦発見を祈りつづけたという話も、単に気の毒という回顧だけではすまないようである。

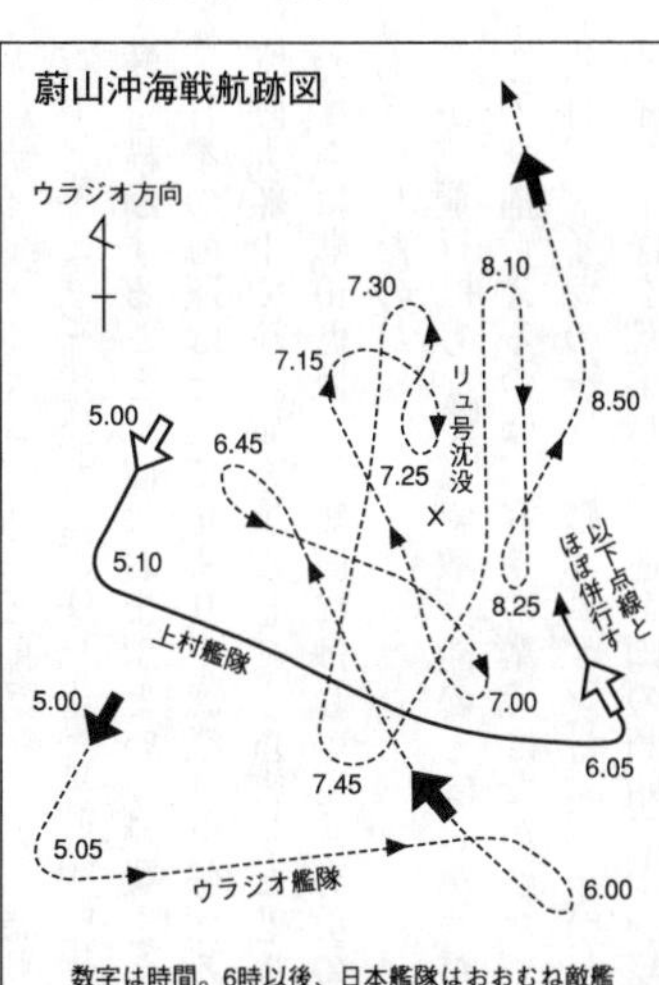

これよりさき、ウラジオ艦隊の三艦は、前後七回も出動して朝鮮海峡をおびやかし、旅順艦隊よりもはるかに大きい脅威を日本にあたえていた。四月二十五日の金州丸撃沈を筆頭に、前記の二船、ついで和泉丸、さらに七月に入って高島丸、

英船ナイト・コマンダー、独船テアア、わが機帆船喜宝丸、第二北生丸、自在丸、福就丸(各百トン級)等を連続的に撃沈し、東京湾頭に現われ、伊豆の川奈・大島間を遊弋し、津軽海峡を横断すること二回におよぶという跳梁をたくましくしたのだ。

日本の海運はそれで止まり、漁業は全部休みという驚き方であった。その中で須知中佐が、常陸丸船上で連隊旗を焼却して、自害した悲痛なる報道が新聞をにぎわしたので、国民はいたずらに悲憤慷慨し、短慮にはしって、忠勇の提督に露探の汚名を投げかけるような無礼をあえてしたのだ。

が、飛行機もなく、索敵機能のとぼしかった時代に、快速巡洋艦が広い海洋をあばれまわるのを捕らえるのは、容易の業ではなかった。たとえば、それから十年をすぎた一九一四年八月、ドイツの一巡洋艦エムデン号(三千六百トン、二十五ノット)が青島を出港し、シナ海やインド洋を跳梁して、連合国の商船二十一隻を撃沈または拿捕した有名な通商破壊戦に対しては、連合国の艦船七十隻が動員され、二ヵ月の後にようやく捕捉したのであった。さらにドイツは、ウルフ号やメーウエ号を本国から放って、南ア、インド洋を脅威して、ぶじに帰国させた記録さえある。ロシア、グロンボイ級の高速重巡が捕まらないのは、むしろ当然ともいえたであろう。

日本ももちろん警戒を怠ったわけではなく、本来は片岡中将の第三艦隊がその衝にあったわけだ。が、この劣勢なる艦隊では、束になってかかっても、おそらくロシア、グロンボイの敵ではなく、一戦をあやまれば、わが多数の中老軽巡を沈められて、史上に大敗の戦記を残さぬともかぎらない。そこで、輿論ようやくやかましいのにかんがみ、東郷は大切な主力重巡六隻中の四隻を、旅順作戦の兵力から割愛し（「八雲」と「浅間」を残して）、それを上村に渡して朝鮮海峡に派したのであった。

7　上村長官、黒板を蹴る
浦塩艦隊も港内に屏息す

そのころ、敵もいまだ旅順・ウラジオ間には無線直通の文明なく、その連絡は、旅順と営口間を駆逐艦により、営口から奉天・ウラジオを有線電信という方式によった。その関係で旅順とウラジオの両艦隊は、作戦の連絡があっても、つねに同時というわけにはいかず、いつも二、三日のズレが生じた。

八月十日に旅順艦隊が出動したら、一両日の中に、ウラジオ艦隊が動くことは必至であり、上村はすなわち日本海に急航し、そこで、八月十二日にウラジオを出て、朝鮮海峡に味方を迎えにきたウラジオ艦隊を発見したわけである。

八月十四日の朝五時に、両軍は、同時に相手を発見した。一晩中、同一方向に（ウラジオから朝鮮へ）、五カイリほどの間隔をもって航行していたのだ。殿艦リューリックがわが一弾で舵機を損じ、第二弾で艦長以下幹部全員が戦死したことが、彼の敗戦の緒をつくった。敵の二艦は勇敢に戦った。四回も反転して、リューリック号を救おうとした。すなわち上村の砲弾を自分たちに吸収して、リュ号の舵機修理と、単独逸走の機をつくろうとしたのだ。その戦法は敵ながらあっぱれであって、司令官エッセン少将の立派な指揮をしめすものであった。

この四回の反転に応じて、上村は執拗に併航し、撃滅の砲火を敵の二倍だけそそいだので、ロシア、グロンボイのうけた損害は、ほとんど沈んだも同然の程度に達した。司令官エッセン少将の報告によれば、開戦後五時間で、両艦の使える主砲は三門だけになり、将校は半分戦死し、全部の死傷は四百四十二名を算し、有効被弾二十七個、砲員はほとんど全滅して、完全に戦闘力を失った。ただ幸いに機関に損害がなかったので、両艦は、十九ノット半の速力をもって、ウラジオ方向に疾駆した。

わが四艦も全速力——ほぼ同速力——をもって必死に追撃した。上村はなんとしても彼の二艦を撃沈しようと、不動の決意をもって司令塔に頑張っていた。すると午前九時五十分、意外にも、参謀長が、

「長官、残念ながら弾庫が空(から)になりました。反転するほかはありません」と報告してきた。が、上村は諾しない。聞こえないふうをして敵を睨んでいる。そこで参謀長は、風浪で肉声が聞こえないときに使う伝言用の黒板に、「残弾ナシ。反転然(しか)ルベシト考ウ。命令乞ウ」と書いた。上村はそれを凝視して、大声で、「よろしい。然(しか)るべくやれ」と命じたとたんに、その黒板をはぎとって床にたたきつけ、その上を足で踏みにじった。参謀連はその形相に慄え上がった。いかに彼がこの逸機をくやしがったかは、想像も及ばぬほどであった。

艦隊が基地に帰って間もなく、同じく無念に堪えなかった東郷吉太郎中佐(「磐手」副長。のち中将)は、同郷の後輩の関係で上村をたずね、何故に追撃を中止されたかを抗議したところが、上村の肉弾がふたたび爆発した。落雷のような声を張り上げて、「馬鹿ッ。わいど

んの知ったことか。帰れッ」と睨みつけた。あまりの剣幕に中佐は驚いて退室した。のちに伊知地艦長から事情を聞き、前記、黒板蹴飛ばしの一件を知って恐縮し、ただちに再訪して低頭陳謝したという。

上村彦之丞はこうした闘将であり、山本が、東郷に万一のことがあれば、すぐに上村と用意しておいた不屈の提督であった。が他の一面、情に激して理を忘れるような凡将ではなかった。

リューリック号の戦列落伍を見て、その処理を瓜生司令官の「浪速」「高千穂」に託したとき、とくに注意して、「溺れる者をことごとく救助せよ」と命令し、当時、ウラジオ艦隊を親の仇のように憎んでいた将兵に、異様の感をいだかせたのであった。リューリック号の乗員が、戦死者以外ほとんど全部救助されたことは、日本武士の美徳として、ロシアの戦史に特筆されるところである（救助参加艦六隻。救助敵兵六百二十七名）。

上村は海の明星であった。その輝きは、東郷の月の光にうすめられたが、しかし、海上においては、星は船の方向をみちびく尊い光であった。果然、日本海海戦における第一機動において直進を断行し（東郷戦隊左旋回のとき）、敵の旗艦に致命的集中弾をそそいだのは、実戦における上村の戦術を後代に誇るものであった。

蔚山沖では砲弾誤算（弾庫から早く運びすぎて、庫は空になってしまったが、砲側にはなお残弾があった）によって、撃沈するまで追撃をしなかったが、しかし、ロシア、グロンボイは数ヵ月の修理を要する大損害をこうむり、ついにふたたび日本海に姿を見せることなく、かくて実力封鎖の勝利を確保したのであった。

8　二〇三高地に焦点

海軍の旅順攻略の要求

八月十日の戦勝は、東郷の負担を、少しく軽減した。しかし、あくまでも「少しく」である。五隻の戦艦と二隻の巡洋艦と十余隻の駆逐艦は、依然として旅順口に頑張っている。東郷の封鎖がゆるんだら、いつ脱出するかも知れぬ。しかも東郷の封鎖はだんだんと緩まざるを得ないのである。六ヵ月に近い不断の作戦のために、将兵の疲労も当然であるが、それよりも軍艦自体が疲れはて、大部分はドック入りの必要にせまられているのだ。人間ドックの比ではなかった。

七月十一日付で、東郷が大本営に要望した旅順攻略促進の電請は、むしろ悲痛の文字でさえあった。

「わが艦隊は漸次勢力を減じ、単に旅順艦隊に対してすら海上の権衡を失わんとし、戦局は真に憂慮すべき実情なり。しかして他方、早急にバルチック艦隊の東航に備うるの必要に迫らる。すなわちわが戦略の最大急務は、一日もすみやかに旅順を攻略する以外にあるべからず(中略)。よってこれが促進に関する一切の手段をとらんことを要望す」

というのであった。六年前の米西戦争におけるサンチアゴ要塞戦を、封鎖(Bottle-jup)から追い出し(Drive-out)に転換したのと同じだ。要塞艦隊の撃滅はこれ以外にない。翌十二日、大本営は東郷の要求を容れ、渡航中の大山総司令官に急報した。大山大将は十三日、裏長山の基地に東郷を訪い、軍議数刻、その間、封鎖作戦の超人的苦闘と、旅順攻略の絶対急務をつぶさに了解し、翌十四日、大連に上陸するや、ただちに乃木司令官を招き、「少々の無理をしても、急いで攻め落としてほしい」と力説した。

乃木将軍は真剣そのものである。その夜、幕僚会議をひらいた結果、「軍は、七月末までに前進陣地確保。八月十八日までに砲兵陣地占領。二十一日総攻撃開始。八月中に要塞を攻略」という計画を策定し、大山はそれを了承して、互いに勝利を祈り合って別れた。すなわち、乃木は正攻法をすて、肉弾戦をもって、一挙に堅塁をぬく決意を固めたのである。

すでに南山の一戦によって、防御陣地のいかに堅牢なるかは察知していたが、塁を砕いてのちに進むという普通の攻城策では、とうてい海軍の要望に応えることはできない。そこで、攻撃正面を、二竜山と東鶏冠山北堡塁の中間に選定し、一気に要塞の内部に進入して、全砲台群を分断しようと計画したのだ。これは、強襲中の最強襲、わが陸軍の決死隊にして、あるいは可能かと、一分の望みがかけられるほどの難攻ではあったが、戦略上の要請は、いまや堅塁をさけて虚をつくような時の余裕を許さなかった。ただ「悲絶」の二字をもって、作戦の決行を謳うほかはない。

果たせるかな、八月十九日に開始された第一回の総攻撃は、いたるところで不抜の敵陣と猛抵抗に阻止され、要塞の前斜面は、日本兵の死体をもって埋めつくされる惨状を呈した。乃木は全軍を叱咤して突撃を反復させたが、その大犠牲の後に占領した望台の要塞が、二十三日の敵の大逆襲に奪回されるに及んで、ついに強襲を断念し、わずかに占領地区を固守しつつ、再挙を期するのほかなきにいたった。

海軍は当初から二〇三高地の攻略を要望していたが――この高地から港内は一目で見える――乃木は、急攻略の手段として、前記の中央突破を敢行したのであった。

海軍の眼から見れば、二〇三高地は旅順第一の要害であった。この高地からのみ、港内の全艦隊を撃沈しうるからである。ところが、陸軍の眼から見れば、鶏冠山、二竜山、松樹山、椅子山の陸正面の方が、はるかに重要視された。ロシアも事物の観点は陸上的であった。その結果として、二〇三高地の要塞化は第二期計画中にふくまれ、明治三十七年には、いまだ手がつけられていなかった。日本にとって天佑の一つともいえたであろう。

いよいよ戦争になって、ロシアも二〇三高地の超重大性を認識し、第七師団長コンドラチェンコをして応急防備を工事させると同時に、老鉄山、海鼠山その他南方諸砲台の有力なる砲火を、同高地に集中するよう工夫し、遅蒔きながら、これを旅順西面の要衝に築き上げたのであった。

乃木の第二次総攻撃（第一次正攻）は、九月十九日から開始された。東郷がとくに信書をもって、二〇三高地の攻略を希望したのに対し、乃木は、「今回は同方面の作業いまだ進捗せず、ゆえに水師営、竜眼の方面をついて、すみやかに全要塞攻略に進む」旨の返書を送り、すなわち二〇三高地は、はじめは攻撃計画に含まれていなかったのが、九月五日の参謀会議において、第一師団参謀長がその攻略を力説し、陸海協力の実を示すための作戦として裁可されたものである。

そこで第一師団は三隊に分かれ、右翼一個連隊をもって、二〇三高地を攻略しようとした。無防備のゆえに突撃によって占領可能と考えたのだ。ところが、十九日午後六時を期して突進した先鋒は、山麓にいたるまでに殺傷半減され、翌朝二時の突撃隊は第二散兵壕を奪い、さらに第三壕に進まんとするや、ポドクルスキー焼夷弾（海軍大尉の新発明）を投ぜられて、わが兵焼傷呻吟名状すべからず。ここにおいて松村師団長は、中央および左翼部隊を招致して猛攻させたが、各砲台からの集中砲火に大半死傷した。松村中将屈せず、師団の全砲兵をあげて山嶺東北角を猛射し、決死隊の突撃を再興したが、三たび全滅の悲運を招き、ついに攻撃を断念するにいたった。これより二〇三高地は第三軍の鬼門となった。

9　二〇三高地と海陸不一致

陸軍はいぜん要塞正面を衝く

二〇三高地の難闘は、全国的に有名となった。婦人の洋髪で、中央を高くする結び方が考案され、それを二〇三高地と呼んで流行したほどだ。パーマネントのショートとか、ロングとかいうような生やさしいものではなかった。

十月十五日、バルチック艦隊は、いよいよリバウ軍港を抜錨して東征についた。わが国内の話題にも騒然たる趣きを呈してきたが、東郷も人間である以上、焦慮の朝夕を送らざるを得ない。それは、十月二十六日から開始された第三次総攻撃が惨憺たる結果に終わり、旅順攻略の前途遼遠なるを思わしむるにおいて、いよいよ切なるものがあった。

東郷は待っていられなかった。十月下旬、交代修理の第一着手として、戦艦「朝日」、軽巡「高砂」「秋津洲」を内地に回航させたが、全部を終えるのには、二ヵ月以上を要し、バルチック艦隊が朝鮮海峡に見えるはずの一月末日までには、とうてい間に合わないことが明らかである。しかし旅順の戦艦五隻は、すでに修理を終わっているはずとすれば、日本の戦局は惨として傾かざるを得ない。そこで東郷は、参謀土屋中佐を乃木につかわし、旅順艦隊を撃滅する手段としての二〇三高地の至急占領を要望させ、同時に、大本営に対して切々とこれを要求した。

ここにおいて、大本営は御前会議を開いて旅順攻略の速行を議決し、「第七師団を新たに第三軍に増加し、攻撃正面を変更して急速に攻撃すること」を大山総司令官に移牒した。ところが、大山、乃木の交渉においては、確信ある攻略は一月下旬なりと復答あり、大本営はこれに対し、「かかる悠長はいまだ現下の最大急務を認識せざるものなり」と反駁し、海軍と大本営と陸軍との交渉複雑多難、うたた前路の容易ならざるを思わしめた。いわんや十一月十五日、連合艦隊から最後的要求が提起されるに及んで、交渉はいっそうの難をくわえた。

「十一月末日までに旅順の戦況発展せざるにおいては、海軍は封鎖を緩めざるを得ざるべし。これに応ずる陸軍側の準備は、遅くも十二月十日までに完了するを要す」という一文である。

東郷はバルチック艦隊に対する戦備のために、旅順を去らねばならない。去った後で旅順艦隊が出動して、大連湾を占領して乃木軍の後方を遮断したらどうなるというのだ。

乃木大将も待ってはいられない。そこへ、十一月十九日、山県参謀総長の激励電報が到着したが、その長電の結論は、

「いまや旅順の攻略は真に一日を争うの時機にして、その成否は陸海作戦利害のわかるるところ、邦家安危のつながるところなるを確信す。老兄の御苦心を察し、御健康を祝し、あ

えて腹心を布き、その所見を問う」

というのである。すなわち、死を賭して断然攻略せよという激励のうちに、陥落遅延の責任をチクリと刺した趣きがある。師団長会議が開かれると、いずれも第七師団の増援を第三軍の恥辱となし、今回の攻撃は軍の全滅を賭して攻略の目的を達する旨を誓った。

すでに三回にわたる難攻によって、第一線精鋭の大半を失い、所要の砲弾を最少限にけずられ、戦力低下したる乃木軍が、前記の事情から四たび過早の攻略戦におもむく心事は、同情に余りあるところであったが、日本の戦略要請は、是が非でも最後の大突撃を要求して已まなかったのだ。そこへ、有名なる二十二日の勅語が下った。国をあげて旅順攻略を希求していた当時を想う参考に、その全文を掲げておこう。

「旅順要塞は、敵が天険に加工して金湯となしたるところなり。その攻略の容易ならざるもとより怪しむにたらず。朕深く爾らの労苦を察し、日夜軫念に堪えず。しかれども、いまや陸海両軍の状況は、旅順攻略の機を緩うするを得ざるものなり。この時にあたり第三軍総攻撃の挙あるを聞き、その時機を得たるを喜び、成功を望むの情ははなはだ切なり。爾ら将卒それ自愛努力せよ」

六万の将兵は恐懼感激し、一死もって堅城を抜かんとす。とくに忠臣乃木希典は、戦況発展せざるにおいては、第七師団を率いて諸軍の前方に進出し、みずから全軍の先頭に立って、叱咤突撃するの決意を示した（参謀長ら諫止して、鳳凰山に総指揮を執ることになった）。勢い大いに可なり。可ならざるは、その攻撃正面を変更しないことであった。二十三日の軍命令に言う。

「第一、第九、第十一の各師団は、各攻撃地区にしたがい、午後一時を期して、松樹山、二竜山、東鶏冠山北堡塁および二竜山以東、一戸堡塁の前面にいたる旧囲壁に向かって突撃を実施し、ついで協同して、松樹山南方高地より教場溝北方高地をへて、東鶏冠山堡塁にわたる線に進出し、該線を占領すべし」

と。これ、三度失敗した永久堡塁正面の攻略を、意地でも遂げようとするものだ。海軍があれほど要望した二〇三高地は、攻略地点から除外されているではないか。意地ッ張りでなければ、あの攻撃はつづかなかったとも言えようが、ものには限界がいる。かかる片意地は、果たして成功するであろうか。

10　爾霊山（二〇三）から撃滅戦

有史未曾有の激闘の後に奪う

吸血ポンプという言葉は、ドイツ参謀総長ファルケンファインが、第一次大戦中に、仏のヴェルダン要塞を攻めるときに用いた警句であるが、旅順要塞はいっそう痛切に、その言葉を日本軍にたいして実現した。意地でも要塞正面をぬこうとした乃木軍の猛攻は、またもや惨憺たる敗北に終わった。

戦況は書いていられないが、各方面全滅の厄におうて一兵進まず、有名な中村少将の白襷隊三千人の決死隊全滅も、その時の物語であったが、要するに永久堡塁群の正面攻撃は、ついに断念のほかなき実情がハッキリとわかった。乃木司令官は、無念の歯をかみながら鳳凰山の斜面に立ちつくした。そのとき、参謀長伊地知少将は、最後の一策として、攻撃正面を二〇三高地に転換し、第三軍の余力全部を投入して決戦をこころみることが、海軍の熱望にたいして陸軍の誠意を説明するゆえんであるとともに、本攻撃の最後のチャンスである旨を進言する（十一月二十七日午前二時）。司令官もこれを聴き、そこで同攻撃にもっとも反対していた第一師団長を招いて協議一決し、にわかに砲兵司令官に命じて、重砲全部の移動を強行させ、その日の午前十時、二〇三高地攻撃の命令を一下するにいたった。

これよりさき、二十四日、伊地知参謀長は使者を東郷長官に送り、「今回の攻撃も望台を中心に指向し、かならず攻略を期する信念であるが、貴艦隊の要望される二〇三高地等にたいしても、能う（あた）かぎり攻略に努力するつもりである」と通知した。伊地知は、第三軍首脳の意地（第一師団の鬼門回避も有力原因）と、海軍の要求の間に立って、独り心を悩ましたが、その心底には、戦況しだいで応急に正面転換を断行する策を秘蔵し、無傷の新鋭第七師団を総予備として控置しておいたものと察しられる。

十一月二十七日、この記念すべき二〇三高地の争奪戦は開始された。それは世界の陸戦史において、おそらくは並ぶもののない死闘の一週間であって、後年、その史蹟を弔った画家が、岩石の色にいまなお血の滲むのを見る、といったほどの流血突撃と、逆襲とが戦われたのであった。二十八日、わが兵いったんその南山嶺を奪ったとの報を聞いて、東郷はただちに乃木に使者をとばせ、

「絶倫不撓の気力をもって、連日の激戦ついに敵艦隊の死命を制すべき要地を奪略せられたる大捷にたいし、連合艦隊は衷心よりの祝辞を貴軍に呈し、多数の死傷将卒にたいし、深厚

なる同情と敬意とを表す」と歓びを述べたほどであった。ところが、敵の波状逆襲によって占領隊全滅し、その後、死の争奪を反復することじつに六十七回。その間、乃木将軍は馬を高崎山にすすめて、絶対不退転の決意を示し、折から馳せ来った児玉総参謀長は、みずから参謀会議を主宰して、砲兵陣地の全面変更を命ずる一方、第一師団の残部と第七師団とは、全軍決死隊を宣誓して、まさに最後最終の一戦を賭した。十二月五日午前七時、全砲門の急射とともに、全軍車懸りに突進して、十時半、ついに西南頂角を占領し、ついで午後一時、さらに北東角を攻略した。わが死傷一万余、敵もまた逆襲予備隊の全部を失って、山上ついに人影を絶ち、十二月六日の早朝、日章旗は、はじめて確実にその山頂にひるがえった。乃木将軍感無量、この山は爾の霊をもって抜いたという感銘により、二〇三を「爾霊山」と呼ぶことになった。

この激闘中、東郷は乃木に飛電し、「悪戦苦闘同情に堪えず、もし貴官の要求あれば、海軍は即時陸戦隊を急派し、敵の疲労に乗じて突撃せしむるも可なり、貴意を得たし」と申し入れ、山頂突撃隊の編成を内報した(十二月三日)。これにたいし乃木は、「貴意を謝す。攻撃進展中なり」と答えている。第七師団の増援に対してさえ、これを第三軍の恥辱だといったほどだから、大砲の協力は求めても、水兵の突撃を借りる気持にはなれるはずはなかった。

さて、爾霊山がこれほどの超重要な高地だとは、それを占領して将兵が吃驚した。三千メートルの眼下には、港内の全艦がきれいに並んでいるではないか。早くも五日午後二時に、二十八センチ重砲と、六インチおよび四・八インチ海軍砲が射撃を開始した。三十分で戦艦ポルタワがまず沈み、その他の各艦にも命中弾あり、翌六日、戦艦レトウィザンとペレスウェートが沈み、七日には戦艦ポベーダ、八日には重巡バヤーン、軽巡パルラーダが相次いで撃沈された。戦艦セバストポリは苦しまぎれに港外に出たが、日本の水雷艇におそわれて、擱坐してしまった。数隻の駆逐艦が港内をまわりながら避けようと努めたが、全部沈められた。

おどろくべし、三日の間に、旅順艦隊は、早くも全滅を喫したのだ。海軍がはじめから爾霊山の攻略を主張してきた理由は、ハッキリと証明された。他の永久堡塁は、さらに一ヵ月近くも頑強なる抵抗を継続し、弾糧、精神ともに尽きて、一月元旦に開城となった。かくて「要塞艦隊」は要塞とともに滅びた。東郷は連合艦隊を率いて内地に帰り、バルチック艦隊を迎えるために大急ぎで修理についた。

付記――爾霊山の超頑強なる抵抗力の主砲は、ことごとく旅順艦隊の中小口径砲をもって装備されたものであり、そこに両海軍の戦争の一部が移された観がある。

第八章　日本海海戦

1　バルチック艦隊の大遠征

浦塩にいたる航程一万八千カイリ

歴史に「ロジェストウェンスキー航海」として名をとどめるバルチック艦隊の大遠征は、単なる威嚇ではなくして、海戦史未曾有の出来事として実行された。戦艦七隻、重巡四隻、駆逐艦九隻、特務艦六隻からなる大艦隊は、一九〇四年十月十五日、雪積もるリバウ軍港の丘を後にして、極東遠征の途についた。バルチック艦隊の到着前に乃木が旅順を陥れるか、旅順の陥る前に艦隊が極東に達するか。世紀の大競争がはじまったのである。

航程一万八千カイリ、その間に一ヵ所の根拠地も持たないロシアが、平時なら問題はないが、戦時国際法の厳重に実践される環境のもとで、かかる大艦隊を極東に送るのが、いかに難事業であるかは、今日から考えても十分に理解される。しかし、気宇の大きい民族と、ニコライ皇帝の日本懲罰戦意とは、それを当然の作戦として決行したのであった。

当時ロシアは、日本に負けようなぞとは夢にも思っていなかった。単に、日本にお辞儀をさせるのに半年かかるか、一年かかるか、という計算の問題でしかなかった。もっとも、陸相サカロフ大将は、二年もすれば小日本は自壊するだろうと、日本にとって戦慄すべき戦略構想をかたったことはあるが、自国の勝利については寸毫の疑いも持つ者はなかった。

戦ってみると、日本が生意気な戦闘をやる。とくに四月十三日に、海軍の第一人者マカロフを失って皇帝は激怒した。すみやかに本国の艦隊を急派し、日本の艦隊を撃滅して、その陸軍を満州に孤立させ、全滅させてやろうと考え、四月三十日に、バルチック艦隊の遠征を決意し、五月二十日に、それを天下に公表したのである。

かかる作戦機密を天下に公表するのは、敵を馬鹿にした話である。公表は、わが「初瀬」「八島」が沈んだ直後であったから、この報道は、大本営に大きい精神爆弾を投じたのであった。公表には七月に出発とあった。それは建造中の新鋭戦艦四隻中の四番艦アリヨール号が、六月末に完成するのを待つ意味であった。

そのとき旅順には六隻の戦艦が健在であった。それに新鋭四隻と、「三笠」級の一艦オスラビアをくわえると合計十一隻である。日本は四隻しかない。戦術に少々の優劣があったところで、十一対四の戦闘では負けようにも負けられまい。バルチック艦隊が朝鮮海峡に達するの日をもって、日露戦争は終局を告げるであろう。

その算術は、かならずしも狸の皮算用ではなかった。だから日本の朝野は、艦隊回航のニュースを聞いた日から神経を痛めた。とくに十月十五日、その出発を知った以後のわが新聞には、約半年にわたって、バルチック艦隊に関する記事ののらない日はなかった。とくに一月二日に旅順陥落の歓びを伝え、戦争新年を祝いおさめた後は、しげくバルチック艦隊の消息を伝えている。

それらの消息には、つねに警戒、緊張、銃後の心得等が付記されていた。当時は軍の言論統制なぞはなかった。軍事検閲はあったが、軍人が編集を指導するような馬鹿はやらなかった。それでも、新聞は戦勝の目的にむかって自主的に尽力を惜しんでいない。愛国の熱意において、同じ日本人である兵隊にゆずることはなかった。山本や東郷が心配するのと同じ程度の心配を、主筆や編集長は呼吸し、突撃隊を鼓舞する忠君の同じ思想に、新聞のレポーターは民族的にインスパイアされていた。無理無法の戦いでないかぎり、軍人が他の日本人を疑う理由は毫末も存しなかった道理だ。

児童までが、バルチック艦隊を心配したが、事実の裏を見ると、大艦隊の戦時大航行は、さほど心配するに当たらなかったほどの大困難に、つぎからつぎとぶッつかった。それを乗り越えたロジェストウェンスキー提督の業績は、六年前(一八九八年)、米西戦争中に、米艦オレゴン号が、一万三千七百カイリを航破して友軍に合した世界記録を、はるかに打ち破る大記録であった。

その出発にあたり、その大艦隊が、本来の戦力を失わずに東郷と戦うことができるかどうかは、世界の海軍評論家がひとしく疑ったところではあったが、同時に、旅順とウラジオの両艦隊を合わせる場合、東郷に勝ち味がないことも、また衆評の一致するところであった。幸いにして、旅順艦隊を事前に滅ぼすことができたので、今度はバルチック艦隊の各艦が、その戦闘力を、そのまま対馬海峡にはこび得るかどうかの問題になった。日本の輿論は楽観せずに警戒し、「砲弾を『三笠』へ」というスローガンが現われるほどであったが、戦いの神は、早くもロジェストウェンスキーを見捨てるような形相を呈しはじめた。

　ケチのつきはじめは、出航七日目の夜半、北海ドガー・バンクにおいて、ハルの漁船群を、日本の水雷艇と誤認して砲撃したことであった。日本の同盟国イギリスは、合理的に盟邦援助の手をさしのべるがごとく、輿論はこの艦隊を、「狂犬艦隊」「公海の海賊隊」と呼び、議会は、「司令長官の本国召喚を要求すべきこと」を政府に警告し、政府は露国にたいし、国旗の侮辱にたいする賠償と、溺死者放棄にたいする現場パトロール艇長の処罰を要求し、同時に、その世界的言論機構は、反ロシアの感情を、中立国の全体にむかって注入するように動員された。

　第一寄港地スペインのヴィーゴに入るや、艦隊はたちまち氷のごとき冷淡をもって遇され、二十四時間後の出港を要求される羽目となった。

2　英国の勢力圏下を難航
炎熱地獄下に三ヵ月を徒費

　一万八千カイリの海上は、大部分、イギリスの勢力圏下にあり、バルチック艦隊が息をつくのは、わずかにマダガスカル以下、一、二のフランス領であったが、それもイギリスが厳しく睨んでいるので、好意の中立以下の援助はさしひかえるほかはなかった。

　フランスは同盟国ロシアを助けたいのは山々であったが、一歩出すぎて、日本の同盟国イギリスと対立しては大変だから、人目につくところでは気の毒なくらい遠慮をした。たとえば、仏領カムラン湾における措置のごとき、そこでロシア艦隊は、本国からの増援部隊を一ヵ月も待った間、心にもなき「三カイリ領海外碇泊」や、「炭油供給拒否」の中立主義を実践し、艦隊の大切な最後の休養もあたえなかったのである。その間、日本の外務省は、中立違反と疑われる一切の行為に対して、フランス政府に厳重な警告を送ること数回。もし背後に英国がなかったら、怒鳴り返されるような執拗なる抗議をつづけて、ついにバ艦隊への利益供与をほとんど完全に阻止したのであった。

それよりも、艦隊将兵の意気に直接不良の影響をおよぼしたのは、スペインからタンジールに向かう航路において、イギリス巡洋艦戦隊の演習を二日間みせつけられたことであった。バルチック艦隊は十二ノットで航海していた。後方から五隻の巡洋艦が数隻の駆逐艦をともない、二十四ノットの快速力でバ艦隊を追いぬいたと見るや、逆番号に一斉回頭して反航し、今度は中途で横陣に展開し、ふたたび単縦陣に編成する運動が機を織るごとくであり、あたかも、「海軍とはこんなものだ。死出の旅路に見ておけ」といわんばかりに示威をつづけた。公海の演習であるから文句はない。多くの新しい水兵たちは、呆気にとられて眺めており、経験のある将校たちは、しゃくにさわりながら感服する。眺めている参謀たちの肩をたたいて、「どうだ、気に入ったかネ。しかし、あれが海軍だヨ」と、一言を残してロ長官が消えるように歩み去ったことを、フランク・チーエス大佐の回航記は書いている。ふかく印象づけられた不愉快の場面であるが、それはまた希望峰をまわる海上で、艦隊が荒天に難航している最中に見せつけられ、大砲をぶッ放したいほどしゃくにさわったという。

それだけではない。バルチック艦隊の内容細目と行動に関する情報は、いちいち合法的に日本に伝達された。仏領マダガスカル島に寄ったときは、情報がとぎれて日本も大いに心配したが、それ以外は、日本自身の手ではどうにもならない敵艦隊の行動を、イギリスの好意によってことごとく知ることができたのだ。友邦は持つべきものだ――ただし条約に忠実なる――という一事は、この重大なる歴史とともに変わらないであろう。

いな、そのマダガスカル島においても、艦隊は良港ディエゴ・シワレスでの休養と載炭に二週間を予定したところ、フランスは、英国の圧迫によって同港の使用を拒否し、その代わりに西岸の小漁村ノシ・べを黙認することになった。ノシ・べは三百カイリも遠回りになる田舎の小泊地であって、炎暑と瘦地で、仏人の住むのをいやがる地方であった。そこで、主力戦隊はスエズ経由の分遣隊と合同したが、石炭供給契約のいきづまりにあって、この炎暑地獄下に二ヵ月を空費し、将兵のモラールは破壊された。ノシ・べの村は一大歓楽地と化した。あやしい小料理屋と黒い商女が氾濫し、将兵の冥土の小遣銭は、ここでほとんど吸いとられてしまった。あるカッフェーの親爺は、これがすんだらパリへ帰って、画の勉強でもはじめようと歓んだ。

いわんやこの滞留中に、旅順陥落と艦隊の全滅を聞かされた。モラールなぞは冗談にもあり得ない。かくて十二月二十九日に着いて、翌年の三月十六日に、ようやくインド洋に向かって抜錨した。

石炭の難問題は、ドイツのハンブルグ・アメリカン会社との洋上給炭契約が、円滑におこなわれなくなったことからきた。ドイツは内心、ロシアの戦勝を希うゆえに、前記会社をしてロシア政府と契約させて遠征を助けた。契約はカージフ炭であったが、やがて英国が供給を減じたので、やむなくドイツの有煙炭を持ちこみ、それが艦の能率を激減する理由で問題となったもの。カージフ炭は無煙でカロリーが高く、軍艦には必需品であり、とくに遠路航海には、絶対の炭であった。その供給杜絶は、バルチック艦隊には大打撃となった。そのうえにロシア政府とドイツ商社とが、契約違反問題で争い、結局、石炭供給問題は、同社の現地支配人とロジェストウェンスキー長官の直接の交渉に一任され、その談判がいちじるしく手間どることになったのだ。その背後に、同盟国イギリスの大きい動きがあったことを知るのである。

まだある。前記カムラン湾の悲劇は、ノシ・べにおける打撃に劣らないものであったが、その敵ながら同情に値する大損害は、その入港の前日に、イギリスの巡洋艦に発見されたのがもとで起こったのだ。ロ長官は内密でここに寄港し、休養と載炭とに二週間を送った後、一路ウラジオに向かう計画であったのが、英艦に見つけられて日本に監守され、英国に抗議され、艦隊は波高き湾外に漂泊し、あるいはバン・フォン湾に逃げるとすぐに抗議されて、ふたたびカムラン湾にもどるといった具合で、この焦熱の海面を往復すること延べ五百カイリ、石炭一万数千トンを空費し、同時に、なによりも大切な将兵の戦意を消耗してしまった。

「一日も早く東郷の砲火をあびて死にたい、というのが、多数将兵の願いであった」と、セミョーノフの日記はしるしている。陸を眼の前に眺めながら上陸を拒否され、湾内の安住も許されず、風浪高い三カイリの沖には、日本の水雷奇襲を終夜警戒しながら一ヵ月を送った人間に、敗戦心理が蝕（むしば）まないとすれば、それは生きている人間ではなかろう。

しかし、一ヵ月の待機というのは、艦隊をあげて忌避したネボガトフ少将の第三艦隊と合同するためであったのだ。それは五隻のボロ船で、十ノット以上は走れない老朽であり、突破戦の邪魔にこそなれ、助けになる根拠はどこにもないと信じられていたのだ。それでも宗教の力は恐ろしい。四月三十日、キリスト復活祭の夜宴に義務の遂行を誓った将兵たちは、準備万端をはげみ、五月十四日、カムラン湾沖を抜錨して行方をくらました。

3　大艦隊はどこへ行く？

ロ長官の迂回作戦と皇帝命令

ネボガトフ少将は老軀をさげ、老朽艦五隻を率いて、バルチック艦隊の一翼につらなった。この五隻の中の三隻は、かつてウラジオ艦隊の構成単位であったが、将来起こることあるべき日本海海戦には戦闘資格がないというので、三年前に呼びもどされて、海防艦に編入されていたのだ。他の二隻も同年代の老人であった。

綽名（あだな）をつけて喜ぶ癖のあるロシアの海軍士官は、この型の軍艦を、「跛行の家鴨（あひる）」とか、「火熨斗（ひのし）」とか、「鉛の救命袋」とか呼んでいた。また当時、売り出した自動車をAuto-mobilと呼んだのにならって、これらの軍艦をAuto-sinkerと綽名した。自分で沈んで行く軍艦という意味だ。セミョーノフ日記のごときは、その姿を描いて、「あたかも醜い梟の一群が、ぶざまな恰好で、熱帯の太陽をあびながら塒（ねぐら）についた」とあざけっている。

それらの軍艦は、旗艦ニコライ一世、重巡ウラジミル・モノマフ、海防艦アドミラル・アプラキシン、同セニャーウィン、同ウシャーコフの五隻であった。が、これは日本海敗戦の責を転嫁するために、これらを足手まといとして酷評したもので、言論の公正を得たものではない。現に彼らは二月十五日、北欧の軍港を発し、一つの寄港地もない一万数千カイリを、なんらの故障もなく航破して、わりあいに早くカムラン湾頭に到達し、そこからただちに死の戦場へと赴いたのであった。いな、艦隊の将兵は、五隻の軍艦が水平線の彼方に現われて刻々と近づいてくる姿を迎えたとき、望遠鏡がくもって見えなくなる感激をくりかえしたのであった。彼らは剛健なる戦士であった。

また、その老朽をあざけるのは不当であることを、日本自身が証明していた。およそ国の興廃をかけた海上決戦には、戦い得る一切の兵力を動員するのが当然であり、要はそれを価値に応じて適切に利用することである。

対馬海戦にのぞんで東郷が編成した連合艦隊の第五戦隊はどうであったか。司令官武富少将の下に、「橋立」「鎮遠」「松島」「厳島」と通報艦「八重山」を配したではないか。日清戦争の両軍主力の生残者を仲よく一組にした旧式の寄せ集めである。さらに山田少将が率いた第七戦隊は、「扶桑」「高雄」「筑紫」「摩耶」「鳥海」「宇治」という古い顔ぶれで、ウシャーコフやセニャーウィンの方が装甲を備えていただけ強力でさえあった。いわんや、戦艦ニコライ一世においてをやである。

さて、集結された四十四隻の海上の城郭は、どこに拠点を求めようとしたか。カムラン湾を出た後は、杳（よう）として消息を絶ち、日本は捜査の手段を失った。彼はウラジオへ来るとはかぎらない。日本の朝野は、ふたたび神経を痛打され、東郷もまた、当然に、その所在の一日も早く偵知されることを希求した。

東洋の海戦地誌に明るい英提督フリーマントルは、バルチック艦隊のとるべき最良の戦略は、けっして東郷との一本勝負ではなく、まず前進基地を占領してこれに拠り、遠方から日本を牽制しつつ機をうかがうことであり、それには、カムラン湾から——マダガスカルから直行したほうがよかったが——比島の南をへて西太平洋に出て、カロリン群島、あるいは、マリアナ群島の中に根拠地を占領することだと言った。ドイツは、これらの群島を手に入れたばかりのときであり、当時の露独関係から見て、ドイツの黙認は考えられることだから、ヤップ、トラック、サイパン等の基地に拠る戦略の可能性もあったろう。

また事実において、ロジェストウェンスキー長官は、日本海突入は第二段の策として、まず舟山列島に艦隊基地をもとめ、そこから活動を開始しようとしたのだ。しかるに、ここでもイギリスが立ち現われ、「大英帝国はいかなる犠牲をはらっても、シナ海の神聖なる中立をまもる決心である」と通告したので、問題は事前に吹き飛んでしまった。

これより先、アバス通信社（AFPの前身）は、露国海軍省の委任をうけて、カムラン湾に入ったロ提督に、「第三艦隊——ネボガトフ支隊——と同湾において合同するよう」通告した（四月二十一日）。そのとき提督は、二つの艦隊を合同するために戦機を逸すること、ならびに弱体化してウラジオ行きに成算の立たないことを憂い、皇帝に対して、つぎの対策を奏上した。すなわち、

「艦隊を二つとも失うごとき冒険をあえてするよりも、これを艦隊保全主義の方向に転じ、遠からず予想される講和会議の条件に利用する方が得策であると信ずる」

旨を率直に述べたのである。めずらしい愛国者であった提督は、一月ぶりで受けとった本

国の新聞を読んで、反戦暴動の勃発を知り、革命気運の生起しつつあることを察し、長く継戦の不可能な事態を深憂して、誠心誠意、これを進言したのであった。ところが、皇帝は、「貴官は第三艦隊を合同してウラジオに行くべし」と、かさねて厳命した。提督は忠実にこれに従うほかはない。ただ、その作戦段階として、舟山列島の占拠も空に帰した後は、まっすぐウラジオに行くほかはあるまい。残された大きい問題は、どこを通るかの一点にかかってきた。

4　決戦場はどこに選ぶか

三案を検討した作戦首脳会議

祖国に対する忠誠、聖アンドリュウ軍艦旗の名誉、軍人の義務――。それらの雄々しい心がまえがなかったら、バルチック艦隊の大遠征は、中途で挫折していたに相違ない。

アフリカの東方マダガスカル島に送った炎熱の三ヵ月は、雪国の水兵にとっては戦争より辛かった。そこで彼らは旅順の陥落を聞いた。インド洋であった台風は風速四十メートルを超え、浪は旗艦スワロフの艦橋を洗った。駆逐艦が転覆しなかったのは奇蹟であった。艦隊速力を五ノットから七ノットに加減して、四昼夜、それと闘った後、ただ一つの休養の楽しみを仏領カムラン湾にもとめて東進した。ところが、カムラン湾の一ヵ月は、前述のごとく、あたかも野良犬が追いはらわれるような惨めなる漂泊の運命に終わった。その最中に、彼らは奉天会戦の敗北を知った。

世界最強と確信して疑わなかったロシアの陸軍が、遼陽、旅順、奉天と、つぎつぎに敗れていくことに疑惑を感じると同時に、前面に待っている東郷艦隊というのも、意外に強力なヤツではないかと疑うようになった。楽観的材料は一つもなかった。

しかも艦隊が北進し、朝夕、甲板を吹く海風が故国の気候をしのばせるようになり、そうして身辺に四十余隻の大艦隊が、南太平洋を独占しつつ航進するのを見たとき、奇しくも彼らは戦意を回復した。東郷を沈めてやろう、というのが艦隊の合言葉となった。ロシア人の神経は剛強である。

最新鋭戦艦アリヨール号の不正工事のために、出発が二カ月遅延した失態も、また腐れきったロシア資本主義の犠牲となって、各艦の無線機がマルコニ式からスラヴィアルコ式に置きかえられた疑獄も、彼らはキレイに忘れて大砲の手入れに没頭した。長官の寡黙と専断を責めるかわりに、その祖国愛の犠牲のもとで死ぬことを誉れと感じた。祖国の大をつくった先輩の思想がどうであったにしろ、その下で用いられて出世した男が、その先輩を世界の面前で得々と「批判」するようなロシア人は、バルチック艦隊には乗っていなかった。

五月八日、洋上で最後の軍議がひらかれた。それは第一戦隊の四大戦艦と参謀が、目前にせまる海上決戦に関する戦術上の打ち合わせと、さらに、「どこを戦場に選ぶか」を議するものであった。つまり、「どこを通ってウラジオへ行くか。あるいは、東郷を他の海面――たとえば太平洋かシナ海――に誘致するか」について、各自が意見を述べる会合であった。

第一戦隊というのは、竣工したばかりの四大戦艦で構成され、わが「三笠」よりも新式で、一万三千五百トン、十八ノット、十二インチ砲四門、主要装鋼十四インチ半の姉妹艦であった。一つの戦隊としてはおそらく世界最強の一つであったろう。その艦長イグナチュウス、プフボストフ、セレブレニコフ、ユングの各大佐とコロム参謀長、セミョーノフ回航参謀が列席して、いよいよ最後のコースを議するのであった。

注目に値することは、まず小笠原諸島の占拠説であらわれた一事である。父島以下に拠って、東郷を太平洋に誘致した後、機を狙ってウラジオに行く説である。小笠原島は、日本人が自分の本土から眺めるのと、外国人が広い太平洋の彼方から眺めるのとの間に、戦略的にいちじるしい相違がある。あえてペリー提督にさかのぼらず、また現に米国がこれを利用しているのを問わず、明治三十八年の戦争時、すでに戦略眼を有するロシアの海将たちによって占拠の野心が示されたのであった。それが採用されなかったのは、ハンブルグ・アメリカン会社の給炭船から積をかえた石炭（四月二十一日）が、六月には払底し、その後の入手困難を信じられたためであろうと察しられる。

他の一案は艦隊を二分し、第一戦隊の最強艦四隻にオスラビア（「朝日」級）をくわえ、快速軽巡四隻と駆逐艦九隻とを随伴して対馬水道の突破を強行し、第二戦隊は北方を迂回してウラジオに向かうものであった。

第一戦隊は、ゆうに東郷の四戦艦と太刀打ちができるのみか、あるいはうち勝てるかも知れない。足手まといの雑艦をともなわないかぎり、少なくともウラジオに入港し得ることはほとんど確実である。旅順艦隊さえも八時間戦って帰港したではないか。ネボガトフ艦隊のごときは、宗谷海峡のあたりで大損害を受けるとしても、主力のウラジオ入りができるなら、戦略目的は達成されるというのであった。

第三案は、偽航路をとって日本の警戒布陣を両分し、艦隊勢力を二分させて、その一方を撃破しようというのだ。つまり、対馬水道を通るか、津軽海峡または宗谷海峡を通るか、全然判断のつかない韜晦航法を行ない、日本艦隊の待機作戦を迷わせる。この場合に、東郷はおそらく一隊を対馬に、他の一隊を津軽に配してまもらなければならないであろう。その抵抗の半減した一面を突破する作戦である。

東郷が心を痛めていたのと同じことを、先方も心を砕いて論じ合っていたのだ。だが、軍議決せず、結局はロ長官一任と決まって散会した。ロジェストウェンスキー提督は、いちおう衆議を聞いたにすぎない。最高指導者の不動の決心は、対馬海峡において東郷と一戦をまじえることであった。

5　連合艦隊の猛訓練

敵の航路判定に悩みつつ

バルチック艦隊の苦悩に比較して、日本の艦隊は理想的の戦備についた。旅順口と裏長山列島の苦楽の差が転倒した。

十二月末から二月にかけて、すべての軍艦もすべての将兵も、ドックに入って調整を終わった。二月二十一日、東郷長官は鎮海湾の根拠地に入った。ウラジオを遠巻きに封鎖――北辺警備として、「八雲」「浅間」「吾妻」以下が交替に哨戒――したことと、出羽中将の南遣支隊をもってバ艦隊の東航情報を集めさせた以外は、全力を臨戦訓練に傾注した。

東郷は、勝利は問題にしなかった。「撃滅」だけを問題にしていた。それは、太平洋戦争中の大本営命令が、いかなる場合にもかならず用いた紋切型の撃滅とはちがって、本当の「撃滅」を企図したのである。

逸をもって労を待つ第一の条件はすでに備わっていたし、単に勝つだけなら、少しも自慢にはならない。ウラジオへ一隻も逃がさないという作戦目的を達したときに、東郷ははじめて勝利の栄冠を受けるであろう。

ひとり東郷だけではない。この一戦に大勝利をあげなければ「日本が亡びるのだ」という考え方を、三等水兵までがかたむく心底に抱いていた。「日本が亡びる」とは大袈裟な言葉のように聞こえるが、そのときは、それを寸分疑わないで、おのおの責任の重きに赴いたのであった。内地に帰って国民の深憂を目撃し、その心からの激励を耳にした将兵が、あえて上官からの指導をまたないで、自分から体得した奉公の決意であった。

だから鎮海湾の訓練は、かつてない激しいものであった。軍艦は砲撃に、駆逐艦、水雷艇は魚雷発射に、血の出るような演練をつづけた。内膅砲または外膅砲をもってする射撃の照準は、五月に入っては百発百中の域に達した。コントロールのよい野球の投手が、捕手のミットに投げこむよりも正確になった。湾内だけではなく、動揺のある外海において、名砲手は東郷からしばしば満点の賞を受けた。

駆逐艦は、八月十日の失敗を回復するために奮いたっていた。暗夜に、敵艦を見る視力をやしなうために、夜間訓練を一日も休まなかった。人間の眼も、慣れると暗夜にもある程度は見えるようになる。これが夜襲の肉薄攻撃に必要であることを、威海衛の勇士たちは体験していたので、その辛い訓練をすすんで連続実施したのである。八月十日の追撃夜襲の失敗にかんがみ、駆逐隊の司令はもちろん、艦長もほとんど全部更迭して、新進気鋭の人々に変わっていた。

東郷の作戦は、砲戦四日、夜襲三夜と、合計七回の連続戦闘によって、敵の全艦を撃沈または捕獲するという、空前の大野心計画であった。すなわち、駆逐艦と水雷艇による夜襲は三晩反復され、それがおそらくは「撃滅」の主力——砲弾ではなかなか沈まないが、痛打されて衰弱しているのに止めを刺すこと——と考えられたので、一倍の猛攻を期待したものである。

五月中旬、準備はまったくなった。いまはただ、「撃滅」の真剣勝負が、どこの海面で戦われるのかの問題だけとなった。ところが、その問題こそ死活的大問題であった。日本国内の話題はそれで持ちきりであり、新聞はその風聞を書くのに思い切ったスペースを割き、まったく国を挙げてバルチック艦隊の行方をもとめた。とくに五月十九日、ノルウェー汽船第二オスカル号（三井物産会社傭船）を臨検釈放したさいに、艦隊は宗谷海峡に向かう旨を船長に耳打ちし、それがニュースとなったときは、井戸端のお神連まで、論議の花を咲かせた。それは裏をかくためであるとか、裏の裏というもので、やはり宗谷へ行くにちがいないとか、地図や距離とは無関係で甲高い声をあげた。

五月二十二日、ロ長官は仮装巡洋艦テレーク号とクバーニ号の二隻を艦隊から分離し、太平洋の日本沿岸を北上して宗谷海峡に向かわせた。第二オスカル号船長の話には、大して耳をかたむけなかった東郷とその幕僚も、二隻の軍艦が先行して九州の南端に見られたときは、論議に真剣味をくわえざるを得なかった。両艦は沖縄島の南から北北東に航し、本隊は北北西に変針したのであるから、ロシア艦隊の二艦を発見したのは、宗谷海峡の方向においてであった。

ところが、それから間もなく、バ艦隊の運送船メテオル、ウラジミール、ヤロスラウリ等六隻の特務船が、上海に入港したとの報道に接した。そこで東郷と加藤とは、敵が一大海戦を覚悟していることを確信するにいたった。なぜなら、これらの船舶は、主として給炭給糧の特務船であり、それを分離帰国させるのは、近く海戦を予想したうえの措置であると判断されたからである。

しかしながら、想定される海上で石炭を満載すれば、バ艦隊は津軽海峡を通ってウラジオに航し得る計算である。だから、東郷が全艦隊を一地点に集中して待機するのは、いまだ一つの賭博といわねばならなかった。

6　軍議は鎮海待機に決す

空前の索敵兵力を動員す

ロ提督が旗艦スワロフに最後の軍議をひらいたように、東郷長官もまた、「三笠」艦上に最後の軍議をひらき、決戦海面の想定と主力艦隊の待機地点とを決定しなければならなかった。

敵提督が道を決めるのは、自分の意思であるからやさしいが、東郷にとっては「想像」であるだけに至難をきわめた。もっとも安全に近いのは、主力艦隊を能登半島沖に集結し、済州島（朝鮮の南方沖）と、津軽および宗谷に監哨を厳にして、敵艦発見の報告と同時に、その方面に急航することであり、それを主張する参謀も二人や三人ではなかった。

が、この待機法は、敵と会戦し得ることは間違いないだろうが、しかし、会戦の時間が短く、あるいは一回の砲戦を最後に敵をウラジオに遁入させる危険が十分予想される。一時間や二時間の砲撃で全滅させるなぞは、神といえども不可能だからだ。まして東郷は「七合戦」を企図し、それによって「撃滅」をまっとうしようと思っているのだから、能登半島からの出撃が機を失したら敗北の運命に終わるであろう。

むしろ、ある時期まで朝鮮海峡で待ちうけ、そのときを過ぎても敵が現われない場合は、第二段として急遽北上し、津軽または宗谷から南下し来る敵を北日本海で撃つべし、という説もあった。この方法は敵が途中、停船または大減速によって到達時間をくるわす手にひッかかる危険がある。ついに来ないと思って、日本艦隊が北上したその留守に、朝鮮海峡を突破される危険もないとはかぎらない。

その夜は風雨が激しかった（五月二十四日）。軍艦「磐手」の汽艇が遅れ、司令官島村速雄は、会議半ばに、ずぶ濡れになって入って来た。加藤参謀長がさっそくに島村の説を聞くと、少将は即座に、「敵に海戦を知っている提督が一人でもいれば彼は対馬水道に来る」と断言した。

彼は前々から敵は一戦を賭してウラジオへの最短距離を航破することを信じており、最後の会議で力強くその主張を展開したのであった。

島村は、つい半年前まで東郷の下で参謀長をつとめ、その後、上村艦隊を補強するために、司令官として同艦隊の殿艦に乗り組んでいた。東郷の信頼は加藤同様にあつかった。加藤は、もっともであるという態度で、東郷の裁決を請うた。東郷は簡単に言った。

「ここ（鎮海）で待とう」

それで決まってしまった。「一方的で融通のきかない戦略は古いッ」と憤慨した若い参謀があったと伝えられるが、それは部屋へ帰ってからのひとり芝居で、長官室の裁決に晴々と散会し、参謀長は席を移して対策準備の第二次会議に入るのであった。

なお、島村に劣らず終始、敵艦隊の対馬海峡来航を信じて、全軍の鎮海集中待機を主張していたのは、第二艦隊の参謀長藤井較一大佐（のち大将）であった。だいたいにおいて第二艦隊の方が対馬説であり、第一艦隊の方が懐疑的であったというのが、秘められた内幕のようである。

いかに早く敵を発見するかが第一の問題である。そのとき来るべき海上決戦に動員された艦船は、じつに百二十五隻の多きに達した。それはもとより空前であるが、同時に絶後に近かった。英国が最盛時にジュットランド海峡に集めた百五十一隻と、米国がマリアナ海戦に全力を集結した百五十四隻の二つだけが、それをしのいだにすぎない。明治三十八年の世界では、想像を超越した集中であった。

今度の決戦には、一隻の水雷艇も遊ばせておかない、全力動員、というのが山本海相の方針であった。それは国の要請であると同時に、将兵の希望でもあった。今度の海戦に参加しないものは、軍人にあらずという意気ごみを、百パーセント活用し、威海衛と同様に、九十トンの水雷艇も丈余の荒波をくぐった。決戦の主体は第一戦隊六隻、第二戦隊六隻、第三、第四おのおの四隻、駆逐艦二十一隻、水雷艇十一隻の合計五十二隻であって、他の七十三隻が敵艦発見のパトロールに使用された。

済州島から佐世保を一線として南方を正方形を描き、それを碁盤の目のように区画して数十区に分かち、その幾区ずつかを、七十余隻の艦船に担当させて見はった。四十隻近い艦船で編成された敵の艦隊は、二列縦陣で航行するとしても長さは一カイリに達し、どこかで、わが分担パトロール区域の一画を横ぎるであろう。

すでに哨戒海面の区画は五月十九日に決定され、小倉少将の特務艦隊二十四隻の仮装巡洋艦は、二十一日から部署についていたが、前述の最後の軍議によって、碁盤の目はさらにこまかく刻まれ、そこへ第三艦隊の各艦を投入して、巡邏の密度を二倍にしたのである。

巡洋艦「和泉」が二十七日午前六時五十五分、五島宇久島の北西二十四カイリの地点から敵と接触をたもち得たのは、まさに、パトロール強化の結果であり、同艦は二十五日に同方面哨区に増配されて出動したものである。興味ぶかい史実は、「和泉」が出動に際して、シールド・オーダー（密封命令）を渡されていたことだ。開封日である二十七日に開き見れば、「二十八日にいたるも、敵が対馬海峡方面に出現せざる場合には、津軽海峡方面に単独急航せよ」とあった。

おなじく軽巡「秋津洲」がうけた密封命令は、二十八日朝開封にて、「同日午後にいたるも」と以下同文であったという。これによってみれば、二十八日中に、敵が五島西南および済州島南方の海上に現われない場合は、東郷は津軽方面に海戦を予定したものであろう。

7　信濃丸の敵艦隊発見
「敵の針路、対馬東水道を指す」

そのとき、バルチック艦隊はどうしていたか。大決戦を明日にひかえた五月二十六日の正午、ロジェストウェンスキー提督は、にわかに艦隊速力を五ノットに減じて、戦闘訓練を三回もくりかえした。兵員は長官の精神に異状なきやを疑った。が、長官には確固とした計算があったのだ。

彼は、東郷の作戦計画を第一回戦に水雷夜襲で来ると予想した。まず魚雷でわれを傷つけ、翌朝から主力砲戦、その夜が水雷戦というふうに東郷の逆を考えていた（東郷が砲戦ではじめて、夜襲と砲戦を交互に実施していく作戦は前述の通り）。それゆえに、海戦を予想する沖ノ島付近を午後二時から三時ごろに通過し、砲戦をまじえた後、夜暗ウラジオへ急航する作戦を立てた。そうするためには、時間があまり早すぎて、普通の航行速度で行くと、夜間に対馬水道入口あたりで水雷夜襲をこうむることになる。そこで速力を激減し、時間つなぎに演習をやったという次第だ。

だから、東郷にしてみれば、もう現われなければならない時間なのに、いっこうに現われるようすもなく、一部の将兵は焦慮にかられ、ふたたび津軽説や能登半島論が抬頭する始末であった。いまごろ演習をやっているなぞとは想像もつかないばかりか、前日にはアドミラル・セニャーウィンの機関故障のために、数時間も五ノット航行を余儀なくされ、さらに、ネボガトフ艦隊の合同後は、例の「海上のアイロン」や「跛行の家鴨」に速力を制限されて、十ノット以上の艦隊航進は不可能であったのだから、東郷が予期した日より、二日も遅く対馬に現われたわけである。

二十六日の太陽が沈むころから霧がおりてきた。ロジェストウェンスキーは、何ヵ月ぶりではじめて微笑と歓声をもらした。いままで晴雨計のさがるのを見つめていた痩体の提督は、司令官フェルケルザム少将の霊が艦隊をまもってくれることを期待し、かつ祈った（少将は六ヵ月の苦闘に病かさなり、遂に二十三日に死んだ）。濃霧いたれば、艦隊はこの自然の大煙幕に隠れて対馬海峡をぶじに突破し得るからである。

対馬水道に向かう敵艦隊序列（27日午前10時）

第一駆逐隊の半数　ゼムチューグ　ベドウイ　ブイスツルイ
ウラール
第一戦艦隊　スワロフ　アレクサンドルII　ボロジナ　アリヨール
スウェトラーナ
第三戦艦隊　ニコライI　アプラキシン　セニャーウィン　ウシャーコフ
アルマーズ
第一駆逐隊の半数　イズムルード　ブイヌイ　ブラーウィ
第二戦艦隊　オスラビア　シソイウェリキイ　ナワリン　ナヒモフ
特務船隊
第一巡洋艦隊　オレーダ　アウローラ　ドンスコイ　モノマフ
病院船　アリヨール　カストローマ
第二駆逐隊（ボードルイ級五隻）

濃霧のみが艦隊を救う最大の恵みであるその濃霧が、二十六日の夜の海をつつんだ。大願成就、ロ提督は「全速力航行」を命じ、晴雨計を睨みながら北進した。ところが、願いごとに古来、十全はない。その濃霧は、夜半になってはなはだしく度をくわえ、今度は航行の方が危険になってしまった。昭和十七年六月、ミッドウェーの日本艦隊は、ここで禁断の無線を打ってしまったが、バルチック艦隊は厳に自制し、碇泊用燈火のみを点じてかろうじて航進した。その間、日本艦船の無電交換がひんぴんとして傍受され、艦隊はすでに日本の哨区内に入っていることを知ったからだ。

ところが、艦隊の最後方に占位していた病院船アリヨール号は、不謹慎にも燈火を点じたまま平気で航進していた（他の一隻カストローマ号は消燈）。これほどの濃霧では、敵に見つかるはずはないと思ったらしい。その油断不謹慎の燈火を、パトロール中の仮装巡洋艦信濃丸が発見したのである。二十七日午前二時四十五分であった。

艦長成川大佐は、怪しいと感じて接近したが、霧が深くて国籍を確かめることができない。かすかな月光が、ときどき東方からのぞいて視認をさまたげた。そこで成川大佐は、怪汽船を、月と自艦の間にはさむよう回転航進して、ようやく彼の正左舷に接近した。凝視するに、三檣二本煙突で、露国仮装巡洋艦ズニエプル型に似ていることを確かめた。ときに四時三十分である。

信濃丸は正体を確認しようとさらに接近して見ると、該船は一門も大砲をそなえていないので、バ艦隊中の病院船と察しられ、しからば近傍に艦隊がいるはずだと、全員が視聴力を百パーセント動員して凝視したが、濃霧の煙幕はついに何物をも見せない。そこで成川大佐は該船を臨検しようと近づくと、該船はさかんに燈火信号を点滅して何物かに呼びかけているのが判明した。至近に敵艦あるはもはや疑いない。

よって少しく北東方に転針して捜査をつづけようとした一瞬、驚くべし、十余隻の軍艦が、左舷わずか千メートルの近距離を航しつつあり、さらに右方に数条の煤煙が尾をひいているのを認め、信濃丸が、じつにバルチック艦隊の真ッ直中にあるのを知ったのだ。成川は呼吸をとめて、一気に舵を取ると同時に、ただちに無電を発した。

「敵の艦隊二〇三地区に見ゆ」と。ときに二十七日午前四時四十五分。

二〇三高地から敵の旅順艦隊は撃滅された。二〇三海区からバルチック艦隊撃滅の糸は引かれるであろう。

成川は逃げなかった。必死に接触を保持し、四時五十分、「敵航路東北東。対馬東水道に向かうもののごとし」と打電し、いったんは濃霧中に見うしなったが、六時五分、ふたたび発見して、「敵針路不動。対馬東水道をさす」の無電を反復し、僚艦からの返電を確認して、哨戒発見の功を全うしたのであった。

触接は近傍にあった「和泉」に引きつがれた。「和泉」は六時五十五分に敵を発見、刻々、敵の陣形を報告しながら、午後一時半まで執拗にくいついて離れなかった。これよりさき、片岡第三艦隊長官は、信濃丸の無電を、東郷長官に転電（五時五分着）すると同時に全艦船を出動させ、午前十時には、五十余隻が四方からバルチック艦隊を遠巻きにつつんでしまった。

8　此一戦のZ旗ひるがえる

「天気晴朗ナレドモ波高シ」

午前七時、ロ提督は日本艦隊の無電記号を受けとり、それが五時前後からの符号とぜんぜん異なり、類似単調のものから急変して、複雑多岐のものに転じているのを知り、傍らのイグナチュウス艦長をかえりみて、「ついにわれわれも見つけられたネ」と語り、しからば海戦は、午後二時前後に沖ノ島の西方において戦われるものと見当をつけた。

一方に東郷は五時五分に敵の出現を知り、その方向と速力とから算定して、会戦の地点を沖ノ島の西方に予定した。両将が予定した決戦海面は、わずか七カイリしか違っていなかった。祖国の存亡を賭ける戦場について、両主将の想定と決意とが、ほぼ一致していたのは興味ある記録である。ロ提督は、対馬の南端を過ぐるころ（正午）、航行序列を戦闘序列にあらため、旗艦スワロフを先頭に、アレクサンドル三世、ボロジノ、アリヨールの三大戦艦（第一戦隊）これにつぎ、第二陣は戦艦オスラビアを先頭とする第二戦隊（シソイウェリキイ、ナワリン、ナヒモフ）、第三陣は戦艦ニコライ一世を旗艦とする第三戦隊（重巡アプラキシン、セニャーウィン、ウシャーコフ）がつづき、蜿蜒長蛇の単縦陣を形成した。

この十二隻の一隊は、東郷の予想される陣形、「三笠」以下六隻と、「出雲」以下六隻の十二隻単縦陣の砲火に比してあえて遜色なく、第三戦隊の弱点は、第一戦隊の強剛をもっておぎなうべく、そうやすやすと東郷に負けるはずはなく、まして神はロシアとその帝室とに加護を賜わるであろうと信じた。この日は、皇帝ニコライ二世の戴冠式記念の祭日であったから——。

今度は、東郷が待てども出現しなかった。そのかわりに出現したのは、出羽中将の「笠置」以下「千歳」「音羽」「新高」であった。これらの軽巡は物の数ではなかったが、その右側に占位した四隻の駆逐艦（鈴木中佐の「朝霧」「村雨」「朝潮」「白雲」）が艦隊の前方を直角に疾駆して来る姿は、絶対に見逃すわけにはいかなかった。八月十日の海戦では、彼らは旅順艦隊の航路前方に機雷を撒いた。いま、その手を用いないという保障はないのみならず、勇猛の彼らが、決死の昼間襲撃を敢行する可能性は十分にある。それまで「松島」や「鎮遠」などが、八千メートルに接近して併航したときには、セパードが駄犬を相手にしないように無視していたロ長官も、今度は断呼として撃攘を決意した。

すなわち、第一戦隊の四艦を率い、右方に直角の縦隊転回を行なって攻撃の体勢をととのえた。わが第三戦隊と第四駆逐隊とは当然に退避した。そこでロ長官は、陣形を元に復して十二隻の単縦陣を張ろうとして、まず第一戦隊の左舷直角一斉回頭を指令した。ところが、二番艦アレクサンドル三世が信号を誤認してしまった。長官は横陣をもって元に復さしめようとしたのに、二番艦ら旗艦の航跡にしたがい、三番や四番は長官の信号どおりに転回したので、そこに不規律な陣列が現出した。

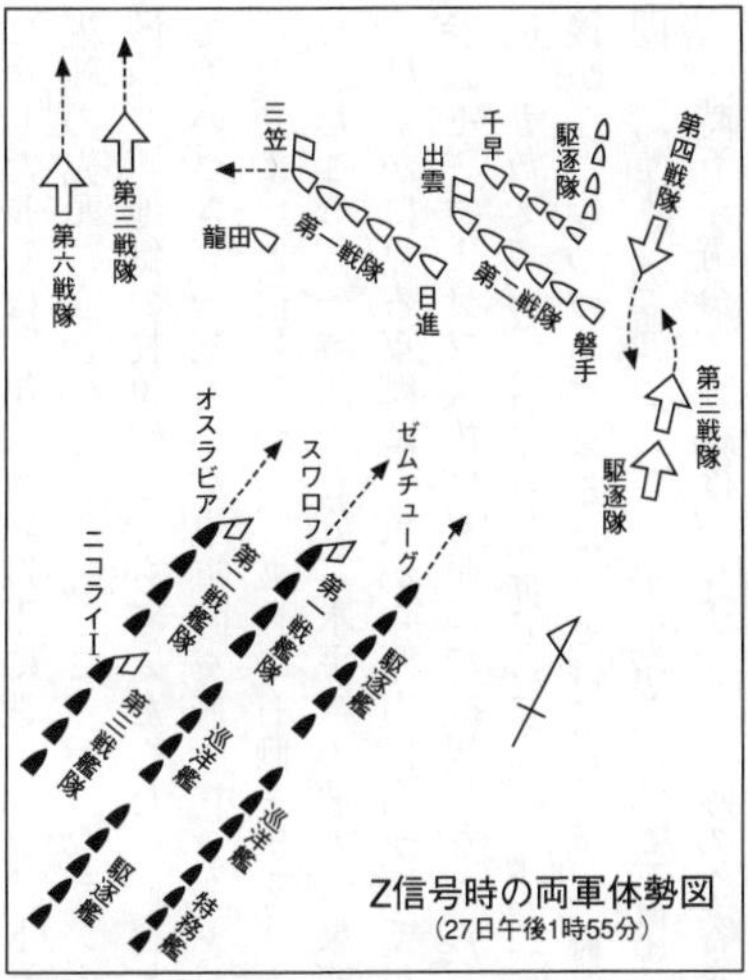

一方に、第二戦隊と第三戦隊は、そのまま航進していたので、第一戦隊が向きなおったときは、前者はすでに二千メートルも前方を走っていた。ようやく四戦艦を一列

Ｚ信号時の両軍体勢図
(27日午後1時55分)

に復した長官は、第二戦隊以下に速力二ノット減を命じ、自隊が十五ノットに増速して、単縦陣の先頭に立とうとした。ところが、ウラジオへ急ぐ人々の心理は、このさいの二ノット減速を、地獄の長逗留とでも考えたらしく、容易に速力を落とさなかった。ロ長官は全速力で追いつき、一刻も早く単縦陣を形成しようとして、「第二、第三戦隊は第一戦隊の後方に位置せよ」と信号しつつ、彼らの右側を越そうとした。そうして陣列があたかも二列縦陣になったころ、一時四十五分、水平線の彼方に東郷が現われた。

はるかに見る東郷は、東から西南に向かってバルチック艦隊の前路を横ぎっていた。回航参謀セミョーノフ大佐は双眼鏡で凝視しながら、「三笠」「敷島」「富士」「朝日」「春日」「日進」と数えて、「八月十日の通りにやって来たナ」とつぶやくと、上段のロ長官が、「いや、後から六隻つづいて来るよ」と付言した。上村艦隊が、「出雲」「吾妻」「常磐」「八雲」「浅間」「磐手」の順でつづき、十二隻がほぼ一直線をなして迫るのであった。

一時五十五分、東郷はバルチック艦隊の全容を一万二千メートルの南方に視認した。五ヵ月まちつかれた敵にあった興奮もなく、加藤をかえりみて、「変な形だネ」と語った。三列縦陣に見え、戦闘編成としては腑に落ちない隊形であったからだ。しかし、全軍の興奮は、同時に「三笠」の檣上高く揚がった、「皇国の興廃此一戦に在り、各員一層奮励努力せよ」のいわゆるZ信号を見たときに燃え上がった。砲員の手足は、まもなくひらかれるであろう砲撃の興奮にふるえた。東郷は加藤の司令塔内退避要請をこばみ、例の望遠鏡をはなさずに戦闘の勘をはたらかせていた。隊首を左直角に転じて南下したので、北上する敵艦隊との距離は、刻々に近づいていった。試合開始のサイレンは鳴らないが、砲声はモウ数分を待たずして轟くであろう。

9　敵前二直角回転の断行
撃滅への決戦陣形として

東郷提督は北から、ロ長官は南から、という態勢では、勢い反航戦が戦われ、短時間にして両軍は駆けちがってしまう格好である。しからば砲戦は数発を撃つだけで終わるであろう。バルチック艦隊にとっては、倖せこの上もない。が、そんな手ぬるい戦さを東郷が許すはずはなかろう。どこかで敵と併航戦を戦う陣立てに変位するはずである。具体的にいえば、どこかで、全艦隊を二直角に大回転させねばならない。が、その地点が死活的に重大である。一歩遅れたら「八月十日」を再現して大苦戦に陥るし、早すぎれば、いたずらに背面をさらしておのずから追撃をうける形となる。

すなわち、大転回の地点は、それと同時に砲戦を開始する距離であり、しかもただちに敵の隊首を圧し得るところでなければならない。

胃痙攣の痛みを注射で頑張っていた蒼白痩軀の加藤参謀長は、敵の北方八千メートルをはかって、「長官、ここで取舵（とりかじ）（左に曲がる）に致しましょう」とたずねると、東郷は待っていたといわんばかりに、微笑をもってうなずいた。そこで加藤は、伊地知艦長にむかい、「取舵一杯イ」と命じて、有名な敵前二直角の大転回が開始されたのである。時計は二時五分をさしていた。

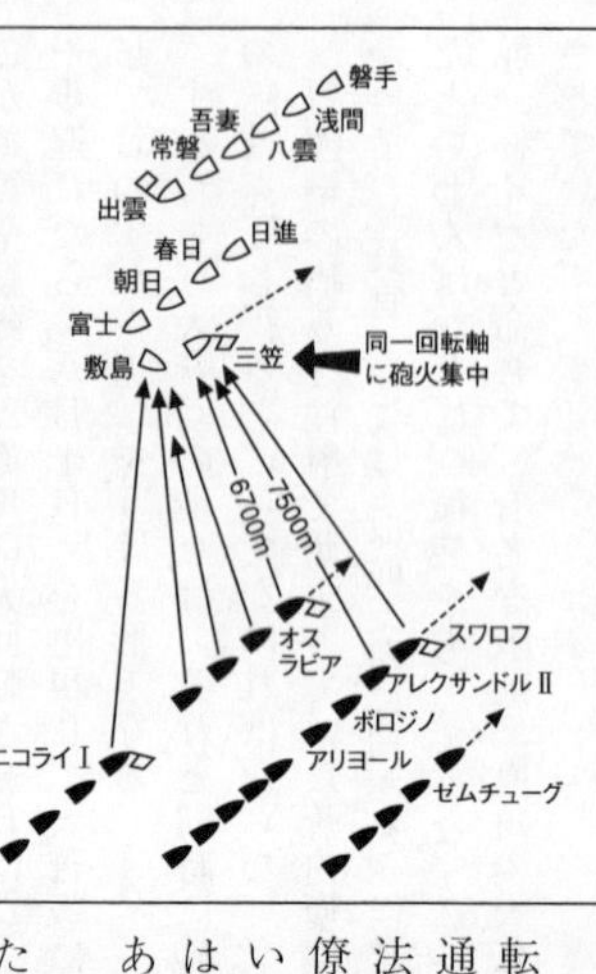

わが二直角転回と敵発砲時の体勢

東郷と加藤の間には、一時五十五分の直角南転のときに了解がすんでおり、いわゆる霊犀相通じていたばかりでなく、その前から東郷の戦法が隊首を圧する形の併航戦にあることを、幕僚は頭に刻まれており、かつ八月十日の体験をいかすことを教えられていたので、この大転回は、東郷の神経のとおりに動いた無二の傑作であったといえよう。

しかしながら、それは非常なる冒険でもあった。「三笠」が転回した同一地点を、後続の十一隻が転回するのであるから、敵の測距照準にしてあやまりなければ、各艦は、その運動中に、演習の標的のごとくに撃たれるであろう。言いかえれば、敵は何発か撃って正確な距離を発見し、そこへ連続的に弾丸を撃っておれば、日本の十一隻の軍艦が自動的に命中点に現われて、自分の方から当たって来るといった格好だ。こんな危ない運動はあるまい。

ロシアの戦史は、この二時五分の転回のことを、「東郷がしばしば用いるアルファ運動を実施し云々」と書いてある。アルファの文字の形のように、一回り回転する意味であり、いままでの海戦に東郷は数回これを行なっているので、ロシアの海将の間では、つとに東郷の手法として知られていたのだ。だから両軍が南北から反航しつつ接近したとき、ロジェストウェンスキーは、東郷がアルファ回転を実行することを予想し、それを攻撃の最良の機会として待っていたのだ。危険いうべからず。

距離は八千メートルに近づいていた。ロ提督はこの有利な戦機をとらえるのに神経をいらだたせていたが、その絶好の条件を十分活用するのには、ときすでに遅れんとしていた。なぜなら、好機を利用するには、第一戦隊の四大戦艦が先頭にならんで、その十二インチ砲十六門を、東郷の回転地点に集中するのでなければならない。ところが、その単縦陣はいまだ形成されず（形成の中途）。第二戦隊が左方にならんで二列縦陣をなし、わずかに第一戦隊の旗艦スワロフとアレクサンドル三世のみが頭を出しており、他の二戦艦ボロジノとアリヨールは、第二戦隊の陰になっていたからだ。が、それでも戦えぬことはない。すなわち、二番艦「敷島」が転回を終わった刹那（二時八分）、第一弾をそこへ撃ち込んできた。

東郷は、危険を承知で敵前転回をやったのだ。あの場合、（イ）可及的すみやかに、（ロ）砲弾実効射程に入り、（ハ）併航戦の優位を占めようとした。それは、じつに八月十日海戦の苦い経験から、こんどは敵の針路をだんぜん擁塞しようと、そのときから覚悟していたのだ。が、彼は全軍を率いる主将として、日本刀を腰にさげて甲板に立ち、鷲のような目で戦況を観察していた。「危険」という日本語を、彼は国語の中から忘れていた。

わが身ひとつはしばらく問わない。が、軍艦の危険は忘れてはなるまい。ところが、それも、二月三日、海相山本が伊東（軍令部長）と東郷を伊皿子の私邸に招いて、送別かたがた打ち合わせをやったときに、三人の覚悟として胸底におさめられた。すなわち、「今度は半分なくすつもりで叩いてしまえ」というのであった。

山本は、「後は心配無用」といって、大艦補充の状況を説明し、戦艦「鹿島」は英国で三月進水する、「香取」も六月には進水のはず、それに「筑波」がキールをすえ、「薩摩」「生駒」も近く起工、「鞍馬」と「安芸」の材料も英米から輸送中で、遅くも六月には起工する。一万トン以上の主力艦が国産でできるのだ。反対にロシアの建造中の二隻は、いっこうに工事がはかどっていないという確報を握っている。バルチック艦隊を全滅させてしまえば、もう敵は何年か海軍を失ってしまうし、戦争そのものも失うのだ。俺の方が五隻や十隻うしなっても、気にすることはない。心配せずに戦ってよろしい——と。

東郷はわが意を得たと、飲めない盃をかさねた。他から言われなくても、今度は八月十日のように、後を心配する必要はないから、思う存分、戦う決意であったところへ、もっとも親しい二人の先輩から激励されて、東郷は戦意満々、都門を辞した。「陛下の御艦（みふね）」といって大切にした軍艦も、今度は最後の撃滅戦のために、あえて多く失うことを許されるのであろう。

10　砲戦第一期に敵旗艦落伍

上村艦隊の八インチ砲集弾の威力

大回転を終わらんとするとき、「三笠」は六千四百メートルを測って第一弾を放った（二時十分）。つづいて全艦は、堰かれた滝が落ちるような勢いで撃ち出した。二分間、敵に撃たれてたえていたその二分間は千秋の長さであったろう。

「三笠」と「朝日」(四番艦)は旗艦スワロフを目標に、他の四艦は、いっせいに二戦隊先頭のオスラビアを狙って猛射した。十分の後、オスラビアにはすでに二十数弾が命中し、三ヵ所から起こった火災が、中央にむかって燃えひろがりつつあった。

開戦後二十分ごろは、わが第一戦隊はその三番艦「富士」と四番艦「朝日」が、ちょうど敵の先頭の正横にある体勢であった。敵の旗艦に集弾するには絶好の位置であり、したがって、スワロフとオスラビアは、わが巨弾爆発の火焔と煤煙につつまれて、艦形を没することが幾回もあった。敵弾もよく「三笠」に当たったが、わが命中弾はそれに二倍、三倍した。鎮海湾の三ヵ月がすごい効果を示している。

あまりに痛撃されるので、敵は針路を、右へ右へと少しずつ逃げて戦っていたが、二時四十五分、距離を遠ざけるために、さらに三十度ほど右転した。それを見て東郷は、敵が後方をまわって北西に逃げるものと判断し、左八点に逆番号に転回してそれにそなえた。その後方から上村艦隊が続航してきたが、上村は敵が針路をもとに復したのを見て、東郷にならわずに単独に旧針路を進んだ。そこで敵と上村とは四千メートルで相対し、しかも上村は、敵の隊首に立つ好陣形になった。六隻の重巡が大きい威力を発揮したのは、このときである。旗艦スワロフは、二本のマストと煙突と、その他の艦上構造物を掃射されて一塊の鉄屑と化した。

ミハイル・スミルノフ参謀の著書は、そのときの戦況をつぎのように書いている。

「東郷の指揮は麾下の全戦隊をして、各その分に応じて全力を尽くさせるよう配置すると同時に、戦闘の原則について感化を徹底していた。二時四十分の戦闘において、東郷が新しい針路に転じたとき、上村が後からきて東郷と同一の嚮導艦砲火集中を、東郷と同じ手法で実施し、東郷が反転して来るまでわれわれを放さず、一息もつかせなかったのは敵ながら感嘆した。二人の間には、その行動を律する連繋が身体の内部にでき上がっている。これを真の協同というのであろう」

と。そして戦闘は、東郷の六艦が反転してきて戦列にくわわるにおよんで、この日の戦闘中のもっとも激しい砲戦をした。両軍の全員は、この十五分ですべて勝負が決まると、自主的に直覚したもののごとく、四千メートル前後の距離をゆずらずに、全艦が全砲力を動員し、急霰のように砲弾を撃ちかわした。

「三笠」がその日にうけた合計三十七個の砲弾の大半は、じつにこの十五分の決戦時においてであり、死傷者九十余を算し、「敷島」以下も六弾ないし七弾をこうむった。しかしながら、わが艦隊が、すぐれた速力をもってつねに有利なる位置を占め、多くの場合に主導権を保持し、得意の六インチ砲の射程内に敵を圧して戦った結果は、第二戦隊旗艦オスラビアの沈没、第一戦隊旗艦スワロフの戦列落伍についで、嚮導艦アレクサンドル三世も列外に落ち、三番艦ボロジノも火災の頻発に苦戦し、殿艦アリヨールは後部主砲塔を破壊されるという全敗の悲運に陥った。

三戦艦を失った敵の主力は陣列を再建し、ボロジノ、アリヨール、シソイウェリキイ、ナヒモフの順で、北方に脱出をはかる。針路を偽変してわれに遠ざかる運動は、ボロジノ艦長セレブレニコフ大佐の一つの手腕であった。東郷はいくたびか反転しつつ追う。

そのとき、後に残された旗艦スワロフに立ちむかっている小さい艦が濛気の中に見えた。

通報艦「千早」（江口中佐）が、第五駆逐隊の四隻とともに魚雷攻撃で止めを刺そうとしているのだ。「千早」などの出る幕ではないが、一手むくいようとする攻撃精神の突撃であったろう。が、全艦炎上中にただ一門だけ残っていた後部六インチ砲をもって応戦するスワロフの死闘はものすごく、「千早」は水線部を貫通されて退き、その撃沈を後刻（七時二十分）、第十一水雷艇隊（富士本少佐）にゆだねた。

敵を追撃中に、第一戦隊はスワロフが一隻の駆逐艦にまもられているのを発見、それに斉射を送った。一弾が司令塔の掩蓋を砕き、その破片がロジェストウェンスキーの頭蓋骨に穴をあけた。彼が頑強に起き上がろうとしたとき、第二弾の破片が背部を貫き、倒れたところに第三弾の破片がきて左足の神経を切断した。提督は人事不省となって、担架で駆逐艦ブイヌイに移された。出血多量、ときどき眼を開いて、「スワロフの将旗を下ろすな」といい、その翌朝には意識ほとんど不明、ときに、「合図の白布を用意したか」と降伏を宣するかと思えば、つぎには、「敵来らば余は亡きものと思って撃て。自爆して可なり」と叫び、支離滅裂の後に完全に意識を失った。彼が眼を開いたのは、わが軍医の奇蹟に近い処置により、佐世保病院のベッドの上においてであった。

11　敵の四戦艦を一合戦で屠る

第二合戦の水雷夜襲たちまち開かる

砲煙と火災の煤煙の上に、薄い霧がおりてきて、視界は狭くなり、午後四時五十分、東郷は敵主力戦隊の残部を見失った。これをウラジオに逃がしてしまっては、戦さは戦ちにはならない。日本が要求しているのは、「全滅」だからだ。

東郷は血眼で索敵に疾駆した。八月十日には敵の逃げるのが見えていたが、いまはまったく見失っている。さすが剛気の東郷の面にも、憂いの影が時計の針とともに濃くなっていった。

第三戦隊以下は、敵の巡洋艦、特務艦を追うて南方に作戦中である。敵主力の撃滅は、はじめから東郷、上村の担当である。そこで、直率の駆逐艦二十一隻を動員して百方索敵させるとともに、自分も敵の退路と思われる海面を縦横に走ることじつに一時間、陽はだんだん西に落ちていって、時計は六時をさした。艦隊は息が切れそうだ。されど天佑つねに在り。そのとき、西方水線に数条の煙をみとめ、接近すると、それは戦艦ボロジノを先頭に、ニコライ一世、アリヨール、アプラキシン、アレクサンドル三世、セニャーウィン、ウシャーコフ、モノマフ、ナワリン、シソイウェリキイ、ナヒモフとつづく十一隻の敵の単縦陣であった。左前方を、軽巡ゼムチューグが導き、すなわち残艦の全部が、十二ノットの速力でウラジオ指して逸走中であったのだ。ときに午後六時六分である。本当に、天佑は正義の戦さを戦う者の上にめぐまれるのであった。

東郷は八千メートルから発砲しつつ、例のごとく斜めに敵隊の前方に進出し、六千メートルにおいて、敵の主力たる戦艦ボロジノと、アレクサンドル三世に集弾した。巨砲着弾ますます正確であり、午後七時、アレクサンドル三世は大爆音をあげ、大火焰が天に冲して転覆した。火薬庫の爆発を誘致したのであろう。まもなく、七時二十分、今度は第一艦ボロジノが、前者とまったく同じ形で爆発沈没した。いずれも浸水沈没ではなく、轟沈であった。残艦の周章はいうまでもない。あるいは西南に、あるいは北西に、わが砲火を避けているとき、日はまったく没した。そのときすでに日本の水雷戦隊が待っていた。東郷の去るや、ネボガトフ少将は残艦を集め、「北二十三度東」をさして一路、ウラジオに向かうことを命じた。「北二十三度東」は、ロ提督が対馬水道に入るときに艦隊針路として定め、戦闘の合間にはかならずそこへ針をむけ、最後に重傷を負って指揮権をネボガトフに委譲するときにも、念を押して申し渡した既定のコースだ。

が、敵はそのコースを直航してウラジオへの距離をちぢめることはできない。いまだ海上に薄明かりの残っている午後八時、わが水雷戦隊は北東南の三方から彼を包囲して攻撃を開始したからである。すなわち第一駆逐隊（「春雨」「吹雪」「有明」「霰」「暁」）、第二駆逐隊（「朧」「電」「雷」「曙」）、第九水雷艇隊（「蒼鷹」「雁」「燕」「鴿」）の三隊十三隻は敵の北方に前路を扼し、第三駆逐艦隊（「東雲」「薄雲」「霞」「漣」）、第四駆逐隊（「朝霧」「村雨」「朝潮」「白雲」）、第五駆逐隊（「不知火」「叢雲」「夕霧」「陽炎」）の三隊は、東方からただちに敵の側面に殺到する姿勢をとり、第一艇隊（第六十七、六十八、六十九、七十各号）、第十艇隊（第三十九、四十、四十一、四十三各号）、第十五艇隊（「雲雀」「鷺」「鶺」「鶉」）、第十七艇隊（第三十一、三十二、三十三、三十四各号）、第十八艇隊（第三十五、三十六、六十、六十一各号）、第二十艇隊（第六十二、六十三、六十四、六十五各号）の六隊は、南方から敵の後方に迫った。これが東郷の第二合戦、すなわち夜襲第一戦である。ネボガトフの残存艦は幾隻がウラジオに逸走し得るであろうか。

「本日天気晴朗なれども波高し」という有名な言葉通り（大本営に送った東郷の電報）、激浪は、三百八十トンの駆逐艦と百トンの水雷艇をはげしく翻弄した。飛沫のために望遠鏡を使うことができず、魚雷には綱をつけて、水兵二人が馬の手綱のように引ッ張っていないと滑り落ちてしまう傾斜動揺であったが、将兵屈せず、四十数隻が群がり襲った。はじめ各隊は時間の順位を決めておいたが、敵の反転によって自分の攻撃に都合のいい形になれば、これを襲うのが当然であるし、また闇の中で索敵襲撃をやるのだから、前後の混乱は避けることができず、二、三の衝突事故が起こったけれども、しかも各隊は、弾雨の中を四百メートル標準に肉薄して魚雷を撃った。

間隔はあったが、最後の隊（第四駆逐隊）が攻撃を切り上げたの二十八日午前二時三十分であるから、前後六時間あまりにわたって敵は夜襲と戦ったわけである。水雷戦隊は、今度は何隻かかならず沈めてご覧に入れると約束して出撃したもので、その突進は、二月九日や、八月十日とはおのずから勢いを異にしていた。

敵は二群に分かれ、ニコライ一世群の六隻は絶対消燈、ウシャーコフ群五隻は探照燈を点じて激しく応戦し、日本側も相当数の弾丸をうけ、戦列外に落ちたのが五隻を数えた。しかし、決死の攻撃に、戦艦ナワリン、シソイウェリキイ、巡洋艦ナヒモフおよびモノマフが、いずれも水線下に大穴をうがたれ、翌朝、前後して沈没してしまった。かく四隻を撃沈したほか、残艦も多少の損傷をうけないものはなく、みな速力を減じ、いわゆる気息奄々として「北二十三度東」を指して落ちのびようとした。日本は、水雷艇第六十九、第三十四、第三十五の三隻を失ったにすぎない。まもなく第三合戦の朝が明けようとしている。

12　ネボガトフ提督の降伏

半年の苦闘、力まったく尽く

敵の戦力の中心をなしていた一流戦艦五隻の中から四隻を葬り去ったのは、すでに大勝利であるが、なお残艦多数をほろぼさねばならない。東郷は、全艦隊を率いて暗夜北進して待撃の陣を布いていた。第三合戦である。

二十八日は地久節、皇后陛下誕生の祝日である。晴れわたった空に片雲もなく、湖のような日本海は水線はるかである。全将兵は東方を拝して、その日の全勝を祈った。君が代の合唱が終わるとほとんど同時に、第五戦隊は逸走中の敵艦隊を発見し、それがニコライ一世、アリヨール、アプラキシン、セニャーウィン、イズムルードの五艦であることを告げた。各戦隊は三方から集まっていった。

東郷は、九時四十分に敵の斜め前方に現われた。すでにして第四戦隊、第六戦隊および第五戦隊の合計十四隻が、敵の両側をはさみながら併進していた。東郷は八千八百メートルから、まず「春日」の長距離射撃を命じて、じょじょに接近していった。このとき、東郷には「分捕り（ぶんど）」の意欲がひらめいた。二十六隻の強艦が五隻の弱艦を包囲したのだ。撃滅は朝飯前の仕事だが、しばらく撃たずにようすを見ていると、敵は急に進航を停止し、軍艦旗が下ろされ、降伏の旗が掲揚された。

ロシア艦隊の上には、激昂と愁泣と相抗し、怒号と悲声と相交（あいま）じって、名状すべからざる感情の嵐が巻き起こったが、わが軍艦の上にも、はげしかった殺戮の戦闘がいま終わりをつげた瞬間の感傷に、若い士官の暗涙さえあった。日本の軍艦は、「万歳」の声をあげなかった。力戦善闘の末に力まったく尽きて降る敗残の敵に対し、つねに敬意を忘れない武士の節義がたもたれていた。

ロシアの海軍においても、降伏はもとより軍人の恥辱と教えられてきた。いわんや難航一万八千カイリ、世界史に類のない大遠征の長途の終わりにおいて、むなしく艦とわが身を敵に献ずるくやしさは、粘着性にとんだスラブ民族のひとしくたえがたいところであったろう。ネボガトフ司令官が、各艦長、幕僚をニコライ一世にあつめて、全艦降伏の軍議をまとめるのに三十分を要した。五隻の疲憊しきった軍艦は、いま無傷の東郷主力戦隊十二隻と、その他の戦隊十四隻に包囲され、一戦をまじえれば全艦の沈没は、鉛が水に沈むほど確実であり、おもえばまったく無益の戦さでしかない、と司令官は観念したのだ。部下を集めて涙を拭いつつ述べた――。

「余の老体は惜しまねど惜しむべきは諸士なり。ここに最後の死闘を演じてロシア海軍の名誉を後世に伝うるも一法なれど、この場合の戦闘は敵を傷つけ得ずしてわれ全滅すること必定なり。かくて年若き諸士を殺すは余のいかんとも忍びがたきところなり。降伏の罪はネボガトフ一人これを負う。諸士は一時の恥を忍び、やがてふたたび建設される祖国海軍の中枢となって、永く奉公の誠を尽くされんことを望む」

と、言々血をはく老将の諭告に、幕僚粛然として声なく、艦長スミルノフ大佐、重傷の身を起こして老提督の切言の尊ぶべきを述べ、ここに一同、首をたれて降伏の非常手段に賛した。

東郷は、はじめ「降伏」を疑ったほど、バルチック艦隊は勇戦し、旅順艦隊とは国籍がちがうほどの頑張りを示した。降伏よりは死をえらぶ精神が随所に現われていた。現に、ニコライ一世が発砲停止の信号を掲ぐるや、軽巡イズムルードは、降伏を予見してたちまち逸走をくわだて、わが「千歳」の追撃を振りきってウラジミル湾まで遁れ、擱坐して捕獲をまぬかれたごときも一例である。

一方に、人事不省のロジェストウェンスキー提督を乗せた駆逐艦ブイヌイの艦長コロメイツォフ中佐は、参謀長コロムの命令として、部下から降伏用の白布を渡されるや、「悲劇の最中に滑稽を演ずるか」と叱咤して白布を海中に遺棄し、「敵来らば自爆することそ提督の名誉なり」と激語した。コロム少将は、ロ長官を爆死させないともかぎらないと心配し、おりから運よく来航した駆逐艦ベドウイ号に提督をはこびこんだ。

そのベドウイにも、決死の兵が多かった。午後三時二十五分、鬱陵島北方において、わが駆逐艦「漣」および「陽炎」に発見され、急に機関を停止したとき、ロ長官は、「航行せよ、撃沈さるるも可なり」と囈言（うわごと）のように命じ、すでに艦上に白旗と赤十旗が掲げてあると報告されて黙したという（クロンスタット軍事裁判における証言）。が、それよりも水兵は、白旗を掲げようとする将校を倒し、「対等の敵に対して戦いを中止する理由なし」と、一気に戦闘部署についたが、将校が必死で制止して、やっとおさまった事実があり、また将校中でも、イリュードウィッチ大尉一人は、降伏を国辱なりと叫び、機関兵曹ソコーロフに爆沈を命じた騒動も記録されている。

それよりも重巡ドミトリドンスコイの最後は、その滑稽にひびく名称とは正反対に、勇壮にしてかつ悲絶であった。ドンスコイは午後七時二十分、瓜生中将の四艦（「浪速」「高千穂」「対馬」「明石」）と、「音羽」「新高」の二艦および第二駆逐隊に三方から包囲されたが降伏せず、両舷の砲火を全部ひらいて応戦し、あまつさえ「浪速」に大損害をあたえる武者ぶりをしめし、暗夜、鬱陵島に航し、そこで翌朝、自沈したのであった。だから、「降伏事件」は自然と内外の大問題となった。

13 奇蹟と驚く全滅戦

浦塩に入ったのは弱艦わずか三隻

ニコライ皇帝はロジェストウェンスキー提督の報告（佐世保病院からの）に対し、力戦を嘉賞され、心配せずに加養自愛せよと電話したが、ネボガトフの報告は黙殺した。すなわち、老将の降伏を無言裡に否認したのである。ロ提督は痛く同情して皇帝に「御言葉」を電請したが、返電はついに来ない。世論もまた、ネボガトフを否定した。機関紙イズベスチヤは言う。

「劣勢の戦闘における勇将の戦死は、国民の歴史をかざる記録となり、後輩はこのような祖先の威烈を誇り、かつ祖国に対して無限の本分をつくす精神を植えつけられるのだ。これに反し、降伏は事情如何（いかん）を問わず、国史に汚点を残し、軍人の精神に敗戦主義的悪影響を伝える。云々」

と。これはわが国においても、おそらくは同様の事態に対して同様の評を聞くであろう。
ところが、一九〇五年八月二十二日付のロンドンのタイムス紙は、わが海軍の代表的提督の批判として、つぎの趣旨を伝えている（海戦記一ページ半にわたる長文の一節において）。

「かかる状況における主将の心理は、普通の常識では判定してはならない。卓上の将棋とは違う。疲れきった四隻の軍艦と将兵とが、東郷艦隊に包囲されたときの現場の措置は、あれほど勇敢であった提督だけに、一つの理由ある判断として認められてよかろう。自爆自沈は簡単であるが、あの場合のネボガトフ提督の降伏は、単なる勇気という観点からのみ批判さるべきではなかろう」

立場は違うが、高所からの批判として、前記ロシア新聞との対照に興味を感じたので、参考のために掲げておく。

さて、大戦果を一括してみよう。五月二十七日の午後一時五十分、三十八隻が対馬水道を通って現われた。戦艦八、巡洋十、海防三、駆逐九、特務六、病院船二であった。それが二十八日夕刻までの戦闘で、

▽撃沈――戦艦六、巡洋五、海防一、駆逐四、特務三。
▽捕獲――戦艦二、海防二、駆逐一、病院船二。
▽脱走中喪失――巡洋一、駆逐一。

すなわち、合計二十八隻を平定されて、残ったのは、巡洋四、駆逐三、特務三の十隻となってしまった。ところが、そのうち、巡洋艦戦隊司令エンクィスト少将は、海戦の後半にウラジオ行きを断念して南方にのがれ、巡洋艦三隻はマニラ湾にたどりついて武装を解除され、

駆逐艦一隻と特務艦二隻は上海に遁入して同じ運命となった。これを総合すると、東郷の手からまぬかれたのは、わずか仮装巡洋艦アルマーズ、運送船アナズイリ、駆逐艦グローズヌイおよびブラーウイの四隻のみである。

ついでに書いておこう。一万二千トンの運送船アナズイリは、二十七日夜、南に逃げ、往路に立ち寄ったマダガスカル島のディエゴシ・ワレスまで一気に航行し、そこで給炭して本国に帰った。つぎに仮装巡洋艦アルマーズは、もと極東太守の遊覧ヨットにつくった船で、カムラン湾でも仏国官憲がこの一艦だけは「非常艦」として湾内碇泊を許したもの。二十七日夕刻から、単独で隠岐、若峡、新潟と沿岸ぞいに北上して、巧みにウラジオに入った。二隻の駆逐艦は大損傷にかかわらず、二十八日の夜間に逸走し、ウラジオに入って敗戦の実相を報告した。

以上、明らかな通り、バルチック艦隊は文字どおり全滅した。戦力としては、駆逐艦二隻が残ったにすぎない。そうして司令長官以下、将兵六千百六十八名が捕虜となり、四千五百二十四名が戦死した。これに比較して、日本の損失は嘘のように軽微であった。戦死者百十六名、負傷五百七十余名、喪失艦艇は水雷艇三隻のみであった。

東郷提督の戦闘詳報に、「この対戦における敵の兵力われと大差あるにあらず。敵の将卒もまた、その祖国のために極力奮闘したるを認む。しかもわが連合艦隊がよく勝ちを制して、前記のごとき奇蹟をおさめ得たるものは、一に天皇陛下御稜威の致すところにして、もとより人為のよくすべきにあらず。云々」と述べたのは、天皇を神格化し、陛下にたいして最敬語を使う当時の習慣によるばかりでなく、東郷とその幕僚たちも、これほどの全滅戦は、予想していなかったことを語るものでもあったろう。また同詳報に、「先に敵にたいし勇進敢戦したる麾下将卒も、みなこの成果を見るにおよんで、ただ感激の極、言うところを知らざるもののごとし」とあるのも、かならずしも一片の形容詞ではなくて、戦果のあまりに大なるを知って、一同、おどろきあった情景を述べたものであろう。

まことに世界海戦史において、一回の海戦に、このような全滅的完勝をあげたものは、空前にして遂に絶後でもある。トラファルガルの戦勝も、これにおよばない。太平洋戦争中のいかなる海戦も、このように一方的の大勝利は記録されない。条件はわれに利、彼に不利であって、勝利は当然であったとしても、その勝利の度合いがこれほどに徹底的であったことは、内外の史家をあげて、ひとしく怪しみ驚いたところであった。

第九章　戦勝後の「三笠」

1　東郷、敵将を見舞う
観艦式と連合艦隊の解散

東郷が佐世保病院にロジェストウェンスキーを見舞ったのは、ロ提督が意識を回復して、面会謝絶がとかれた第一日であった。

東郷は花束をもってロ提督のベッドに静かに歩み寄った。写真ではたがいに古い知己であったが、面談ははじめてであり、しかも、後者は多量の出血で生命を気づかわれた後であり、頭蓋骨を治療した包帯のなかから、痩せた蒼い面をのぞかせて、視線を斜めに送った。東郷は、こころもち眼をくもらせながら言った。

「生命を取りとめられてなによりです。日本では勝敗は兵家の常と申します。ただ祖国のために立派に戦って義務をつくせば、軍人の名誉は傷つきません。日本海海戦において、閣下と麾下の将校は、じつに勇敢に戦って十分に義務をつくされたことを、この眼で見て感激しました。粗末かもしれませんが、閣下のために病院船を一隻準備させておきます。少しく回復されて、ご帰国を欲せられるようになったら、いつでも用命ください、閣下の部下将兵の待遇は東郷がお引き受けしますから、どうぞ安心してご加養ください」

かつて日清戦争中、敵の艦隊長官丁汝昌が降伏自害し、その柩がジャンクで運ばれることを聞いたとき、わが艦隊長官伊東祐亨が義憤をもよおし、「名将の霊を荷駄舟にのせるとは何事ぞ」と敵の代表に警告し、みずから降伏艦隊中の特務艦「康済号」を、商船と見なして捕虜軍艦表から除外し、それで敵将の柩を運ばせたことは前述の通りだ。この一事は戦史中の一美譚として外国にも伝わり、タイムス紙は、「丁汝昌提督は祖国よりも、かえって敵によってその戦功を認められた」と書き、ローヤル・インスチチュート誌は、「伊東提督の軍艦割愛は、日本を支配しているサムライ道が、自然的にみちびいた美しい一つの流露である」といった。

敵を卑しむ者は、同時に已れを卑しむものである。争いと敬意とをつねに胸中に区画して忘れない高尚な心構えを、明治の武将たちは民族の美しい伝統として持っていた（いまの議会なぞは、その意味で日本の議会ではないようだ――）。

東郷は伊東の下で威海衛海戦を戦った艦長であり、また日本人らしい情義の持ち主でもあった。その見舞いの態度の中に、ロジェストウェンスキーを動かす十分の人間性を流露するとともに、伊東が特務艦を提供したように、特別仕立ての病院船を提供することを申し出たのである。それに対するロ提督の返辞は記憶に値する。

「ご好意を深謝します。後日、部下といっしょに帰らしてもらいましょう。小官は、閣下のような提督と戦って敗れたことを、少しも恥辱とは感じません――」

二人の提督は、固い握手をかわして別れた。

東郷は海に帰った。十月十五日、平和が完全に回復された後、十月十八日、連合艦隊をひきいて伊勢神宮に参拝し、終わって上京参内、十月二十三日、横浜沖における「凱旋観艦式」にのぞんだ。これより先、九月十一日、旗艦「三笠」が佐世保において、火薬庫の爆発によって沈んだことは残念しごくであったが、艦「敷島」以下、艦艇百六十五隻(三十八万八千余トン)が威風堂々と整列した光景は、もとより空前ではあったが、いろいろの意味で、日本がふたたび観ることのできない感激の姿でもあった。

イギリス支那艦隊司令長官ノーエル大将は、旗艦ダイアデム号、その他十隻を率いて参列し、アメリカ戦艦もウィスコンシン号を特派して凱旋を祝った。「見島」(セニャーウィン)以下十隻の戦利艦が参列したことも一つの感激であったが、それよりも、アメリカから購入した潜航艇五隻が、ようやく組み立てられて(詳細後述)参列——後に潜航実演——したことは、いっそうの感激であった。

内外の顕官、有名人の拝観用艦船三十九隻が艦列の対面にならび、海域の長さ一万メートル、幅五千メートルの式場をうめ(軍艦百六十五隻とともに)その場外海面は一千数百隻の自由拝観船で囲繞され、陸上は寸尺の地も空かない盛観を呈した。それは、正義の戦さに完勝した連合艦隊に送る国民の感謝と歓喜の虹のような表現であった。

その連合艦隊は、十二月二十日に解散され、翌二十一日、その解散式が、「朝日」艦上で挙行された。東郷の有名なる解散の辞はつぎの一句で結ばれた。

「神明はただ平素の鍛錬につとめ、戦わずしてすでに勝てる者に勝利の栄冠を授くると同時に、一勝に満足して治平に安んずる者よりただちにこれを奪う」

と。一に訓練の重要を諭し、軍人の本分を説いたものであった。幸いにして、訓練は後代に厳しく継承され、もしもその使用を誤らなかったならば、天下三大海軍国の地位と国防の安定を、昭和三十年代にも保障しているはずであった。

2 大勝の原因は何か

統帥と作戦と戦場

対馬海戦における東郷の完全勝のうちには、なにか、理屈以外のものが働いていたようである、と一部の戦史家は評した。数字ではどうしても割り切れないものが、この戦闘に作用していたようだ。

愛国心であろうか？ イヤ、それだけなら、旅順の二〇三高地（爾霊山）で、ロシアの守備兵が示したような一死もって奉ずる祖国愛の精魂を、ロシアの水兵も同じく日本海で示現した。

指揮の優劣はむろん大きい原因であった。寡言、しかも部下の将兵をして己れに帰一させる東郷の大きい将帥ぶりと、神経質に万端みずから指図を独断するロ提督の指揮能力との間には、長官と艦長の差があった、と露将スミルノフは書いている。しかしながら、航程一万八千カイリ、苦闘連続七ヵ月にして、神経質に陥らないような人間は、おそらく無神経の鈍物であろう。この意味でロ提督を責めるのは間違いだ。ロ提督はじによく戦ったのである。ただ、東郷の指揮におよばなかったことが大きい事実なのである。

東郷が率いた将兵は東郷の下で幾回か実戦を体験し、さかのぼれば、日清戦争の当時から戦場の同僚であった上級将校が、司令官または参謀の要職にいた。みな東郷の手足のごとく動き、その眼の色を見て行動の方向を察知するほどに一体化されていた。ロジェストウェンスキーは実戦を知らないし、海上の経験も乏しく、また直接の部下を持たなかった。軍令部次長心得、海軍少将の地位から引き抜かれて、この大冒険を負わされたもので、はじめは参謀長コロムとも深い面識がなかったほどだ。中将級の提督はみな逃げ腰で、「やかまし屋」で敬遠されていた同氏に、大責任が押しつけられたのである。だから、「初瀬」「八島」の艦長が、東郷の顔を見るなり泣き伏したような長官に対する愛情は、ロ提督の場合には、露ほども期待することはできなかった。人間を統率するうえにおける優劣である。

戦術の差も、ハッキリしていた。日本の艦隊は、優れた速力を利して、つねに戦場に主導権をとった。それは、清国の「定遠」「鎮遠」と戦うため、砲力の不足を速力でおぎない、運動性を大にして主導権を握ろうとした日本海軍の苦心の伝統が、日本海にもそのまま継承されていたのだ。先頭の旗艦に集弾するよう敵の隊首に乗りかかるように運動する作戦は、なまやさしいものではないが、連合艦隊は、それを猛訓練の第一項にかかげて磨きをかけてきたのだ。

日米戦争は航空戦で幕をあげ、航空戦で終幕となったが、もしハワイの奇襲なくして、両艦隊が太平洋に相見（あいまみ）えたとすれば（米のレインボー第五号作戦はそれであった――対日基本作戦）、山本の艦隊は、日本海海戦と大差のない艦隊運動を太平洋に展開したはずであった。その米国の主力艦隊に対しても、ゆうに二ノットの高速を確保していたように、日本海でも、東郷は敵主力に対して二ノット以上の優速をもって対戦し得たのであった。

それはロ提督が断然、艦隊を二分し、第一戦隊の四大戦艦にオスラビア（わが「朝日」に同じ）をくわえ、高速軽巡と駆逐艦とをしたがえて、中央突破をこころみた場合の話である。事実はこれに反し、十ノット級の遅速戦隊まで全部、戦列にくわえて「砲力決戦」に期待した結果、東郷は四ないし五ノットの余力をもって敵を圧迫しつづけたのであった。この運動性の利用によって、敵はどうしてもウラジオへ接近ができず、海戦第二日においても、なおウラジオを去る四百カイリの地点に抑えられ、ついに逸走を断念するにいたったのである。戦法の鍵は、ことごとく東郷が握っていたと称して過言ではない。

戦略的の批判は、いぜんとして、ロ提督が対馬水道を選んだことの是非にかかっている。津軽海峡からウラジオまでは四百三十カイリ、宗谷海峡からは五百四十カイリであって、前者は対馬よりも百二十カイリ近く、後者はほぼ同じであるが、東郷が水雷艇を動員しえないこと、および根拠地から離隔しているだけでも、バルチック艦隊には有利であったかもしれない。もちろん、東郷との会戦は避け得なかったであろうが、会戦の時間は短く、したがって、より多数がウラジオに航入しえたであろう。

問題は石炭であったが、当時、第一流戦艦の満載記録は二千五百トンであった。五月二十五日の最終積み込みで、各艦に何トン積んだか明細表はないが、ネボガトフ少将の法廷陳述によれば、第三艦隊は三千カイリ舟行可能の載炭をしたという。宗谷海峡を通ってもなお五百トンあまる計算である。かりに第一戦隊の各戦艦が一千五百トン積んだとしても、経済速力で一昼夜の消費量は百トンであるから、上海沖から宗谷経由ウラジオまでの二千五百カイリをらくに航破し得る計算であった（九ノットで十一昼夜半。三昼夜半分があまる）。

それならロ提督は、好んで東郷と一戦をまじえようとしたのか。査問委員会におけるロ提督の陳述では、「日本艦隊の優勢を知るがゆえに戦闘を避けながら突進しようと欲した」といい、さらに語をついで「しかしながら海戦避けがたいことは覚悟していた」と明言している。避けがたいとするならば、上海——津軽の大迂回よりも、上海——対馬の最短水路を選ぶのが至当であったという弁明である。

ところが、ロシア軍令部代表の質問は、「一気にウラジオに赴かず、いったんカムチャッカ半島のペトロパウロウスク港に入り、そこで機をうかがう方策は念頭に浮かばなかったか？」とあった。なるほど、これはマリアナや小笠原占拠よりも合理的らしい。それなら、なぜ事前に、この説をロ提督に示唆しなかったか。後から責めるのは断じて公平でない。それよりもロ提督の戦略過失は、むしろ東郷との比較において、いちじるしく「偵察」が粗放であったことであろう。

3　驚くべき命中

索敵における彼我の懸隔

東郷が早くから南遣支隊を派し、南清警戒艦を送り、また特務艦を仏印方面に向けたことは既述したが、敵が接近した後の「偵察」も到れり尽くせりで、その結果、敵艦隊の内容をことごとく承知して待機することができた。ところが、ロジェストウェンスキーは、一隻の偵察艦をも先行させなかった。東郷艦隊に関する情報は皆無であった。東郷がそのいくつかの戦隊を、どこに、どう待機させているか、という情況を判断するなんらかの材料を持たずに、佐世保か、竹敷か、尾崎湾か、鎮海湾かを判断する材料もなく、漠然と日本海に入って来たことはあらそわれない。

偵察は困難であったろうが、それを行ないうる軍艦は少なくとも五隻はあったし、また、それを行なうのは当然であった。全然それをこころみなかったのは、その意思がなかったからだ。現に、東郷の方が、はるかな優勢と知っていたならば、なおいっそう、その虚を衝かなければならない。それには偵察が前提である。ところが、ロ提督は正直にすぎた。ということは、戦略戦術的に智恵がたりなかったということになる。逆に東郷の方が、兵力の優勢なうえに、戦略戦術の上にも間然するところがなかったので、古今未曾有の勝負差が現われたわけである。

せめて四隻の特務船を上海に帰さずに、カムラン湾にでも帰していたら、少なくとも東郷は、敵の対馬海峡突破を確信する材料がなく、なお対馬か津軽か判定に苦しみ、主力を鎮海に集結して、一意撃滅作戦にそなえることに不安を感じたかも知れない。そこにロ提督に、いくぶんの主導権が残されていたろう。

敵の敗因は、このへんでモウたくさんだと思う。ひるがえって、わが連合艦隊の撃滅力に、さらに、二、三の説明を付する必要がある。一流の軍艦をもって編成された艦隊の存在が根底をなすことはもちろんだが、戦術の面においては、まず第一に砲の命中率をあげるべきであろう。

たとえ敵の隊首を圧する得意の戦法が成立しても――米国の海軍では、日本のこの方式を、"Capping position"と呼んでいた――その集弾の命中率が低くては効果はない。ところが、そのキャッピング・ポジションから、敵の先導艦オスラビアとスワロフにあびせた砲撃は、おどろくべき命中率を示し、最初の十分間に痛撃をあたえるとともに、敵将兵の胆をうばった効果は絶大であった。

主砲の数から見れば両軍に大差はない。というよりも、バルチック艦隊の方が明らかにまさっていた。左表はこれを証する。すなわち、主力決戦参加艦おのおの十二隻の主砲数を比較すると、

	十二インチ砲	十インチ砲	九インチ砲	八インチ砲	計
日本	一六	一	○	三○	四七
露国	二六	一五	四	三	四八

の通りであり、決戦兵器としての十二インチ砲の数において、ロシアの方が二倍に近い。かりに日本の八インチ砲（上村艦隊の六隻と「日進」「春日」の分）が、ロシの旧戦艦（シソイ級）の十インチ砲の威力より高いと見ても、なおロシアの方に分があった。

前にロ提督が、対馬水道突破を決意した事情の中で、「砲力への期待」、つまり砲力は優るとも劣らないのだから、負けるにしても、「大敗」に終わることはなかろうと期待したのは、かならずしもうぬぼれではなかったはずだ。現に、八月十日の海戦でも、ツェザレウィッチ号の「運命の一弾」さえなかったなら、砲戦そのものにおいては負けなかったことを、ロシアの海軍は信じていたのだから、ロ提督もその報告に信頼して、対馬海戦の勝負に「大敗」

はないと予断したのは、あるいは至当であったかも知れない。

しかるに、事実は天地をくつがえした。敵の五大戦艦の中で、ただ一隻残ったアリヨール号も、捕獲はしたが佐世保までの曳航がむずかしく、そこで「朝日」「浅間」「薄雲」の三隻を付して、ようやく近距離の舞鶴に曳航したのであったが、その弾痕を調べて、命中の成績がハッキリした。すなわち、十二インチ砲弾十二、八インチ砲弾七、六インチ砲弾二十二、口径不明二十三の多きに達していた。同艦は第一合戦には、第二戦隊のかげにあってほとんど被弾なく、その後も一回も嚮導艦にならなかったので、東郷の集中砲火をこうむらず、撃たれたのは午後六時の第三次砲戦のときだが、そこで前記の命中弾を受けて、沈没の寸前に捕獲されたのだ。他の四隻は沈んでしまったので、命中弾の数は不明だが、実戦の模様から推定し、うちわに見ても、この二倍以上は当たっていたというのが定説であった。

百発百中は、海戦では滑稽なほどの形容詞で、百発三中なら普通らしい。ロシア海軍の造船大監コステンコ氏は、「対馬海戦におけるボロジノ型の研究」と題する論文のなかで、「戦における砲弾の命中公算は、二パーセントないし三パーセントを超ゆることまれであるというのが海軍の定説である。しかるに、対馬海戦において日本艦隊が示した命中は、おどろくほどこの定説を超越した。アリヨール艦の実情から推定すると、彼の命中率はじつに十二パーセントを越しているからだ」と書いている。それは、主砲八門を装備する軍艦が、一回の斉射ごとに一発を命中させることで、実際におどろくべき効果といわねばならない。

当時少尉で、「三笠」の艦橋にいた長谷川清氏（のちに大将）の回想によれば、東郷長官は、「君、また当たったよ。おう、また当たった」と子供のように歓んで眺めていたという。東郷の一面を見るようであるが、命中がその予期以上に高かったことも想像にかたくない。

また、当時、幕僚や東郷とともに起居した吉村氏（のち法務局長）の回想によれば、鎮海湾に入るや、東郷は、八時朝食、五時夜食の通則を逆にして、五時朝食、八時夜食にあらため、弁当持ちで、一日も欠かさずに実弾射撃場に通った。帰艦して、「今日は、だれだれ司令が見えなかった」とか、「某々参謀は二、三日、顔を出さない」とか独語していたという。とにかく東郷一人は、無遅刻無欠勤で射撃を監督したというその超人的努力と熱意とが、大勝利と無関係でなかったことをとくに追記しておく。

4　下瀬火薬の威力

本海戦が世界にあたえた影響

命中に劣らず、世界海軍界の話題になったのは、日本砲弾の炸裂のはげしさであった。爆裂度が想像をこえて激しいのである。綽名（あだな）の好きなロシア海軍では、旅順時代から日本のこの榴弾を、クレーツとか、「大掃除」とか呼んでいた。当たるとすぐに爆発して、その辺いっさいのものを掃き飛ばしてしまうからである。わが砲弾の信管は鋭敏であり、六インチ速射砲において、とくにいちじるしかった。当たれば、すぐに爆発するのである。巨弾でも、鋼を貫いてしまわないで、貫く途中で爆発するのであった。そうして、その爆発の強度が世界一に強烈であった。

それは外国でも、シモセ・メリニットで通った有名なものであった。

シモセは、海軍技術監、工博下瀬雅充の名であり、長くわが秘密兵器の王座を占めたものだ。三等国日本の興隆第一期に、有坂砲や村田銃と並んで、下瀬火薬の名が国民に知られていたが、それが世界の一つの驚異となったのは日露戦争当時からである。

下瀬氏がいちはやくピクリン酸を弾丸の炸薬とする方法を案出したのは明治二十一年であり、二十六年に正式に採用され、日清戦争で試用され、三十二年から大量生産を開始し、日露戦争で、わが砲弾の爆発威力を世界最強に引き上げ、昭和に入るまで、何国もそのレコードを破るものがなかったのである。

ただでさえその強烈な下瀬火薬を日本は砲弾重量の十四パーセントも塡装したのだ。ロシアの砲弾が炸薬二・五パーセントなのに比して、五倍以上の大量である。艦上の構造物が爆掃されるのは、当然といわねばならなかった。米のスチーブンス大佐は、「あたかも甲板に機雷を落としたごとく」と描写している。

ロシア海軍は徹甲弾に重点をおいた。信管は遅鈍であり、爆発よりも貫徹による撃沈をねらった。しかし、爆発がよわいため、弾径だけ穴をあけたが、その程度の穴はすぐに塡塞されて、浸水沈没を誘致するにいたらなかった。「浅間」と「浪速」が、いちじ戦列外に落ちた以外には、日本艦隊の戦闘力を減殺した記録はない。たとえば煙突に当たれば、単に突き抜いて反対側の海に落ちるのであったが、日本の砲弾は、そこで炸裂して大穴をけ、かつ破片が甲板上の将兵を傷つけるといった具合である。それが十二インチ砲弾ともなれば威力はすごい。八月十日のウィトゲフト長官もそれで海中に吹き飛ばされ、五月二十七日のロ提督も破片で重傷し、ボロジノ艦長セレブレニコフも、アリヨール艦長ユングも、炸裂弾で戦死した。艦上で爆発相次ぐので、先導艦には例外なく早期に火災を発生し、その消火に戦力を奪われるそのうえに榴弾がそそがれ、砲手の傷つくものが続出して、さらに戦闘力を失っていった。

くわうるに、発射速度の優速であったことは、砲戦の効果を倍した。命中は訓練のたまものであり、爆烈は科学の結果であった。コステンコ少将が「神速」とほめている連射の速さは、弾丸をはこぶ一人の水兵までが、「バルチック艦隊は撃滅せねばならない」という祖国の要請にこたえる淳朴にして忠誠なる日本人の個性を、百パーセント発揮した結果であった。砲撃の驚異は、じつは第三次砲戦で、戦艦アレクサンドル三世とボロジノの二大艦を撃沈させたときに最高をきわめると同時に、一つの、「世界的疑問」をも提供したのであった。水線鋼帯を有する戦艦を魚雷で艦底を爆破されて沈んでも、「砲戦では沈まない」のが海軍界の定説であった。それが、日本海で六隻沈められ、一隻が航行不能となった。当然に世界の大問題となった。

防御鋼の厚さや装甲の配分が造船界の論議をにぎわしている最中、一九〇六年（対馬海戦の翌年）、突如として、イギリス海軍が新戦艦ドレッドノート号を建造し、世界の全戦艦を一日にして時代遅れの古物と化せしめてしまった。ドレッドノート号は、きのうまでの一流戦艦の、十二インチ主砲四門、副砲八門、速力十八ノットといった定型を打破し、いっきょに十二インチ砲十門を装備し（副砲廃止）、速力を二十一ノットに高めた不敗の強艦であった。それはイギリス海軍の偉才フィッシャー提督の英断にもとづくもので、対馬海戦を、「攻撃」の側から研究した結論であった。引きつづきフィッシャーは、上村艦隊の作戦を検討し、一九〇八年、十二インチ八門、二十七ノットの巡洋戦艦を創造し、完全に戦艦の革命をリードしたのである。日本海海戦の世界的影響のもっともいちじるしい一つであった。

　だが、万人が見落として、数年後にドイツの偉才チルピッツ提督が拾いあげた実訓がある。それはアレクサンドル三世とボロジノが、火薬庫の爆発によって一瞬、轟沈した事実、およびそれが東郷の砲弾によって起こった事実に着眼したのである。ボロジノ艦では、ユスチンという水兵一人のみが生存しただけで将兵は全滅し、時間も七時半という夕暮れで、沈没の様相を明細に観察できずにしまった。

　チルピッツ提督は、遠距離から高い落角をもって敵艦の甲板を射抜けば、火薬庫を爆発させ得る可能性に想到し、ドイツの製艦、造砲、戦術をその方向に指導した。果然、一九一六年五月のジュットランド戦において、一万六千メートル距離から、大きい落角弾をうちこんで、イギリスの巡洋戦艦三隻を轟沈させる戦果をあげた。日本海海戦の世界的影響の第二であった。

5　東郷とネルソン
トラファルガル・デー百五十年

　対馬海戦における東郷の勝利は、もちろん空前であり、また今日までも絶後になっている。おそらくは永久に絶後であろう。

　旅順が落ちてまもなく、ルーズベルト大統領は露帝に講和の斡旋を申し入れた。当時のアメリカは、同盟国イギリスについで親日的であり、戦争が長びけば日本に不利であることを知っていたから、ときを見はからって講和の緒をつくろうと考えていた。日本もまた終戦の期を逸しないよいに、ひそかにアメリカに働きかけていた。政治家が外交を指導し、軍の首脳に聡明と統制力とがあった明治の日本は、太平洋戦争のような馬鹿はやらなかった。

ニコライ二世陛下は、駐露米大使がとりついだルーズベルト大統領の親書を、同大使が退室するやいなや、わしづかみに丸めて床にたたきつけた。極東の一地方の出先軍隊の失敗くらいで、大ロシアが戦争をやめるなぞとは、冗談にもほどがあると、反対にクロパトキン将軍に沙河戦線の攻撃を命じた。ところが、日本海で海軍が全滅してまもなく、ル大統領が二回目の親書を送ったときには、皇帝はありがとうといってポケットにおさめた。それから日露の講和が芽生えたのであった。

奉天の総司令部において海戦の大捷を聞いた総帥大山巌の歓びが、かつて見たことのない祝酒の夜宴に尽きなかった。大山は、昭和十六年ごろにいた大将級とは本質を異にしていた。単に友軍の勝ちを喜んだばかりではなく、胸底に講和の契機を感得して、国家のためにひとり祝杯をかさねたのであった。児玉総参謀長の動きもここに発し、日本は不敗の地位において大戦の局を結ぶことができたのである。他にいくつかの原因はあったが、対馬海戦の完勝はその最大のものであり、まさに日本の「トラファルガル」であった。

物語は五十一年の昔であり、その結果として得られた領土も利権も、いまはことごとく失い去って、そこには感謝すべき現物がなに一つ残っていない。が、国民は、その提督と、勇敢なる将兵が、祖国の防衛につくした忠誠と勝利の歴史を忘れていいという理由はない。あ

のとき負けていたら、日本は五十一年前に、ポーランドか、チェコスロヴァキアになってい
たのだ。だから、その救国の提督と、その決勝海戦の情況と年月ぐらいは記録して、おぼろ
げなりとも感謝の心を伝えるのは、独立を尊ぶ民族の道でもあろう。
　トラファルガル海戦の大勝を出発点として、世界一の大国になった大英帝国は、いまでは
領土も勢力圏も昔の半分以下に減ってしまった。しかし、英国人はけっしてトラファルガル
を忘れはしない。それはいまから百五十一年前に、ネルソン提督が仏西の連合軍を撃破して、
イギリスの海上覇権を確立した海戦である（一八〇五年十月二十一日）。その日をトラファル
ガル・デーと称し、本国においてはもちろん、海外各地にあっても、英国人の集まるところ
では、かならずディナー・パーティーを催し、まず女王陛下のために乾杯し、ついで任国の
元首の健康を祈り、最後にネルソン提督に感謝の杯をあげて歓談に入ることを行事としてい
る。
　毎年のことだが、一九五五年の十月二十一日、東京では虎ノ門の英人の倶楽部に七十名ほ
どが礼装で集会して、トラファルガル・ディナーを催した。使用人の一日本人は、その会の
次第を見まもっているうちに、なんら教養のない身分ではあるが、なんとなくイギリス民族
の偉さというようなものを感じ――理由はわからないが、そう感じ――、自分たちにすれば
東郷大将だなと思いましたが、東郷の名は十年一回も耳にしたこともなく、まして日本海海
戦がいつであったかなぞは忘れてしまって、日本人として恥ずかしい情をもよおしたという
ことである。
　教養のないことなぞは、少しも意に介する必要はない。そう感じたことだけで立派な日本

人であろう。教養を誇る者の間には、往々にして、かかることを馬鹿にするような浅い教養の所有者が少なくない。

筆者はその話を聞いて、その使用人が本文を読む機会があるならば、それは本文が一つの価値を増すものとさえ思ったのである。

イギリスにネルソンの名を知らない児童は一人もいない。いまの日本に、東郷の名を知っている児童は、百人の中に何人いるだろうか。

教える親がいなければ児童は知る由もない。小学校の先生が話さなければ、少年は知らずに成長してしまうだろう。イギリスでは、ロンドンの銀座にあたる広場に、トラファルガルスクェアーがもうけられ、ネルソンの銅像が高くそこに臨んでいる。子供の読み物にも、かならずトラファルガルの物語は出ている。イギリス人は、ひとりで箸を持てるころにはすでにそれを知るのである。

イギリスは少しも好戦的な国ではない。イギリス人は軍国主義の政治をもっとも強く否定する国民である。民主主義、議会主義の本山である。しかも、トラファルガル・デーは百五十年、連綿として祝賀され、ネルソンの名は、全国民の例外なき記憶をあつめて不滅である。

戦争や軍国主義と、救国の提督に対する感謝の行事との間には、なんの問題もないのだ。

ただ民族の輝かしい歴史の回顧と、その大功労者に対する謝恩の心とが、独立民族の将来を指導する不滅の道標として尊ばれるのである。ナポレオンを撃破したクニャージ・クヅーゾフ元帥が、いまもソ連の英雄第一人として、スラヴ民族の魂の師表と仰がれるのも、またまったくこれと相同じ。

6　滅びゆく「三笠」

日本人かえりみず、英人かえって憤る

ネルソン提督の乗艦は、ヴィクトリー号であった。トラファルガル海戦が、イギリス人の不滅の記憶であるのと併行して、英政府はヴィクトリー号を永久に保全することを志し、それをポーツマス軍港につないで、国民の参観に供すること一世紀半におよぶ。丹念に保全してきたが、なにぶんにも一七六五年の建造だから、今年で百九十一年である。木造の軍艦だから、だんだん朽ちていく。そこで昨年から、同艦のために船渠を一つ提供し、そこに入れて保全を期することになった。その驚くべき熱意も、イギリスでは常識なのである。

アメリカでも、祖国の光栄ある歴史を、軍艦につないで保全する思想がいきている。ポーツマス軍港に保存される軍艦コンスチチューション号がそれである。いまから百五十五年前に建造され、第二米英戦争に偉勲をたて、その後、歴戦に生き抜いて、米国水兵の間にオールド・アイアンサイドと愛称されていた。米国政府は、一八二七年にこの老朽艦を処分しようとした。ところが、それを聞いたハーバード大学の学生をオリバー・ホルム君（二十歳）は、祖国を救った軍艦の死を悲しみ、国民の愛国心に訴うる一時を草して新聞に発表した。それ有名なるオールド・アイアンサイドの歌であり（米国の国民読本第四巻にいまも残る）、それで世論嵐のごとく起こり、政府はついに同艦の永久保全を約束して今日に残し、最近、同艦（木造）の腐朽に対処するための委員会が生まれ、研究の結果、これを「三笠」にならって

コンクリート固めにして保全することに決定した。

米英二大海国における歴史的殊勲艦の保全は右の通りだ。同じ海国日本における殊勲艦「三笠」は、どうなっているだろうか。

かつて「三笠」が横須賀に保全されていたことは、多くの人が知っているであろう。ワシントン条約で戦艦の保有量が決まったとき、日本は、念のために一万五千トンの戦艦「三笠」を制限外に認めてほしいと提議したとき、英米の専門委員は一言の下に、「もちろんだ、それは日本国民の不可侵権の一部だ」と即座に快諾し、国際条約の一項として保全が認められたのであった。条約上の権利をになって、東郷の旗艦「三笠」は、永久に――鋼鉄艦でもあるから――国民に接するための姿をととのえた。

いかに戦争に負けたとはいえ、戦後のその廃頽ぶりは悲惨そのものであった。東郷平八郎の部屋は、カッフェー・トウゴーとなった。口紅あかく眥あおき半裸の商女が、怪しいハイ・ボールを酔客にひさいでいた。作戦室には麻雀の四卓が、深更まで牌の騒音を流していた。士官室はダンスホールとなって、明治三十八年五月二十七日に、そこで敵の十二インチ砲弾が炸裂し、六十余名の勇士が死傷した苦戦の思い出は、タンゴとかタップとかの靴の音にかき消されていた。

この有様を見て悲しみの眼をおおうたのは、日本人ではなくて、イギリス人であった。たちまちにして烈火のごとく憤ったのは、日本の何某ではなくて、英国の貿易商ジョーン・ルービン君であった。それを聞いて私は、日本人の恥を知った。

ルービン君は、「三笠」が英国で造られているとき、出入りの時計商として「三笠」の回航員と親しくなり、「三笠」に愛着を持つようになった。その軍艦の写真を応接間に掲げていたが、第二次大戦中には、人目をはばかって自分の寝室に移し、ひそかに艦と友人とを偲んでいた。昭和三十年秋、君は商用があって、七十五歳の老軀も若々しく、日本の土を踏んだ。

はじめて日本へ来て、第一に赴いたのは、奈良、京都ではなく、「三笠」のつないである横須賀であった。ルービン君は、そこで「三笠」を見て日本のさかんなりし往時を偲び、東郷の霊に語り、国破れたりといえども、「三笠」の精神あるかぎり、ふたたび往年の栄誉を復する日のあらんことを祈ろうとした。何ぞはからん、見たものは船体汚れ、檣檣破れたる「三笠」であり、語ろうとすれば、粉黛なまめかしい商女のほかには人影もない。ルービン君すなわち憤然、踵を蹴って帰り、ただちに一書を日本タイムス紙に寄せて、日本人の愛国心に質疑して曰く、「日本人は『三笠』の現状を知っているのだろうか。おそらく知らないのであろう。知っていれば、あの国辱的荒廃を放っておけるはずはないと思うからだ。一九〇〇年、『三笠』の回航員であった人々の中で存命中の方があれば、至急連絡を願う。私はこれについて語らねばならない」と。幸いにして、二、三の存命者が現われて憂国の物語をともにした。ルービン君は、その人々の「三笠」保全の約束をよろこび、ある金額を寄進して、ひょうひょうとして故国に去っていった。

ネルソン、トラファルガル、ヴィクトリー。東郷、日本海、「三笠」。五月二十七日の海戦に、つねに先頭に立って被弾三十七個を算した「三笠」。それは日本の「連合艦隊」のただ一つの残存する旗艦でもある。日本の独立を防衛した、人と時と艦とを、人々はもう少し記憶してよかろう。

過日、現地の横須賀を訪い、こころみに警官に「三笠」への道順をたずねると、警官は「三笠？」と反問する。What is the Mikasa? という次第だ。英国で軍艦ヴィクトリーのことをたずねると、六十マイルも離れたロンドンの巡査でも教えてくれる――。

戦争を失いたるは是非なし。願わくは魂を失うなかれ。

7 「三笠」没落の裏面

かつては一個人の保全計画あり

なまなましい印象を書くために、著者は、五月五日の休日に、ふたたび「三笠」を訪問した。「三笠」遊園地は某新聞社主催の臨時動物園デーというので賑わっていた。艦の中央部の煙突を取りはらって、映画館兼ダンスホールにしたカマボコ型のホールには、三百人ほどの観客が映画の開始を待っていた。艦橋に立って眺むれば、そこに軍艦らしいものはなにもない。小学生の孫は、どうしても軍艦を納得しない。砲塔も大砲もなくて映画館が占領している建造物は、少年にも軍艦とは思えないはずだ。むかし、東郷元帥がロシア艦隊を睨んで立った司令甲板は、気をつけないと足を踏みはずすような姿で残っている。感傷的に極筆すれば、そこに亡国の姿を見る思いであった。取りはずして売却しうる鉄はほとんど売りはらわれて、価値のない釘がさびているだけであった。

責任は深追いするにはおよぶまい。はじめ、占領軍はそれを横須賀市に保管させた。市はそれを湘南振興株式会社に託した。その会社の資本主は知名の人物だから、乱暴なことはしないだろうと信じ、安心して契約したという。できるだけ原形を保全することが、契約の一項に明記され、会社もはじめのころは良心的につとめていた。いよいよ、日本が独立して、「三笠」は国有財産となり、大蔵省に移管された、大蔵省は帳面の上に「三笠」を記入したが、保存に関しては、とくに関心を有せず、その管理については、市と湘南振興の契約のまま放任した。

旗艦「三笠」の廃頽は、このときからはじまった。昭和二十七年以後の出来事である。時勢は会社の経営を苦しくしていた。湘南振興が大蔵省とどんな交渉をしたか知らないが、おそらく援助を得られなかったことであろう。一商事会社は公益法人ではない。営業をつづけてゆくためには、「三笠」から収益をあげなければならぬ。かくて、「三笠」とは天国と地獄ほどに本質を異にするカッフェーやダンスホールが出現した。この場合、祖国防衛の記憶や国民的良心の反省を営利商人に求めることは、無理であったと仮定しよう。しからば艦上から、剝がしうる鉄材はことごとく剝がして、これを某製鉄会社に売却したことも、管理者は横を向いて黙認せざるを得なかったか？　かくして、裸体の「三笠」が横たわったのである。

しかしながら、日本の現代に人なきにあらず、さらに過去においては、一個人で「三笠」を記念しようと志した事業家さえあったのだ。百貨店三越の玄関にすえられている二頭のライオンがそれを語る。ライオンは歯磨以外には、日本のなんのシンボルでもない。着物や化粧品の店とライオンとは関係がないはずだ。それは英国のシンボルだ。まさにそのとおり。あの三越のライオンは、英京トラファルガル街のネルソン像の下にあるライオンを、そのまま型どって移したものである。

三越の初代経営者日比翁助君は、実業家であって国士であった。三越をひらくとき、それを百貨店と同時に第一級の社交場とする目的で、屋上の全部をトラファルガル広場に模造し、東郷元帥の銅像と、「三笠」艦の後部原型大のものを築き、かつ玄関にライオンを飾ることに決めた。

まずライオンを英国に注文し、その銅製品は海軍に好便があって軍艦で日本にはこばれた。ついで「三笠」艦原形大の後半部は、「三笠」の爆破による廃材をもって建造することとなり（海軍から一括譲渡）、横浜工務所に注文されて制作着手寸前に、日比翁病んで起たず、注文の像とともに計画中止となった。（なお「三笠」の廃材は藤山雷太氏が譲りうけて庭内に三笠亭をつくり、のちに愛一郎氏によって東郷神社に寄贈された）。

二匹のライオンが呉服の番をしているめずらしい光景の由来は右のとおりだ。それはじつに、一人の実業家が、東郷と「三笠」とに対する尊敬と思慕により、独力をもって永久記念を志した気骨の名残りである。もちろん、商売を考えなかったわけではない。ロンドンの百貨店ハロッヅの社長に着想を語ったところ、ライオンは百獣の王、それを店頭に飾るのは百貨店の王座をあらわすとほめられ、いっそう力を得て、これを断行したといわれている。が、その企図の根底には、「三越はつぶれても、東郷さんと『三笠』は残るよ」とつねづね語っていたその気骨が脈打っていたことは争われない。人の心は、時とともに変わるであろう。同じような一個人の力を今日に求めるのはむずかしい。が、多くの心は、日比翁と同じものをなお今日に見せている。

8 「三笠」と海軍記念日

読者が寄せる「三笠」復活の念願

満五十年前の五月二十七日、わが連合艦隊はロシアの海軍を滅ぼした。日本海に現われた三十六隻の艦隊のうち、わずかに仮装巡一、駆逐二、特務一が遁走したのみで、他の主力全部を撃沈または捕獲した。わが方の損害は水雷艇三隻のみであった。かかる大戦勝は世界の歴史にない。英海軍のトラファルガル戦勝も、相手を撃破した程度はこの半分にもおよばない。むろん、直接には東郷とその部下の将兵が勝ったのであるが、そのほかに、天が勝ったのだ。が、間接には、国民が勝ったのだ。二度と世界海戦史の上に現われないであろうこの「大撃滅」の一事だけでも、それは日本民族が永久に誇りとすべき史実である。くわえて、天が正義にくみし、国民をあげての協力が戦勝を助けたという輝かしい事実は、日本歴史の中で、壇ノ浦、関ヶ原なぞとはくらべものにならない重大事なのである。

国民は、永く東郷に感謝すると同時に、その艦隊を築きあげたわれわれの先祖に対しても感謝しなければならない。イギリスは、十月二十一日をもって、「トラファルガル・デー」と定め、ネルソン提督に国民的感謝を捧げる行事を百五十年もつづけていること前述のごとく、日本も、五月二十七日を「海軍記念日」と定めて、回顧と感謝の行事をつづけること約四十年におよんだ。

昭和二十年、いったん戦さ敗れるや五月二十七日も、東郷も、旗艦「三笠」も、いっきょに消えてしまった。これは、まことに嘆かわしい国民の取り乱し方でる。敗戦も歴史であるが、大戦勝も歴史である。しかも、おそらくは国民最大のプライドに値する歴史である。それをみずから焼却してしまうのは、独立国民の独立の意識と相容れない卑下敗退の思潮にあるものと思われる。正さねばならない。

もし五月二十七日の大海戦に負けていたら、日本はつとにロシアの属国となっていたであろう。勝って樺太の半分を獲たが、負けていたら、北海道はソ連の一部になっていたであろう。どうしても、忘れてはならない記念日である。昨年のこの日、世界の数ヵ国の海軍雑誌は、海戦五十年記念の写真と記事とを掲げた。日本では雑誌「ソ連研究」がそれを論じたのみであった——。

著者は現状を悲しみ、産経時事の紙上に「三笠」の末路を述べたところ、それを嘆じ、あるいは憤って書を寄せる読者は意外の多数にのぼり、中には少なからぬ金額を復旧費に寄付する人あり（小黒君、西岡君等）、中には、いままでバスで通ったのを歩行にあらためて、その代金を送ってくる学生（山口県の吉川君）もあり——つもって、いまは相当額になっている——、やはり、日本は生きているのだ、という感激を深からしめるのであった。ルービン君の件は前述したが、外国人で現状を黙過し得ないでタイムスに寄書したポール・ド・ジャルマスイ君や、ハロルド・ロジャース君。また「三笠」復活の具体策ができたら協力を惜しまぬという横須賀基地司令官スウ少将のごとき、外国人さえ、心ある人々は「三笠」の現状に「憤り」を感じているのだ。

多数投書の中には、「国会はなにをしているか」「議員立法はかかる場合にこそ活用すべきではないか」「代議士はこれを知っているのか」という意見が、少なくとも三十通あった。また、「これは当然に政府の真ッ先になすべき仕事だ。五千万円もあれば、『三笠』は立派に原形に復し得るのである。財政乏しとは言わせぬ。この程度の融通は、その心さえあれば、現今の財政消費の内容から見て朝飯前とも言えるであろう」と説く識者が数人あった。

大蔵省もこれ以上、横を向いていることは不可能であり、またその中には現況を憂える者もいるだろう。近く「三笠」保存のために、適当な対策をたてるという方向に進んでいると聞く。これに反対する国民は多分、一人もいないだろう。

ついでに、アメリカ人の戦功艦保全についての近情を紹介しておこう。それは、昭和三十一年五月、旧戦艦オレゴン号（「三笠」と同時代の軍艦）が、グアム島から川崎市の市営桟橋に曳航され、日本の某商社にスクラップとして売却された事実に関連して興味がふかい。

戦艦オレゴンは米国では有名な艦であった。米西戦争（一八九八年）の発生したとき、同艦は太平洋岸にいたが、キューバの海戦に参加するため、単艦よく一万四千七百カイリを航破して友軍に合し（パナマ運河未開。南米南端迂回）、祖国のために大きい戦功をなした。艦齢三十年にして廃棄されることになったとき、オレゴン州民と州政府とは、この英雄の消え行くを悲しみ、保全基金を献じて、同艦を海軍省の軍艦リストに残した。

太平洋戦争勃発するや、オレゴン州民は、同艦をして祖国防衛の戦さに役立たせることを要求し、改装費を醵出して海軍省に請願した。海軍はその愛国の声に動かされたが、なにぶんにも激戦には使えない。おりしも一九四四年、マリアナ海戦に勝ち、サイパン、グアムを占領したので、同艦をグアム島に出征させて、弾薬補給艦として利用した。その後、爆発事故で沈んだが、海軍は苦心して引き揚げて同港に繋留しておいた。すでに自力航行あたわず、また太平洋を曳航して帰国することもできず、州政府と相談した後、二回の戦争に功成って使命をまっとうしたので、廃棄することにまとまったものである。

アメリカ人が祖国のために戦った軍艦に対する愛情の流露は、中央政府の軍艦コンスチチューションや、オレゴンだけに示されているのではなく、テキサス州は戦艦テキサスの永久保全を、またニューヨーク州は空母エンタープライズの払い下げをうけて保存を議決している。

「三笠」は義理でも復活されねばならないであろう。

第十章　造艦躍進時代

1　戦艦の国産第一号

山本権兵衛の全面指導

連合艦隊の勝利は、偶然ではなかった。侵略に抗して独立をまもった正しい戦さに、その大義名分に、神明の加護があった。いくつかの天佑が戦闘の最中に発生したことは前に述べたが、そうした「運」というものは、長い間の戦争を通じて、けっして「条約を破るような国」の上にはめぐまれないようである。同時に、平常なまけていて、チャンスだけをねらう横着者の上にも来ないことは、東西の教科書がよく教える通りである。よく勉強した者がパスするのは学校の試験だけでない。

連合艦隊はよく訓練されていたが、またよく準備されていた。前に、臥薪嘗胆の建艦を一言したが、明治三十七年の開戦時に、とにかくも、世界一流の戦艦六隻と、一流の重巡六隻を主力とする「六六艦隊」をそなえていたことが、勝因の最大のものであった一事は疑いない。

「定遠」「鎮遠」に対抗する建艦の国民的苦闘は、もうくりかえす必要はなかろうが、たとえ寄せ集めにもせよ、十年の間に、清国（支那・いまの中国）の大艦隊と太刀打ちのできる連合艦隊をつくった日本は、そのつぎの十年間に、ロシア（後のソ連）と太刀打ちのできる優秀な艦隊をつくっていた。国民の肉をけずるような悲壮なる生産物であったが、それが厳在したために、旅順、バルチックの両艦隊を撃破することができた経緯は周知の通りである。また、肉をけずる建艦隊にも一つの希望が胸奥にいだかれ、そうしてその希望が、難苦の後に達せられたことも周知の通りだ。

その準備の中心が山本権兵衛であったことはいうまでもない。山本が日本海軍の生みの親であるということは、ひろく知られていたが、筆者が連合艦隊の生い立ちについて調査をすすめるごとに、いよいよ深く彼の業績の偉大なるにおどろき、「山本がいなかったら、日本の海軍はあの半分くらいがせいぜいだったろう」とさえ言いたいほどである。明治二十六年から大正二年にいたる現役時代に、わが海軍の制度、人事、造艦、造機、艦隊、戦略の全部が、彼の采配の下に成ったのである。

これから書こうとする有名な「八八艦隊」も、さらに「大和」「武蔵」をつくった造艦能力の根底も、多くは山本の作品であり、要するに、帝国海軍の最盛時の内容は、ついに山本の構想以上には多く発展してはいないのだ。彼が、あと十年指導していたら、日本は、戦艦隊を廃して航空母艦を主力とする海軍革命を、真ッ先に断行して、世界をおどろかしたであろうと想像する理由さえあるのだ。

大正十五年、私は加藤高明伝のことで、両三回山本と会談したが、用談の終わりはいつも海軍の話になり、そのつど、「これからの艦隊主力は、戦艦と巡洋戦艦のかわりに、航空母艦と巡洋戦艦の連合にすべきだが、いまの若い連中には踏み切りがつかんようじゃ」といっていた。戦艦の廃止なぞとは年寄りの寝言のように思われたが、それが三十年後の世界に実現されたのは、ただ驚くのほかはない。彼が当局であったら、「大和」「武蔵」は造られずに、中型空母が多数建造されて、海戦の様相を一変していたことであろう。

その山本が海相として、「初瀬」「八島」の喪失対策委員会を主宰した。山本はすぐに外国戦艦の輸入を画策したが、戦時国際法の中立規定をくぐる道はなかった。「日進」「春日」は、どう考えても、最善の買い物であったことがわかる（注、「日進」「春日」は明治三十六年のクリスマスの夜、堀口駐伯公使が、亜国の首都に外相を訪うて最後の諾を得たこと。また亜国語でロシアを「ルソ」と呼ぶが、ルソは狡猾の意味があり、「ずるい方の国には軍艦を売らぬ」という笑話が当時流行したこと。また両艦の回航には、アルゼンチンの海軍大尉ガルシア君が代表として乗り組み、その縁で同君は「三笠」の観戦武官を許されて日本海海戦を目撃し、一倍親日家となり、長く日亜協会の会長をつとめ、最近、九十歳で永眠したことを付記しておく）。そこで山本は、戦艦の国内建造と潜航艇の解体輸入とを決意し、それを具体化するための委員会を設けたのであった。斎藤次官、伊集院軍令部次長、近藤造船大監等が主たるメンバーであった。山本は実現をうながして言う。

「いよいよ、戦闘艦を国内で建造するときが来た。考えようでは、多年養成されたわが造船技術者が腕をふるう時代が来たともいえよう。いままでの『音羽』の三千トン級から、いっきょに一万数千トンの大艦を造るのは、とっぴのように思われるかも知れないが、じつはとっぴではない。すでにイギリスその他では、何年も前からそれを造っている。外国人にできることが日本人にできないはずはない。できないのは材料である。それは別に調達の道がある（輸入のこと）。すみやかに設計し、どれだけの資材を外国から買わねばならないかを至急、報告してほしい。今年内に起工して一年半でつくるのだ。数は戦艦二隻と大巡洋艦二隻である」

と。満座緊張の極に達した。「初瀬」「八島」を失った深傷をなおそうとする意欲と、山本の要求の前には「不可能」の辞はもれる余地はなかったろう。偉才近藤基樹は、躊躇なくそれを引き受けた。三千トンから一躍一万四千トンへ。それは可能であろうか。

2 「筑波」の体当たり工事

技術面の三人の権威者

呉工廠がつくった最大の軍艦は三千三百トンの巡洋艦「対馬」であり（備砲は六インチ砲六門）、明治三十七年二月、最新鋭の国産軍艦として日露戦争に出陣した。それからわずか半年にして、いまや一躍、ただちに一万四千トンの大艦をつくろうとするのだ。しかも、それを遅くも二年、できれば一年半で仕上げようというのだ。戦艦「陸奥」「長門」の三万五千トンから、「大和」「武蔵」の七万トンに飛躍したことも、もちろん世界の驚異であったが、そこには大戦艦の建造技術の経験のつながりがあった。「対馬」から「筑波」というのは、あらゆる意味において、「陸奥」から「大和」への飛躍を、二倍も三倍も超越した大事業であった。

船体の四倍大は、素人の眼にもその大跳躍を見ることができるが、いままで六インチ砲しかつくらなかった日本が、ただちに十二インチ砲をつくることができるのか。山本はアメリカにたのんで、電気関係の諸機械と、アーマーを購入する手配をすましたが、戦時中に大砲の輸入はできない。さらに巨大なる砲塔は、なおさら輸入の途はなく、それを国産するほかはないが、日本ではいまだ造ったことがない。すなわちいっきょに十二インチ砲と、その連装砲塔を建造しなければならない。完全なものが果たしてできるだろうか。さらに、この巨艦に二十一ノットの速力をあたえようとする罐と機関をどうするのか。

驚くべし、「筑波」はそれらの山積する難問題をことごとく解決し、しかも起工後十一ヵ月目に進水して、巨艦進水の世界記録をつくったのである（翌年、英のドレッドノート号は造艦王国の名誉にかけてこれを破った）。

いかに高い智脳がこの一艦に集中され、またいかに造船関係全員の苦心努力が傾注されたか。「筑波」は、いわば野天で起工された。造船台と不可分の起重機がなく、重量物の引き揚げ運搬には、松丸太を組んで綱で操作した。昔、建築の地固めに常用された俗称「えんやこらやア」の姿である。全部の鋲打ち、それを圧搾空気で打つ施設はなく、ことごとく職工が真ッ赤に焼いた鋲を大鉄槌でうちこんだのだ。

五月二十七日、「敵艦見ゆ」の一電が呉工廠に入り、それが「筑波」の工事現場に伝えられたときの光景は、後世まで語られてしかるべきものであった。職工は全部、艦側に集まり、工具を離して直立し、連合艦隊の勝利を祈る黙禱を捧ぐること数分、それを終わるや、全員、白鉢巻をして打ち出す槌の音は山海に谺（こだま）し、「一刻も早く『筑波』を」という一つの魂の中に溶けこんだ。近ごろの白鉢巻は、金をもらうための行列か、廊下に坐りこむときにしか見られないようだが、「筑波」建造の場合には、夜業の二時間延長を無報酬で申し出た職工の愛国の勇姿を表現する気高い絵であった。それから翌年一月まで、欠勤はもちろん、一時間の遅刻者も出なかったことは、また「筑波」建造の誇るべき記録であった。

英艦ドレッドノートは、設備のもっとも優れたポーツマス工廠で造られた。もし、当時の呉工廠にそれをあたえたら、「筑波」は、おそらく不敗の記録をもって進水していたことであろう。

大艦を動かすための蒸汽機械も、日本みずからの手ではじめてつくられた。二万馬力の主機械をつくり得たのも大きい歓びであったが、同時に宮原罐の採用によって汽罐力を十五パーセント近く向上させたことは大きい功績であった。機関総監宮原二郎は、外国水準のベルビール罐にも、ニクロース罐にも満足せず、かつ外国依存の不利を知り、苦心研究の結果、明治十二年に宮原罐を発明し、二、三の軍艦にこころみた後、それを「筑波」にすえて、従来の外国品をしのぐ好成績を示したのである(「筑波」の次期建艦から機械はタービン式に変わり、引きつづき各種のタービン制式に進化していったが、罐だけはその後十三年にわたって宮原罐で一貫されたのを見ても、その効率の高さを知ることができる)。

一方に十二インチ砲とその連装砲塔も、みごとに国産品でできあがった。これは当時、世界の最高水準のものを造り上げたということである。この関係においては、造機造砲の権威山内万寿治(中将)の名が謳われねばならない。近藤、宮原、山内という三方面の権威とその高弟たちが、ついに戦艦の国産を成就させたのである。

高弟の中には、殉教的な精神をもって海軍に身を献じた者が少なくない。一つの例として凱旋観艦式の盛挙を戦艦「朝日」の甲板で眺めていた一人の若い士官について語ろう。彼は今度の戦勝が、軍艦も大砲も火薬（射出用）も、外国の製品にたよったことを国民に対して恥ずかしいと痛感し、その場で、一生を武器の国産に奉公しようと決意した。士官は波多野貞夫君（のち中将）であり、兵学校の首席卒業（二番は後の軍令部総長永野修身）で将来の大将を約束されていた。だから、上官はせつに彼の翻意を説いたが聴かず、転じて帝大工科からさらにフランスに学び、中将で終わる一生を、火薬その他造機方面の仕事に傾倒した。その種の人々が相励んで、日本の軍艦を世界一流のものに築きあげたのであった。

3　世界初の衝角撤去
ドック内建艦法の断行

巡洋戦艦「筑波」は衝角（ラム）を撤去した世界最初の軍艦である。日露戦争の海戦で砲戦距離は、大体六千メートルに延び、日清戦争の二倍になった。つぎの海戦は一万メートル以上で戦われるであろう。しからば、艦首をもって敵艦の胴ッ腹を衝くような原始的戦法は起こるはずはないし、それなら艦首の衝角は無用の長物というよりも、百害無益の遺物である。速力を害するばかりでなく、味方の艦をそこなう危険が現に体験された。

明治三十七年の五・一五事件に、「春日」に衝角がなかったら、「吉野」は傷ついたにしても、沈没の大穴を水線下にこうむることはなかったはずだ。断乎として取り去るべしというたのである。

委員会の結論により、新艦「筑波」は、きれいにそれを撤去し、以来、列国がこれにならっ

さて、稀有の進捗を見せた「筑波」の進水は、戦勝の年の十二月はじめに予定された。明治天皇は呉に行幸され、わが国はじめての国産巨艦を親しく進水されたが、そのときに一つのつまずきが起こった。というのは、進水の準備作業を開始し、両舷の支柱を取りはずしているさい、はからずも右舷の水中おろし台そのものが浮き揚がったことを発見して大騒ぎとなり、ついに進水を中止することになったのである。大艦ほど進水のむずかしいことは当然だ。さらに、進水は造艦技術中のもっとも面倒かつ大切な仕事であって、そのちょっとした失敗のために船体を損傷したり、沈没させた例はいくつもある。

英の超巨船クイン・メリー号とならんで、世界の二大進水記録とされる軍艦「武蔵」の進水（長崎三菱）のごときは、進水台の建造に一ヵ年以上をついやし、進水台上に敷いたヘットは、じつに十八トン、菜種油七トン、軟石鹼二トンに達し、技師長は、この進水の論文で博士号を得たほどのものであった。これに先立つこと三十七年の昔に、日本はじめての大艦進水を挙行する当局の苦心は、進水式を一つのお祭りと考えがちな民衆の立場とは天地の懸隔があり、まして明治天皇がすでに行幸ご到着のその日に事故が起こったのだから、工廠の周章は言語に絶した。無理をすれば、あるいはできたかも知れない程度ではあったが、当事者はあくまで慎重を期し、日延べをお願いして、後日、ぶじに「筑波」を浮かべることができた。

この事件があってから、海軍はすぐに戦艦のドック内建造を検討し、船台と造艦ドックの

経費に大差がないのを確かめて、船渠式を採用することに決し、まず呉工廠にドックをきずいて、戦艦「扶桑」からこの方式を採用し、はしなくも大艦のドック内建造の世界最初の記録をつくった。

最後に巨艦「大和」をつくるときには、このドックに小改造をほどこしただけであった。二十余年後かかる大規模なドックをつくっておいた当事者の先見の明に驚かざるを得ない。二十余年後の昭和十五年、それと同じ造艦ドックを横須賀にきずいて、大空母「信濃」を建造したのである。これらの造艦レコードも「筑波」から端を発し、その当時の海軍首脳の英断によって、技術を後代に伝えた次第を述べておく。

さて、「筑波」から二ヵ月ほど遅れて、「生駒」「伊吹」が呉で、「薩摩」が横須賀で起工され、翌三十九年には「安芸」、これにつづいて「鞍馬」の戦艦級が起工され、造艦界は殷盛をきわめたが、不幸にして、これらの堅艦は、突如として出現した英国新戦艦ドレッドノート号のために、たちまち二流戦艦のカテゴリイに投じられることになった。

ドレッドノート型は、日本海海戦の教訓を攻勢的に解決したフィッシャー提督の英断から生まれ、それを一ヵ年で建造して、全世界、なかんずく競争国ドイツをいっしょに振り落としてしまったのだ。日本は、少なくとも新艦四隻がその犠牲となった。ド級艦の特徴は、副砲を廃して十二インチ主砲十門を搭載し（従来は四門）、二十二ノットの高速で走ることであった（従来は十八ノット）。

そこで問題となるのは、日本海海戦を戦った御本尊の日本自身は、新戦艦を設計するにあたって巨砲多載の構想にめざめる人はなかったか、という一事だ。造艦評論家オスカー・パークス氏が指摘したように、依然として A nation of copyist——模造の国民——の名を忍ぶほかはなかったか?

お手本なしに大戦艦を創作するなぞは、神の業であって、人間の仕事ではない。設計を模倣し、それに改良をくわえて巨艦を建造しただけで、国民の一つの能力は誇りに値したであろう。現に、英国造船界の他の一方の有名人であったフィリップ・ウォッツ氏は、一九〇五年以降、設計の見本はどうあったにせよ、日本が独自で大艦をつくりあげたことは嘆賞すべきであった、と言っている。

どこの国の建艦でも、先代がつくった現物を最新科学の眼で考察し、改良設計を年次的に積み上げていくのであって、いかなる新鋭艦といえども、忽然、一気に生まれるものではない。前述した英の革命戦艦ドレッドノートさえも、たとえばパーソンス・タービン機関の応用や、重油混焼法の成功、前戦艦アガメムノンの軽砲塔効率の確認等があってはじめて成立したものである。

戦艦はいまだ一度もつくったことのない日本に、ドレッドノート号を期待するのは、残酷というよりも非常識のかぎりであったろう。一躍、一万四千トンの「筑波」をつくるだけで、すでに満点以上の成績であるのに、そのうえに「巨砲単一主義」の着想を求めるのは、人間以上のものを要求することではないか。

ところが、驚いたことには、ドレッドノート着想とおなじ時代に、日本にも英のフィッシャー卿に即接する提督があり、その仮設計をした一人の造船監があった事実が、のちに判明したのである。

4　惜しいかなド級艦

同じ時に同じ着想があった

英海軍の名提督フィッシャーが、一九〇五年夏、ドレッドノート型戦艦を考案しているのと同じ時分に、それと同じ構想を抱いていた提督が日本にもいた。軍令部次長伊集院五郎である（のち大将、軍令部長）。

戦艦「安芸」と、巡洋戦艦「鞍馬」は、日本海海戦後の初代艦であり、その設計には、海戦の経験が百パーセント取り入れらるべきであり、十幾度かの会議には、艦隊からも代表が招かれて意見を述べ、注文をつけた。その会で、伊集院中将は、海戦における大口径砲の威力と砲戦距離の延伸にかんがみ、主砲を全部十二インチ砲のみとし、副砲は水雷防御のために、四インチか三インチ程度のもの多数を装備すればたるという意見を発表し、たとえば十二インチ砲八門ないし十門、四インチ砲十二門を一万八千トンの船体に搭載することは、戦訓を最大限に活用する所以（ゆえん）であると主張し、造船当局にむかって、能否如何（いかん）をただしたのであった。

造船大監近藤基樹は、連装砲塔四基を、前後に二基ずつ船体中心線上に装備すること、およびその八門の十二インチ砲の斉射にたえる強度を付与することは、かならずしも不可能でないという答弁をした。

それができれば絶対強力だと賛成する少数の艦隊司令官もあった。ところが、多数の意見は、それに対して懐疑的であった。理由は、砲戦は片舷の砲力によるのだが、運動戦には左右両舷がかわるがわる戦闘する場合が多い。一舷だけで砲戦を終始するのは不利益でもある。そこで、左舷が戦っている場合には右舷は休息して準備しておき、転じて右舷が敵に面すれば、今度は左舷が休養をとってつぎの砲強にそなえるというふうに、交互に有力副砲を活用するのが「実戦的」であるというのであった。

その副砲は、砲戦距離と撃破力との関係から、旧六インチ主義をすてて十インチ砲を採用し、連装砲塔を一舷に三基ずつ設けて砲数を十二門とする。そうすると、片舷の戦闘力は十二インチ砲四門と十インチ砲六門の合計十門となり、一艦よく「三笠」級の二倍に近い戦力を発揮するであろうと計算された。なるほど、これもいちおう実戦的であり、長時間にわたる砲戦には適当かも知れないと思われた。

そこで十二インチ砲八門(ないし十門)の巨砲単一主義がいいか、あるいは十二インチ砲四門と十インチ副砲八門の複合主義がいいか、議論は簡単に決まらなかった。最後に投票してみると大多数で後者が勝ち、それが採用されて「安芸」が一九〇六年三月に起工された。巡戦「鞍馬」は右の論争中(明治三十八年八月末)に、十二インチ砲四、八インチ砲八という複合主義で横須賀の船台に上ったのであった。

一九〇六年のまさに暮れんとする十二月二十日のロイテル電報は、イギリス海軍が十二インチ砲十門を装備して速力二十二ノットにおよぶ画期的戦艦を竣工し、その名をドレッドノート号と命名した旨を天下に報道した。全世界の造船台は心臓がとまった。槌の音高く打っていた造艦のリベットは、いまや無用の艦、少なくとも時代遅れの老朽艦をつくりつつあることを知らされたからである。十二インチ砲四門、十八ノットという戦艦基準は、一朝にしてスクラップと化した。副砲に十インチ砲十二門を決断したわが新鋭『安芸』も、船台に立ち腐れの運命を迎えるほかはなかった。日本は、世界の海軍と同じ声で「残念」を叫んだが、じつは他のいかなる海軍よりも、それを高く、長く、叫びつづける理由が、前述の秘話によって了解されるのであった。

大正十三年、ワシントン軍縮条約は多数の海軍将校を整理した。戦艦の建造が休止されたので、造船関係の失業技術官はとくに多かった。その整理を申し渡した造船部長の山本開蔵中将は、みずからも退官を願い出て、なつかしい艦政本部を去った。去るにのぞみ、古い模型棚の塵をはらって整理していると、はしなくも明治三十八年の戦艦設計の略図と模型とが八種類あらわれた。その中に、「安芸」の一つの模型として、中央線上に十二インチ砲八門――連装砲塔四基――をそなえ、両舷に小口径砲十二門を有するのが出てきた。

同時に、山本は、その少佐時代に、部長の近藤中将から、

「次長（伊集院）の説では、いっそのこと十二インチ砲を八門か十門か装備する戦艦はできないかと聞かれた。思いきった案だし、斉射震動に対する強度だって、大口径副砲の場合と大差はないし、私はできぬことはないと答えておいたが、どうも通らぬらしい」と話された昔を想起し、「あッ、これだな」と、あらためて残念にたえなかったという。

近藤基樹という人は謹厳で無口な人格であり、その後も、「安芸」や「鞍馬」の設計時代の論争等についていっさい口外せず、さらに男爵大将伊集院五郎にいたっては、自己の有能を匿すのに汲々たるような人柄であったから、「おれがドレッドノートと同じ型を時に提案

したのに、頭の悪いのが否決したのは残念至極だ──」なぞと自分を宣伝したり、同僚を非難するような言動はおくびにも出さなかったので、日本にもド級艦の創案があったという世界建艦史上の輝かしい事実は、ついに今日まで世の中に出ないのであった。

しかしながら、こうした立派な着想も、創作の頭脳も、日本海軍が、古い型を採用したという事実をどうすることもできない。かくて、戦後の六大艦は、生まれながらにして旧式の戦艦、いわゆるプレ・ドレッドノート型のリストにくわえられることになった。

5 八・八艦隊の由来

財政これに堪えるか否か

「八・八艦隊」は、国防に多少でも関心を持った人々にとって、永く忘れ得ない名であろう。大正三年から十年にいたる足かけ八年は、八八艦隊の時代、といっても過言ではないように、毎年の議会における中心問題となり、また、海軍当事者のパブリック・リレーション運動によって、ひろく国民に知れわたったからである。

八八艦隊案は前後八年の歳月をへてようやく成立したが、その翌年（一九二二年）、早くも太平洋の彼方において永久に姿を沈め去った。有名なワシントン軍縮会議がそのお弔いの式場であった。加藤友三郎は、海相を四代歴任して八八艦隊を成立させ、のち、また自分の手でそれを葬った点でも話題を残した。

アメリカ以外の国では、艦隊計画を大ッぴらに発表しないのが常例であったが、「八・八艦隊案」だけは、つぎに述べるシーメンス事件の関係もあって、海軍当局は秘密主義を一擲し、世論の支持によって、それを達成する方針をとった。また、そうしなければならない事情もあったろう。そのPR運動は功を奏し、学生層でも八八艦隊を知るようになり、また識者の大多数は、それに好意を寄せた。ただ、ドレッドノート時代となって、艦型拡大による建艦費増大と、老朽艦補充の急を要したのにくわえて、物価は大戦の中途から急ピッチで騰貴し、戦艦一トンあたりの建造費は五百円から千円に跳ね上がった。潜水艦は二千円が四千円になった。

三つの原因があいかさなって海軍予算の大膨脹をうながした。海軍軍令部は、第一流戦艦（ド級艦）がいっきょに四隻（「摂津」「河内」「金剛」「比叡」）に激減してしまった惨状を述べて緊急補充をせまったが、海相加藤は財政をながめて漸増主義をゆずらなかった（注、「三笠」から「安芸」級、「浅間」から「筑波」級にいたる主力艦約二十隻が、ド級艦の出現によって、たちまち第二線艦に下落してしまった）。

大正六年になって、「八・四艦隊案」が議会を通過した。翌七年に、「八・六艦隊」が認められ、九年になって、ついに理想の「八・八艦隊案」を成立させたのである。第四十三議会で同案が成立し、第一番と第二番艦として「長門」「陸奥」の建艦費が承認されたとき、加藤は部下幕僚に対して、

「案は成立したが、今後この計画が予定どおりに実現されていくのは、容易ならぬ難事である。法律で認められたとはいっても、艦型が増大して経費が膨脹していくと、ふたたび難関に出会うかも知れない」と戒めたそうである。八八はじつに日本の財政を賭しての大計画で

あったのだ（加藤がワシントン会議で縮小協定をとげた経緯は後で述べる）。

それなら、「八・八艦隊案」の内容はどんなものであったか。簡単に列記すると、

一、戦艦八隻、巡洋戦艦八隻を基幹とする。

一、艦齢を八年とし、八年を経過した艦は第二線に編入する。

一、補助艦として軽巡二十四、駆逐艦七十二、潜水艦六十四、特務艦若干を、艦齢八年を基準として常備する。

という計画であった。その通り実行されると、十六年目には「八・八艦隊」が新旧二組でき上がる計算となり、海軍費だけで、国家総歳出の半分を占めるような軍備偏重の奇形を現出することになったであろう。

それは財政的には非常識であるが、艦隊計画としては、かならずしも非常識ではなかった。日露戦争時にすでに「六・六艦隊」が整備されていたし、日清戦争の昔においてさえ、少なくとも「六・四艦隊」は実在して、海防をまっとうしたのだ。日露戦争に勝って一等国となった日本が、「六・六」から「八・八」へとすすむことは、けっして海軍の贅沢ではなかったろう。まして、その「八・八計画」なるものは、山本が海相の地位を斎藤にゆずるときに、すでに机上で決定され、斎藤はその成立を、自分の第一の任務として引き受けたものであった。六を八に増した理由は、作戦的に不動の基礎に立ったものであった。

「姉妹艦」は、東西海軍の通念にもとづく常識の呼称であった。単艦は独身者の不利不便と同じであり、夫婦が常道である。すなわち作戦行動の基本数は、二をもって理想とする。したがって、艦隊の隻数は、二の倍数、すなわち四、八、十六という数でなければならぬ。換

言すれば、艦隊を二分した場合にも、常に二の倍数になることを要求するのである。日本海海戦の六という数は、二分して三となることの不利（それを再分するに不都合）を体験して八に進化したのだ。

イギリスが早くから新造艦を四隻一組としていたのは有名だが、ドイツもこれにならった。また、わが八八計画と時を同じくして一足先に議会を通った米国のダニエルス計画は、主力艦を、いっきょに十六隻建造するのであった。こういう意味からも、「八・八艦隊」の合理性を疑う余地はなかったが、ただ、国家の財政がそれに合理性をあたえ得るかどうかに疑問が残されたのであった。

6　シーメンス事件

山本ついに海軍を去る

もはや臥薪嘗胆の建艦は問題にならなかったが、戦勝の余威をかり、戦争中に喪失した艦艇の補充と、ド級艦時代に処する目的で、明治四十年、四十四年の二回にわたって、建艦計画が議会を通過し、その翌年にも追加をもとめて、静かに「八八」への途をすすめていた。ロシアの海軍が滅びて、見わたすところの極東の海上には敵がいない。一方に国の国民とは戦後の休養をとってしかるべき時代であったから、軍備の拡張はむずかしかった。が、山本権兵衛が首相であるかぎり、新規の継続費追加も認められる形勢であった（注、四十年成立の建艦費は二億五千余万円、四十四年度追加決定額一億八千六百万円）。

右による建艦は、戦艦七、重巡二、軽巡五、駆逐二十六、潜水十、特務二の計画であって、明治五十一年度（大正七年度）に完成の予定であった。大正二年十二月開会の議会に、さらに一億五千四百万円の追加予算を提出し、じょじょに八八艦隊の基本を築こうとしているとき、驚天動地のシーメンス事件が勃発し、その勢いで内閣も海軍費もいっしょに根こそぎ吹ッ飛んでしまったのである。シーメンス事件は、それまで国民とともに栄えてきた海軍の面に、醜泥一斗をぬる不祥事であった。沢崎海軍大佐がシーメンス社から数万円を収賄した事件がつたえられ、折から開会中の議会の大問題となり、さらに事件の捜査中、はからずも呉鎮守府の長官松本和（やわら）中将が、艦政本部長時代に、アームストロング社から建艦のコンミッションとして数十万円を収賄した事実が発覚した。吉田内閣時代にさわがれる造船リベート問題のような曖昧なものではなく、不正はきわめてハッキリしていた。

松本は、海軍のホープの一人であり、つぎの海相を予約されていた。当人もそのつもりで、収賄した金を海相になった場合の活動資金にしようと考え、全額を銀行にあずけていたが、そんな説明は微塵も不正を弁解する理由にはならなかった。非を詫びて服罪したけれども、それは海軍に対する信頼感の一時的喪失を償う役には立たなかった。

それまでの長い間、外国に注文した軍艦にはことごとくコンミッションがあって、海軍首脳が私腹を肥やしたのではないか、という疑惑がひろがった。海軍将校が軍艦をかじっている漫画が好評を博し、彼らは軍服を着ては外が歩けないような空気につつまれた。それまで人気がさかんであっただけに、その反動として不評が酷くなり、議会において、聞くにたえない罵倒が、海軍大将の山本首相に投げつけられた。

山本は海軍の恥をかばおうとつとめたが、それは隻手で洪水をとめるようなものであった。身の潔白は証し得たけれども、二十五年にわたって海軍を主宰してきた大御所の責任は相すまない。ついに総辞職して、八八計画も自然に立ち往生してしまった。

清浦奎吾が組閣して、海相に加藤友三郎を擬したが、加藤は、建造中の戦艦の予算がきれるのを、臨時議会をひらいて承認を求めることを条件として固執した。正直な清浦は、政界の空気からそれを至難と認めて組閣を断念し、代わって大隈が登場した。大隈は、副総理格の加藤と相談して中将八代六郎を招き、たくみに説得して、内閣をつくった。

八代は有名な精神家であり、その意味で、海軍の汚名をぬぐうという立場に適応していた。彼は、「毎朝、神前に静坐して黙想すること一週間」の後に、山本と斎藤を予備役に編入することを決意した。大隈重信と加藤高明と三人で最後の決定をはかったとき、加藤は山本を海軍から葬ることに極力反対したが、八代の決心を動かすことができなかった。また報を聞いて東郷、井上の両元帥は海軍省に八代を訪い、海軍建設の大恩人を予備役に追うことの不当なことを力説した。しかし、八代は一分刈りの坊主頭を頑として動かさなかった。

もし元帥の称号が、国家につくした軍人に贈られる最高の栄誉であるならば、他のいかなる提督よりも、山本権兵衛こそは、イの一番に位すべきはずの偉大なる履歴を懐ろにして彼は海軍を去った。去ったけれども、「山本・フィッシャー・チルピッツ」といわれた世界海軍の三人男の名は不朽であり（筆者は米のマハンをくわえて四人男としたい）、また正確なる歴史は、「彼なくしては黄海海戦も、日本海海戦も、あのように勝てなかった」ことを永久に証明する大功績を静かにかえりみて自負すればよかったろう。惜しむらくは、わが海軍の最大難局であったロンドン会議の始末にあたり、彼が現役の軍事参議官の筆頭に発言権をふるったら（当時、彼の頭脳健在）、おそらくは「海軍分解」の不祥事を防止し得たであろうことを追想するのみである。彼はつねにまず海軍を見るが、同時に、一段高いところを見ることを忘れなかった。かくのごとくにして、シーメンス事件は、八八艦隊計画をつまずかせたが、同時に、山本を失うことによって、眼に見えないつまずきを、海軍全体におよぼしたといっても、それは決して山本の過賞にはならないであろう。

7　地中海に遠征

友邦の信頼を高む

第一次世界大戦は日本の海軍を救った。シーメンス事件の悪い後味は、この戦争の響きによって消されてしまったからである。日本の参戦は日英同盟の誼によったものであるが、外交上の他の狙いとして、青島と南洋諸島からドイツの勢力を駆逐し、日本の国防安全圏を拡大する肚があったことはいうまでもなかろう。

加藤友三郎が率いた第一艦隊の主力は、「摂津」「河内」「薩摩」「安芸」「金剛」「比叡」の有力戦艦群であったが、ドイツは東洋に主力艦隊を有せず、重巡シャーンホースト、グナイゼノウを中心とする巡洋艦の一戦隊だけであったから日本艦隊にはむかうことを避けて、サッサと極東から退陣してしまった。その年のうち（大正三年）に青島は陥落し、マーシャル、カロリン、マリアナの諸群島も占領され、早くも参戦の目的は達しられた。

この間において、独艦の捜査追撃に動員されたのは、山屋他人中将（のち大将）の第一南遣支隊（巡戦「鞍馬」「筑波」、大巡「浅間」、駆逐艦「海風」「山風」）であり、つづいて、英国の希望で第二南遣支隊を編成し、松村龍雄少将（のち中将）を司令官として戦艦「薩摩」、軽巡「平戸」「矢矧」を豪州方面に派した。また、有名なドイツの通商破壊艦エムデン号を追うために、「日進」「春日」ほか四隻が参加したほか、加藤寛治大佐（のち大将）は、巡戦「伊吹」と軽巡「筑摩」を率いて（特別南遣支隊）豪州からインド洋にわたって英海軍と協力した。さらに森山慶三郎少将（のち中将）の戦艦「肥前」と大巡「出雲」は、アメリカ西海岸に出動して通商の保護に任じた。いずれも支作戦ではあったが、それでも二十隻近い軍艦が、北南米から豪・西・インド洋にわたって活動した。

「伊吹」が豪州の輸兵船団を護送している壁画は、対日感謝の表徴として、太平洋戦争まで豪州国会議事堂の正面玄関に大きく飾られてあった。なお、この壁画は、シドニーで贈呈式が行なわれたのであったが、首相メンディス氏以下有力閣僚、軍部代表等が、わざわざ五百マイルも離れている首都キャンベラから、遠路出席して盛大に行なわれ、その夜、わが総領事館で行なわれたレセプションには、首相、外相以下略席して空前の交歓が示されたという。

が、それよりも、「海外派兵」の輝かしい事績は、大正六年二月、ドイツが無制限潜水艦戦を強行して、英国の海上交通を危殆に陥れ、日本がこれを援助すべく欧州まで艦隊を派した地中海作戦においてかたられる。大正六年、石井外相のとき、一つは同盟国の危機救援と、一つは戦後の独領処分に発言権を確保する外交上の理由から、三つの艦隊を遠征させることになったのだ。

すなわち、小栗孝三郎少将（のち大将）の第一特務艦隊中の軽巡「対馬」「新高」は、南アの希望峰に進出し、六月下旬からサイモンスタウンを基地として同方面に活躍したが、その真摯なる態度と責任完遂の事績とにより、由来、有色人種排撃で有名であった同地方の人種観を一変させた話が残っている。また、山路一善少将（のち中将）の第三特務艦隊軽巡「筑摩」「平戸」は、豪州とニュージーランドの海上警備を担当して、敵武装商船の駆逐につくした。しかし、海外派兵の中枢をなしたのは、佐藤皐蔵少将（のち中将）の第二特務艦隊であり、旗艦「明石」の下に「桂」級駆逐艦八隻、のちには大巡「日進」および「出雲」と「桃」級駆逐艦四隻もくわわって、地中海における対潜護送作戦に大なる戦功をあげたことであった。

その当時の地中海は、英仏海峡についで魔の海であった。ドイツ潜水艦のために撃沈される艦船は一日平均四千トン、すなわち、年に百五十万トンが沈められたが、その全部は、豪・西およびインドから西部戦場に向かう軍需品であり、連合国がうける脅威は甚大なるものがあった。

六年四月二十五日、わが九隻の軍艦がポートサイドに到着したときの友軍の感激は言語に絶した。そうしてわが艦隊はその感激に対して、十二分の応答を事実の上に示したのであった。到着の数日後に、英軍港マルタにおいて連合軍護送会議が開かれ（日英米仏伊の司令官、幕僚）、そこで被護送船団を重要度にしたがって六階級に分類し、その一級である軍隊輸送船団の護衛を、日本艦隊に依頼することに決まった。

かかる場合、これをいちばん危険の多い仕事を押しつけられたものとして遅疑する考え方と、信頼されるがゆえにいちばん大切な仕事を頼まれたものとして率直に引き受ける考え方と二通りある。佐藤少将は少しも遅疑するところなく、これを帝国海軍の名誉として引き受け、そうしてその名誉を、英米両国の公刊戦史海戦編の上に立証した。わが駆逐艦が護送した艦船はじつに七百八十八隻、その人員七十五万人の多きを算した。他の連合国艦艇と共同で護送したものをくわえると、右の二倍の数字であり、わが駆逐艦は、「地中海の守神」と謳われたのであった。

その間、ドイツ潜水艦との交戦回数は三十六回にのぼり、その中で十三回は敵を撃沈あるいは損傷し、しかも日本は、「榊」が艦首を雷撃されて艦長以下五十九名の戦死者を出したのが唯一の被害にすぎなかった。大正六年五月、トランシルバニア号の救助、七年五月、バンクラス号の救助（ともに潜艦雷撃）に示したわが駆逐艦（前者は「榊」と「松」後者は「桃」と「樫」）の勇敢にして犠牲的な行動は、いちじるしく英国人を感動させ、将兵多数に皇帝から勲章が授与された。そうしてわが戦死者のためには、大きい大理石の碑がマルタ軍港西郊の丘山に建てられて、いまも深い謝意を刻んでいる（戦病死合わせて七十三名）。

一種の傭兵であるが、しかも将兵は、祖国のための戦いと同じ精神をもって義務をつくし、自ら日本の信用を高めた。後半には、イギリス駆逐艦二隻と特務艦二隻の完全使用を委任され、それに「栴檀」「橄欖」および「東京」「西京」の日本名をつけて、わが将兵が運用したのであった。

「海外派兵」といえば、すぐに目の色をかえる今日とは異なり、これらの派兵は、日露戦争当時の恩返しにもなり、また日本の信頼性を高めた意味において、大海軍発達の途上に咲いた一連の花であった。国と個人と相同じ。その「たのもしさ」の上に真の友人が集まる。

8 「造艦日本」なお残る
海軍の「平和利用」の遺産

途中、明暗二つの事件について書いたが、筆を造艦発展の本筋にもどそう。七万トンの大戦艦「大和」「武蔵」をつくり、世界無比と定評された重巡「妙高」をつくり、速力四十ノットを突破した駆逐艦「島風」をつくり、航続三万マイルの巡洋潜水艦（イの四〇〇号）をつくった日本の造艦技術は、今日、いまだ何国からもそのレコードを破られていない。といって、大した誇張ではないであろう。これを民族の不朽の誇りと書くのは不当であろうか。それらは、歴史の事実である。いかなる反軍備論者も中立平和主義者も、この事実だけは馬鹿にすることはできない。

昭和三十年度、日本の造船輸出額はじつに一千八百億円に達し、総輸出額の二十パーセントに近く、多年その王座を占めた繊維類に即接しつつあり、それはまた、世界造船輸出国の第三位に進出したことをかたる。さらに、世界の九大輸出国中で、巨船を輸出する点においては、日本は第一位を占め（一隻平均九千トン。英は六千トン。西独は三千トン）、すでに早く「恐るべき民族」の一端を示している。しかも、向こう三ヵ年は受注ずみといわれる盛況は、わが造船技術にたいする信頼なしには語れない誇りである。

そうしてその盛況と誇りとは、過去におけるわが海軍の建艦なしには語られないのだ。八八艦隊とその後の造艦は、戦争という主目的に敗れたが、平和輸出という副産物のうえに、意外にも大きい花を咲かせたのである。これを、原子力流にいえば、「海軍の平和利用」と称して、一言的中するであろう。国敗れて船台あり、戦さ亡びて技能生く、というような表現も、今日の造船日本を謳う俗詩の一片であろう。

かえりみるに、昭和元年から終戦までの二十年間に、わが海軍は無慮一千一百八隻の軍艦を建造した。そのトン数は百七十九万四千三百トンに達する。その中で、民間の造船所に発注された割合は、百五万六千五百トンであって、すなわち五十九パーセントにあたるのだ（いまの造艦費に換算すれば二兆五千億円が民間に落ちた）。海軍工廠の分は四十一パーセントという統計だが、さらに掘りさげると、船体や艤装の一部を、廠外注文として民間にふりむけた分が、相当量にのぼるから、民間の建造率はゆうに六十パーセントを超えるであろう。隻数の方からいえば、民間の分はじつに七十パーセントに達しているのだから、これを大観して、わが軍艦の三分の二は民間でつくられたといって失当ではない。

その間、海軍当局が、民間造船所の発達と維持とに心をそそいだことは説明するまでもない。技術の指導と協力のほかに、財政の面にも意を用い、たとえば、民間造船不況のさいは、工廠の職工数を減じ、あるいは残業を禁止して、その分を民間に発注した。いちじるしい例としては、昭和二年の財界恐慌で神戸川崎造船所が閉鎖の悲運に面したさいには、艦政本部は、「臨時艦船建造部」を、川崎工場内に設けて、同社の従業員をして工事を進めさせた史実さえある。

海軍としても、これらの有力なる民間造船所なしには、大建艦を全うすることは不可能であるから、当然にそれを助成し、そしてまたそれに助けられる、官民一体の方式を如実にあらわした次第であるが、その努力が、敗戦で全部無駄にならずに、焼けて倒れた大樹の根元から、若木がいきいきとして芽立つごとく、メイド・イン・ジャパンの新しい巨船が、長崎から、神戸から、横浜から、四方の海外に巣立って行く雄々しい姿を、国民が涙をもって見送るその涙に、再生の光を見る時代を迎えたのである。

思うに民族は一つであり、歴史は一つである。現在の造船の高い誉れも、過ぎし大建艦の誉れと一つである。戦艦「武蔵」を進水して、英の巨船クイン・エリザベス号とともに世界記録をつくったその船台から、四万トン級の大油槽船が進水することは、少しも不思議ではない。というよりは、むしろ、易々たる業でさえあるだろう。

軍艦の建造について、横須賀、呉、佐世保、舞鶴の海軍工廠はひろく知られていたが、八八艦隊以後は、民間の工場で造艦に参加したものじつに二十五の多きに達するのだ。さらに戦時の小艦艇を受注して、とにかくも造艦に縁を持った工場は、右のほかに二十社を算したのである。その中で現在輸出造船に働いている会社の名を掲げる必要はないが、わが造艦の最盛時に、その基礎を大にして国民に知られた名は、三菱、川崎を筆頭に、石川島、日本鋼管、浦賀、播磨、藤永田、三井、日立、新潟、函館等々の造船所および船渠会社であり、いまや、二、三の盛衰はあろうが、多くはその時代に「鍛えられたもの」が呼吸を吹き返しているのだ。

社礎とならんで、親の技術がその血を子に伝えて、船台に槌打つ伝統の資産もあろう。イギリスの坑夫が、その子に職業のプライドを教え伝えることが、同国産業の大資産となっていたように（現在それが衰えたのが、英国識者の嘆嗟になっている）、わが造船界にも、この美風が実在するかどうかは、これを確報するを得ないが、願わくは、海国のいきる大きい鼓動として、かかる美しい伝統の亡びないことを祈るのは、過ぎし建艦興隆史を描く者の筆の脱線ではなかろう。昭和三十一年春、関西の某造船会社は、停年職工に恩給制を定めるとともに、その家族の慰安旅行を企てて、期せずして新聞のニュースをにぎわした。おそらくは、筆者らの願いとその筋を一にするものであろうか。

9　縁の下の技術陣

記憶さるべき人々

世界一流の建艦も、もとより短日月の奇蹟ではない。やはり軍艦「清輝」（明治八年）の時代から、営々として骨肉をけずった先人の細胞がつまれ、洗練され、集成された結果でしかない。一千トン未満の巡洋艦「清輝」をつくり、それに試乗して欧米を巡航した人々の国産魂が、やがて七万トンの戦艦「大和」に帰結したのであって、いまの人がただちに造船の誇りを自分の専有と勘違いするようなら、その民族の将来は決して望み多いものではなかろう。

そこで造艦の歴史を大観する順序であるが、本文は建艦史をこまかくのぞく使命は持たない。大海軍興隆史の一編として、その大要を描けばたりる。そこで私は、便宜上それを四つの期間に分けて、読みやすく点描を試みるのであろう。

第一期は、軍艦「清輝」以後まず日清戦争に、ついで日露戦争に備えて主力艦を外国から購入する一方、補助艦はこれを国内で建造させる方針を堅持し、明治三十七年に軽巡「音羽」を建造するまで合計二十七隻の軍艦を国産した時代。

第二期は、明治四十年に大艦「筑波」を造ってから、四万トンの戦艦「土佐」（大正十年、軍縮条約により廃棄）を国産したまでの八八艦隊時代。

第三期は、世界の驚異、軽巡「夕張」（大正十二年）から、同重巡「鳥海」（昭和七年）を国産したまでの条約巡洋艦競争時代。

第四期は、水雷艇「友鶴」の転覆（昭和九年）についで、駆逐艦「初雪」の艦首切断事件（昭和十年）および「朝潮」のタービン翼折損事件という三つの大惨劇にあって造艦の基本を一新し、ここに戦艦「大和」の完璧を成就するまでの完成時代——と大別するのが適当かつ興趣をともなうであろう。

第一期はすでに本文の当初に詳述した。第二期も「筑波」から「生駒」「伊吹」「薩摩」「鞍馬」「安芸」までは一言した。それらの六大艦が、英艦ドレッドノート号の出現によっていっきょに旧式艦と化し、貧乏国に大打撃をあたえた経緯もすでに書いた。そうして、それと同じときに、日本にドレッドノートと同一の着想がありながら実現しなかった残念至極の史話も明らかにした。すでに伊集院大将のド級艦着眼と近藤造船中将の建造可能論が、明治四十二年に実在したことを思えば、四十五年にド級艦「河内」が横須賀で、同「摂津」が呉で造られたことは、飛躍をおどろくにはあたらないかも知れない。排水量二万八百トン、十二インチ砲十二門、速力二十ノットであったが、砲の配置は四砲塔が両舷に分配され、一舷の斉射力が低下する欠陥があった。

　明治四十五年設計の「扶桑」「山城」にいたって十二門を中央線上に配し、速力二十二ノット半（三万六百トン）となって、はじめて世界一流の超ド級艦ができ上がり、ついで「伊勢」が川崎で、「日向」が三菱で竣工するに及んで（大正六、七年）、四隻の超ド級が国産品で勢揃いすることになった。

　この期間に大戦艦建造の自信が確立された。基本設計を果たしたのは近藤基樹中将で、その下に山本開蔵や、野中季雄（ともにのち中将）らのすぐれた技術陣がつらなっていた。その前には開祖佐雙左仲（東郷と二人で英国へ留学）、ついで桜井省三、福田馬之助、山田佐久、小幡文三郎らのすぐれた頭脳が働いていたことも特筆しておかなければならない。

　英国ではディレクター・オブ・ネーヴァル・コンストラクション（造艦長官）といえば、軍令部長についで、その名を尊ばれるほどであるが、日本では艦政本部長は兵学出身の提督にかぎられ、本当の造艦長官は、同本部の第四部長にとどまり、位も中将を最高として退く官制であった。つねに縁の下の力持ちをもって任じ、黙々として堅艦巨砲の製作に一身を捧げるのを人生の意義と観ずるのであった。海将の名はつねに高くあがるけれども、その海将を武装させ、大海軍の現物をつくり上げた造艦の技術陣は知られずに終わる。英米にあれほど知られていた平賀譲の名さえ、東大総長に転じていなかったら、おそらく、わが国民の知るところとはならなかったであろう。

　この意味で、日清戦争時、伊東、樺山、坪井、相浦の諸将の名声とならんで、補助艦建造に身命を投じ、わが軍艦国産の基礎をつくった赤松則良、志道貫一、十師外次郎らの技術将校の名も、海軍興隆史の一ページに明記されなければ公平でない。

さて、この間に特記すべきは、超ド級巡洋戦艦「金剛」を英のヴィッカース社に注文し、大正二年に竣工して、多大の示唆をわが大艦建造の上にあたえた一事である。すでにしてド級艦の国産はちゃくちゃく進捗中であったが、それで天狗になってしまっては進歩は終わりである。このへんで、もう一度最新式の戦艦を購入してその技術を学びとろうとしたのが「金剛」の注文であり、これを一期として、大艦は全部国産で十分であるという確信に到達したのであった。ただし、艦内電気工事の方面において、日本が一歩遅れていることを自覚し、この点に特別の工夫をこらす必要が認められた。

「金剛」を型どって、「比叡」が横須賀で建造される一方、「榛名」が神戸の川崎で、「霧島」が長崎の三菱で、ともに明治四十五年三月、同時にキールをすえた。これ巨艦が民間造船所で造られた最初の記録であり、ともに大正四年春に立派に竣工した。三菱、川崎の両社が戦艦を造り得るようになって、八八艦隊の建艦ははじめて可能となるのであった。

10 第一流の高速戦艦

秀才を英国の大学に送る

おどろくべき超ド級艦の轟沈が、ジュットランド海戦（一九一六年五月三十一日）で起こった。一万数千ヤードからの大落角弾のために、二万六千トンのクイン・メリー号が、甲板を上から射抜かれて爆沈したのだ（他にド級艦二隻沈む）。その戦訓は、巨艦が甲板をも防御せねばならないということであった。そこで、落下弾に対する甲鈑をそなえる戦艦が、ポスト・ジュットランド型として新造されるようになった。

戦艦「長門」は、その第一号艦として生まれた（大正六年起工、九年完成）。そして「長門」は、英米の同期艦に明らかに一歩先んじた。砲力においては、英の十五インチ砲（米は十四インチ砲計画）を越して十六インチ砲を採用した。速力は英の高速戦艦クイン・エリザベスの二十五ノットをさらに一ノット半越して、二十六・五ノットの快速力を得た（公表は二十三ノット）。防御力においては、徹底的な集中防御方式、すなわち艦の心臓部をアーマー（甲鈑）で完全につつみ、艦の前後部等の装甲を廃止することにした。

ついで、「陸奥」が起工されたが、この二艦は前記のように、砲力と防御力が格段にすぐれたうえに、戦艦として稀有の高速力を有する点が画期的であり、わが国の建艦はここではじめて世界の一、二を争う地歩を築いたといえよう。試運転で三万四千六百五十トンであったから、満載では四万トンに近かったであろう。この優秀艦「陸奥」が、竣工とほとんど同時に開かれたワシントン軍縮会議において、その保有か廃棄かの大問題を起こすことになったのである（米の原案では廃棄艦のリストにあった）。

八八艦隊は、ポスト・ジュットランド型をもって編成される方針であったから、戦艦は「長門」と「陸奥」だけが合格艦で、他の六隻はぞくぞくと設計に上ってきた。大正七年、「加賀」「土佐」が、「長門」よりもさらに威力をくわえて計画され、川崎と三菱の船台に上った。十六インチ砲十門で速力は二十六ノット半、満載排水量は四万五千トンに達するはずであった。わが国はじめての試みとして、舷側を傾斜甲鈑とし、いちじるしく耐弾力を増大したことと、非装甲部分の艦内に細かい水密区画をもうけて、新しい防御法を採用したことが特徴であった。

ついで大正九年に、「紀伊」「尾張」が設計を終わった。満載排水量は、ついに五万トンをいくぶん超過するにいたった。戦艦でありながら、速力三十ノットをねらったもので、巡洋戦艦との区別を解消するものであった。

一方に、巡洋戦艦の八隻はことごとく新艦にまつもので、その中の四隻、「天城」「赤城」「高雄」「愛宕」が、大正八年に設計を終わり、大正十年には前二艦が船台に上った。いずれも満載四万五千トン前後に達し、十六インチ砲十門を搭載して三十ノットを走る艦であった。

さらに興味ある事実は、大正十年に設計を終わった「八・八」の第十三番艦以後の四隻が、満載排水量五万二千五百トン、速力三十ノット、傾斜甲鈑十三インチ、水平防御用鈑五インチという重装備のほかに、主砲として十八インチ砲八門を計画したことであった。この年、呉工廠では十九インチ砲の設計をすすめており、すなわち戦艦「大和」のつくられる十数年昔に、すでに「十八インチ砲」と、その搭載戦艦の着想を持っていたことである。

もしもワシントン条約による休艦協定がなかったならば、日本海軍は、大正十四、五年には、「大和」「武蔵」をつくっていたかもしれない。また昭和十五年ごろに、十万トン、二十インチ砲の構想があったのも、決してとっぴな着眼ではなかったのであろう。

ひとり戦艦ばかりではなく、巡洋艦においては、「天龍」型と呼ばれた高速軽巡が世界の注目をひき、それを改良した五千五百トン型が長く軽巡の王座を占めていた。前述した駆逐艦「島風」は、大正九年において、すでに四十ノットを超える公試速力を出し、世界の最高速軍艦の記録をつくった。

思うに、かかるはなばなしい造艦の進歩は、当事者の天分と努力の成果であるが、ここに特記すべきは、造艦の中心人物が、例外なく英国のグリニッチ海軍大学校で三ヵ年の造艦術の課程をふみ、その天分に基本的の磨きをかけたことである。同大学はイギリス海軍でも、有望な青年士官のみを育てる特殊学校であり、学科のほかに、有名な海軍工廠における実習をつみ、そこで学ぶことは海軍造船官の幸福とされていたのである。

わが有望なる造船官が入学を保証されたのは、日英同盟に付属した「山本・フィッシャー協定」によるもので、それは三年に一人の割合で、日本海軍省の推薦する士官の全学教育を、グリニッチ大学において引き受ける約束であった。有名な学校であるから、外国人は容易に入学が許されず、前には近藤だけが例外に許されただけであった。

素質もすぐれていたにちがいないが、わが艦政本部の歴代の造船設計主任が、ことごとくグリニッチの卒業生であることは、注意しなければならない。近藤、野中、平賀、磯崎、藤本、福田、江崎の各中将がそれであった。つまり、造艦の先進国でその基礎を学び、帰来みずから設計をかさねて創意工夫をほどこし、ついに東洋に造艦王国を築くにいたったものである。

またこれらの人々が、みな東大工学部の造艦科卒業ということも、学窓的協力一致を得るに便利であっただろう。いずれにしても、自己流のみに頼るものは大を成し得ない教訓を、これらの技術陣は端的に示すようである。

11　ワシントン軍縮協定なる

日本の対米七割主義の抗争

日米海軍競争は、第一次大戦中からすでに開始された。この戦争でもっとも傷を受けない、というよりは利益の方が多かった二大海軍国は、あたかも運命の神に誘われるように建艦競争に突入していった。

日本の八八艦隊、アメリカの八四艦隊二群が、それであった。イギリス軍令部は、八八艦隊二隊案を机上においたが、大戦の深傷を負うてとうてい新拡張に乗り出す余裕がなく、ひとり日本と米国のみが大戦艦の建造に邁進していた。

アメリカは一九一七年、ダニエルス計画にもとづき、いっきょに十六隻の主力艦を船台に乗せた。史上空前の大拡張である。日本も四隻を艤装、四隻を船台におくという拡張ぶりであった。

一九一八年、パリ講和会議の終わるや日米の海軍競争は、両国の問題ばかりでなしに、世界の問題となった。英国の海軍評論家バイウォーター君の「太平洋海上権力論」が、ベスト・セラーズの筆頭になったのはそのころである。

心ある人々は、日米の間に休艦協定（ネーヴァル・ホリデー）をとげることが、世界平和確立の緊急かつ必須の条件であると考えた。一方に無責任の人々は、戦争中に儲けた両国が、このへんで吐き出すのが公平の天道であるとはやし立てた。

日米戦争を真面目に考える者はなかったが、競争による建艦費の膨脹は、たしかに「儲けを吐き出して」両国の財政を苦しめ、前途に暗影を増すのみであった。大正十年のわが海軍費は、じつに総予算の三割二分をしめ、さらに増大を覚悟せねばならなかった（軍事費の計は四割八分に達していた）。一方、アメリカにおいてもまた、海軍費の負担を過大かつ時代錯誤なりと非難する輿論が、強く政府に迫りつつあった。

タイムスと併称されていたニューヨーク・ワールド紙は、世界の知名人三百名にたいして軍縮の意見を徴し、全部の賛成を発表するキャンペーンを展開した。日本では、長く海軍拡張を支持してきた時事新報が、大正十年元旦の社説に、海軍縮小協定論を発表して、内外の注目をひいた。世界の言論は、日米休艦を祈る方向に一本となった。

米国政府は、この内外の大勢を達観し、古来、不可能にちかいと考えられていた大国間の軍縮協定の大事業に乗りだした。中世紀以後の歴史において、軍縮外交はほとんど失敗の記録のみであり、わずかに一九〇二年、チリ・アルゼンチン海軍協定と、遠くは、一八一七年、英米間のオンタリオ湖上の軍備制限条約があったにすぎず、これを一九二〇年代に五大国の間に締結しようとするのは、外交上の大賭博であったが、日米競争の危険と、世界世論の動向と、隆々と延びつつあったアメリカの実力とが、この歴史的大事業の主宰を確信づけたのであろう。

ワシントン会議は、一九二一年十一月十一日の平和記念日に、日本からは海相加藤友三郎、米は国務長官ヒューズ、英は外相バルフォア、仏はブリアン、伊は蔵相シャンツェルという世界一流の人物を首席全権として開会された。協定成立の経緯は省略するが、とにかくも多くの難関を征服して、目的の大きい部分をなしとげた。もとより、各国が等しく満足するような協定はできるはずがなく、中にも、日本の「対米七割比率」の主張が一分も通らずに、米国原案の「六割」に抑えられたことは、悪影響をロンドン会議およびその後に残したけれども、だいたいにおいて成功をおさめたことは明らかである。その要は、十年間、主力艦の建艦休止と、三大国の主力艦比率を五・五・三とした点である。

この会議において、わが海軍専門家は、「七割比率」をもって、対米守勢作戦の所要兵力量の最低限度と主張し、国防安全感の立場から最後まであらそった。それは、多年の太平洋演習と兵学理論の上から帰納された不抜の信念とされた。同じ専門家の加藤友三郎が六割を諾したのは、米国の対日攻勢基地を制限すれば（太平洋防備制限条約）、いくぶんでも比率を緩和し得ると信じたこと、もう一つは、無制限競争がわが財政を破綻させる将来を憂慮した結果であり、彼はすなわち一段高いところから裁定したものである。

ただ、筆者が今日も一大疑問としているのは、攻める側のアメリカ（十割）が、守る側の日本（六割）に、もう少し寛大なる比率を認める方が、大局から賢明ではなかったかという一事である。

また、富んで造艦力の大なるアメリカは、戦時には比率の一割や二割はただちに塡めることができるのだから、貧しい日本の平時の要求に一割をあたえても、少しも危険ではなく、したがって、大局からこれを認める方が政治的に聡明であったろうという一事である。戦争が少し長びけば、一割なぞはすぐに覆える。だから日本が頑強にそれを固執するのは無意味だ、という理論よりは、それだからアメリカは平然として一割をゆずって円満にまとめる方がいい、という理論の方が政治的にまさっていた。この政治が、長くアメリカに欠けていた。そうしてロンドン会議の決裂となり、太平洋戦争への一つの導火線となった――。

　この観点から、十年「七割論」を主張した筆者は、いまでも、それを惜しんでやまない。七割が認められていたら、日米関係は、つとにはるかに親善を維持し、日本の国策についても、いろいろと打ち明け話もできたのではないかと思われる。すべて後の祭りである。

12　補助艦競争はじまる

軍縮の大勢のかげに争う

何人(なんぴと)も、ワシントン会議の成果を疑うことはできない。主力艦建造の十年間休止は明らかに財政を救い、太平洋の波を静かにした。建造中の主力艦は、米の二隻、英の二隻が認められたほかは、全部廃棄された。日本は「土佐」「天城」「愛宕」「高雄」を廃棄し、米国は十一隻をスクラップにした。いまもその英断を想う。

米国が、コロラド、ウェスト・バージニア、英国がネルソン、ロドネーの二隻ずつの建造を認められたのは、戦艦「陸奥」を廃棄艦のリストから救い上げる代償として、加藤全権がイニシアチブをとったもので、加藤の声望を高めた一つの段階であった（「陸奥」一隻をいかすか沈めるかで、四週間も論争がつづき、一時は会議の危機さえ伝えられた）。

　さて、十年休艦となれば、現在の超ド級艦もあまりに旧式になるというので、排水量を三千トンだけ増加する範囲内で「改造」が協定された。そこに軽い意味の「競争」の余地が残された。三国はすぐにその余地に進入した。主砲の仰角高大、防御鋼の添加、機関の換装、飛行機射出機の新設、艦橋の改造、艦尾の延伸、等々の工作によって、全主力艦の近代化を行なった。造艦主任の中将山本開蔵の名を「改造」と揶揄したのもそのころである。第一期の改造には三千トンの約束をまもったが、のちにロンドン条約後に再改造が全般に行なわれたので、各国主力艦の艦型は一変し、新造当時の写真とは似てもにつかない姿となってしまった。長いのは工事に五年半もついやしたのがあり、まさに新建造の二倍を算した。日本は十隻全部を近代化したが、その細目を略して、基準排水量の増加だけを一瞥すると、左表の通りである。

艦種	隻数	建造時（トン）	改造完了時（トン）
「金剛」級	四	二七、九六〇	三六、六〇〇
「扶桑」級	二	三〇、九九〇	三九、二〇〇
「伊勢」級	二	三二、一〇〇	三八、七〇〇
「長門」級	二	三四、一〇〇	四三、六〇〇

すなわち、六千トンから一万トンの重量が威力強化のためにくわえられたもので、同時に、その技術が、「大和」「武蔵」につながるものとなった。

ところが、巡洋艦の競争のほうは、開けッ放して開始された。というのは、ワシントン会議では、補助艦の協定が失敗し、それを後年の第二次軍縮会議に持ちこしたからである。どうも人間は競争を好む生物であり、一つの軍艦はただちに他の軍艦に争いをいどむ本質を有するもののごとくである。

補助艦の失敗は、フランスとイタリアとが、なんとしても一・七五の比率に応ぜず、会議の脱退を辞しない決意を明らかにしたためであった。この両国は、主力艦の比率一・七五には素直に応じたが、それをそのまま補助艦に適用することを拒否したのである。主力艦は英米の五、日本の三、仏伊の一・七五でよろしいが、水上補助艦と潜水艦とは、べつに国防所要限度があると主張して、三十三万トンと九万トンとを要求した。原案との開きは、次表の通りであった。

国名	水上補助艦（トン）	潜水艦（トン）
英米	四五〇、〇〇〇	九〇、〇〇〇
日本	二七〇、〇〇〇	五四、〇〇〇
仏伊	一五七、〇〇〇	三一、五〇〇

開きがあまりに大きく、かつ一流政客ブリアン（仏首相兼外相。のちに国際連盟議長）の絶対不可譲の態度に妥協の道をうしない、ついに、（イ）巡洋艦の単艦限度を一万トン、（ロ）備砲を八インチ砲とすることだけを協定して、比率の方は流してしまった。ここに補助艦競争の口がひらいたわけである。

しかしながら、軍縮の大勢は樹立され、あらためて海軍競争を再発させることは国民が許さなかった。軍備費をけずって国民の負担を軽減する政治は、各国を共通に支配した。日本の場合をとってみても、大正十年に五億円にのぼった海軍予算は、大正十二年には二億八千万、十四年には二億三千万と半減している。

日本は、巡洋艦や潜水艦を、もっとつくろうと思えば可能であった。が、由来、国際条約に対しては神経質というほど忠実な国として有名であった日本は――この名誉を逆にしたのは満州事変以降である――ワシントン協定の精神を十割尊重し、補助艦においても、他を刺激することを厳戒し、原則として、六割を多く超過しない方針をまもった。艦艇建造費は、最高時の二億円から八千八百万円に削減されて、その数字を毎年継承すること七ヵ年におよんだ。遵法精神の特筆さるべき記録である。

加藤はワシントンから帰って海相に留まり、ついで内閣を組織した後も海相をかね（のちに財部）、その間、整理の大難業を果たし、さらに向後の方針を樹立して去ったことは、元帥の栄誉に値する功績であった。彼をまたずしてこれだけの軍縮ができたかどうかは、一つの疑問である。筆者の想像にして多く誤らないならば、加藤は、自分でなければこの難業をとげることは至難であるし、また、自分の最大の責任であると、ひとりひそかに期していたようである。惜しむらくは、この三年の労苦が、宿痾を悪化させて早逝に終わり、山本権兵衛以来の大きい統制力をうしなったことは、数年後にわが海軍を分断したロンドン条約の悲劇を想起して、感一倍である。

さて、巡洋艦の競争はどうなったか。日本はそれを避けたのか。いな、じつにみごとに争ったのである。争い勝ったのである。

13 平賀譲の傑作

世界の驚き――重巡「古鷹」

平賀譲とは、ワシントン会議からロンドン会議前まで、わが海軍の造艦を指導し、基本設計主任として、いくつかの世界的傑作を公にした斯界名人の名であり（造船中将、のちに東大総長）、「夕張」は、彼が創作して天下をおどろかせた軽巡洋艦の名である。

平賀は、近藤や山本の下で八八艦隊の造艦にあたっていたが、つとに着想の天才的なところを認められ、将来の指導者を約束されていた。彼は対米建艦競争の中途で、しばしば前途を憂慮し、同じ型の軍艦を競争してつくっていたのでは、アメリカの富強に負けるのは当然であるから、なにか画期的な工夫をして対抗しなければならないと心を砕いていた。彼の着想は、できるだけ安価で強い艦を造ること、すなわち、できるだけ小さい艦で、大きい戦力を保持するものを造り上げることであった。だれでも考える理想であるが、それを設計の工夫によって実現する技術と構想とに魂を打ちこんでみたかった。そうして、造艦の中堅となって試作したのが軽巡「夕張」であった。

平賀の設計は、当時、一流の軽巡であった「球磨」級五千五百トンの戦力を、三千トンの艦に集結しようとする大胆きわまるものであった。これが成功すれば、五万五千トンの大戦艦を三万トンで造りうる道理であり、ひとり日本の造艦技術を天下に誇るだけではなく、これによって、アメリカとの造艦競争にもたえていけるだろう。というよりは、これが不可能なら、アメリカとの競争は、しょせん日本が負けるに決まっていると、はばからずに公言していた。

三千トンの「夕張」が、五千五百トンの「球磨」級にたりない点は、わずかに五・五インチ砲一門のみである。魚雷発射管は、後者の八門に比して四門であるが、「夕張」は、それを中央線上に装備して、両舷に利用するから戦力は同一である。船体の重量を減ずるために、いわゆる新工夫をほどこし、力学上、減じ得る不要の強度をいっさい排除し、しかも船体の強さと安定性が、従来の艦にまさっていたというのだから、世界が驚いたのは無理もない。

とにかく、多くの創造的施設をくわえて重量を節し、「夕張」の場合には、船殻の比重（排水量に対する重量比）が、「球磨」級よりも八パーセントも減じた。それは主砲を二門余計に積める重量である。

速力も同一でありながら、振動は五千五百トン級よりも少なく、凌波性もよく、かつ復原力もまさっていた。大正十一年六月に起工して、翌年七月に完成した。設計が三千百トンであったのが、三千四百トンと三百トンだけ増加したので、平賀は、佐世保に出かけて担当造船官たちを怒鳴りつけた。それほどに重量節減の鬼となり、アメリカ軍艦の三分の二の排水量で、同等の武装を備えるという念願に日夜没頭し、この理想実現のためには、何人(なんぴと)と争っても退かない闘魂をさえ示現した。当時、彼は進級直前の大佐の身分であった。

平賀が「夕張」の設計を示したときは、上官も同僚もそれを無謀に近いといったが、彼の熱心に動かされて試作するにいたったのである。また、機関や兵装を担当する方面は、彼の軽量の要求にことごとく難色を示したが、彼は屈せずに自ら図をひき、案を草して説得これつとめ、ついに艦政本部全体を動かしたのであった。兵装に関して、つねに過大なる要求をする軍令部の連中さえ、はじめは平賀の空想だといって実現を疑っていたほどであった。

しかるに、いちじるしく安い費用ででき上がった三千トンの軍艦が、五インチ半砲六門、発射管四門を積み、防御力も相当の強さを持ち、三十四ノットの高速力を出して、振動をほとんど感じないという好成績を示したとき、造船家も甲板の将校もほとんど驚倒した。それは、製艦の革命ともいえるからであった。驚きのあまり、ニュースはひろがって、外国にも知れ、平賀の名はたちまち、英米の造艦界に知れわたった。

が、平賀の名をいっそう高くしたのは、大巡「古鷹」の建造であろう。「夕張」の直後に彼が設計した軽量強装の第二番艦であって、わが国の巡洋艦は、ことごとくこの両艦を基本としてつくられ、太平洋戦争でも、立派な性能を最後まで示したのであった。

「古鷹」は基準排水量七千百トンの上に、八インチ主砲六門を単装で中央線に配し（前後に三門ずつピラミッド型にそなう）、水雷発射管十二門を艦内に装備し、速力三十五ノットに達する好打好走の世界的選手であった。のみならず、舷側防御は、三インチの傾斜甲鈑式とし、それ自体を船体構造材に活用し、巡洋艦としては外国に比類のない強度を示した。当時の英米の巡洋艦は、七千トン級においては六インチ砲八門、三十ノットを一流としていたから、「フルタカ」が驚異の的となり、イギリスからその設計の購入を正式に申し入れてきたのも、けっして偶然ではなかったのである。

14　世界水準を抜く

重巡競争における快記録

もしも造艦に関してノーベル賞があたえられるなら、平賀は有力候補の一人になりそうな資格を持っていた。彼の名誉は、一九三二年、イギリス造船協会の大会で、船舶航行における水の摩擦抵抗（フリクショナル・レジスタンス）に関する論文を発表して、協会最高の名誉である金牌を授与されたときに満たされたのであった。

これより先、一九二三年に平賀は、名艦創作のご褒美の意味もあって、半年ばかりイギリスの造船視察に特派された。平賀の渡英は、ちょうど「古鷹」についで「妙高」の設計を終わった直後であった。一万トン重巡「妙高」が、英米との重巡競争において圧倒的に勝った記録は、すでに周知に近いであろう。

要するに、攻防速の三大要素において、ことごとくまさっているのだから（同一排水量）、文句なしに断然たる優勢である。平賀は最初、魚雷を全廃または最少限にすることを主張して、軍令部の要求に応ぜず、平賀譲を「不譲」と呼んで敬遠するにいたったのは有名な話である。

が、この「不譲」こそ、造船責任者の重要な資格であり、平賀の去った後に、わが造船官にこの資格を欠いたため、悲しむべきいくつかの事件を続発した秘録は後稿に述べるであろう。「妙高」の場合は、平賀が英国に出張の留守中に、魚雷を連装六基も備えつけ、彼の帰朝したときは、既成の事実としてしまったのであった。

ロンドンから帰った平賀は、「妙高」の排水量増加に不満であったが、姉妹艦「那智」が、基準排水量一万一千トン、公試状態で、一万三千三百トンになるのを酷く批判した。公試状態とは、燃料や食糧を三分の二だけ搭載したときの状態で、要は、燃料を三分の一だけ消費した海上で敵と戦い、戦闘中に三分の一を使い、残り三分の一で帰港する計算にもとづき、その戦闘開始時の状態を意味したものだ。平賀は基準一万トン、公試状態で一万一千八百五十トンで設計し、その限度内での最強兵装を主張したのだ。じつは平賀の主張がうるさいので、彼を外遊させたり、あるいは技術研究所長に祭りこんだりして、その留守に過重兵装の重巡を建造したのが、海軍の内幕であったのだ。

思うに、当時は主力艦は建造休止中であり、しぜんと重巡の武装を争う傾向が激しくなるのは自然の勢いであったかもしれない。昭和七年の「高雄」にいたっては、はじめ一万トンのものがすぐに改装され、基準一万三千四百トン、公試一万四千八百三十トンと増大して、「条約巡洋艦」のリミットをはるかに逸脱してしまった。もっとも、アメリカにおいても、同時代の重巡ボルチモア型は一万三千トンであり、終戦時完成の各重巡は、じつに一万七千トンに達していたのだから、同一程度の戦力では、日本が二十パーセント以上、軽重量で建艦したという誇りは失われなかった。

わが巡洋艦はさらに発展して「最上」型八千五百トン——を生み（後述）、転じて「利根」「筑摩」にいたって完璧な重巡となり、凌波、復原、不揺、居住の各性能において、遠く英米の同型艦を凌駕した。八インチ砲連装四砲塔をことごとく前甲板にあつめ、後甲板にカタパルト二基と飛行機（水偵）五機を積み、五インチ高射砲八、魚雷十二門、公試排水量一万三千八百九十トン、速力三十五ノット、航続八千カイリ（十四ノットにて）という理想艦となった。

なお、「最上」級はロンドン条約中に、六インチ砲の「軽巡」として設計されたさい、有事には一転して八インチ砲重巡に改装するようにつくられていた。無条約となるやただちに改造を実施し、「三隈」とともに堂々たる重巡となってミッドウェー海戦に出撃した（米の飛行将校は「最上」が八インチ砲を積んでいるのでびっくりした）。両艦は退却中に衝突し、「最上」は、第一砲塔から先を切断される大損傷をこうむり、さらに翌日は、敵機の爆弾六個を喫したがなお沈まず、帰国して修理のさいに再改装をほどこして、「航空巡洋艦」の第一号に生まれかわった。

すなわち、後部砲塔二基を撤して飛行甲板を設け、水偵十一機を搭載して活躍し、のちにレイテ海戦にさいしては、西村部隊の一艦として索敵の功を揚げ、つづいてスリガオ海峡に突入して被弾多数、大火災を起こし(「山城」「扶桑」は沈む)、炎上中に後続艦隊(志摩中将)の旗艦「那智」と衝突したが、なお沈まず、戦場を離脱して単独南下中、今度は敵機の爆弾をうけてふたたび大火災を起こしたが、なお沈まず、しかも、乗員は居所を失い、操艦の望みつきるにおよんで、護衛の駆逐艦「曙」の魚雷でこれを沈めたのであった。その防御の強靱は驚嘆せねばならない。

太平洋戦争中、おそらくは最もよく働いたわが重巡の一つの標本であった。かかる高性能は世界のどこへ出しても二位に落ちることはない。そうしてその源は、いうまでもなく平賀がつくった「夕張」「古鷹」であった。

ここに追記しておきたいのは、造船の「生き字引き」についてである。平賀の天才の陰に、またその以前から、そうして後の福田時代まで、三十余年間も艦政本部につとめて、造船の歴史、文献、いっさいのデータを暗誦しており、設計主任の懐ろ刀をつとめた無名の大技師があった。岡村博君であった。

この種の功労者は、往々にして、はなやかな大組織のかげにあり、世に知られずに、勲功を残して黙々として去るものだ。

造船の岡村と同様に、造兵には秦千代吉技師、造機には長井安式技師があって、わが大海軍の巨砲、砲塔、機関の傑作に、見えざる貢献をかさねたことを一言つたえておこう。

第十一章　海空軍の飛躍

1　十年遅れて出発

チャンピオン金子養三

英米におくれること少なくとも十年、久しく航空界の田舎者と笑われていた海空軍も、いつのまにか世界水準に追いつき、いったん太平洋戦争の蓋をあけるや、たちまち驚くべき真珠湾とマレー沖の神技を現わし、つづけざまに天下を震撼した進運の経緯は、連合艦隊の生立記が逸することのできない物語であろう。

海軍の飛行機がはじめて飛んだのは大正元年十一月、横浜沖で挙行された観艦式の当日で、操縦者はその後、長く海鷲を育てた大尉金子養三（のち少将）と、同河野三吉の二人であった。これより先、陸軍では、明治四十三年十二月、徳川大尉が、代々木練兵場において、「四分間、高度三千メートル、距離三千メートル」の初飛行に成功し、同日つづいて日野大尉が、一分半、一千メートルを飛行して、わが軍の処女征空を記録した。

金子大尉は、明治四十四年にフランスに留学して勉強中、当時ドイツの大使館付武官であった山本英輔中佐（のち大将）から、四十五年の観艦式に飛ぶ自信ありやの照会に接し、よろこんでそれに間にあうよう帰朝したのであった。山本は少佐時代に飛行狂といわれ、当時、連日「世界飛行便り」を載せていた新聞万朝報を切りぬいて、上官や同僚に回覧していたほどだから、欧州に在任中も、航空にとくに関心を持ち、かくて観艦式参加案に着眼し、本省に交渉してこれを実現したのであった。

そのころには、日本にはまだ飛行機を整備する場所も、工員も、飛行場もなかった。だから徳川は、ファルマン機を解体しないで船積みし、横浜から牛車に積んで所沢に搬入した。所沢はまだ土工の最中で、完成は来年（四十四年）になるというので、徳川は待ちきれず、乱暴ではあったが、代々木の練兵場で飛ぶことにした。なにぶんにも草根や小砂利の多い凹凸の地面だから、滑走試験中にプロペラを壊してしまい、幸いにも来観中の奈良原男爵（田中館氏とともにわが国の飛行先唱者の一人）が、グノーム式の発動機とプロペラを持っていたので、それを応急的に取りつけて飛び上がるという荒業をやってのけたのであった。

海軍の金子大尉の方は、急ぐので飛行機を解体、荷造りしてシベリア経由で帰国した。追浜の飛行場は、四十五年六月に、山路一善中佐（のち中将）が奔走して造ったばかりで、まだ整備工場はできていなかった。そこで金子は、横浜にあったセールフレーザー商会の工場を借りて整備し、その付近海岸に滑走台を急造して飛び立ったのであった。河野大尉はアメリカで勉強してきたので、同国のカーチス機を用いて同じく横浜から飛び、みごとに天覧飛行をすませて、陪観者を驚かしたのであった。

翌年から飛行志願の若い将校がふえたが、飛行機はファルマン二機と、カーチス二機しかない。しかも風が強ければ練習はできない。それに、五十時間使うと分解手入れをする必要があったので、一人の練習は一日に十分間程度であった。

それで大正三年に戦争に参加したのだから、大した心臓であるとともに、空中戦自体が幼稚であったことも想像ができる。さらにおもしろいことには、海軍として飛行機を実戦に使ったのは、その機数や戦術はとにかく、日本が英国と先頭を争ったというのだから驚かざるを得ない。

それよりも、大正元年に二機がはじめて飛んだその翌年、早くもこれを演習に参加させ（両軍に一機ずつ）、おのおの偵察の結果を、機上に立って手旗信号で旗艦に報告させたとは、いまから考えると、ずいぶん乱暴な話だ。機も人も、よく墜ちなかったものである。が、意気さかんなる若人の先覚は、生命の危険よりも、むしろ大空に動くスリルを満喫したというのが、操縦者、和田秀穂大尉（のちに中将）の述懐するところである。

だから、青島戦への参加は、さらに胸をときめかす男児の本懐であったろう。戦争に出すのはいまだ危ないという意見が多かったが、搭乗者たちの熱願が容れられ、左の陣容をもって勇躍出陣した。

水上機母艦＝若宮丸（応急艤装）、搭乗機数＝常用二、補用二、参加将兵＝三十五名、目的＝偵察および爆撃、主将は金子養三（当時少佐）で、その下に和田、山田、花島の三大尉、大崎、藤瀬、飯倉、武部の四中尉、その他下士官や職工の一軍三十五人が先征し、のちに河野大尉以下五十二名が追加された。すなわち空軍総兵力八十七名である。

九尺二間も家である。若宮丸も一種の航空母艦にちがいない。ファルマン機二台を天幕内に搭載し、他の二機を解体荷造りし、飛行機を水面に揚げ卸ろしするデリックをすえつけて立派に青島戦を戦った。機はファルマンの百馬力と七十馬力の二台を常用し、全期間を通じて四十九回出撃した。一回の飛行時間が一時間半というのは、当時としては、意想外の長時間飛行で、偵察の任務は百パーセント成功した。

爆撃の方は、百九十発落として八発が多少の効果をあげた（一汽艇を撃沈した）という程度だ。八センチと十二センチの爆弾（砲弾改造）を機の両側につるし、ナイフで紐を切って落としたのだから、当たらない方が本当だ（狙ったのは港内の一駆逐艦S九十号）。敵は一機しかなかった。ルンプラー七十馬力、搭乗者はブルショウ中尉ただ一人で、何回か空中で出会ったが、武器はピストルだから、撃墜戦は起こらなかった。とにかくも、死傷者なしに凱旋して勇戦の感状を授与され、海軍航空部隊の初陣を飾ったというわけである。

2　宙返り行なうべからず

中島の空軍第一主義

青島戦争から凱旋した青年将校たちは、いまだ「航空術研究委員会」の委員という冷飯生活の身分であった。「海軍航空隊」が横須賀鎮守府の所管となって誕生したのは大正五年四月で、そのころから気鋭の中、少尉の志願がふえてきた。太平洋戦争における真珠湾計画および神風特攻で有名になった大西瀧治郎（中将）は、大正四年に中尉で入会した一人である。

人数は百人を越しても、飛行機の方は、安全に飛べるのが十台くらいしかなく、しかも波高ければ飛ばず、風が強ければ許されない。早朝、風のないときをねらって、何十人かが、われもわれもと五分か十分を奪いあって乗るという窮状が二年もつづいた。

その最中に、水上機の世界記録をつくった男があるのは驚きの一つであった。豪放にして、かつスポーティーな中尉馬越喜七が、大正四年三月、十時間飛行に成功して、ドイツのF・F式水上機がもっていた七時間三十分のレコードをやぶり、さらにその一週間前には、フランスのファルマンが持つ高度記録三千三百メートルを、二百メートル破って大気焔をあげたのであった。多くの優秀機をあたえて十分の訓練をほどこせば、日本人は、空の戦いにおいても名をなすであろうという自信が、若い委員たちの間には早くから芽をもっていた。芽はあっても、春風春雨がなければ花はひらかないが、その春風春雨がいつまでも来ない。五年九月に、「臨時艦隊航空隊」ができたが、十二月には解散となって、元の追浜に帰り、黙々として飛ぶことの練習を積んでいた。いかに上手に「飛ぶ」かが人々の目標であった。

一方、民間では、大正四年から五年にかけて、スミス、ナイルス、スチンソン嬢というような飛行家が興行に来朝し、宙返り以下の曲芸を演じて、日本人を驚倒させた。そのころは、宙返りや横転は、墜落の場合にかぎるものと思っていたのだから、スミスの宙返り飛行が、流行歌となって全国に歌われたのも不思議ではなかった。

このスミス飛行は、若い軍人飛行家を刺激せずにはおかなかった。風のない晴天に水平飛行だけやっていることは、腕のできる連中には物たりなく思われ、強風時の波状飛行や、傾斜飛行等を習って大いにみずから慰める気運に向かった。そのうち、陸軍の岡楢之助大尉が宙返りを試みたが、半転したところ、バンドを締めていなかった同乗者が、びっくりして舵にかじりついたため墜落し、松の枝に引っかかって重傷を負う事件が起こった。以後、陸軍では、「宙返りは学ぶべし、行なうべからず」という有名な訓示が発せられ、海軍の方も宙返りは自制する申し合わせになったのはおもしろい。

が、海軍の方は、宙返り以上に、波の荒いときでも飛び立つという重大なる要求があって、そのほうが先決問題であった。依然として、速力九ノットの小さい若宮丸を水上機の母艦としていたので、風浪の日には海上の作戦ができない。また、艦隊について行くこともできない。金子善三は、しきりに一万トン程度の航空母艦建造を主張して、上官の間を説き歩いていたが、ようやく容れられて、大正五年に一隻分の予算が認められ、同時に金子は、母艦研究のために英国に派遣された。

金子は口も八丁、手も八丁で、海鷲育ての親ともいわれるが（少将で病気退役。昭和十六年十二月、真珠湾空襲の報を聞いてまもなく永眠した）、もう一人、航空万能論を身をもって力説し、海軍首脳部に一つの刺激をあたえたのは、大尉中島知久平であった。彼はのちに中島飛行機製作所で名をなし、政界に出て大臣となるころには、人間が複雑になったようだが、その大尉時代の飛行の勇気と一本気とは、幼年期の海空軍に一大刺激をあたえたのであった。

彼は大尉時代に選ばれて飛行機研究のためにアメリカに派遣され（明治四十五年）、帰来、飛行機の設計や改良に没頭、前掲の飛行レコード選手馬越中尉と共同して、わが海軍の制式機として「横廠式」をつくり上げたが、彼の功績は、むしろ断然、退役して製作会社を創設した着眼のうえにある。

彼が長文の建白書を草して辞職したときは、惜しむ人より笑う人の方が多かったそうだが、笑った人の脳裡にも、少量ながら、反省の種子を残したことは争われなかった。彼は、「遠からず戦艦の時代は去って飛行機の時代が来る」ことを予言し、幹部の航空軽視に対して、一大警鐘を乱打したからである。文中に言う。

「それ『金剛』級戦艦一隻の費をもってすれば、優に三千の飛行機を製作し得べく（中略）、しかして三千の飛行機は魚雷を携行することにより、その力はるかに『金剛』に優れり。しかるにわが飛行の現状は、進歩遅々として欧米の進運に比すべくもあらず、つねに数段の隔りあり。飛行家のごときも微々として振わず、誠に国防上の痛恨事と言わざるべからず（中略）。しかして欧米飛行機の日進月歩は、その基礎を民営の競争におく。年一回の予算に縛らるる官営工場からは新鋭機は絶対に現われず」

と断じて職を去った。海空軍の眼から見れば、彼には、一生一業で飛行機をつくっていてもらいたかったろう。

翌大正六年、安保清少将（のち大将）から航空機調査会が提唱され、七年、加藤寛治少将（のち大将）から航空に関する中央機関設置論が出で、八年、軍務局内に試験的に航空部がもうけられ、十年にいたって、軍務局の一課になった過程は、速度緩慢ではあったが、それでも、命がけで飛行を訓練中の若人にだんだんと希望をあたえるものであった。

3　霞ヶ浦飛行場の由来

金子の手柄と山下の献金

数年継子（ままこ）あつかいされて冷飯ばかりたべていた海空軍に、昇格の端緒をひらいた一つの刺激は、山下亀三郎君が軍の航空のために百万円を献納したことであった。今日の五億円くらいに値したであろう。

なにしろ、海軍が航空隊を独立させるための予算は八十万円であったが、それが大正二年から四年まで毎年削除されていた時代だから、一個人が航空に百万円の寄付というのは、これを受ける軍の当局には、航空関心の大きい刺激となったこと疑うべくもない。さらに山下は、飛行機で殉職した将兵には、かならずその香奠総額の半分くらいにあたる金額を贈っていたというから、同じ成金でも、太平洋戦後のそれとは、人間がだいぶ違っていたようだ。

陸海軍はそれを折半し、海軍は全額を英米仏三国からの各新鋭機購入に投じ、それによって、現実に空軍力を増強すると同時に、国産の参考に供した。飛行機の国産は、軍艦に比してすこぶる簡単であったが、機材や発動機が思うにまかせず、大正三、四年ごろは、月産わずかに二機（横須賀工廠）にすぎず、それを五機にするのが第一期拡張案の目標であったという嘘のような実状であった。青島戦争には、二機が舶来、後から四機の国産品を運んで戦ったのだから、国産の努力はほめてよかった。ただし、ことごとく模造であって、いわゆる真似の天才を発揮したわけだが、材質的に制限され、大正七年にいたっても、月産五機はあやしかったくらいだ。これを思うと、山下の一挙は、わが海空軍発達史の中に、大きい一ページを染めるべきであろう。

当時（大正七年）、戦争景気で巨万の富をなし、いわゆる船成金と呼ばれて、羨望や嫉妬から種々の批判もあったが、彼の太ッ腹が、海空軍に飛躍のガソリンを供給した事実は争われない。

　チャンピオン大尉金子養三は、そのころは中佐になっていた。彼は大尉時代から陸上の飛行基地を主張し、また、海軍も陸上機を使って作戦すべきだという卓見を持っていた。ちょうど彼が母艦の研究に渡英中、イギリスがドイツのツェッペリンを撃墜するためには、水上機では不可能であることを体験して陸上機を用い、したがって、飛行場を陸上に設けていることを見学して帰朝し、いっそう持説に確信をつけて上官を説得する一方、暇を見ては地方に出かけて飛行場の候補地を捜し歩き、結局、霞ヶ浦に水陸兼用のすぐれた土地を発見して、首脳部に買収を懇請した。が、海軍省はいまだ航空的に覚醒が遅れていて、買収の踏んぎりがつかなかった。

　むしろ、当時は陸軍の方が着想が一歩先行しており、万事に思いきりがよかった。大正八年一月、フランスからフォール大佐の一行六十一名の教師団を招聘し、所沢と各務ヶ原に分かれて戦術の指導をうけ、また、熱田の兵器廠で制作の教育をうけたのは、そのいちじるしい例である。

　そのとき、金子はしばしば見学にも行ったが、ある日、訓練委員長の井上少将（幾太郎、のち大将）から、「霞ヶ浦は海軍が目をつけていると聞くが、もし買わないようなら、陸軍の方でほしいからすぐ確答が得たい」という話があった。

　金子は大変なことと思い、「じつは海軍が買い上げることにして目下、準備中です」と独断的に応急の返事をして飛び帰り、すぐ井出次官にその旨を伝えると、次官はおどろいて即時決裁し、翌朝、水戸の県庁に人を派して一切の処理をしたのであった。霞ヶ浦飛行場は、陸上が八十万坪、水上が二百九十万坪で、理想的の練習基地であり、わが海空軍の実力はここで築かれたこと周知の通りであるが、買収価格は坪十銭三厘にしかあたらなかった。金子の大きい手柄の一つであった。

霞ヶ浦航空隊は、まことに海鷲哺育の塒であり、また高級技術習得の訓練基地であり、さらに空軍精神涵養の教場でもあった。大正十二年、野村吉三郎は教育局長のとき、兵学校の卒業生を全部、霞ヶ浦に回して、一応、飛行機の教育をうけることを提案し、以来、海軍将校の航空関心がにわかに高まったのは彼の功績の一つである。陸軍は「飛行学校」を特設していたが、海軍は少尉候補生の全部に、霞ヶ浦実地教育をほどこすことによって、大きい効果をあげたのである。

また、山本五十六は大正十三年暮れに、霞ヶ浦航空隊の副長として着任するや、下士官が頭髪を分けているのを見て不満をもよおし、「下士官兵にして頭の毛をのばしている者はみな切れ。一週間の猶予をあたう」と宣告して、全部を坊主頭にしてしまった。大学の野球選手なぞでも、長髪よりは坊主の方が真面目で強そうに見える。山本は下士官兵をそう睨んだにちがいない。事実、山本の時代に、航空隊の精神はいちだんと真剣度をくわえた。技術もしたがって上昇したことは、そのときの司令安東昌喬（のち中将）が筆者に確言したところである（安東は当時少将で、みずから操縦を習得して陣頭指揮をやった）。なお、安東・山本の時代に飛行場の一隅に神社を建立し、追浜最初の殉職者安東三郎大尉以下三十柱を祀り、亡き先輩の遺烈をあおいで隊員の修業に資したのも、忘れ得ない霞ヶ浦の思い出の一つであった。

4　英将を招いて猛訓練

荒鷲はセンピル大佐に負う

これより先、わが海軍の技術に革命が実りつつあった。センピル教師団の招聘と、その熱烈きわまる指導がそれである。陸軍のフォール教師団に遅れること二年、大正十年の夏に、海軍は、英国海軍の優秀なる飛行将校三十名を聘し、約一ヵ年半にわたり、猛烈なる実地訓練を霞ヶ浦でうけた。当時の英国は、日本に好意を持っていたので、とくに優秀なる各部の専門将校を選んでくれた。

団長センピル大佐は、スコットランドの貴族で、第一次大戦中、ガリポリ戦闘の殊勲により、二十八歳で大佐になった英空軍の至宝であり、来朝時は三十一歳の青年将校で元気潑剌、その指導は、わが海軍士官が江田島でも体験しなかったという厳格なものであった。わが生徒中には、はじめは悲憤慷慨する者があったが、やがて彼の誠意に頭を下げ、かえって品格を仰ぐようになった。二、三度おしえて間違えると、フーリッシときめつけた。編隊陣形をみだす機があると、それを睨んでおき、着陸すると列外に直立させて許さなかったり、あるいは、その一隊に「やり直し」を命じ、けっして過失を甘えさせなかった。

あるとき、海軍首脳が、センピル大佐を築地の錦水に招じて、感謝の宴をはった席上、彼は平然として、「日本では男で胆ッ玉の小さいことを、男子の大切なものを落として来たというそうだ。日本の海軍士官の中には、はじめからそれを持ち合わせないものがあって心配したが、近ごろはどうやら土浦あたりで拾ってきたようだ……」と皮肉って、一同を微苦笑させた話もある。

時うつって昭和十三年二月十四日、海軍大尉岩城邦広の指揮した水上機八機が、広東の南雄飛行場を空襲（日支事変中）したとき、英機グラジェーター戦闘機十二機と猛烈な空中戦を演じて、その八機を撃墜する戦勝をあげたことがある。その年の十二月、海軍中将前原謙治は渡英のおり、恩師センピル大佐を表敬かたがた、お詫びの心構えで訪問すると、大佐は開口一番、「かつて自分が手をとって導いた教え子が、かかる戦果をあげたのは無上の歓びだ」といって、杯をあげて心から祝ってくれたので、前原中将は、一倍感謝の念にうたれたという。

センピル大佐は真に魂をうちこんで、わが幼稚なりし飛行将校を、わが児のごとく教育したのであった。しかも教えるに鞭をもってした。いまのわが小学校の民主主義的教育というものとは、およそ方寸を異にした。愛はその痛い鞭の中に温かくこめられていた。わが飛行小学生は、一年半で高校卒業程度まで成長したのである。センピルが連れてきたつぎの人々は、いずれも第一次大戦に戦功のあったすぐれた指揮官たちであった。

副長メーヤス中佐、兵器部長ウェルドリッチ少佐、飛行部長ファウラー少佐、整備主任アトキンソン少佐、艦隊作戦主任スミス少佐、飛行艇主任ブラックレー少佐、落下傘主任オードリス少佐、火上機主任ブライアン大尉といった面々であった。

彼らは教育用として多種類の飛行機を持ってきた。一九一七年、幾度かドイツ機のロンドン空襲と戦い、ついに最後に完勝して名をあげたスパロー・ホークや、パーナル・パンサー等の陸上機を使用し、ロートン大尉は、対独空中戦を実演してみせた。その宙返り反転する戦法は、かつて見たスミス曲芸の比ではなく、あざやかなる空の芸術を展開して、わが将校たちを驚倒させた。機関銃をもって舞い飛ぶ標的を撃墜する実演や、艦上機が降下して浮標を雷撃する光景は、目をみはるばかりであった。照準爆撃またしかり。そうして、それらはことごとく高等飛行によって達成されることを眼前に見たわが将校たちは、自分らが今日まで飛行機のイロハだけしか知らなかったこと、せいぜいそのイロハを早く書くことぐらいしか知らなかったことを自覚した。

思えば、追浜で飛び立ってから十年、それまでは「飛ぶこと」だけが訓練目的であったといって過言ではなかった。たとえば大正九年四月、佐世保から追浜まで無着陸飛行を行なうのが海軍の「有史以来の大壮挙」であり、各鎮守府から二隻ずつ駆逐艦を派し、また艦隊から軽巡一隻を特派して海上を警戒するという騒ぎ。赤柴、赤石の両中尉がみごとにこれを成就し（時間十一時間三十五分。距離千二百キロ）、新聞で空の英雄として書きたてられた程度のものであった。

爆弾も青島で落としたことはある。また大正九年に、尼港事件で軍艦「敷島」が出陣、それに前記の赤柴、赤石両中尉をご褒美の意味で出征させ、二人は敵がいないので、牧場で牛を爆撃して溜飲を下げてきたという程度であった。要するに、「飛ぶこと」が飛行将兵の目標であった。それを「戦うこと」に一変させたのが、センピルの教育であったわけだ。

霞ヶ浦で、艦上機の操縦法、機上射撃、編隊爆撃、降下雷撃、偵察、通信等の各科を、入学試験にそなえる学生のように勉強した結果、わが海空軍の技術面はもちろん、航空作戦の基本概念が一変し、艦隊兵力の重要な一部として飛行機を活用する方針がはじめて確立された。

二十年後、恩師に弓をひくことになった不幸の運命はしばらく措き、真珠湾やマレー沖のはなばなしかった戦果の基本は、この一年半にきずかれ、その生徒たちが順次教官となって海鷲を教えた結果であるという歴史は不滅である。

5　空母の世界第一号——「鳳翔」

着艦の第一人者吉良俊一

世界の航空母艦第一号が、わが「鳳翔」であった史実は、多くの国民は知らないが、世界海軍史の上には、永久に消えない。記憶を新たにする値打ちがあろう。

アメリカの爆撃隊が、それを承知して「鳳翔」だけを助けたのでは決してない。しぜんに終戦後まで無傷で残ったただ一隻の空母が、この名高い老艦であったのは、命運というものであろう。二十五隻の航母群の中で十九隻が海戦で沈み、四隻が瀬戸内海で爆撃されて擱坐または大破したのに、「鳳翔」は生き残って、南方からの復員輸送に二年間、おおわらわの活躍を演じ、おそらく空母としては、もっとも多数の国民に親しまれつつその終わりをまっとうした。

その「鳳翔」は、金子中佐が、英国から帰って（大正六年秋）から、造船官（主任田路中佐）に新しい幾多の参考資料を提供して、その設計に協力し、八年起工して十一年に海に浮かび、その異様なる姿に、海軍軍人の眼をさえみはらせたものである。その前に、航空母艦の名を付した船は、若宮丸ただ一隻があったが、それは運送船にデリックをつけて、水上機の運搬と積み卸ろしに専用したというだけであり、英国のエンガーダイン、ベンジックス等を真似たものである。飛行機発着用の甲板と施設とをそなえ、艦隊の一艦として作戦するようにつくられた制式空母は、じつに「鳳翔」をもって世界の嚆矢とするのだ。英のアーガス、米のラングレーは、同じ年に竣工したが、「鳳翔」におくれること数ヵ月であった。満載排水量九千二百トン、搭載機二十四、速力二十五ノットで、英艦の一万トン、米艦の一万二千トンとほぼ戦力を同じくするものであった。

これより先、海戦場に飛行機を使ったのは、一九一六年五月のジュットランド海戦における英国巡洋戦艦戦隊（ビィチー提督）が最初であった。エンガーダイン号に五機、ベンジックス号に四機を積んで出撃し、偵察とともに、ドイツのツェッペリン飛行船基地トンデルンを爆撃して敵の偵察力を封殺しようとこころみた。ところが、飛行機を水面におろすさいに、措置をあやまって数機は破損し、一機はトンデルンに向かったが撃退され、エンガーダイン号に残った二機のみが偵察活動に従事した。

しかしながら、艦の遅速力と無防備（防御用の艦上戦闘機いまだなし）のゆえに、かえって艦隊の負担となる場面が多く、かつ敵艦隊の行動探知のうえにも、期待したほどの効果を示さなかった（役立った偵察もあったが）。その結果として、（イ）本式の母艦が必要なこと、（ロ）速力が艦隊と同等であること、（ハ）飛行機は艦上から発進し、かつ着艦すること等が確認された。

そこで、英国はただちに巡洋戦艦フューリアス号の前部砲塔を取りはらって飛行甲板とし、そこで陸上機の発着を試験した。発進はすぐできたが、着艦には犠牲をはらい、頭を悩まし、(イ)トロッコ台に降着する法、(ロ)車軸に急ブレーキをかける法、(ハ)着艦と同時に大きい砂袋をひかせる法、(ニ)機にフックをつけて艦上の縦索に引っかける法等を反転実験した結果、(ニ)を改善して実施することに決まった。そのころは日英同盟が厳存し、かつイギリスは日本の参戦協力に感謝していた最中でもあり、フューリアスの実験データは、つつまずに金子中佐に教えられ、金子はそれを見本として、「鳳翔」の設計に助言を勤めた次第であった。

さて、大正十一年末に空母「鳳翔」は竣工したが、経験のない着艦をしとげる将校があるだろうか。発艦の方は大正九年六月、桑原虎雄大尉が、若宮丸の船首に滑走台をもうけてみごとに成功し、引きつづき戦艦「山城」級の前部砲塔上に滑走台を特設し、十一年に、軽巡にも一機ずつを搭載するようになっていた。が、着艦の設備がないので、飛んだ航空機はいったん陸上に着き、それからふたたび艦へはこんでくるという騒ぎであった。空母は、その不便、不合理を救うために生まれた。

そうして、これを最初に実施したのは(大正十二年二月下旬)、三菱内燃機会社にやとわれていたイギリスの元空軍大尉ジョルダンであった。ジョルダンは、一〇式艦上戦闘機をもって、三日間にわたり立派に着艦をくりかえして、約束の賞金五万円をうけた(三万円説もある)。三月十六日に、前記センピル教師団中で残っていたブラックレー少佐(飛行艇主任)が登場した。少佐は賞金めあてとはちがって、自分が教えた日本将校にぜひ着艦をさせようと苦心し、みずから水陸両用機バイキング機で実行してみせた後、可愛がっていた高弟の一人、吉良俊一大尉をしてそれを実行させた。吉良は第一回の実験では、着艦すると甲板をすべって海に落ちてしまった。東郷平八郎以下多数の提督連が参観していたが、彼は濡れネズミになってもどってきたが、いっこうに臆する色なく、平気でまた飛び出し、今度はみごとに着艦し、その技量と沈着とをもって並みいる人々を感嘆させた。

それから霞ヶ浦に帰って着艦訓練を開始しようとしたが、破損をかまわずにやるわけにはまいらない。

当時、霞ヶ浦航空の歌というのを見ると、「空に飛びかう五十余機」とあるくらいで、機数は寥々たる時代であったからだ。その中に確信を得た二人の中尉、亀井凱夫と馬場篤麿が、十二年末に、吉良と三人で、「鳳翔」に着艦することができた。

その翌年春、第四回目の実験には大型機を用いて十名が成功し、以来その数を増し、同年起工の「加賀」「赤城」が竣工するころには搭乗員の準備も完了されていたのであった。

6　少年飛行兵と射出機

奥田、大関、田中、進、松村の名

海軍の飛行機がはじめて飛んでから満十五年をへて、「海軍航空本部」が独立し、少佐時代に率先して航空用兵を主張した先覚山本英輔は、すでに中将に昇進しており、奇しくも初代の本部長に任命された。昭和二年四月である。が、時は軍縮時代であって、予算にとぼしく、山本回顧談に、『『鳳翔』の航行は幽霊が走るなり』といったのは、母艦訓練の予算がなく、やむなく被服費とか糧食費とか会議費とかを流用して、内密でガソリンを買って艦を動かしたことをさすのであった。

しかし、本部の成立によって発展の道は、ひろく、かつすみやかにひらかれた。「少年飛行兵」という日本独特のすぐれた制度は、その第一着に芽を吹いたものだ。これを考え出したのは、少佐奥田喜久司（のち少将）であり、高等小学校卒業の十五歳から十七歳までの少年を、横須賀航空隊の予科練で教育し、将来は搭乗者として兵学校出と同じように待遇する制度である。これによって、多数の搭乗員を得ること、および少年時代からしこめば、技術が優秀になることをねらったもので、実施後（昭和五年）成績すこぶる良好、のちには中学三年まで拡張され、また一般海兵の転入をもみとめて予科練の名を高くした。

真珠湾とマレー沖海戦に快腕をふるった戦士の大部分は、ここから生まれたのである。奥田少佐はこの意味で記憶すべき功労者といわねばならない。あたかも、中佐大関鷹麿が、センピル数師団の招聘を主唱して強硬になしとげたごとき、また金子中佐が空母の建造とともに、陸上機および陸上基地の必要を熱説してそれを実現させたとき、いずれも中・少佐の新感覚と着想とを、理解ある上官が採用することによって大成するという適例を見たのである。

山本五十六が航空本部の技術部長（少将）として、飛行機自体の性能一変につくした経緯は、便宜上、後に述べよう。前述の少年飛行兵制度のまえに、海空軍の技術上の一大躍進が、純国産カタパルトと、その運用の成功によってとげられたことを語らねばならない。

これより先、海軍機が車輪式で艦上から滑走して発進するのは不自然であるという考えが、各国でも一様に問題となっていた。いちばん先に水上機の射出装置（カタパルト）を実現したのはアメリカであり、ワシントン会議の直後には、各戦艦にもそれを装備中であった。日本も、英仏伊諸国と争ってその研究実験を開始した。

それまで航空諸機関の国産は、まず先進国から何機かを購入し、それを手本として改良してきたのだが、カタパルトにはその便宜がなかった。日英同盟がワシントンで終焉をつげた後は、イギリス海軍から、従来のような好意を受けることができなくなった（前記造船官をグリニッチ大学に学ばせることも、大正十二年の入学生をもって打ち切られたごとく）といって、アメリカでも民間では造っていなかったから、権利を買うわけにもいかず、仏には手蔓はあったようだが、法外の高値の上に信頼性がハッキリしない。そこで、日本独自の研究と製作とに頼るほかなく、圧搾空気式、発条式、火薬式の三つの射出法が、順々に製作発表されていった。

苦心二年の後、呉工廠製作の火薬による射出機が採用されることになった。これは、天才肌の田中綏稔技師が、有能なる山崎技師を助手とし、呉工廠火薬部の大なる努力研究をまって完成したものであった。

その最初の試験を横須賀で行なったときに、おもしろい事故が起こった。無人機に人間二人分の重量物をのせ、発動機を全速回転で射出した。射出後、自動的にマグネトーが切れて送油がとまり、発動機が停止する仕組みであった。ところが、マグネトー停止装置の故障で発動機がとまらず、飛行機はそのまま横須賀上空に飛び上がり、千メートルほど昇ると下降し、ふたたびまた上昇するという昇降運動を開始した。

街に落ちたら大変だ。警鐘が乱打され、消防夫総出動、全市民は戸外に飛び出して、約三十分も大騒ぎをして後、機は幸いにも風に流されて、ようやく海上に向かい、そこでガソリンが尽きて海中に落ちたというエピソードがある。ついで搭乗席に人形をすえて試験し、ついで猿を縛りつけて実験した。海軍経理部員が、航空本部の予算に猿の購入費があるのを見て驚いたという話はそのときであった。人形の首も、猿の首もどうやら折れないことがわかって、さて人間が出る幕となった。田中が責任があるといって志望したが、技術官のゆえに許されず、そのときに、僕がやります、といって現われたのが大尉進信蔵であった。

進君は、沈着真勇の青年航空士官であった。まず無人機を射出して成功したら、自分が実地に試験する予約をして「朝日」艦上に待っていた。無人機は、射出とともに右旋回して三分後に着水した。進君は大丈夫といって機上に坐り、射出されると右に旋回し、かつ下降したが、巧みに操舵して艦を一周して着水し、実験参集者の嬉し涙をさそった。彼は三回実験した後、同じく沈勇の同僚松村健次大尉に席をゆずり、松村君は二回それをくりかえし成功して、ここに純国産のカタパルトの成功を確証したのであった。昭和三年秋の記念すべき一日であった。

7　世界一流機の国産

「中攻」と「零式戦闘機」まで

フォード、シボレーはだれでも知る自動車の名前であるように、ファルマン、カーチスは大正の初期に、だれもが知っていた飛行機の名であった。いま輸入自動車の種類は何十という数であろう。大正の後半、輸入飛行機の種類はそれに劣らなかった。イスパノ・スイザ何百何馬力とか、サルムソン何百馬力とか、いう話題が、街頭でも聞かれるくらい舶来機が有名であった。

異なるところは、人々の国産の意欲であった。キャデラック、ロールス・ロイス、ベンツ——の上に、単にいい気持で乗っているのではなく、それを日本人の手でつくりたい野心に燃える人々が搭乗していた。第一流の戦艦が国産されるのだ、飛行機ができないわけはないと信ずる人々が操縦し、そうして会社を奨励鞭撻していた。海軍は、自分でも研究製作したが、民間の有力会社とは懐ろをひらいて連絡協力の道をすすんだ。

会社側も、日本人の手で優秀機をつくる熱意を持つこと、国産自動車の場合とはくらべものにならなかった。三菱内燃機が、技師をフランスに派したのは大正八年であった。九年には、海軍は英のショート会社の技師を招いて飛行艇製作を教わり、そのまま製作権を愛知時計に引きついだ。十年には三菱、住友の技師一行が、ドイツのロールバッハに習いに行った。一方に、三菱は英の有名な技師スミス君一行を名古屋に招聘して指導をうけ、そこで、一〇式艦上機の製作に成功し、それから引きつづき、愛知時計はドイツからハインケル博士、三菱はバウマン博士、中島飛行機は仏国ブレゲー会社の技術団を呼んで教わるといったふうに、鋭意、良機の生産に邁進したのであった。

それから海軍では競争試作の方法を案出し、第一着として水上偵察機を、三菱、中島、愛知時計の三社につくらせ（昭和四年）、（イ）外国人に設計させないこと、（ロ）不時着の場合に七時間浮留することの二条件を付した。が、三菱はスミス、中島はブレンゲー、愛知はハインケルの設計に浮力装置をほどこしただけで全部失格。ついで艦上機の設計競争が、三社のほかに川西をくわえて指定され、その一等設計に実物を注文する方法がこころみられたが、優秀な実物は生まれなかった。が、各社は競争に勝つために、外国の新装置や特許を購入して、金目をいとわずに勉強した。

山本五十六が技術部長になったとき、「設計は日本臣民にかぎり、外国人の援助を排す」という国枠的な条件を強調したのはおもしろい。が、彼は同時に外国の新知識を導入するためにはあらゆる便宜をあたえ——とくに発動機関係で——また試作が不合格になった場合にも、海軍はのしらずに指導する誠意をもってし、協力して優秀国産品の創作に専心させた。昭和六年、艦上戦闘機の競争試作で、はじめて全ジュラルミンの単葉機が現われたが、格好がいかにもおかしく、「田舎婆さんの洋装ハイヒール」といって笑殺されたとき、小林淑人少佐が笑わずに相談役を買って出で、設計者とともに改善に苦心すること一年余、やがて有名な「九六式艦上戦闘機」の基礎をつくったごときはその顕例の一つである。

昭和九年には、三菱と中島だけの競争で、前者は時速六百キロを越す世界最高速の戦闘機をつくり、やがて機体に再度の工夫をくわえて九六式艦上機ができ上がったのであった。

そこで海軍はさらに注文をつけ、機の航続力を増大し、陸上の基地から洋上遠く出撃、往復のできる陸上機の生産を競争させた。その結果、「九六式陸上攻撃機」が出現するにいたり、昭和十年には、いっそう攻撃力を有する中型攻撃機を完成したのである。「中攻」の名において世界に知られたものがそれであり、太平洋戦争の緒戦、マレー沖で英国の新鋭戦艦を屠ったのも、またこの「中攻」の手柄であった。

さきに朝日新聞社の訪欧飛行について、昭和十四年八月、毎日新聞社のニッポン号が世界を一周し、日本の飛行機が世界の水準に達したことを中外に知らしめたその飛行機は、じつは「中攻」のエンジンを取りつけたもので、一つは信頼度の再試験でもあったろうが、海軍はその三年前からすでに確固たる自信を持っていたものである。とにかく、海軍はこれを南洋諸島から飛ばして、アメリカ艦隊の進撃し来るのを洋上に迎撃する戦法を、確実に計算に入れることができるようになった。

一方に、三菱の水冷式に対抗して中島がジュピター社の空冷式発動機の権利を買い、さらに米国ライト社の権利を購入したのに刺激され、三菱も米国ホワール・ウィンドの空冷式特許を仕入れて競争し、相きそった結果は、「零式戦闘機」まで発展して天下を驚かすにいたったのである。太平洋戦争の前半まで、アメリカ空軍を悩ました「ゼロ・ファイター」は、かくのごとく生産されたのである。

造艦についても、年若き日本は春の芽のように伸びて早くも英米と一、二を争うようになったが、航空機の方面においても、情けなかった後進国から出発し、二十年にして英米と覇を争う大躍進を示した。とにかく恐るべき民族であった。

8　南京渡洋爆撃

少年航空兵の初陣

想い起こす太平洋戦争が開始された作戦第一期、海軍は戦うごとに勝ち、軍艦マーチ入りのニュースが国民の胸をとどろかせた。報道部長平出大佐が得意の弁をふるって、海軍の訓練には、「月月火水木金金」が常軌であり、土曜の休みは返上されていた旨を疾呼して喝采を博したものだが、この標語は、伊集院五郎が軍令部長であった時代（明治四十二年～大正三年）に有名になったものだ。

伊集院の主張によれば、さしあたって眼前には敵国はないようだが、海軍の奉公は平素のうまざる訓練にあり、それを怠けるようなら、海軍は無意味の存在と化するというので、「海軍即訓練」が一つの伝統をきずき上げた。大正十二年、加藤寛治中将がワシントン比率の六割制限を報告したのにたいし、東郷元帥が、「訓練には制限がないはずだ」と諭したのは有名な話だ。

美保ヶ関事件は、その猛訓練と不可分ではなかった。夜間訓練において、軽巡「神通」が駆逐艦「蕨」を衝突切断し、「神通」艦長水城大佐が、気の毒にも自刃して責任をとった事件である。その地に上陸して絃歌「関の五本松」なぞを聞いたその夜の出来事であり、全部を猛訓練で片づけるのは不当であるが、しかし、夜戦をもって帝国海軍の得意の戦法に仕上げる途上では、この種の事故は起こりやすかったろう。

その夜間訓練が、海空軍に応用されるにいたって、事故は頻発をまぬかれなかった。が、航空隊が夜間戦闘に参加し得ないようでは、ただ面目が許されないばかりでなく、海空軍の意義を半減してしまう。そこで海軍の飛行機は、暗闇で離着昇降する訓練をはじめた。こうこうと電燈をつけた飛行場で飛ぶのは、平時の旅客機である。海空軍は、暗夜、敵艦の雷爆撃に突進する訓練をつんでいった。

この猛訓練中に、昭和八年二月、わが海空軍の若いホープ進信蔵大尉（カタパルト第一人者）が、館山湾で飛行艇の夜間訓練中に殉職し、つづいて松村健次大尉（カタパルト第二人目）も同様に殉職したのは、残念至極の事故であった。

昭和七年一月の上海事変は、海軍の陸戦隊と、第十九路軍（蔡廷楷）とが火蓋をきったものので、白川大将の出征軍は未着であったから、緒戦は海軍航空隊が、よく陸戦隊の寡兵をたすけて戦うことになった。第一日に、「能登呂」から水上機が飛び、六日後には、「加賀」と「鳳翔」の航空戦隊が参戦して、頑強なる十九路軍の進撃を阻止したのであった。いまだ爆弾の命中率は低かったが、空軍を持たない敵にあたえた精神的打撃は甚大であった。しばらくして、蔣介石も暗に援助の手をのばし、広東から空軍を杭州に送り、そこからわが母艦群を攻撃しようと策した。これを探知したわが航空戦隊は、機先を制して杭州飛行場を襲い、集結中の敵空軍に全滅的の打撃をあたえ、完全に上海の上空を制覇した。そうして引きつづき陸軍と協力し、十九路軍の堅固なる陣地を抜くうえに大なる戦功を献じた。

すでにして戦法は、センピルの教育をうけて基本確立したうえに、日夜たゆまぬ猛訓練に腕を上げて見敵必墜の意気あり、もしもあたうるに優秀なる飛行機をもってすれば、いかなる一流空軍とも、あえてお相手つかまつらんという自信を固めるようになった。その自信を如実に示したのが、昭和十二年八月十四日から約二週間にわたって、連日、実施された有名なる渡洋爆撃である。

飛行機の国産が急テンポに進歩し、発動機「金星」が三菱でつくられ、その改良によって航続距離が従来の二百五十カイリ半径から、いっきょに六百カイリと飛躍したことは前述の通りだ。この九六式陸上攻撃機、愛称「中攻」をもって、世界的作戦としての渡洋爆撃が断行されたのであった。大佐戸塚道太郎（のち中将）を司令官とする爆撃隊は、木更津航空隊の「中攻」を済州島に進出させ、鹿屋航空隊をもって台北に陣し（各隊十八機）、八月十四日の大暴風雨をついて南京を爆撃した。支那の空軍は、当時アメリカ空軍将校の指導下にあって相当の腕前を示し、約二百五十の戦闘機を飛ばして猛烈なる空中戦を現出した。わが「中攻」は敵機を撃墜しながら都市爆撃を兼行した。

敵の二十余機を落とし、重要建物を爆砕したが、わが「中攻」も補助タンクを射抜かれて発火、燃え落つるもの数機を算した。支那空軍は、その海軍のような弱体でないことを示した。

いな、それはすでに計算ずみであった。というのは、昭和九年、わが重巡「足柄」が増水期に揚子江をさかのぼって、漢口に査察航海をこころみた途上、支那空軍の数機が、かわるがわる「足柄」めがけて急降下攻撃の姿勢をとり、執拗に演習を反復したときに判明していたのだ。わが将兵は、腹が煮えるほどしゃくにさわったが、先方の領土内であり、また爆弾を落とすわけでもなし、単に一種の示威運動を喫しながら、「後日、事あるの日には、彼らを一機も残さず撃ち墜してやろう」と、歯がみをしながら帰航した話がある。そのときに、彼らも相当にやるナという見当はつけたわけである。

その後、蔣介石はみずから空軍元帥として督励し、わが海軍のセンピル教師団にならって米軍将校を招聘し、機数を増し、訓練をつんで、日本にそなえていたのである。だから、渡洋爆撃の連続十六回の間に、敵の空軍は全滅したが、わが「中攻」も出撃数の五十六パーセントを失うという犠牲をはらい、凄烈なる攻防戦が南京の空を焦がしたのであった。この戦列に、少年飛行兵がはじめて参加したことは、作戦をいっそう意義ぶかいものにした。

9　空母第一主義の提論

大西瀧治郎や隊長たちの叫び

「少年航空兵」の参戦は、まさに空の白虎隊である。出撃にさいし、指揮官は声を励まして、「この車輪が地上を離れたが最後、二度と地上に帰らないが覚悟はどうだッ」と訓示すると、紅の顔は美しく輝いて、「大丈夫、大丈夫。安心して下さい」と笑っていた。

「今日を待っていました」「母からお祝いが来ました」なぞと、嬉々として手をあげて歓ぶ。あたかも学生の選手が、スポーツの試合前に勢揃いしたときの気持だ。演習に飛び立つ顔と寸分かわらない。彼らはじつに立派に戦って、多くの敵機を撃墜した。そうして、その半数は南京の上空に華と散った。形容詞でない散りゆく華であった。

一方に全軍の平均技術は世界の最高水準を実証していた。一例を檜貝襄二大尉にとれば、彼は敵の新飛行場に三棟の格納庫を発見した。そのころすでに二百機近くを撃墜していたので、格納庫はあるいは空かも知れない。空屋を撃つのは爆弾の無駄だ。そこで機の在庫を確かめようと、敵の高射砲隊がおどろいて操作のいとまがないような速力で急降下をこころみ、文字どおり地上すれすれに格納庫の扉前を飛んで庫中の実態を検し、そこに十数機があるのを確認するや、たちまち急上昇、爆撃の狙いあやまたず、それらを全部焼いてしまうという晴れ業を演じた（同君は少佐のときに戦死した）。

かかる技術と、胆ッ玉と知性のそろった飛行将校たちが、真珠湾攻撃の四年半も前にすでに養成されていたのは、驚くべき歴史である。そうして、渡洋爆撃の目的は完全制空にあった。九月一日、蔣介石の手もとには一機も残らない戦果をあげ、米空軍顧問団をして、日本の意外なる航空戦力を嘆ぜしめたのであった（同団のワシントンへの報告）。

それは技術ばかりでなく、機の性能の優秀を証明するものであった。いつのまにか、かかる威力のある飛行機が国産されていたかは、国民の驚きであったが、同時に世界の驚きでもあった。いずれにしても、渡洋爆撃は、現に世界航空戦史上の一項目を形成しているすばらしい空軍用兵の史話である。

それほどの技術と優秀機とがそろっていたら、海戦略全体の上に変革をみちびくような運動が起こってもいいはずだ。昭和九年、航空本部の予算はすでに艦政本部のそれを越していた。すなわち、航空機の方が軍艦の上に出ていた（ロンドン条約の関係もあったが）。

事実、その主張――海空軍優位論――は、成長しつつあった。事あるごとに、「頭の切り替え」が飛行将校の間に絶叫されていた。一つの例としては、昭和十一年の連合艦隊演習の終了後に、飛行隊長たちが、司令長官をとりまいて空軍中心主義を説いて離れなかったような話も残っている。その演習は、連合艦隊主力が、青島を出航して佐世保を攻撃するのに対し、内地の基地航空隊が、いかに防御迎撃するかの作戦想定下に行なわれた。ところが、大艦隊が青島を出撃して五十分もたたない間に、空軍の大編隊が襲いかかり、「長門」「陸奥」

以下の戦艦群は急をつかれて大敗をこうむり、基地空軍の完勝をもって幕を下ろしたのであった。

その夜、研究会の席上で、木更津飛行隊長新田少佐や柴田少佐らの将校は、艦隊長官高橋三吉大将以下幕僚を相手に、「戦艦無用論」を真剣に陳情して退かず、高橋自身も本心は同感であったので、おもしろい場面が展開された。が、若い将校たちの叫びは、いまだに野原の吟声にすぎなかった。かつて金子の陸上基地論、大関のセンピル招聘論、奥田の少年航空兵制度論が、幹部に容れられて、海空軍の発展に一段階を画したような大きい裁量は、当時の海軍上層には欠けていた。かくて「大和」「武蔵」の設計は進められた。

ところが、この「戦艦無用論」を、いちはやく、執拗に、また激越に主張した本家は大西瀧治郎であった。大西が終戦の日、軍令部次長室で割腹したのは、神風特攻の若人を死なした申し訳としてであったが、彼は昭和十年、軍令部が戦艦「大和」の建造を決定する前後、連日、軍令部の第二部（戦備）に坐りこみ、「大和」の時代錯誤を説いて、部長古賀峯一にくい下がった。

大西の主張は、今日、戦艦を新造することは、自動車の時代に八頭立ての馬車をつくるようなものだ。第一、租税を納める国民に申し訳が立つまいとつめよるので、古賀少将はほとんど困りぬいた。古賀が、大国の皇室ともなれば新しい馬車の一台は必要だろうと応酬すれば、大西（航空本部次長）は、それなら四頭立て一台にして、他はことごとく自動車にせよ、すなわち、「大和」「武蔵」の一方を廃し、かつその排水量を五万トン以下にすれば、その余力で空母が三隻できる、と熱烈に提言して承知しなかった。

航空本部長の山本五十六は、大西ほどはげしくはなかったが、ある日、「大和」の図をひいていた福田啓二の部屋に入ってきて肩をたたき、「そんな艦を設計していると、まもなく失業するヨ」と笑った話は有名であるが、しかし、海軍は開眼が両三年おくれた。

いずれにせよ、昭和六年には空中燃料補給、十年には霧中無線誘導着陸、十二年には夜間編隊雷撃まで確信をきずき、わが海空軍は、明らかに世界の最高水準まで達した。

10 世界最初の空母艦隊

米英に一歩を先んじた姿

大西の強談判(こわだんぱん)、山本の揶揄、隊長連の激論、それについで井上成美の戦艦保守派に対する攻撃が話題をにぎわす等、いずれも昭和十二年以降のわが海軍首脳が、航空主兵主義に開眼しなかった事実を語るようである。首脳部は、その意味で責められてしかるべきではあろう。にもかかわらず、彼らは一面において、自ら大いに弁護する事実をそなえていた。

それは果たしてなにか? 太平洋戦争の幕が開いたとき、日本が米英よりも優勢なる空母艦隊をそなえていた一事これである。他の艦種においては、戦艦が対米六十パーセント、軽巡、駆逐が七十パーセントという比率であったのに対し、空母のみは、じつに対米百二十四パーセント、対英百十八パーセントという優越を現有していたのだ(第一線空母において)。

昭和十六年十二月八日、わが空母の実勢を米英と比較すれば表(三七四頁)の通りであった。

日本は十隻のうち、「鳳翔」と「瑞鳳」(第三航空戦隊)を主力艦隊に属し、残り八隻の四戦隊（一隊二隻）をもって、独立の「第一航空艦隊」を組織していた（別に第二航空艦隊を計画中）。アメリカは、レキシントン、ホーネットを太平洋艦隊に、サラトガ、ワスプを大西洋艦隊というふうに分属し、イギリスは、イーグル、ハーミスをインド洋、イラストリアス、フューリアスを本国、他を地中海の各艦隊に配属していた。ひとり、独立の空母艦隊を編成していたのは日本だけであり、すなわち、着想も実施も明らかに一歩を先んじていたわけである。戦争になって、中途から生産力の激差で遠く追い越されてしまったが、それゆえに、はじめから二百パーセント以上の兵力をそなえておくべきであったという非難は受けるけれども、百パーセント以上をそなえておいた一事でも、いちおう自慢の戦備と称してさしつかえあるまい。

しかも、空母の建造に関しては、わが造船技術陣は、他の艦種の場合よりも、いっそう苦心研究をかさねたことが想察される。本章第五項に述べた「鳳翔」の場合は、日英同盟時代であり、イギリスは、空母研究のために渡英中の金子養三に対し、新空母アーガスの要目を秘さずに教示したので、わが基本設計は大なる便宜を得た。ついで、「龍驤」も、この線で改良建造された（一万トン級）。ところが、「赤城」「加賀」の建造にさいしては、事情はまさに一変した。

この二大空母の建造は、ワシントン会議直後、廃棄すべき巡洋戦艦中の二隻を、空母に改装する協定ができた結果である。米は、サラトガ、レキシントンを、日本は「天城」「赤城」を改造することに決定した。ときしも、「大戦艦が地震でつぶれる」という珍事が突発した。四万トンの巡戦「天城」が、大正十二年九月の大地震で、横須賀の船台から落ちて屈損してしまったのだ（キールを支えている無数の盤木が折れたため）。そこで余儀なく戦艦「加賀」を流用することになった。「加賀」は速力二十六ノットの戦艦として船体ができており、「天城」「赤城」は三十ノットの巡戦としてつくられ、速力も艦の長さも空母にむいていたが、「加賀」は、その点に不都合があって、後年、大改造を必要とした。

（A）日本の空母勢力

艦名	排水量（基準）	速力	搭載機
鳳翔	七、四七〇	二五	一九
龍驤	一〇、五〇〇	二九	二一
赤城	三四、三六四	三一	七二
加賀	三三、七〇〇	二八	七二
蒼龍	一五、九〇〇	三四	六三
飛龍	一七、三〇〇	三四	六三
翔鶴	二五、六七五	三四	八一
瑞鶴	二五、六七五	三四	八一
瑞鳳	一一、二〇〇	二八	二八
大鷹	一七、八三〇	二一	二七
計	一九九、六一四		

（B）米国の空母勢力

艦名	排水量（基準）	速力	搭載機
ラングレー	一一、〇五〇	一五	三三
レキシントン	三三、〇〇〇	三三	九〇
サラトガ	三三、〇〇〇	三三	七九
レンジャー	一四、五〇〇	二九	七五
エンタープライズ	一九、九〇〇	三四	一〇〇
ヨークタウン	一九、九〇〇	三四	一〇〇
ワスプ	一四、七〇〇	三四	七五
ホーネット	一四、七〇〇	三四	七五
計	一六〇、七五〇		

（C）英国の空母勢力

艦名	排水量（基準）	速力	搭載機
ハーミス	一〇、八七〇	二五	二一
イーグル	二二、六〇〇	二四	不詳
フェーリアス	二二、四五〇	三一	三三
アーク・ロイヤル	二二、〇〇〇	三一	七二
イラストリアス	二三、〇〇〇	三四	六〇
ヴィクトリアス	二三、〇〇〇	三四	六〇
フォーミダブル	二三、〇〇〇	三四	不詳
インドミタブル	二三、〇〇〇	三四	〃
計	一六九、九二〇		

それはとにかく、「鳳翔」の一万トン弱から、いっきょに三倍の巨艦を建造するのにくわえ、イギリスは同盟が廃棄されて他人となり、勢い日本独自の設計を要するうえに、飛行機自体の進歩は隔世的であったから、造船官の苦心は想像もおよばないものがあった。議論つねに百出、用兵者も技術者も不動の確信に達せず（米英もほぼ同じ）、そのため、「加賀」の煙突が中央の機関部から艦尾まで延長されるような破天荒の設計まで行なった（煙が甲板上離着を防げない目的）。ところが、煙突が通っている付近の士官室や准士官室は暑くて住めない騒ぎとなり、かつ艦尾の気流を悪化する欠陥も発見され、まもなく大改造をくわえて、昭和十年にはじめて立派な空母に生まれかわったような次第であった（三段甲板を一段にあらため、艦尾を八メートル延長して速力二十八ノット半に増大）。

「赤城」「加賀」（四万二千トン。九十機搭載）の完成と前後して、「蒼龍」「飛龍」が中型空母として建設された。二万トン弱の艦に七十機を搭載して三十四ノットを走るという能力は、造船官の長年月の苦心がむくいられたものといっていい。司令塔や煙突の位置をはじめとし、甲板の形状、風圧面積、昇降機等々に関する幾多の難題がいちおう解決され、ついで建設された「翔鶴」「瑞鶴」への道を舗装したのであった。「翔鶴」級は、公試排水量約三万トン、搭載機八十四機、速力三十四ノットに達し、当時(昭和十六年)の空母としては、米英の最新艦を凌駕した。口さがなき京童は、この二隻の完成を待って太平洋戦争を開始したというほどの偉大なるバランスを、日本の海空軍に賦与した艦であった。

「翔鶴」が横須賀で進水したとき(昭和十四年。完成は十六年八月)は、戦術の一局のみを見る工員たちは、「これで大丈夫」と、思わず口ばしったほどの威力を示現した。けだし横須賀工廠がつくった軍艦の中で進水重量は最大であり(戦艦「陸奥」より重い)、船殻工事の工数は戦艦「大和」と大差なく、そのうえに、艦首にはじめて球根式(バルバス・バウ)を採用して、巨艦よく三十四ノットを疾航するという戦闘力は、京童ならずとも、その二大空母(「瑞鶴」は川崎造船所で十六年九月完成)を見て、太平洋の完全制海空を信じたことであろう。

11　「大鳳」と「信濃」の話

世界二大空母の悲運

太平洋戦争の第一期間――十七年六月まで――わが空母艦隊は、機動部隊の名も高く、太平洋からインド洋にわたる広海面を制空し、まさに無敵の勢いをふるった。ミッドウェー戦油断の惨敗がなかったら、なおしばらくアメリカの反攻を許さず、その間、日本の戦備を蓄積する余裕をめぐんだであろう(ミッドウェー戦で、わが空母群は実力の三分の二近くを喪失した)。

まことに、世界第一の空母艦隊として登場した姿は、今日も歴史の上に雄々しく記録されるものであるが、ミッドウェー以後における「空母の不運」は、緒戦のはなばなしさと対蹠してあまりにも惨めであり、全軍の意気を沮喪させる暗黙の大原因であった。頼む「大鳳」の奇禍はその第一に数えねばならない。本書は、戦前の大海軍を描くものではあるが、「空母の誇り」と関係が深いので、とくに二、三の物語を付記することにする。

わが第一航空艦隊に痛感されていた欠陥は、防御の脆弱であった。これは、ひとり日本の話だけでなく、米英にも共通の悩みであり、あの広い飛行甲板が敵の爆弾に見舞われた場合の防御に関しては、なんとも手のつけようがないという嘆嗟の声が共鳴していた。

その難問題の解決に第一着に乗り出したのが、わが空母「大鳳」であったのだ。「大鳳」は爆弾防御の甲鈑を、飛行甲板の全面に張ったのである。二十ミリDS鋼鈑の上に、さらに七十五ミリのアーマア(甲鈑)を張って、五百キロ爆弾をもって急降下爆撃に耐えるようにつくられた。一方に水雷に対しても、わが戦艦級の方式にならって防御され、三発や四発の魚雷は驚かぬというまでの戦備をもって浮かび出たのであった(昭和十九年三月)。

何事ぞ、浮城の生命わずかに百日、その年六月十八日、米潜アルバコアの魚雷一発が原因となって、沈没してしまったのである。一発の魚雷は前部軽油タンク付近の外板を撃ち、エレベーターを傷つけ、かつタンクからガスの漏洩をうながしただけで、生命にはなんの別状もなく、艦は平然として作戦進航すること数時間におよんだ。彼は不沈空母の名に恥じなかった。ところが、第二次攻撃隊の発艦と、第一次隊の着艦にそなえて、前部エレベーターの口をふさいだのが命取りとなった。すなわちエレベーター(重さ百トンの大昇降機)の内部にガスが充満する結果となり、それに何らかの原因で引火(マッチ一本でも点火する)、大爆発を起こし、甲板は膨れ上がり、火災はみるみる全艦にひろがり、しだいに傾いて覆没したのであった。

世界の第一着を誇った二重装備の飛行甲板は、テストされないでむなしく沈んだ。その魚雷防御も、それ自体は有効であった。敗因は、ガスの漏洩とその対策の不十分にあった。その直後から、全面的に対策が行なわれたが、ときはすでに敗勢ようやく濃く、重病人の保健が、その寿命に大した効果を奏しないのと同様に終わった。

機動艦隊の総旗艦と銘うたれた「大鳳」が、あえなく亡びて、空母の陣営うたた寂寞をつげるにおよび、第二の不沈空母「信濃」は、完成期日を四ヵ月もくり上げるという超特急の工事が厳命された。すでにして昼夜兼行の工事に精魂をかたむけていた上下全部の従業者は、これを祖国救済の聖業と信じ、疲憊の心身に鞭うって邁進した。午前三時ごろ、フト眼をさまして戸外を見れば、六号秘密ドックの上空は茜色に染められて、遠くかすかに槌の音を聞くという、むしろ凄惨なる環境の中に、「信濃」の急工事は進められた。深夜殉職した工員、疲労に斃れた監督、急病に臥した職長、等々、多くの涙ぐましい犠牲を後にして、昭和十九年十一月十九日、「信濃」は日本の艦籍に記入された。

六万八千トン、満載七万二千余トン、もちろん世界第一、しかして全甲板に「大鳳」と同じ甲鈑防御をほどこし、くわうるに艦体下半身は、「大和」と同じ戦艦の防御力を有する天下無敵の空母ができ上がった。立場はわが海上戦力の最後の中心艦。使命は浮かべる航空基地として決戦場に進出し、その不沈性を活用し、味方航空機の最前線における収容、雷爆弾の補給、再出撃の土台となることであった。それゆえに「信濃」自身の搭載機は四十数機にすぎず、本質は全空母群の母体となって戦力補給の源泉をつかさどる点にあった。

もっとも、搭載機の少ないのは、「大鳳」の場合も同じであったように、格納庫の計算であり、必要の場合には、甲板上に露天繋止して百機をそなえるにかたくない。アメリカの空母は多く甲板繋止法を採り、したがって、搭載機数が百を算するものが珍しくなかった。日本人が自動車をかならず車庫に入れて大切にするのと、アメリカ人が平気で路傍にさらしておくのと、まさに同一の心理である。だから、作戦次第では、「信濃」はおそらく百二十機を積んで出撃することもできたろうし、四十七機の定数をもって彼の戦闘力を判定してはならない（たとえば、マリアナ海戦当日、「大鳳」は、戦闘二十七、爆撃十八、攻撃二十七、偵察四、合計七十六機を積んで出陣した）。

しかし、「信濃」はあくまでも急がねばならなかった。ドックを出て海に浮かんでから十日目の十一月二十八日夕刻、各種の精密な試験も、兵員の十分の訓練も、ともに省略したまま、一路、松山湾に向かって出港した。そこで一切の武器を積んで、連合艦隊にくわわる計画であった。彼はいわば軍艦として半裸の姿で遠州灘を西下していた。そのとき、送り狼のごとくつけてきた米潜アーチャーフィッシュ号の魚雷四本のために、一砲も撃つことなく、一機も飛ばすことなくして、熊野沖に没し去ったのである。

詳しくは他の拙著に述べたので再説をさしひかえるが、要するに、四本や五本の魚雷で沈むはずのない不沈艦（「大和」「武蔵」はその三倍ないし四倍の雷撃にたえた）が、敵の方が不思議に思ったほど簡単に沈んでしまったのは、超突貫工事のための工事省略のほかに、艤装後に各区画の気密試験を省略し（一ヵ月以上かかる）、くわうるに兵員の注排水訓練をも省略した、それらの省略弱点の集積したところをつかれて参ってしまったのである。

その六月、「大鳳」とともに「翔鶴」も沈み、十月には、「瑞鶴」以下の空母群も没し去った。かりに「信濃」が松山に安着し、「天城」「雲龍」「葛城」（二万トンの中型）の新造空母を率いて出撃しても、もはや傾く戦運をめぐらす術はなかったのであるから、命数は月日の問題であったろう。ただ願わくは七万トンの巨体を敵前に現わし、天晴れ日本空母の最後の猛闘を、世界海戦史の上に残したかっただけである。

第十二章　悲劇ロンドン会議

1　海軍はじめて分裂す

対米比率と海軍のＰＲ

わが海軍の発展史上における最大の悲劇は、ロンドン条約をめぐって展開された統帥権問題であろう。本問題の表裏を詳しく描くためには、おそらく百回の論文を必要とするであろうし、それは本文構成のバランスを保つゆえんでない。よって、数頁をさいて悲劇の跡を弔うであろう。

私がロンドン条約事件を最大の悲劇という理由は、（イ）海軍をはじめて分裂させたこと、（ロ）軍令部の統帥権主張が政争に結びついたこと、（ハ）五・一五事件を誘致したこと、（ニ）対英米戦争の遠因の一つとなったこと等である。当時における問題の核心は、兵力量の対米七割弱が、大局から見て、妥協すべきや否やの一点にかかったのであった。

昭和五年一月からのロンドン軍縮会議は、ワシントンで主力艦のみが協定され、補助艦の協定は後日に延ばされたそれをまとめるための会議であった（これより先、昭和二年にジュネーヴ会議を開いたが協定失敗に終わった）。日本は極力対米七割の比率を得ようと欲し、若槻全権以下よく準備をして会議に臨んだ。同時に軍令部は協定の三大原則を発表し、国民の支持を得てそれを達成しようとした。それは、(イ)補助艦総括比率対米七割、(ロ)大巡比率七割、(ハ)潜水艦の現有兵力維持(七万八千トン)という三項であった。

会議の直前に、佐分利公使の告別式の席で、私の背をたたく人がある。ふりかえると、本多熊太郎大使であった。大使は私の顔を見るなり、「君、今度も駄目だぜ。はじめから七割を公表して、その通りになるはずがないじゃないか。海軍は頭が悪い」と吐き出すように言った。

一方に、海軍軍令部は、部長が加藤寛治、次長が末次信正で、ともにワシントン会議を体験していた。当時は「七割比率」が全然国民に知られていなかったために、国民の支持が得られなかったという一事が脳裡ふかく浸みこんでいた。そこで、いちはやく七割の声を揚げ、これを国防最低限の兵力量として国民に周知させる方法を採ったのである。いわば、背水の陣として三大原則を疾呼したのである。

外交は本多熊太郎の方が本職だ。外交談判によってものを決める場合、相手の三大原則をそのまま認めることは、外交の全敗を意味するから、それはアメリカの政府も国民も承服するはずがない。

一方に、アメリカが提出した原案は、日本の比率を五十九・九パーセントとする甲案と、六十一・一パーセントとする乙案であって、これまた日本の方が認めるはずはなかった。つまり、六割と七割の争いは、十年前にワシントンで演じられたのと同じ状態で再演され、両々相譲(あいゆず)らず、会議の前途を危ぶまれる形勢がつづいた。そこで、本問題のため東京に特派されたキャッスル大使は、でき得るだけ七十パーセントに近く譲って、日本国民の面子を立てるよう米政府に進言する一方、米全権で上院の有力者リード氏は、わが松平恒雄全権と相許した間柄であり、その松平・リード会議をかさねた結果、ようやく一つの妥協案に到達した。その裏には、米国の主席専門委員がジョーンズ提督からプラット（のち作戦部長）に代わり、大局を正視したことも見のがせない進歩であった。かくて三月十四日、日米妥協案ができて政府に請訓された。内容はつぎの通りであった。

	米国（トン）	日本（トン）
大巡	一八〇、〇〇〇	一〇八、四〇〇
軽巡	一四三、五〇〇	一〇〇、四五〇
駆逐	一五〇、〇〇〇	一〇五、五〇〇
潜水	五二、七〇〇	五二、七〇〇
計	五二六、二〇〇	三六七、〇五〇
比率	一〇〇％	六九、七五％

すなわち日本は補助艦の総トン数において六十九・七五パーセントというのだから、「七割」を得たといって過言でない。外交の産物としてはいちおうは上出来の部であった。

会議をまとめる観点からすれば、ひとまずこれで協定すべきであるという意見（条件つきで）が海軍省側に強かった。ところが、軍令部の側は承知しなかった。

この妥協案には二つの欠陥があることを指摘して、「諾」をあたえなかった。欠陥というのは、（イ）大巡の比率が六割であること、（ロ）潜水艦は同率になったが、日本が要求するのは戦術的に七万八千トンであって、五万二千七百トンでは対米防御作戦が不可能であること、の二点にあった。

この主張はもちろん、間違っていない。現に戦艦は建造休止すでに十年、ロンドンでさらに五年延長され、前途も不明とあれば、大巡こそ準主力艦であるから、七割はぜひ保有したい。また潜水艦は日本海軍の特殊武器であり、対米比率の差を塡めるためには、それによる漸減作戦が必須とされるのに、五万二千トンでは作戦兵力量として明らかに不十分であるというのであった。

が、問題はこの主張が通るかどうかの一点にかかる。すなわちそれが通れば、日本の要求は、百パーセント達成されるわけだが、かかる全勝が外交の上に期待し得るかどうかについて、観測は二分された。これ以上は外交的に得られないという説と、さらに強硬に談判すべしという説とが対立して、深刻なる論争が二週間におよんだ。

2 海軍省と軍令部

政府と軍の間に立った山梨次官

仮妥協案が東京に請訓されたのは三月十四日夜であった。十七日、軍令部次長末次中将は、同案が国防上、不当なる理由を新聞に発表して問題を起こした。部長加藤大将は、十九日に浜口首相を訪い、

「ほかに何らかの確固たる安全保障の条件がないかぎり、同案に賛成することはできない」

と、ハッキリ軍令部の主張を伝え、浜口は、「趣旨はよくわかった」旨を答えて別れた。

三月二十二日に、海軍は、政府回訓の資料として作戦的要求を加味した海軍側の主張を織り

こんだ新提案をつくって、外務省に送付した。要は、大巡の六割を不可とし、これを七割に増率するかわりに軽巡の保有量を減ずること、および潜水艦の保有量を増額するかわりに駆逐艦を減量することを基礎として、再交渉を開始するという内容であった。ところが、外務省がロンドンの全権に打診した結果では、「仮妥協案は英米をギリギリまで譲らせたもので、再交渉の余地なし。会議を決裂させる覚悟がなければ新提案は無益である。同案はイエスかノーかの点までしぼられたものだ」というのだ。

ロンドン全権団としては、そう観測して不思議はない。若槻礼次郎全権以下よく主張を闘って、ようやく総括的七割まで持ってきたのだ。ワシントンの六割にくらぶれば成功であると、心底に微かなる誇りをさえ感じていたであろう。幣原外相にしても、ワシントン会議の一全権として体験した六割（仏伊の反対がなかったら、日本は補助艦も六割を諾するところであった）の過去をかえりみれば、六十九・七五パーセントの比率は成功だと、胸奥ひそかに信じたことであろう。素人と玄人とが最後にくいちがう点である。かくて政府は、海軍回訓案による再交渉よりも、海軍側の大局の譲歩を要望する方向に動いた。

浜口首相は、財部海相が全権として出張中、海相事務管理となっていた。軍令部の要求は再交渉であり、外務省の要求は多少の条件を付して妥協案を承認することであり、そのいずれをとるかを熟慮した後、だんだんと外務省案にかたむいていった。総理大臣としての判断は大局から見て正しかったろう。ただ、政治の歩み方として、海軍の回訓案にそって、いちおうの努力をロンドンに求めておいたならば、不成功の結果は同じことであっても、内外政治的に満点近い成績をあげ得たであろう。

一方に、三月二十六日に決定した海軍側の態度も、なんら常識を逸脱してはいなかった。その会議では、山梨次官以下海軍省側が譲歩論を主張したのに対し、末次次長以下軍令部側が譲歩の不可を熱説して対立したが、結局、つぎの要旨に帰着して、山梨からそれを浜口に伝えることになった。(一)から(三)までは覚書として、他は口頭で述べた。

(一)米国案は認めがたし。よって海軍回訓案程度の主張をもってさらに一押し全権の努力を望む。

(二)決意をともなわざる中間案は、海軍の専門的立場より見て作製不可能なり。

(三)海軍の方針が政府の容るるところとならざる場合といえども、海軍諸機関が、政務および軍務の外に出ずる儀にあらざるはもちろん、官制の定むるところに従い、政府方針の範囲内において最善を尽くすべきは当然なり。

(四)政府方針決定のうえは、浜口氏より海軍首脳部に説明ありたし。

(五)専門事項に関し、日本にもっとも不利なる点、および変更を要する点にして、全権の努力を要望する事項については、海軍次官より浜口氏に説明すべし。

つねに高度の常識をもって高く評価されてきた帝国海軍の伝統は、いまだこの覚書の中においては損傷されていない。

山梨はもっとも多く苦労奔走した。海軍内部が二つに割れつつある形勢を外部に見せないこと、海軍が建軍以来、一回も政府と喧嘩したことがなく、対外策では外務省とつねに一本になってきた美しい歴史を傷つけてはならないと決意して動いた。信念は不抜であったが、身分は中将にとどまったので、前海相岡田啓介大将（のちに首相）が後見人のかたちで参画尽力した。

　浜口は三月二十七日に、岡田、加藤の両大将を招き、「政府はだいたいの方針として、全権請訓の妥協案を基礎に協定を成立させたい考えである」旨を伝えた。そこで、海軍は対策を考究して三月二十九日に稿を終わり、海軍の意見として浜口に手交された。一方に政府の回訓案は、三十一日に稿を終わり、四月一日の閣議をへ、上奏御裁可を得て、回訓することになった。そこで浜口は、閣議の前に海軍代表に了解を得るため、岡田、加藤、山梨の三氏を首相官邸に招き、決定の理由を縷々説明して回訓原案を手渡した。

　これに対して岡田軍事参議官は、「専門的見地よりする海軍の主張は従来どおりで、これは後刻、次官から閣議の席で陳述させるようお取りはからいを願います。もしこの案に閣議で定まりますならば、海軍としては、これにて最善の方法を研究いたすよう尽力します」と回答した。

　この用語は、加藤寛治大将遺稿中のその日の記述と、青木得三氏著『太平洋戦争前史』と、辞句を一にしている。後者は、幣原首相時代にできた戦争調査会の事業の継続による著述で、信頼性に富む。この両者が一致している如上の「岡田陳述」は、当時の浜口首相にいかなる印象をあたえたであろうか。

3　総括的七割の成立

加藤の上奏と肚の底

浜口首相は、海軍省と軍令部とが心から一致していないことを知っていた。すでに加藤軍令部長から、妥協案に同意しがたい旨を聞いていたうえに、四月一日の前記会談においても、岡田大将の意見表明の後に、加藤からかさねて、「国防用兵の上からは妥協原案に賛成し得ない」旨の意思表示を受けていたからだ。

しかし岡田から、「専門的見地からは不賛成だが、政府が方針を決定したうえは、海軍はそれに沿うて最善を尽くすよう致したい」旨の言葉を聞いたのだから、それで海軍もまがりなりにまとまるものと考えたのは当然であったといえる。いずれにしても、その時機にいたっては、浜口は回訓を急がねばならなかったであろう。軍令部を説得してOKをとることは不可能であるし、海軍回訓案を基礎に再交渉をひらくことも、ロンドンでは絶望だとわかれば、それ以上、時日を遷延することは有害無益と考え、四月一日の閣議決定を急いだのであった。

そうして回訓案中で軍令部の不満を緩和するため、条約期間を五ヵ年とし、一九三六年に大巡比率をかさねて主張する保留を付し（妥協案では、大巡比率は一九三〇年は七十パーセント、一九三三年は六十四パーセント、一九三六年に六十パーセントとなる計算だ。この五年間に米国だけが三隻建艦するためにこう変化する）、さらに潜水艦減量のために、日本は新建造が不可能になるので、艦齢を変更して少量の新造を可能にする修正を条件とした。が、それは政府が考案したもので、軍令部の同意を得た修正案ではない（海軍省側の了解）。すなわち政府は、自己の責任において、兵力比率を協定する方針を実行したものである。

さて、四月一日午前の浜口会見から帰った三人は、待ちうけた末次軍令部次長、堀軍務局長以下の首脳部との間で、即刻、対策考究に入った。が、形勢は少しも変化していない。三月二十七日と同じだ。したがって、対策にも新案はあり得ない。そこで三月三十日に策定した海軍案を、山梨次官が閣議で読みあげて善後策を要請することになった。その案の構成は、つぎの諸点からなっていた。

(イ)海軍の専門的立場からすれば、政府回訓案は国防の上に欠陥を残すものと認める。

(ロ)ゆえにその欠陥を最少限に止むるため、昭和十一年までに左記対策を実施する要あり。

(甲)航空兵力の整備充実

(乙)協定兵力量の十分なる活用ならびに現存艦船の勢力向上

(丙)制限外艦船の充実

(丁)教育および防備施設の改善、研究機関の充実、演習の励行、人員器材および水陸設備の充実改善

(ハ)本条約の終結とともに、帝国の最善とする方策により、ただちに国防を完備するの要あり。

山梨はこの原稿を閣議で読みあげ(四月一日午後)、さらに兵力補充のための(ロ)の経費に関しては、政府が剰余金の配分を優先的に考慮すべきを要請し、閣議これを了承。終わって浜口は上奏御裁可を得て、ただちに回訓が発せられた。

政府の上奏に先だって、加藤は上奏しようとした(三月三十一日)。牧野内府は鈴木侍従長(貫太郎大将)をして、それを政府の上奏後に延ばすよう説かしめた。加藤は不満を自制し

て四月二日に参内し、政府回訓に示された兵力協定は、「大正十二年に御裁定あらせられた作戦計画に重大変更を来すをもって慎重審議を要するものと信じます」と奏上した。上奏を終わった加藤は、末次中将を使いとして、東郷元帥と岡田大将とにその次第を報告させる一方、ロンドンの財部海相あてに、重要な親展電報をうった。電文要領は、つぎの通りであった。

「海軍次官あて機密第八番電拝承。貴殿のご決心を承り大いに心強く感ず。今後、大巡七割の保留確保その他重大事項を前にして切にご自愛を祈る。本職今二日上奏後、左のごとく新聞に発表せり。ご安心を乞う」

右の「機密第八番電」というのは、三月三十一日午後七時に、山梨次官から財部全権の自重を要請した第二十一番電に対する返電であり、要旨は、「貴官の来趣は本職においても深く省察するところ、この際、一身の小節におりて国家の大事をあやまり、累を将来に残すがごとき挙措を慎み云々」というのである。しかして山梨の電報要旨は、「政府はだいたい全権請訓を基礎とする方針と推測さる。大勢右のごとくなるこの際、閣下のご行動はとくに慎重最高の御考慮を要るやに存ぜらる（中略）。若槻全権と別個のご行動を取らるるごときことあらば、容易ならざる政治問題を惹起し、帝国の将来にはなはだ憂うべき事態を醸すにつき……難きを忍んでご自重を懇請す云々」といったもので、財部が海軍三大原則を固執して、全権団の分裂を生ずる危険を恐れ、その自重協調を懇請したものであった。

これによって観ると、加藤は軍令部長として政府妥協案に反対したが、一方において、内部の分裂を表面化させ、会議を決裂させることを、海軍全局の上から回避しようとする大乗的立場を失っていない。すなわち、軍令部の意思は意思としてハッキリと記録に残すが、海軍省が閣議にしたがって決定するのはやむを得ない、という常道を踏んだのだ。このまますめば、天下も海軍も、雨降って地固まるの自然を讃美し得るはずであった。

4 捏造キャッスル事件

国論を罵る提督の錯覚

今度はワシントン会議の場合とはちがって、「七割」の必要はひろく国民に理解されていた。いい意味の宣伝として効果は申し分がなかったといえよう。ワシントンでは、「六割で十分」と考えた外務省も、ロンドンでは、「七割を獲得する」ために全力をつくす建前で出発した（昭和四年十一月、幣原、加藤会談）。政府も、野党も、財界も——いわば国をあげて、海軍の七割を支持した。

その国民の声はロンドンにも響いた。この声がなかったらおそらく、六十九・七五パーセントの比率は得られなかったであろう。六十九・七五パーセントといえば、七十パーセントと称してさしつかえない。その七割が得られたのだ。ただし大巡は六十パーセント、潜水艦は現有自主量七万八千トンを二万五千トン削減（日英米平等）されたから、三大原則中の第一原則は認められ、他の二つが否定されたわけである。

ところが、その第一原則の「七割」が、国民にとっては重要な獲物であったのだ。日本海軍の「位」が、六から七に上昇したことを意味した。まして英米を相手とする外交において、三つの要求がことごとく通るはずはなく、その中の大切な一つ——七割の位格——が得られたら、それでいちおう満足すべきである、という輿論が圧倒的になった。

私は、ワシントン会議では七割を支持したただ一人の記者であった。仲間から笑われながら、その主張を闘った。ロンドン会議にさいしては、もちろんであった。その私自身も、仮妥協案を見て、もう一押し努力するとして、成功しなければ、今回は総括的七割の一事でしばらく満足すべきだと信じた。私はつぎのように論じた。

「総括的七割は、日本の家の建坪が決まったことだ。遺憾な点は柱が米檜であり(大巡六割)、雑作が粗末(潜水艦不足)だという二点である。それを日本檜にかえ、雑作を改造することは、一九三六年の仕事にすればよい」

と。私がこう書いたほどだから、一般言論界が妥協案に大賛意を表したことは当然であった(かつては新聞社幹部のほとんど全部が六割論であったのだ)。

血気の軍令部将校中には、この輿論の大勢を憤る連中があった。やがて「キャッスル事件」というのが流布されて、ひろい話題となった。その流説は、緒方、岡崎、伊藤(朝日、毎日、時事の編集局長)が、米国のキャッスル大使から三百万円を収受し、それを都下言論界に分配して米国案に賛成させたというのだ。無礼はもちろん、あまりの非常識を笑殺していたが、やがて某業界紙が書き立てたので、それを告訴して追究した結果、驚くべし、出所が軍令部の某有力提督であることがわかって、われわれは開いた口が塞がらなかった。

キャッスル氏は、グルー大使とともに親日家として、戦争中でも終始、日本に同情的であった名士だが、この噂を聞いたとき、「不幸にして、米国の国務省は、この種の運動費を一文も持っていない。出すなら、自分のポケットから出すほかはない。かりに私が大金持ちだとしても、アメリカ海軍の比率を何分何厘か上げるために、私が個人で三百万円の大金を出すという義理はないはずだ。ずいぶんとばかげた日本の噂である」と大笑いをしたという（昭和二十六年三月、幣原氏の回顧寄稿から）。

まことに、日本の大新聞が、外国から金をもらって国の利益を売るかのように錯覚したところに――あるいは、世間がこんなばかげたことを信ずるものと錯覚したところに――一部提督の頭の狂いがあった。こんな提督には、大きい海戦を戦うことはできないのだ。それはとにかくとして、そうした頭の狂いが、おさまりかけたロンドン条約問題を最悪の方向に攪乱してしまった。

想い起こす大正十一年十二月四日、筆者がワシントン会議報道の大部分を終わってワシントンを去る前日、ショーラム・ホテルに、全権加藤友三郎大将を訪うて帰国の挨拶かたがた懇談したとき、加藤は「六割」協定について、つぎのように語った。

「アメリカの二千いくつかの新聞が、ことごとく米国のヒューズ案に賛成したのは、僕には一つの重圧のように感じられた。それに反して、日本の方は、海軍専門家の主張に疑問を持つ方が多数で、少なくとも、有力新聞は、ヒューズ案で妥協せよという論調のようであった。かりに相当の理屈があっても、国論の支持がなければ通らない。その国論にも、かならずなにか理屈があるにちがいない。われわれは、それを取り入れて、専門的に工夫するのが至当だ。僕はその考え方で、英米と話し合いを進めている。まず、こんなところが外交の落着する点であると信ずるが、君はどう思うか。なるたけ、そう了解してほしい」

私は賛成して、東京での再会を約して別れた。専門的工夫というのは、太平洋防備制限協定（グアム、フィリピンの根拠地拡張中止等々）が、成立の見通しがついたことを指すのであった。

この、国論を尊重するという加藤全権（のちに首相、元帥）の思想の半分でも、ロンドン会議時の軍令部首脳に伝承されていたら、前述のような醜い争いは起こるはずもなく、またその後の不快なる諸問題も起こらなかったであろう。

5　福沢の国防論

海軍の伝統に亀裂入る

国論とともに、国論の支持を得て、国論に応える――という思想は、わが海軍の美しい伝統の一つであった。これは結論において述べる方が筋道であろうが、便宜上、この機会に書いておく。

海軍を拡張するためには、国民の理解を得て、その支持のもとになしとげねばならぬ、という原則を着想し、かつ確立したのは、これもまた山本権兵衛であった。

山本が海軍大臣になって就任第一の仕事は、三田山上に言論の大御所福沢諭吉を訪問し、海軍拡張について強力なる支持を依頼することであった。山本が福沢を三田に訪うたのは数回におよぶが、あるときは半日近く話をまじえたほど懇親なものであり、そうして話題は、つねに世界の大勢と海軍拡張のことであった。山本はしばしば部下に対して、

「福沢は日本文明の恩人だが、いわゆる文明人とはまったく異なり、その土性骨（バックボーン）は、君たち海軍士官よりも太い。福沢は文久元年に欧州に行く途中、香港でイギリス人が支那人を鞭でたたきながら酷使しているところをながめ、『今のままではやがて日本人も酷使されるかも知れぬ。どうしても酷使する側に立たなければウソだ。それに強くならねばならぬ。強くなるには、先進国の学んだところを学び、しかる後にそれを越す覚悟が必要だ』と強く感じて一倍勉強し、そうして先進国の文明を輸入したのだ。おたがいもそれに学び、同時にその支持を受けねばならない」

といって、福沢訪問を説明したという。

当時、「日本一」と自他ともに許した時事新報が、海軍拡張の先頭に立ったのは、山本の訪問以後のことであり、その主張は、同業の各新聞にも尊敬されていたので、言論界はしぜんと海軍に好感を持つようになった。

福沢が、「封建制度は親の敵で御座る」と言った警句は、昭和にいたるまで、全国の中学生にまで親しまれたほどで、日本の旧習打破に無類の感化力をおよぼしたが、同時にわが国古来の美徳たる「士風の維持」は、福沢が機会あるごとに力説して国民を導いたところであった。

有名なる「独立自尊」の要は、一身一家の独立をまっとうしてこれを国家におよぼすにあり、世界弱肉強食の争いに処して、日本の独立をまっとうするためには、道徳として「士風」の尊ぶべき教え、一方に外患に備える「防御力」の必要を説いたのであった。すなわち、島帝国の独立をまもるために海軍の要を主張したものであって、それが福沢、山本の了解となり、そうして、わが海軍の言論界との提携を伝統づけたのであった。ロンドン会議の前半までは、それが尊重され、また効を奏した。総括的七割は、その成果であること前述の通りだ。それが思い上がるというか、独善的に走って、逆に言論界を軽蔑罵倒するキャッスル事件の捏造にまで脱線してしまった。美しい伝統に傷をつけただけでも惜しいかぎりであった。

もちろん、軍令部の心ある高官は、言論界の反目を憂い、二、三の海軍評論家を動員して、世論の形成につとめたけれども、当時、約百何十かにのぼる日刊新聞のその八割以上の読者を有する大新聞を敵にまわしては、ただに山本・加藤の言論思想を忘却するばかりでなく、二、三の水雷艇をもって大艦隊と戦うの結果を見るのみであった。が、軍令部は、悲壮なるみずからの感情に率いられ、舵を忘れて一つの方向に直進した。海軍の友人たちも手のつけようがなく、嘆きながらそれを見まもるのみであった。

ロンドン条約は四月二十二日調印に決まった。その前日、海軍軍令部は、つぎの件を海軍省に通牒した。

「海軍軍令部は、ロンドン海軍条約案中、補助艦に関する帝国の保有量が、帝国の国防上最小所要海軍兵力として、その内容十分ならざるものあるをもって、条約に同意することを得ず」

すなわち、公式に反対通牒を発したわけだ。四月一日、まがりなりにもケリがついたと思われた内紛は、曲がりがひどいために鞘におさまらず、統帥権の白刃は、かえって海軍の内外に殺気を誘発することになった。軍令部はどうしても腹の虫がおさまらない。振り上げた拳のやり場に困ったとか、薬がききすぎたかというような俗譬をもって評すべきではないが、千両役者（？）が花道に留まりすぎて、引ッ込みの機を失した形は争えなかった。

一つには、軍令部の若い将校や、艦隊の元気いっぱいの若者たちが、幹部の引ッ込むのを許さなかったのだ。いわゆる「青年将校」は陸軍にだけいたわけではない。政府が軍令部を無視して兵力協定を行なうならば、軍令部長はすべからく死諫せよとか、即刻辞職して天下に訴えよとか、その勢い当たるべからず、諄々と説いて制するを道とするその長官の常道が、激昂と怒号とに閉塞される実情を呈した。その静まるのを待つほかはなかった。その「時の効果」さえも、三週間では、いっこうに冷却期間の効を奏しなかった。彼は花道にとどまるほかはなかった。とどまっていれば、なにか台詞を言わねばならなかった。いわんや、それをケシかけた悪い観衆があった。

6　魔の声——統帥権干犯

下剋上の一端と人事の損耗

軍令部の部下は当然に強硬である。国防の窓は一つだけではない。軍令部というせまい一つの窓口以外からも物を眺めるよう諭しても、熱しきった耳には入らなかった。齢はるかに不惑を越した予備の大・中将の間にさえ、強硬一本槍という面々も少なくはなかったのだから、青年将校を抑え得るのは、山本権兵衛とか、加藤友三郎とかいう人物以外には求め得なかったであろう。

くわうるに、加藤も末次も、三大原則の不可譲を陣頭に疾呼してきた立場から、いまさらその中の二つを失って、平然と軍縮戦の舞台から引きさがるわけにはいかなかったろう。頭脳の悪くない二人が、「会議を決裂させてしまえッ」と自暴自棄に走るごとき人物であったとは私は信じない。引き揚げる道をあたえれば、加藤は大局を見て引いたに相違ない。それをあたえる政治力が、政府には乏しかった。逆に軍令部を怒らせるような仕打ちが、怒りッぽい彼らの怒りに拍車をかけた。

それよりも質の悪かったのは、野党政友会の策士たちであった。花道で引ッ込みを待つ役者をさらに引きとどめ、不純の声援を送り、くわえてすごい捨て台詞を教えこんだ。「統帥権干犯」の叫びがこれである。

統帥権干犯問題は、のちに五・一五事件や、二・二六事件の一因をなしたばかりでなく、やがて、政党自身の墓穴を掘る亡国の鍬となるのであって、その経緯内情は、ここで簡単に述べることはできない。後日の機会を待つほかはなく、また、人もあろうに、犬養毅や鳩山一郎という政党人が、統帥権を振りかざして浜口にくってかかった政争盲進の態度も、本文に紹介する紙幅を持たない。

要は、彼らが政権に眼がくらみ、加藤、末次らの純情軍人を長く舞台に踊らせて、ロンドン条約問題の結末を、最暗黒の方向に引きずったところに罪情あさからぬものを残したのだ。

東郷元帥や、伏見宮博恭王（のち軍令部部長）らを反政府運動にかつぎ出す謀略を智恵づけたのは、またこれらの政党人ではなかったか？　東郷のごとき聖将は、かかる暗い闘争とは絶縁の神棚に安置することこそ後輩の礼であるのに、それを反対論の味方に引き出そうとしたのは、憎むべき措置であった。さらに、条約案が枢密院に諮詢される最後の段階で、これを葬る作戦を教え、同案の論議五十余日におよんだ大難航の因をつくったのも、また同じく野党の策士たちであったろう。

ようやく、十月二日に条約は批准されて一段落を告げた。が、残ったものは、軍人の下剋上的傾向と、海軍の人的大損失とであった。次代の海軍をになうはずの次官山梨勝之進中将は、次長末次信正中将と同時に、あたかも喧嘩両制裁のかたちで、六月十日に更送された。後任は小林躋造と永野修身の各中将であった。

一方に、加藤部長は六月十日、単独参内して陛下に辞表を捧呈（上奏文——統帥権に関する——とともに）し、後任には谷口尚真大将が補せられた。財部海相は条約批准の翌日、すなわち、十月三日に辞職して、安保清種大将が後任となり、ここにロンドン会議関係の省部両代表は、功罪一括して無差別に転任という結果となった。

ロンドン会議が、不十分ながら一応の成功と見られたのに対比して、この人事は不可解のものであった。事実は、見解の対立が感情の争いとなり、派閥の抗争に発展するのを防止したとでも説明すべきであろう。

が、かかる場合に、若い将校のあいだに人気の出るのはいわゆる強硬派であり、大局を見る知能は、多くの場合、文弱者流として退けられるものだ。安保、小林の軍政は、決して第二流と評すべきではないが、ロンドン条約妥協派といわれた智将に対する軍の空気を粛清する力はなかった。強硬派は東郷や博恭王の名を借用して、ロンドン条約派の左遷をはかった。首席専門委員であった左近司政三中将の退任もそうだが、当時、軍令部ともっとも痛烈に論争した軍務局長堀悌吉少将を去らしめたことは、海軍の損失であった。堀は、山本五十六がもっとも尊敬していた先輩であり、のちに私に語って、「堀を失ったのと、大巡の一割とどちらかナ。まだある。とにかくあれは海軍の大馬鹿人事だ」と切言した。

大局から条約をまとめようと努力した海軍大将斎藤実（当時、朝鮮総督）、同岡田啓介（軍事参議官）、同鈴木貫太郎（侍従長）が、いずれも二・二六事件で軍人暴徒の狙うところとなったのは、本問題と無関係では語られない。しかも、この三人が、のちに順々と内閣総理の大任を拝したその人物識見から推論しても、ロンドン条約は素直に認めるのが、賢者の道であったことが明証されるようである。

それなら、この暗黒の一年は、当時、隆々と伸びつつあったわが海軍力自体の上に、いかなる影響をおよぼしたであろうか。また、大巡六割と、潜水艦不足の問題は、その後どうなったであろうか。航空兵力の整備充実はどうなったか。

大巡については、すでに詳しく書いた。ちょうどそのころに、日本の大巡は世界に話題を投げていたのだ。平賀設計によるわが大巡の威力が、英米を脅威しつつあったのだ。あれほどにすぐれていなかったら、英米はあるいは日本の大巡に何パーセントかの増率を認めたかも知れない（軽巡を減らして）。ところが、平賀中将が確信したように、日本の大巡戦力は英米同型艦の少なくとも二十パーセントは上回っていたのだから、六割比率でもなお七割以上は戦い得る計算であって、相手も肚の中でそう計算していたと思われる。

しからば潜水艦は如何。それについては幾多の問題があるので、ここに条約後の海軍を述べる機会に、これを総括的に回顧してみよう。

第十三章　潜水艦の消長

1　第一艦は米国から

山本の先着と取り消しの遺憾

潜水艦は、日本の各種軍艦が世界一流をもって任じたなかで、あるいはもっとも優れたものとして了解されていた。昭和に入って以後、東京にある英米仏各大使館の海軍武官が、ことごとく潜水艦の専門家のみであったという歴然たる事実は、日本の潜水艦が、いかに世界の注目をひいていたかを実証するもので、それは同時に、日本の潜水艦造船技術と、その作戦構想が、天下の問題であったことを、物語る証明でもあった。「大和」「武蔵」が沈んだからといって、その造艦の誉れは沈まないように、作戦をあやまって薄命に終わったといって（後述）、潜水艦の黄金時代を笑殺するのは当たらない。やはり、この艦種についての苦心経営の史実と、その到達した高峰の頂きは、富士山の雪の不滅の一片として眺めておくべきであろう。

わが潜水艦が急激に発達したスタートは、ワシントン条約で主力艦が六割に制限されたその不足を、潜水艦によっておぎなうことに決意したときである。まもなく末次少将が潜水戦隊司令官となるにおよんで、これを艦隊作戦に協同せしめ得る自信をかため（猛訓練を反復して）、それに適する艦型を要求し、造船官またよくこれに応え、途中、続出した幾多の故障を克服しつつ、昭和三年の「海大三型」——一千八百トン、二十ノット、航続一万マイル——にいたって世界の水準を抜いた。昭和五年のロンドン保有量の不足をおぎなうために技術はさらに発達し、「巡潜三型」という世界無類の優秀艦種をつくり上げたのである。

その前後、艦型幾変遷。また、艦種多様にして詳述の紙幅もないほどだが、第一期のH型、C型、L型を別とし、太平洋戦争に参加した日本潜水艦の種類は、じつに二十数種の多きを数えたのである。量産の不便は別とし、改良苦心終戦の直前まで休まなかったことは、一つの涙物語でさえある。最後の五千二百トン級（イの四〇〇潜）にいたるまでの発達史は一瞥に値するであろう。

忘れてならないことは、潜水艦の場合も、他の軍艦および航空機について、日本が独自の立場を高く樹立するまでの経路において、よく先進国に学び、その指導をうけ、それを消化し、不断に改善を工夫して、ついに世界水準に達したのと同じ道順を踏んだことである。しかして、その初歩においては、これまた、英米の大なる好意に依存したことを特記しておかねばならない。

一言にして明らかなことは、わが潜水艦の第一号〜五号が日露戦争の真ッ最中、明治三十七年十一月に、アメリカから日本に輸入された一事によって証明される。むろん、米国政府ではあり得ない。エレクトリック・ボート社という民間企業からではあるが、戦時中立の常識をおかして、当時もっとも恐れられた新発明の兵器を交戦国に売るというのは、好意による一つの冒険であった。

まことに、その建造は危険である。スパイによって、いつ破壊されないとも限らない。そこで、智恵のある一技師の提言により、会社の方から進んでロシアに売り込みを交渉し、彼の反撃を封ずる手を用い（ロシアも遅れて注文した）、日本の方は徹夜作業で建造、それを解体して郵船の神奈川丸に積みこみ、十一月二十二日に横浜に到着した。

海相山本権兵衛がこれを注文したのは、三十七年六月十三日であり（「初瀬」「八島」沈没対策として）、彼は、これを翌年二月ごろに予想されるバルチック艦隊の襲撃に使う計画であった。当時、潜水艇に乗ったことのあるのは、井出少佐（謙治大将）一人くらいで、だれもくわしいことはわからない。百トンの小艦だから、二ヵ月もあれば組み立てるには十分であり、それから一ヵ月も練習して、敵艦隊を奇襲しようと胸算用をたてたのであった。

山本は潜水艦をもってバルチック艦隊を奇襲しようとしたが、それなら、明治三十七年六月では少し遅すぎる。山本らしくないと思ったら、果たせるかな、彼が潜水艇の採用を決心したのは明治三十四年八月、すなわち、アメリカ海軍がそれを正式に採用した直後だったのである。

すなわち山本は、同年末、在米大使館武官補の井出謙治大尉に対し、「ホーランド会社に潜水艇四隻を注文したいから、その価格を交渉して見よ」と命令を発している。ところが、すでに述べたように、ロシアがわが国の建艦を凌駕する目的で、戦艦四隻を新造することになったので、日本も急遽、これに対抗する必要にせまられ、山本は三十五年はじめ、いちおうその注文を取り消したままで終わってしまったのだ。もし、山本の原案が遂行されていたら、日本の潜水艇は、有史第一番の潜航攻撃を旅順口にこころみて世界を驚かしていたことであろう。

2　米英将校の示した好意

井出謙治と小栗孝三郎

前項に当時、潜水艇に試乗したのは井出大尉だけと書いたが、それに関し、一つの挿話を略記しておかねばならない。明治三十二年、アメリカに赴任した井出は、青雲の志をもって潜水艇に乗りたくてたまらず、ホーランド会社に出かけていくたび頼んでも許されないので、毎日ホーランド艇の繋留波止場に行ってそれを眺めていた。ある日、同年輩の米国海軍士官があやしみ問うので、井出は念願の趣を語ると、その士官は、気の毒だから俺が一度乗せてやるから、何日何時に来いという。井出は半信半疑で行ってみると、同士官は約束どおり待っていて、艇内を見せるだけでなく、沖に出て潜航運動を実施したうえ、腹蔵なく詳しい説明をしてくれた。

彼はキンブル大尉(のち少将)といい、潜水艇の性能試験を担当して実験中であり——米海軍の正式採用はその翌年であった——、井出の熱心に感じて意外なる親切を示してくれたのだ。井出はこれによって詳細なる報告を海軍省に送り、山本海相はそれを見て潜水艇採用の肚を決めたのであった。前記、潜水艇購入でアメリカが示した好意の源には、このような個人の大なる好意が実在したことを記録しておこう。井出はキンブルの親切を忘れることができず、彼を日本潜水艇の恩師として、生涯、文通をたたなかったという。（なおその前年に木佐木中尉がハドソン河で短時間試乗したことがあるから、これを日本人の一番乗りと言うことができる）。

同じような親切を、イギリスの海軍士官が示してくれたことも、わが潜水艦発達史の第一章を飾るものとして、ついでに併記しておかなければならない。井出とともに日本潜水艦の両親といわれた小栗孝三郎大将は、明治三十七年に、前記ホーランド型五隻の回航主任として（当時中佐）米国に出張した。そうしてホーランド号の建造中、同盟国イギリスに渡って潜水艇に試乗させてもらうよう奔走した。が、潜水艇は当時の第一機密であると同時に、日露戦争中で露国のスパイがうるさい関係上、正式には許可されなかった。すると、海軍情報局のキース中佐（のちに有名な大将）が、親友の潜水戦隊指揮官ベーコン大佐に特別に紹介してくれ、ポーツマスに移住して機会を待つことになった。

十月下旬の日曜の朝、潜水母艦艦長ホール中佐が平服で迎えに来た。同行すると、ポーツマスに行かずに、数マイル離れたストック・ベーという無人湾に行った。沖合いに潜水艇A第二号が見え、岸辺には小さいボートが繋いであり、気品のある四人の若い漕ぎ手が待っていた。送られて艇に上がると、その艇長は前記情報部長の弟のキース大尉であった。

それから湾外に出て、潜航その他の一切の運動を反復実演し、約五時間をついやして、あますところなく潜水艇の戦闘価値を学びとることができた。乗員が非常に少ないので聞いてみると、水兵はスパイに乗ぜられる危険があるというので、全部休暇を出し、運用はことごとく、士官のみで実施したので、前記のボートを漕いだ四人は新任の少尉であり、艇内で機関の手入れや、油さしを演って見せたのも、全部士官ばかりであり、それらの人々の親切には、若い小栗中佐は感激おくあたわず、とくに寒風に波しぶきを浴びながら、自分を元の岸辺まで漕ぎとどけて、いささかの不平顔もせずに別れた四人の若い少尉に対しては、別れぎわにサンキューの握手と同時に頭が下がり、しばらくは眼がくもって頭を上げ得なかったというのが、後年、小栗の述懐するところであった。

潜水艦に試乗する目的で、わざわざイギリスに渡った小栗にとって、英国士官たちのこの親切が、いかにうれしいものであったかは想像にあまりあるところであった。

それだけではない。小栗は潜水艇の設計建造の状況を見たいと願ったところ、海軍省のスーター中佐からヴィッカース会社のホブソン支配人に特別に紹介され、同社を訪れたところ、ホブソン君は、「目下、露独のスパイがたくさん入っていて、君に便宜をあたえるのは困難と思うが、とにかく重役と相談して来る」といって部屋を出たまま、いくら待ってももどってこない。待ち疲れてホブソン君の机側を見ると、そこに各種潜水艇の設計図があり、かたわらに製図用紙と数本の鉛筆が用意されてあって、無言裡にそれをうつして行けという好意の次第が判明した。

感銘の物語に値することは、これと同じ筆法の好意が、後年、同社の造船部長サーストン氏によって、平賀中将に示されたことである。平賀は前述のごとく、論文発表かたがた、「大和」の設計の資料を得る目的で渡英し、旧知のサーストン（「金剛」の設計者）を訪問した。そのとき同君は歓談を中断して、外出してしばらくもどらず、しかして机上を見ると、新戦艦の設計図数種と紙と鉛筆が備えてあった。一見すると幾多の新しい着想があって大いに参考になったという。

さて本筋にもどり、ホブソン氏が小栗に示した好意がみのり、明治四十二年にヴィッカース社からC型五隻を購入し、のちにL型の設計を購入して、日本潜水艦の基礎を確立することになるのである。

3 佐久間大尉の殉死

その精神は米英にも伝わる

さて、アメリカからの日本むけ潜水艇五隻は、急造のレコードをつくり、予定どおり解体梱包されて十一月五日（明治三十七年）、汽車でシアトルにはこばれ、二十二日に横浜に着いた。海軍は東方にむかって感謝の頭を下げた。

巨艦「筑波」および「生駒」用の主要鋼鈑や電動機その他の肝腎な諸機材も、アメリカの特別の好意によって輸入の道程にある。日本を強くするために、彼は戦時中立をおかす一歩手前まで救援の手をさしのべていた。六三制や、男女共学や、共産流の組合結成や、無防備憲法や、その他いろいろの占領行政が日本を弱くする目的をもって工夫されたのは、かつて日本を強くするために尽力した歴史の埋め合わせであるが——それはしばらく別として、バルチック艦隊と戦う有力なる武器が、急造の約束に遅れなかったのは、この種の注文には無類の出来事であった。

ところが、組み立ての仕事は進捗遅々、戦争すでに終わった明治三十八年十一月一日にいたって、ようやく「第一潜水艇隊」が誕生し、十一月末の凱旋観艦式に御召艦の前で潜航を実演したのが、せめてもの光栄であった。

それよりも記憶すべきは、松方コレクションで有名な松方幸次郎氏が、同年暮れに、敢然として早く潜水艇の国産をひきうけ、神戸川崎造船所において、第六号、第七号の二隻を苦心惨憺のすえ建造し、三十九年三月、日本の「第二潜水艇隊」を築いたことだ。設計は、ホーランド氏が井出少佐（当時、海軍省副官）に、好意をもって送ってきたものを、松方が、「全部損をしても何ほどかは国のためになろう」といって、いっさいを日本人の手で建造して、奇蹟的に成功したものである（常備排水量五十七トンおよび七十八トン。発射管一門）。この縁で川崎はその後三十数年にわたり、潜水艦の改良と建造には大きい貢献をしたもので、たまたま、その時代の実業家の気質を語る一顕例とされている。

その第六号艇は、佐久間艇長の殉死とともに、わが潜水艦史に不滅の名を残した。佐久間艇長の死は、アメリカの有名な軍事評論家ハンソン・ボールドウィン氏の近著『海戦と海難』の中に、「第六号艇。一九一〇年」という一章をもうけて特掲されている。章中で、ボールドウィン氏は、佐久間大尉の有名なる遺書の全文を紹介し、最後に、

「佐久間の死は旧い日本の厳粛なる道徳――サムライの道、または武士道――を代表した。星霜移り日本は西洋思想によって近代化され、また戦さ敗れて米軍の占領行政に感化をうけたけれども、しかも佐久間が示した武士道はなおいきて、日本人の副意識の中にその戦士の魂を残すであろう」

と結んでいる。ボールドウィンは、佐久間の日記が、その海底に擱坐して一切の動力がつ

き、ガソリンが充満して刻々死に瀕していく間に、苦悶の呼吸と闘いながら——五百パウンドの空気を十四人の乗組員が呼吸していた——綿々と書きつづけた勇気に感動したが、さらにその内容が、まず沈没と浮揚力喪失の原因を明らかにして、艇構造の改良に資料を残し、進んで、潜水艇乗員の沈着にして勇敢なる資格条件と、現に、それが眼前に立派に発露されている情況を描き、長谷川、原山、鈴木、門田、岡田、横山、遠藤らの部下が、冷静忠実に職場に立っている姿を叙して、これを国民に伝えた指揮官の心がまえに感動した。

佐久間は進んで、「われらは同時に勇敢でなければならない。しからざれば、わが潜水艇の進歩は望み得ない。進歩、進歩……われらの死は無益であってはならない」と書いていく。ボールドウィン読むにたえず、すなわち、謳って言う。"The code of the Samurai was triumphant still"「ああ武士道はなお燦として輝きつつあり」と。まことに佐久間の長文の遺書は、全句ことごとく帝国潜水艇の現状と将来を憂うるの赤誠に終始し、最後に、天皇陛下が、いま軍人の職分をまっとうして死んでいく乗組員諸士の遺族に憫れみをたれたまわんことを祈り、そうして、「ガソリンに酔うた。中野大佐——十二時四十分」という文字をもって終わっている。

中野大佐とは、潜水母艦「韓崎」艦長中野直枝氏（のち中将）の名。「ガソリンに酔うた」事情はだいたいつぎの通りだ。そのとき、佐久間は現代潜水艦の特徴といわれるシュノーケル（潜望鏡と同じ高さ程度の通風管で、これにより水中でもエンジンを動かして排気潜航する）を試験中であった。ところが、潜りすぎて管口から浸水し、その口を閉めようとしたときに閉塞弁の排水の鎖がはずれ、ようやく手で弁を閉めたが、そのとき遅く、奔入した多量の海水のために艇が沈没した。そこでポンプ排水をすると同時に、ガソリンをも排出しようと圧搾空気を送ったところ、圧力が高かったためにガソリンパイプが破れて艇内に臭気が充満してきたわけだ。

シュノーケルは、第二次大戦末期に、ドイツが装備し、戦後、ソ連の潜水艦が全面的に活用することになって、俄然、時代の脚光を浴びるようになったが、日本は明治四十三年に早くも着想訓練に従事中であったことを特筆しなければならない。目標は、水中動力としての二次電池の弱体をおぎなうため、ガソリン・エンジンによる半潜航行と、同時に充電をかねるにあった。ドイツは、第一次大戦前期にこれをディーゼル・エンジンによって実施し、のちに二次電池が発達したため中止した。

なお付記しておきたいのは、大正十一年末、わが潜水艦耐圧構造論の権威徳川武定氏（造船中将）が、英国ハルウィッチ軍港を訪問した際、司令官が机の中から古いパンフレットを出して、これは英国潜水艦乗員に対する精神教本であると示した。見ると、それは佐久間大尉の遺書の英訳であった。

イギリス海軍軍人の亀鑑としていき、またボールドウィン氏が現代にまで紹述する「佐久間精神」が、日本潜水艦将兵の魂の中に伝わらないならば、それは不義でさえあろう。

現に、その精神に感奮蹶起した若い一人の事業家があった（熊田義夫君）。事業成功後、毎年四月十五日を会社の休日として佐久間祭を催し、犠牲心と責任感の復誦、および関係遺族の慰霊を行事とすること四十年、昭和三十一年、突然倒れて中止したが、秋には起きて第四十一回の慰霊祭を行なうという。すなわち佐久間の魂はいまだ日本に滅びていない。

4　五千二百トンの巨艦

パナマ運河単独攻撃の計画

前述したように、潜水艦は高価であり、その建造には、他のいかなる軍艦よりも高度の技術を要するものであるが、しかも、潜水艦が日本に適合した兵器だという観念は、最初から支配的であった。

ホーランド型の後に、海軍は英国のC型を輸入し、のちに三菱は同じくL型の設計図を購入して、それを基本に研究した。一方で海軍は仏国のローブーフ型を（大正五年）、ついで川崎造船所は、イタリアからフィアット型の図面を購入して、それらの特徴を学びつつ国産化に努力した。

その結果、呉工廠で「海中型」——海軍式中型——が確信をもって建造されるようになり、大正八年から昭和にかけて二十二隻竣工し、その一部は、太平洋戦争中にも訓練用として使用されたほどである。

が、わが潜水艦が世界の注目をひくようになったのは、大正十三年以後、「艦隊用潜水艦」が成功した後である。すなわち、潜水艦の通念を一歩超越し、高速力と凌波性とをもって、主力艦隊の組織内に参加し、艦隊運動の一環を形成する一方、単独には迎撃戦隊を編成して、遠く大洋に敵の主力艦を攻撃する性能をそなうるにいたった後である。

ワシントン比率の不足をおぎなうべく、日本が起ち上がった姿の代表である「海大一型ないし三型」で、排水量千四百トン、速力二十ノットに達し、よく主力戦艦隊と行動をともにすることができ、したがって、決戦様式の中に一つの変革を導入するの観を呈した。同時に川崎がつくった巡潜型は、排水量二千トンで航続力二万マイルという大行動圏を有する――単独でパナマ運河往復――ので有名となった。

これら進歩の幕をあげると、そこに、ドイツの潜水艦専用技術家テッヘル博士の熱心な指導が働いていたことを発見する。博士はゲルマニア造船会社の設計主任で、第一次大戦中のドイツ潜水艦を全部、製作指導した大家であり、その経験を日本の海軍省で活用したのであった。ドイツは条約で潜水艦保有を禁止されていたから、テッヘル博士が腕をふるう場所を失ったところに着眼し、同氏を招聘して学んだことは、空軍のセンピル大佐の場合のように、ひろく新知識を世界に求める流儀の成功であった。

のちにわが潜水艦設計の四人男といわれた穂積律之助（のち少将）、本原耿介（当時大佐）、片山有樹（のち少将）、中村小四郎（のち大佐）のうちの後者三人までが、テッヘル門下の逸材として育ったのである。

こころみに、昭和初期の三国の代表潜水艦を比較してみると、上表のとおりである。

艦　名（国）	排水量（トン）	速力（ノット）	航続力（カイリ）
海大六型（日）	一、四〇〇	二〇	九、八〇〇
ドルフィン（米）	一、五四〇	一七	六、〇〇〇
ビイ型（英）	一、四七五	一七半	六、〇〇〇

（注）備砲は同様に四インチ砲一門。雷装は日米が二十一インチ管六門、英が八門。

すなわち、つねに潜水艦使用者の切なる要求であった高速力という点で、日本が断然まさっていた点が、右の比較（ジェーンおよびブラッセー年鑑）において、明らかにされている。

理由は、主機関にスイスの有名なズルザー式を輸入して改良したのと、艦型に独特の工夫を考案したためだ。若い造船の権威福井静夫少佐にしたがえば、信頼性という点では、英のヴィッカース式を第一としたようだが（同氏著『造艦技術の全貌』）、とにかくも、故障と闘いつつ高馬力のズルザー式の改良をつづけて軍令部の高速要求に応じ、のち太平洋戦争の後半には、じつに「水中速力十九ノット半」という海の怪物を建造するまでに発展したのであった。

この章のはじめに一言した五千二百トンの大潜水艦は、昭和十七年五月、いまだミッドウェーの敗戦の起こらなかった前に設計され、十八隻を建造して米国本土西岸要地とパナマ運河を攻撃する目的であった。戦況不利、資材難、他の艦種急造等の理由で、終戦時に三隻だけがようやく完成したが、その要目は、大要つぎの通りであった。

常備排水量＝五千二百トン（基準三千五百トン）、速力＝水上二十、水中六・五ノット、航続力＝十四ノットにて約四万マイル、砲力＝五・五インチ砲二門、水雷力＝発射管八門、魚雷二十本、飛行機＝攻撃機三、射出機一基、潜航所要時＝一分、安全深度＝百メートル。

これは日本海軍の造艦において、前記水中二十ノット艦とともに、傑作の最後を飾ったものである。すでにして戦術常識から見た潜水艦の性能も、ワシントン条約を一段階として世界をリードするにいたり、さらに、ロンドン条約の不満に対応する必要にせまられていちだんと進歩し、「海大六型」「巡潜一型」「海中七型」等は、お世辞を抜きにして世界に比肩するものがなかった。

5　用途を誤る

艦隊決戦用と通商破壊用

そこで問題は、これほど苦心し、進歩し、優越し、そうして多大の期待をかけられた潜水艦が、太平洋戦争において、もっとも期待はずれに終わったのはなぜであるか、の一点に集まる。

結論から先に言うならば、それは潜水艦にあまり多くを期待し、これを艦隊決戦用、強襲作戦用に利用する理想にはしり、その本来の特性たる奇襲用兵の途を忘れがちになったため、せっかくの優秀なる性能を、大部分、活用し得ないで戦争を終わったということになるだろう。いかにすぐれた卓球の選手でも、彼を庭球の試合につかって、果たして成功するかどうかは疑問であるごとく――。

しかし、問題は簡単ではない。そもそも潜水艦を「艦隊決戦用」に活用すること自体が、日本の専売特許に近いものであったのだ。第一次大戦中の英独ジュットランド海戦（英主力艦三十七隻、独二十一隻参戦）において、英の長官ジェリコー大将は、戦闘の第三次展開中に、ドイツ潜水艦隊の来襲を配慮したけれども、戦後の研究によれば、二十ノット前後の艦隊速力をもって運動する主力艦戦列に向かって、潜水艦を駆使することは不可能事だという結論に達した。そして潜水艦は、軍艦を相手とするよりも、商船を相手とする武器であり、したがって、市民を殺傷する「非人道の武器」として「廃止協定」論まで現われ、一九二一年～

二年のワシントン会議中には、英米の言論界には、廃止論が有力に唱えられたのであった。

ところが、そのワシントン会議の直後から、日本は逆に潜水艦を作戦主要兵器の一つとして重要視するにいたったのである。それは、たびたび述べたように、潜水艦をもって「主力艦の対米比率の不足」をおぎなう前提的重要武器とする方針を確立し、猛訓練の結果、その可能性を信じて、これに、「漸減作戦」の特殊名称までつけることになったのである。それゆえに、ロンドン協定案が、三国平等の五万二千七百トンと決めたのに対し、軍令部は、現有兵力七万八千トンを頑強に主張して譲らなかったわけだ。

思うに、日本は潜水艦をもって米艦隊の渡洋進航を迎撃する、いわゆる「漸減作戦」を実施すると同時に、艦隊決戦の現場にも、これを駆使する戦術構想を有し、その作戦の権威は軍令部次長末次中将であったから、ロンドン条約量にはいっそうの猛反対を表したのだ。

潜水艦は、決して弱国の武器ではない。その一トンあたりの建造費は、戦艦の三倍以上、四倍にも近いのであるから、貧国の経済は、とうていその大量を保有するにたえない。また、造艦技術の上から、他の軍艦にくらべて二倍の難工を要することも常識でわかる。問題はその価値にかかり、価値は利用によって分かれる。日本はもっぱら、これを艦隊決戦に利用する肚であり、英米は、それを偵察攻撃と通商破壊に使用する狙いであった。

ところが、太平洋戦争の戦績を検すれば、日本の商船の六十三パーセントは潜水艦によって撃沈され、敗戦の重大なる一因――おそらくは最大の一因――となった。すなわち、アメリカの潜水艦利用は百パーセントの価値を現わした。ソ連が極東に九十隻以上の潜水艦を常備しているのは、この戦訓を学んでいるのだ。これに反し、日本の潜水艦は、ついにアメリカの戦艦を一隻も沈め得ないで終わった。すなわち、価値がゼロに近かったという結論になる。その敗因を書くのは本文の目的ではない。ただ、太平洋戦争には、日本海軍が二十年腕を磨いて待った艦隊決戦なるものが生起せず、たまたま起こったマリアナ決戦は、三百マイルをへだてて戦う航空決戦に変貌し、日本流の潜水艦作戦が戦功を現わす余地なしに終わったことを一言すればたりる。すなわち、結果的に見て、日本は潜水艦の使用を誤ったということになる。

この結果から見れば、さかのぼって昭和十六年十二月八日の戦争第一日に、ハワイ近海に作戦したわが第二、第三潜水戦隊の司令官たち（山崎重暉、三輪茂義の両少将）が、帰国して率直に開陳した実感による意見こそ、潜水艦の本道であったと思われる。すなわち司令官や艦長たちの見解は、「潜水艦は、敵の防備されたる港湾や、警戒厳重なる艦隊等に対して攻撃を指向するも、戦果ははなはだ疑わしい。やはり潜水艦の本命は敵の商船にある」というのであった。

果たしてこの通りであるならば、日本海軍が二十年精魂をかたむけて訓練した潜水艦戦法は無駄であり、浪費であり、失態であったという結論になるではないか。末次大将ならずとも、当時の首脳者も、ただちにそれを全面的に受け容れることはできなかった。といって、実戦者の声も一概に葬り去ることもできず、半信半疑で、したがって、不徹底なる潜水艦作戦を継続した。

そうして比重は、やはり艦隊用に重かった。艦数の不充分も一つの理由ではあったが、ドイツが熱望反復した「インド洋の通商破壊作戦」にも、後半になって申し訳的に応じた程度であった。みずからもまた、アメリカの交通線を撃つ作戦――たとえば米豪連絡の遮断作戦――のごときも、第二義的にしか考えられなかった。さかのぼって、日本の潜水艦の多数は、発射管と魚雷搭載数が米英より少なかったのも、商船攻撃より軍艦襲撃をねらった設計にもとづくもので、いずれにしても、潜水艦を最有効にいかす道をはずれたものと評し得るであろう。

それでも、わが潜水艦が撃沈した敵国の船舶は、相当の数にはのぼっているのだ。ただ、日本の潜水艦中には遠洋に出撃して未帰還のものが多く、それらが果たしていくばくの敵船を沈めたかは不明であり、したがって、正確なる統計は、後日、米英豪蘭の海面別被害実数が集計発表されるのを待つほかはない。が、実績は、アメリカ潜水艦にはるかに劣ることは明らかだ。その目的のために専心しなかったからだ。しかしながら、もしも、はじめから重点を通商破壊の方面において製作と訓練をかさねていたら、さらに、はるかに大きい戦果をあげ得たことは疑いないであろう。潜水艦建造の技術は、戦艦以下の各艦種に優るとも劣らず、また乗組員の技量も、一流水準をきわめていたはずだからである。

第十四章　水雷艇転覆事件

1　「友鶴」の横転

全海軍を戦慄せしむ

ロンドン条約の兵力不足にそなえる他の方策は、海空軍の充実と、制限外艦艇の建造、ならびに既成艦の改装充実であり、また、許された新造艦の性能強化であった。海空軍の拡充は順調に進んだこと既述の通りである。ところが、制限外艦艇および新艦強化建造の途上において、全海軍を戦慄させるような重大事件が勃発した。水雷艇「友鶴」の転覆と、駆逐艦「夕霧」および「初雪」の艦首切断事件がそれである。

それは単に、一水雷艇が覆没した災難とか、一駆逐艦の艦首（約四分の一身）が猛波浪のために剝ぎとられてしまったとかいうニュースのスリルとはちがって、「日本海軍脆弱なり」という国防上の大欠陥を反省させる千古の大警鐘であったのだ。ロンドン条約の対策としての自強案は、逆に日本海軍を弱体化しつつあるにあらずや、との疑念が海将たちの胸に忍びよった。

同時にそれは造船技術官の生命の問題であり、同時に名誉の問題でもあった。昭和五年以降のわが建艦は、一艦ごとに世界の海軍をおどろかし、その性能の優越は、天下第一と、自他ともに許すような勢いであった。転覆なぞは夢にも考えたことはない。もとより「船は転覆しない」という保証はなく、設計不良や、操作の不手際によってくつがえることはむろんあるわけだが、近代造艦の常識では、軍艦は転覆しないものと考えられていた。軍艦ともなれば、第三流、第四流の造船国がつくった艦でも、性能の拙劣はとわれても、暴風でひっくり返る危険だけはないのが世界の通念のようになっていた。何事ぞ、艦もあろうに日本海軍の軍艦がひっくり返ったのである。昭和九年三月十二日午前四時十二分、佐世保港外における珍事である。

「友鶴」は、僚艦「千鳥」および「真鶴」と三隻で第二十一水雷戦隊の新編成に入り（佐世保所属。旗艦軽巡「龍田」）、同日午前一時三十分に出港、三隻をもって「龍田」を夜襲する猛訓練を実施中、風速二十メートル、波高四メートルの荒天がさらに悪化の徴を呈したので、午前三時二十五分、演習を中止し、「龍田」に続航して帰港中、佐世保港外大立島の南方海上七カイリの地点で、想定約四十度の動揺を反覆中に転没したものである。本来なら、四十度や五十度で転覆するはずはないのだが、斜め後方よりうけた波の周期と、艦自体の動揺周期とがかさなりあって、いっきょに転がってしまったものらしい。のちの計算によれば、「友鶴」は、かかる状況においては当然転覆するという数学的結論が出たのであった――。

が、艦の動揺周期と波濤のそれが同調することは、荒天においてはつねに生起する。まして当日の荒天は、わが近海においては中流の程度であるから、その原因で軍艦が転覆するようなら、他の多くの軽艦艇は、つねに危険にさらされる道理であり、日本得意の奇襲雷撃作戦は、天候平穏の海上においてのみ可能であるという滑稽に堕するであろう。桶狭間ではないが、荒天こそ奇襲の絶好機であるのに、その荒天に自分の艦が不安定だとあっては、いかなる勇将猛兵も、出撃に躊躇するであろうし、また司令官も、出撃を命令する資格を持たないであろう。果然、水雷戦隊全部の問題となり、同時に軍令部をあげて心痛をおおうべくもない状態となった。歩行あやしく何の猛訓練ぞや、という海上からの非難は、ロンドン条約の不満よりも騒がしくなった。

悲しむべし、原因は明らかに実在した。しからば、その原因は何によって生じたか。少なくとも、三つの方面から由来した。

(イ)ロンドン条約対策としての過重武装、(ロ)軍令部の過当なる要求、(ハ)造船官の服従または妥協、がそれであった。これはまた、日本海軍造艦の荊の道であり、これを乗り越えて、さらにいちだんと技術を高めた関係もあるから、単なる過去のニュース価という方角以外からも、一瞥をあたえる価値があるだろう。

ロンドン条約は、六百トン未満の艦艇の建造を自由に開放した。わが海軍は、当然にこの自由にむかって突進した。かつて百トンの水雷艇と三百八十トンの駆逐艦とをもって日本海海戦を戦ったわが海軍は、六百トンの水雷艇を駆って、はるかに大きい雷撃の戦果を期待することができよう。ただ、攻撃対象が防御力をはるかに増強している昭和年代にあっては、水雷艇の武装性能も、また日露戦時よりは強大なるを要すること言をまたない。そこで軍令部は、その所要性能をつぎのように要求した。速力三十ノット。航続三千カイリ。五インチ砲三門。発射管四門。

これじつに、従来の二等駆逐艦「夕顔」「朝顔」と同一の武装、というよりも、備砲を砲塔式とし、かつ方位盤射撃装置を設けた点で、いちだんと強化させ、しかも、それを「夕顔」級の約一千トン排水量なのに比して、六百トン未満に装備しようとするのだ。一見、非常な無理である。その無理を、平賀門下の秀才藤本喜久雄（造船少将）は、基準排水量約五百三十トン、公試六百十五トンで仕上げてしまったのだ。無理は、ついにその内臓をさらさずにすむであろうか。

2　トップ・ヘビー

重武装と復原力の犠牲

わずか六百トンの排水量で、五インチ砲三門、二十一インチ発射管四門、速力三十ノット、航続三千マイル（十四ノットの基準速力で）という軍艦は、もとより天下の驚異であった。戦時中に東條首相が常用した「不可能を可能とする」という警句は、藤本少将が、水雷艇「千鳥」（「友鶴」の僚艦）をつくったときに、早くすでに軍令部から発せられた誇りの言葉であった。

が、不可能を可能とするかぎり、どこかに多少の無理は生まれるであろう。その無理は「千鳥」建造の当初において、すでに一度ハッキリと露出した。あの小型艦のうえにあれだけの重武装をあえてするのだから、重心が高くなるのは自明の理だ。つまりトップ・ヘビーであり、重心とメタセンターとの距離が短く、したがって復原力に乏しい。メタセンターとは、いわば浮力のはたらく合力点（M）であり、その点と重心（G）との距離を、GMの長さと言う。艦種や水量によって所要の長さは違う。だいたい二メートルから一メートルの間であろう。だから重心点が高すぎると、GMが短くなって復原力が欠乏する。水雷艇「千鳥」は短い標本であった。果たせるかな、「千鳥」の進水直後に行なった重心測定試験は、ハッキリとそれを現わした。そこで建造を担任した舞鶴工廠の造船官は、重心をもっと下げる必要を艦政本部に強く建言したが、本部では試運転の結果をまって対策を講ずることにして建造を続行させた。

昭和八年十月、「千鳥」はいよいよ進水し、満目注視のうちに試運転を行なったところ、果たせるかな、全速力で十五度の転舵を実施すると、艦はたちまち三十度という大傾斜を現わした。本来の旋回公試は転舵を三十五度までこころみるのであるが、十五度で早くもかかる大傾斜を現出したので、危険明白となり、ただちに中止して対策を講ずることになった。しかし、にわかに武装を削減することもできないので、艦底から上甲板にわたる大きいバルジをつけて復原力の増大をはかり、GMの長さもいくぶん延長されて第二次試験をパスした。が、それは落第をしなかったという、すれすれのパスであって、大威張りで、荒天を疾駆するだけの資格があったわけではない。

「友鶴」は、「千鳥」型の二番艇として、同じように舷側にバルジを装置して、九年二月、竣工し、佐世保に回航されて第二十一水雷戦隊の一艦にくわわったのであった。しかし、バルジは両舷に張り出しを装着して艦幅を増しただけで、要するに、あくまでも窮余の一策でしかない。彌縫（びほう）はやがて、ほころびる日が来るであろう。ところが、それが僅々一ヵ月で到来したのは、基本を無視した対応策が、ついに無力であることを証明する天の摂理でもあった。艦上に武装を過載してGMの長さを失った艦は、砲塔を軽減するか、砲数を減ずるか、雷装を節するか、橋檣を低くするかして、重心を下げるのが天則と称していい。

現に見る、一等駆逐艦にして、ややもすればトップ・ヘビーを疑われた「磯波」「浦波」級さえも、武装重量は排水量千七百トンに対して三百二トン、すなわち、重量比十三・七パーセントであったのに、「友鶴」「千鳥」は百七十六トンで、重量比はじつに二十四パーセントに達した。こんな頭の重い軍艦は世界に類を見ず、たとえば腹部にあるべきはずの重心が胸のあたりにあるようなものだ。それで復原性が不足しなかったら、それこそ天下造艦界の大不思議である。

復原性の相手方は大自然である。大自然は、日本がロンドン条約対策のために異常なる高重心の造艦をこころみたといって、その心根に同情手加減することはない。大自然がいかに大きい風速と、高波浪と、変化波とを海上の万物に投げつけるかは予知することができない。まずもって世界航海史一千年の跡をかえりみ、海難の統計を検討して「安全率」を想定し、その一歩上に安全基数をもうくればすなわち可なり、いやしくもその下に冒険すれば、往々にして不測の惨劇を招くべく、そうしてそれは、決して不測の弁解を許さないものである。このことたる、世上万事に共通する自然現象であって、いずれも人間の横着を罰するもののごとくである。

もっとも通俗に、「起き上がりこぼし」の玩具を見よう。重心がその底にある。いかなる暴力をもって倒すも、彼はたちまち復原する。秒速百メートルの超暴風も、もとよりこれを転覆させることはできない。これは、極端な例であるが、理論は同じだ。反対に、頭の重いものはくつがえるのであって、船は下が海であるだけ恐ろしく、いわんや戦う軍艦においてをや、という常識だ。

英国造船界の古い諺に、"Too much paints sink a ship."というのがある。厚化粧がすぎると身を亡ぼす、という婦人への警語にまで流用される古い有名な俚諺でもあるが、要は艦橋やマストや煙突、その他の上部構造物へ、ペンキをよけい塗りすぎると、復原力を害して危ないという戒めである。木造船時代の先輩の教えであろうが、現代にいたっても、イギリスの造船官は、それを、親に孝行せよという古来の教えのように尊重している。

日本の造船官が親に孝行しなかったわけではない。多分、大義親を滅すという筆法で、天の法則を侵犯したものであろう。昭和の初期まで、日本の軍艦は外国に比して重武装を誇ったが、それは、GMの常軌を逸脱しない範囲内でつくったから誇りに値したのである。わが造艦の常則は、GMの長さを各艦種ごとに十分に計算し、重心下降によって、大角度の傾斜にも復原するよう設計し、それで、五十年無事故であった。「友鶴」は、それを限界点まで切りつめて、ついに海軍の恥を招いた——。

ついでながら、アメリカも復原力については二、三の悲喜劇を演じている。神経過敏の方の例として、ペンサコラ級重巡はGMの長さが二メートルを超え、復原性が鋭敏にすぎて動揺が激しく、絶対に転覆しないかわりに横動が急に失して大砲の狙いが定まらない。それに乗員の不快は当然だ。そこで、甲板に鉄の重量物を装着して重心を引き上げ、もって復原の過敏を緩和した例もある。その正反対は、米の駆逐艦モナガン級であって、そのトップ・へビーは、日本海軍でも問題にしていたものだが、果然、一九四四年十二月に「友鶴」の二の舞を演じた経緯は、追って解説することにしよう。

3　調子に乗りすぎた要求

平賀の不譲と藤本の譲

軍艦の転覆という大事件は、二千年の史上にかぞえるほどしかない。明治十九年、軽巡「畝傍（うねび）」がフランスからの回航中、南シナ海辺で行方不明となったのは、大暴風下に転覆したものと推定されている。同二十八年五月には、五十四トンの水雷艇第十六号が澎湖島作戦中に高波濤にのまれた。が、近い例としては、駆逐艦「早蕨（さわらび）」が、昭和七年十二月、台湾近海で暴風雨に遭って転覆しており、それが日本海軍に対する反省の大警告であったのだ。

「早蕨」は安定のいい艦で、建造後すでに十五年、その同型艦二十余隻も無事故であった。それならなぜに転覆したか。原因は、急ぎ馬公に転任する将兵の荷物や食糧を甲板に積み上げて航行中に荒天となり、大動揺を反復したが、もともと復原力にいささかの疑問もない艦であったから、甲板上の重量物を海中に遺棄するだけの決断に出づることなく、なんとか乗り切れるだろうと考えた油断が、この大事故をうんだのだ。ゆえに、原因は歴然として甲板上過載の一点にあった。重心が高くなっていたのだ。

よくわうるに、荷物過載で、艦上の風当たりが強く、専門的には、風圧耐面積比が過大となって、大角度の復原性が減少し、ＧＭ数値の短縮と相かさなって、転覆要因を形成したのである。簡単にいえば、トップ・ヘビーと風袋過大になっていた。かくて、復原性が豊かで、もっとも安定した艦で知られていた「早蕨」さえも、大自然の懲罰をまぬかれることができなかったのだ。しからば民間の素人といえども、ロンドン条約後の武装過重設計に対しては、すぐに疑問を提起するであろう。あやしむべし、そのとき現に建造中であった稀代の頭重艦「友鶴」型に対して、建造中止どころか、着々として工を急いだその軽率を、いかに弁明しようとするのか。

そこに、軍令部の強烈なる要求があった。排水量六百トンの水雷艇の上に、一千トン級駆逐艦と同一の武装を要求したことは前述の通りであるが、藤本少将を主任とする造船官たちは、心血をそそいで設計を応諾し、広汎に電気熔接を利用し、船体機材一般に極力、軽合金を用い、機関にも重量軽減を工夫して、排水量を六百トン以下におさめたことも既述の通りだ。

工夫をすればできるものだ。軍令部の勢いは当たるべからず、すでに平賀譲博士の「夕張」「古鷹」で味をしめた軍人は、戦備一徹、いよいよ重武装を要求してやまない。その排水量で、もう一門の大砲を増載し得ないか、もう一基の発射管をふやし得ないか、高射砲は欠くことができない、指揮統一のための集中艦橋は絶対だ、艦底にバラストを積んで重心を下げるぐらいならば、そこに弾薬庫をもうけろ、曰く何々と、果てしない要求は、用兵家としては無理ではなかったろう。が、それが実際に無理であることを説いて、軍令部を納得させるのは造船官の責任である。

ところが、軍令部の要求とその勢いとは、それを説いて納得させるのに容易ではなかった。

大なる勇気あるにあらざれば、彼らの欲望を抑えることは至難であった。断乎として過当武装の要求を拒否したのは平賀譲であったが、軍は彼に、「平賀不譲」のあだ名をつけて、ついに敬遠し、「妙高」以後の設計時には、その意味で彼をロンドンに特派し、帰朝するや、彼を技術研究所長に祀りあげて設計主任の地位から追い出し、かわりに「軍令部のいうことを聴くおとなしい人」を任命した。そのおとなしい造船主任が、藤本喜久雄であったのだ。

藤本は造船設計の手腕において、平賀に即接する名手であった。八八艦隊造艦の先覚山本開蔵は、平賀と藤本がいれば日本の軍艦は、世界の何国にも負ける気づかいはないと太鼓判を捺して引退したが、事実はその通りに発展していった。

「夕張」「加古」「古鷹」「妙高」等についてはたびたび述べたが、藤本の手になった特型駆逐艦「吹雪」級、大巡「高雄」「最上」、空母「蒼龍」「飛龍」等は、世界注目の名艦と謳われた。

ただ、大いに異なるところは、平賀の剛情に対する藤本の従順であった。平賀は、軍艦の復原性については頑としてゆずらなかった。たとえば、一等駆逐艦の吃水線上重心の高さ（OG）を八百ミリ、GMの長さを八百五十ミリと決めたならば、それを五ミリ減らすことも承知せず、ときには逆に軍令部にせまって、連装発射管一基を取り除けるよう強談におよぶというふうであった。

藤本は、その反対であった。軍令部が、ぜひとも大型カタパルトがほしいと追加を要求してくれれば、重心点を五十ミリくらい高くすることは、あえて忍んで応諾した。技術的にいうと、平賀は、OG値を重視することを、信念をもって力説した。Oは艦の吃水線の中心であり、ＯＧ値は復原性の理論とは直接無関係といわれていたが、平賀は、経験上から、これを第一に重視した。しかるに藤本は、ＧＭだけを計算してＯＧは考えなかった。ＧＭの長さが一定の規準だけあれば、それを最低限までゆずって、可及的に用兵家の武力要望を満足するよう設計するのが、造船官の使命であるという立場をとった。

それも一応の考え方である。軍艦の優劣をわかつ一応の目安もそこにあった。われわれは、英米との軍艦要目を比較する場合に、排水量、備砲、速力等をあげるが、ＧＭ値とか、風圧対面積比の度合いとかをくらべることはない。軍艦の復原性は、つねに十分であるという前提に立っているのだ。ところが、前記の諸設計は、復原力の最低限までおかして、あえて武装の偏重におもむいたのである。剣呑しごくといわねばならない。

何をか危険という。ほかでもない。「友鶴」事件がなかったならば、遠からずして、遅くも昭和十年九月には、さらに大なる軍艦、具体的にいえば、空母「龍驤」、潜母「大鯨」、重巡「最上」級等の転覆事件が発生し、「友鶴」の難とは比すべくもない大惨劇が内外を驚倒させていたことであろう。なぜならば、これら大艦の復原力は、「友鶴」とまったく同一であったからだ。

もちろん、正確には、他の多くのデータがくわわって、簡単に転覆を断言することはできないであろうが、すくなくとも、「友鶴」遭難時よりもはるかに大きい荒天は、日本の近海にはしばしば発生可能であり、現に大艦隊がこれに遭遇した記録は、昭和十年〜二十年の間に三回におよび、その風速と怒濤の状態から想察すると、重巡「最上」や「三隈」が転覆しなかったという確実なる保障は、いかなる造船官にも、おそらくは不可能であろう。危ういかな。

それというのは、名手藤本少将ができるだけ用兵側の武装要求をいれて、艦の復原力——安定性能——をギリギリの線まで譲歩した結果である。上手の手から水が漏るなぞと洒落ている場合ではなかった。これから日本軍艦の大改造がはじまるのである。

藤本は責の重きにたえず、純良内気なる好紳士の道として辞表提出の後、一小官として自己の諸設計に再検討をくわえようとしたが、まもなく病んで世を去った。藤本は造船の天才といわれた海軍の至宝であり、本家のグリニッチ大学にあったときにも評判が高かったほどだ。その一代の名匠を殺したのはだれの罪ぞと、軍令部をにらんだ若い弟子たちの嘆きも、全艦改造の騒音裡に没し去った。

藤本の後任は、戦艦「大和」の設計で知られた福田啓二大佐(のち中将)であった。啓二氏の父君は、艦政本部二代目の主といわれた福田馬之助(造船中将)であった。危篤の枕辺に啓二大佐を呼んで遺言していった。

造船官はノウということを忘れてはならぬ。それを憶えておいて勉強せよ。

筆者はさきに、『連合艦隊の最後』の稿において、「開戦直前、わが海軍当局にノウと言い得る勇気があったならば、太平洋戦争は起こらずにすんだ」と書いたが、その勇気は、造船官が用兵家の要求をノウといって拒否する場合の条件として、昔から切要第一に教えられていたのだ。その規模こそ違うけれども、ものの「安全」を確保する無二の要件である点はまったく同じである。

のちに艦政本部長になった岩村清一中将は、筆者に向かって、「わが造船家は、自己の生命線を守らなかった。悪くいえば貞操を侵された」といった。言外に、軍令部のめちゃな要求ぶりを批判すると同時に、造船官が、復原安定の線を死守するの勇気を欠いた事実を指摘していた。

ただちに艦艇性能調査委員会（委員長加藤寛治大将）が設けられ、全面的再検討の大仕事がはじまった。問題は、その時代に建造された新艦ばかりではない。既成艦に新武器を増載した改装軍艦は多数にのぼり、それらはいずれも重心点が上昇して、復原性が低下していたのだ。つまり、建造時の復原力計算よりも、劣悪なる条件で航行していたのだ。完成時に一本のマストが立っていたところに、のちにビルディングのような高楼がそびえた軍艦の写真を、多くの国民は見たはずである。

すでに予備役を仰せつけられて東大工学部教授になっていた平賀譲を、嘱託として委員会に出席してもらうことになった。めずらしく皇族の海軍将校が口をひらいて、「平賀中将のような人を海軍から去らしめたのが、そもそも失態ではなかったか」と発言した。軍令部の肺腑を刺すものであった。しかし、平賀は、欣然参加して熱心に指導し、いくつかの対策条項を確定する立役者となった。

設計中や建造中の諸艦に根本的立てなおしが行なわれたのはもちろん、既成艦で少しでもあやしいものに対しては、

一、不急艤装品の撤回、あるいは主要兵器の減載

一、バラストの搭載

一、艦橋、煙突等の切り下げ

一、艦幅の変更

等々の工事が、いっせいに開始され、海軍各工廠はもちろん、民間十数社が昼夜兼行で作業に突貫した。期間は一ヵ年以内である。ロンドン条約が満期となって、いわゆる「一九三六年の危機」と通称された国際不安の年は、わずか二年後にせまっていたのだ。復原力の乏しい不安定な軍艦で、この危機を迎えたらどうなるというのだ。

一年以内の突貫工事といっても、工事自体が複雑多難なものだ。指揮系統を前檣に集中するために積み上げられた高層ビルディングのような建築物（わが軍艦の特徴としてよく写真でお馴染みであった）を、二層、三層きり下げるということだけ考えてみても、難工のほどは察しられよう。福井元少佐の描いた改装実写図を一見すれば、その大なる苦労を理解することができる。

驚くべし、この大改装工事は、一ヵ年を待たないで全部できあがった。莫大なる経費と、すぐれたる技術とがそれを解決したのである。平賀はさきに海軍を去るときに、「日本の軍艦が、速力と武装とで英米に優越するという誇りは、艦の安定性を前提としての話だ。これを失ったら、誇りよりも恥である」と訓戒した。不幸中の幸いは、この改造を一期として、造艦技術が、平賀の線上に、さらに一進歩を示すようになったことだ。ところが、第二の一倍大きい事件が、その翌年に引きつづいて発生したのである。

第十五章　艦首切断事件

1　軍艦の首が飛ぶ

全海軍ふたたび戦慄す

第四艦隊事件は、新聞の号外が出たほどの事件であり、昭和十年九月二十六日のことで、多数読者の記憶に残っていることと思われ、正式には第四艦隊事件と呼ぶが、内容は軍艦の首が、大波濤のために切断されたという驚くべき事件である。いまはそのくわしい紹介は不必要であるが、当時、厳秘に付せられた建艦機密に関する事項と、その全般的の批判とは、海軍発達史の上から黙殺することはできない。

とくに、それが、太平洋戦争中に発生したアメリカの「第三艦隊事件」と、興味ぶかく対照される点では、大きいニュース価値をもともなうであろう。アメリカ艦隊の場合には、「友鶴」が一度に三隻も現われたし、また本項があつかう駆逐艦の艦首切断事件が、アメリカの大型巡洋艦の上に発生したのだから。

第四艦隊事件を要約すれば、昭和十年九月二十六日午後、演習中の連合艦隊の一隊（赤軍）が、岩手県東沖合い二百五十カイリの太平洋上において稀有の大暴風――最高秒速五十メートル――に遭遇した結果、(イ)駆逐艦「初雪」「夕霧」は艦首切断流失、(ロ)駆逐艦「菊月」「睦月」「三日月」「朝風」は艦橋倒壊、(ハ)空母「龍讓」は艦橋圧潰、(ニ)空母「鳳翔」は甲板前端圧潰、(ホ)重巡「最上」は艦首外鈑に亀裂発生、(ヘ)重巡「妙高」は船体中部外鈑の鋲接弛緩、(ト)特型駆逐艦数隻の舷側鈑に危険皺発生(切断の一歩手前)、という大被害が発生したのである。しかし、それは被害とか、将兵の死亡五十四名とかいうだけの事件ではない。わが「海軍力」の根本問題が、テストされたのである。「友鶴」は「復原力」の問題であった。第四艦隊事件は船体の「強度」の問題であった。風浪のために首が飛んでしまうような駆逐艦、甲板が圧潰してしまうような航空母艦。それでいったい海上国防が可能なのか？　さらにまた、世界一の個艦優越を国民に宣伝してきた海軍は、納税者に対していかなる申しひらきをしようとしたのか。

鉄でつくった船。しかも最強の鋼装になる軍艦。その艦首が、艦橋の直前から切られて飛ぶというのは、門外漢には絶対に不可解な奇現象である。玩具の軍艦でも、その辺を折ることはむずかしいだろう。まして本物の軍艦が波のために折れてしまうとは、むしろ滑稽にさえ思えるではないか？

ところが、「友鶴」の転覆が、転覆する素因をはじめから固有していたように、駆逐艦「初雪」の艦首もまた、折れる運命をはじめから包蔵していたのだ！　この演習の開始される直前、七月上旬、「初雪」級の特型駆逐艦は、東京湾外で高速航進を演練中、一艦「叢雲」の舷側に皺が生じたのを発見した。ここで艦のホッギング、サッギングについて語るのは煩わしいが、要するに縦の動揺のために、船体の一部舷側鋼鈑に亀裂の前兆が現われたのである。その日の波は大したものではなかったが、それは三十八ノットの大速力で乗り切るさいに、艦首が反復水をたたく間に皺が生じたわけだ。

　この一事きわめて重大である。横須賀で調査にあたった若い牧野造船少佐は、これを「強度不足」のために発生した死活的重大なる現象とみとめ、同型艦全部の演習参加をとりやめて、全面的に再検討をくわえることを、艦政本部に進言した。ところが、本部上層は、演習計画すでになり、期日も月後にせまっているさいに、特型駆逐艦全部の不参加を提議したところで、とうてい軍令部が承知しないだろうし、また丁寧につかえば、大概は「大丈夫だろう」と考えて、牧野の進言を握りつぶしてしまった。

　碁の専門家は、決して「だろう手」を打たない。それを玄人と素人の分岐線としている。わが造艦の専門家は、急場に臨んで、「だろう手」を打った。果然、「潰れ」の大敗を喫した。

　九月二十五日未明、赤軍の諸艦隊は、あいついで函館を出港して演習発動地点に向かった（連合艦隊主力は青森湾にあり）。第一線は第三、第四水雷戦隊および第五駆逐隊、第二線は補給部隊、第三線は「那智」級重巡六、「大井」級軽巡四、空母二からなる主力部隊で、前後の距離は約百カイリであった。

　出港の朝は秋空晴れて風なし。津軽海峡を出でて東進するにしたがい、風浪ようやく高くして濛気がくわわったが、いまだ台風の襲来を知らない。台風第一号は九月十四日、ウルシー島の北二十度あたりに発生し、二十五日に四国から山陰道をぬけて北上し、勢力しだいに衰えて、二十六日には、小樽西方海上で消滅した。ところが、二十一日にサイパン島の東北東に発生した台風第二号は、意外なる速度をもって北進し、二十五日夜半には、中心示度七百二十ミリ、時速五十キロの勢力となっていたが、それが判明したのは、二十六日午前三時、小倉丸の気象通報によるもので、午前六時には龍田丸、モントリオール丸等より同様の報告が入った。

この報のごとくならば、艦隊はやがて、「友鶴」転覆時の荒天の二倍大の大暴風を横ぎらなければならない。それは、相手の主力艦隊よりも数倍の大敵であろう。しかし、演習を中止することはできないし、またさほどの荒天とは思わなかった。第四艦隊はすでに進みつつあった。台風もまた進みつつあった。二十六日午後四時、両者は三陸東方二百五十カイリ(北緯四十度、東経百四十七度)の太平洋上で激突した。

2　一等水兵の名操艦

艦橋を押し潰された駆逐艦

まず、艦首をもぎとられた駆逐艦「初雪」艦長の報告を聞こう。要約すれば、つぎの通りである。

九月二十五日午前六時、函館出港。第四水雷戦隊一番隊一番艦として航行。針路百五度。速力九ないし十・五ノット。十一時ごろ、風浪大となり、低気圧の近迫を通報され、荒天準備を完了。午後二時より怒濤高し。三時半ごろより大風浪に艦首をたたかれ、半速力にてかろうじて航行す。速力七ノットとするや風濤に圧せられて大傾斜を反復し、動揺六十度より七十度におよぶ。速力を九ノットに復す。三時四十分、強烈なる大波濤を右艦首にうけ、第一煙突の根本に六・五メートルの亀裂を生ず。つづいて襲来する大波浪を二、三回きり抜けた直後、尖頭形の大三角波に激打され、一瞬にして艦首切断さる。時に午後五時二十九分なり。

同じ運命に陥った「夕霧」の諸現象観測を要約すれば、風向は正南にして秒速四十メートル、最高は五十メートルに達し、長濤の長さ二百五十メートル、高さ二十五〜三十五メートル。艦の動揺は、しばしば五十度におよんだ。三角波の高さは五十メートル以上のものあり。その波が時速七十キロの勢いをもって艦上に激突したという。

他の月型駆逐艦においては、左右合計の動揺は、少ないものでも六十度、多いのは八十度以上に達したのであるから、水雷戦隊は、まさに芋を洗うように洗われたわけである。しかも、右の数字は午後三時〜四時の平均であり、瞬間的には九十度以上の大動揺（左舷三十、右舷六十）が記載されているから、「友鶴」ならば疾くに転覆していたはずであり、それが一隻の転覆なしにすんだのは、一つは過去一ヵ年の間に行なわれた復原性回復の大改造が効果を現わしたことと、他の一つは乗員の荒天訓練が立派にできていた結果であった。

一例を駆逐艦「睦月（むつき）」にとってみよう。午後四時三十分ごろ、同艦は三角波に撃たれて艦橋は崩壊し、航海長即死、艦長が命令を伝える一切の機構は破壊されてしまった。その破壊される一瞬、艦長は、「応急操舵ッ」と一言高く叫んだ。すると、大暴風雨中に樹の枝をわたる猿（ましら）のごとく飛んで、二番煙突の後方にある応急操舵器にとりついた一人の水兵があった。一等水兵上妻（こうずま）隆千代君である。上妻は一人で艦を操縦することになった。どこへも連絡の途なく、また、だれもそこへ歩いて行くことはできないからであった。ところが、その一等水兵は、稀有の大荒天操艦を三時間あまりやってのけ、波はようやく衰うるにいたって救援者に操舵桿をゆずり、一斗の水を洋服からしぼり出して休養についた。艦長が歩み寄って、「よくやったぞ。勲章ものだ。どうしてやったか」とねぎらい尋ねると、上妻ははにかみながら、「波に向かって艦を立てよ、ということをつねづね聞いていましたから、私は無我夢中でそれをやりました」と答えるのであった。

それで満点なのである。上妻は、自分がどうして応急操舵器のところまでたどりついたのか憶えてない。あの大動揺と猛風速と波しぶきの三つの難関を切りぬけて、艦橋から第二煙突の後方まで行くことは、「飛ぶ」以外に方法がなかろうと思われるほどの離れ業であった。乗員をあげて、上妻が、「波に向かって艦を立てた」偉業に感謝した。彼がいなかったら、「睦月」が第二の「友鶴」となって覆没しなかったとは何人（なんぴと）も保障ができないからである。後に思う、こういう水兵だけであったら、大空母「信濃」は決して沈まなかったはずであった。

終戦後、上妻は海上自衛隊に就職すべく受験した。筆記試験の成績ははなはだかんばしくなかった。しかしながら、いかなる試験も、海軍の歴史を抹殺することはできなかった。上妻君は今日も、昔のごとく忠実に、津軽海峡で黙々として機雷の掃海に従事している——。

かくて駆逐艦「睦月」は転覆をまぬかれた。他の水雷戦隊の諸艦は、舵の機能と専門将校とを保全し得て、転覆の危機を切り抜けることができた（一時的故障は多かったが）。それは前述したように、復原力の全面改良工事が奏功したもので、この点は大いに用兵家を満足させた。

が、それに劣らぬ大欠陥の暴露である「艦の弱さ」は、俄然、日本海軍を疑惑の壺に投げこんだ。艦が割れるとは、造船官の自殺にもひとしい。それよりも、極言すれば海軍の自滅を導くものともいえよう。

かつてイギリスの駆逐艦コブラ号(三百七十トン)が、完成直後の全速力試験中に、激しい縦動揺を反復して亀裂を生じ、船体分断されて沈没する大事故を起こした。それは十九世紀の最後の年であり、二十世紀の世界海軍は、これを教訓として、「船体強度」に特別の注意をはらい、いかなる激酷なるピッチングにもたえて三十余年をすぎた。そのとき、突如として、日本ご自慢の特型駆逐艦に、コブラ号類似の惨事が発生したのである。「友鶴」事件で顔色を失い、徹底的復原改善工事に没頭すること十ヵ月、ようやくにして全艦艇の安全性を回復した大海軍は、いまや、いっそう重大なるわが身の欠陥にふるえあがったのである。

3　怪しい艦ことごとく補強

大自然は人間より強い

昭和に入ってからのわが軍艦は、排水量の割合に速力が速く、武装が強いことをもって天下に誇ったが、いまやその誇りも、大自然の猛威にたたかれてストップを命じられた。行きすぎは万事につつしまねばならない天の摂理を、「友鶴」と第四艦隊事件とは、痛切に日本海軍の上に訓示した。

重量軽減の理想を追うて、すでに平賀設計の成功をとげた後、さらにその理想を追いすぎて天譴をこうむったのは、あるいは、全日本に対する天の警告であったかも知れない。この二つの事件が、昭和十五、六年ごろに起こっていたら、太平洋戦争は起こらずにすんだであろうから、事件発生は五、六年早すぎたなぞと嘆くことはやめよう。本文は、この大欠陥を、またもや一ヵ年間に全面的に療治してしまった腕前の方を回顧する方が筋道であろう。

査問委員会の委員長は、「友鶴」のときと同じように野村吉三郎大将であったが、対策委員会の方は、加藤寛治にかわって小林躋造大将が登場し、全軍艦について強度試験が徹底的に行なわれ、主任を福田啓二少将とし、平賀はふたたび顧問として、大学から海軍省に通う一方、各工廠の技術官多数が艦政本部に応援して、「強度疑わしき艦」の調査と計算が綿密に行なわれた。補強の実施には、「友鶴」の場合と同様に、各工廠のほか、民間有力造船所の全部が動員され、施工は昼夜兼行で、約一年の間に九十パーセント以上の改善工事を完成し、ここにはじめて、大海軍がその基本勢力の上に安定することを得たのである。それの例外として、艦橋を取りはずして補強する必要のあった数艦も、昭和十三年中に工事を終わり、昭和十四年に入っては、用兵家が荒天作戦に不安を感ずるような艦艇は皆無となり、同時に、爾後の新艦設計の上に万全を期し得る基礎をも確立するにいたった。

しかしながら、この事件をもって、わが造船官の不用意のみに帰するのは、かならずしも公平ではない。また、軍令部のがむしゃら要求のみを責めるのも公正ではないようだ。もとより、この二つは原因の有力なる一部には相違ないが、一方において、「大自然の力」がはかり知るべからざる威力をふるうという事実をも考察しなければならないであろう。言いかえれば、「大自然と人間との争い」においては、往々にして人間が負けるという現象の一面を正視する必要があることだ。

そもそも第四艦隊が遭遇した波というのは、三万の将兵が何人も経験したことのない酷いものであった。波浪に関する世界の文献は、わが海軍でもとより知らないはずはない。世界造船界の通念としては、波の高さは波長の二十分の一と計算され、万国船舶設計の標準は、これによって百年不変であったのだ。各国の軍艦もみな、この国際基準によって強度を算定してぶじに通過してきたのだ。

ところが、昭和十年九月二十六日の波浪は、波の高さが、その長さの「十分の一」に達した。すなわち、標準荒天時の二倍の高さであり、くわうるに波の速度は七十キロもめずらしくなかったというのだから、東京都内の自動車速度の二倍の速さで、高さ十五〜二十メートルの波が、やつぎばやに艦に激突したものである。軽量を得意として、鋼鈑を極度に薄くした特型駆逐艦——合計二十四隻——が大部分、皺を生じたのは、あえてあやしむにたりないかも知れぬ。

とくに「夕霧」「初雪」の艦首を分断し去った直接の暴力は、「三角波」であった。それは多くの場合、台風の眼の周辺に発生するもので、左から捲く異常風速と、反対側から捲く風の時差の関係から衝突波が起こるものらしい。しかも、それがなまやさしい三角波ではなく、高さ三十メートル以上というのだからものすごい。「夕霧」艦長の目撃報告では、ちょうど国会議事堂くらいの三角波が面前、数ヵ所にそびえ立ち、それが固有の速力をもって駆逐艦に突進してきたという。「夕霧」はそれを回避しようと操舵をこころみたが、九ノット前後の自艦の速力では、急に身をかわす術もなく、幸いに二つははずすことができたが、三回目の三角波が自分の頭上から落下し、それが砕け散った後を見たら、自分の坐っている艦橋から前方の艦首が、いっきょに喪失し去っていたというのである。

その大自然の衝撃力は、水の分量と速力とがわかれば計算されるわけだが、たとえば何十トンとか、何百トンとかいう水の塊が、自動車の二倍の速力で、艦の前甲板に激突したようなものと思えば間違いあるまい。少しでも弱い部分を持っていた艦は、その部分から折れるのに不思議はなさそうだ。

「睦月」や「菊月」等は、「初雪」「夕霧」にくらべると艦型が小さいから（千七百七十トンにたいして千四百四十五トン）、如上、大三角波の衝撃をちょうど艦橋の真上にうけ、それで艦橋圧壊という被害が生じたのだ。くわうるに、「睦月」級は、特型駆逐艦よりも古い設計で、舷側鋼鈑が厚くできていたから、亀裂は生じないですんだが、艦上構造物を失ったものも多く、もっともわかりやすい例としては、駆逐艦で甲板周囲の鉄の柵（手すり）を残した艦は、ほとんどなかったという。大自然の猛威を知るにたるであろう。

4　台風、米艦隊を撃つ
太平洋戦に天の大試練

第四艦隊の惨事は、軍艦の強度不足にその主因を求めて、大台風を副因におくか。あるいは台風の方を主因とするか。それは人々の判断によって異なるであろう。とにかくも、当日の波浪は、天の最大の怒りを示したもののごとく、波長は各艦によって観測報告を異にし、たとえば、重巡「羽黒」は三百五十メートル、同「三隈」は二百メートル、駆逐艦「天霧」は三百メートル、同「朝風」は二百～三百メートルと報告しているが、大体において、二百から三百メートルの「大うねり」と推定して、大過はない。そうして波高もまた観測区々であるが、大体において、二十メートルから三十メートル（「天霧」観測）が正しいと信じられる。すなわち波の高さは、国際常識よりも約二倍大であった。

その大波濤の表面には、第二の波が風速によって発生し、ちょうど駆逐艦の舷側を越す程度の高さで躍り狂う。当日の風速と波長の関係は、「アントアン氏理論」によって算出される公式数字とほぼ一致しているが（風速四十メートルの場合に波長二百メートル）、その表面の第二波は、疾風が水面をおそって捲き上げるものであるから、高低に基準なく、それは艦艇をくつがえすことはないが、周期の短い急動揺をあたえるものだ。相撲ならば、投げる力ではなくて「張り手」というところであろう。

そのうえに、前述の三角波がくわわるのだから、艦の生命がおびやかされるのは当然かもしれない。当日の午前には、偏東の暴風によって大波浪があったところへ、午後二時半、台風中心の通過にしたがって、風向は南東から正南へ、さらに南西へと急変し、その暴風による新方向の怒濤が、従来の偏東風波浪の上にくわわり、大波浪が二波、三波と衝突して高大なる三角波を発生したわけだ。

前記アントアン氏理論、ならびに「トロコイド」波の理論による計算も、右の状況において、高さ二十メートル以上の大三角波が発生するのは少しも不思議ではないという。その大三角波は、一キロないし三キロの間隔において、「ところどころに隆起していた」のだから、水雷戦隊が痛打されたのは、また少しも不思議ではない。

波についてすこしく長く書きすぎると、非難してはいけない。これとほぼ同程度の波濤に、今度は、アメリカの第三艦隊がぶッつかるのだ。その大難航と、大苦戦とを知るためには、その大自然の猛威の程度状況を知っておく必要があると思ったからである。

それはじつに、天が、日本の第四艦隊と、アメリカの第三艦隊とを、時と所とは違うが、同じ圧力計にかけて試験したようなものであった。

太平洋の二大海軍国と呼称する日本とアメリカの造船術は果たしていずれがすぐれているか？　その荒天準備訓練は、いずれが適切であるか？　台風航破の技量は、いずれが勝っているか？

大自然の目から見れば、小さい人間の争いの準備にすぎないであろう海軍競争を、ロンドン条約の喧嘩を、本当の大所高所からテストするかのような大台風の試練であった。かかる試練の大波濤が、日本の近海において、一ヵ年に一回ないし二回は発生するという現象を確認したのは、第四艦隊事件以後のことである。「友鶴」転覆時程度のものは、一ヵ年に十数回起こるもので、少しもめずらしい荒天ではないが、昭和十年九月二十六日の台風は、日本海軍が、八十年の航海史において、はじめて遭遇した超荒天であった。

それと同じ大台風に、太平洋戦争の真ッ最中、アメリカ海軍ハルゼー大将の第三艦隊が遭遇したのである。昭和十九年十二月十八日。海面は東経百二十九度五十七分、北緯十四度五十分、だいたいにおいて比島ルソン島の東方五百カイリ付近である。ハルゼー艦隊は、日本人の記憶にいまだ新たであろう有史最大の機動部隊であった。航空母艦十二隻、戦艦八隻を根幹とする百余隻からなる大勢力で、公称「第三艦隊」と呼ばれていた。

この戦功をほこる強大艦隊は、十月二十五日、わが栗田艦隊を痛打し、また小沢艦隊を撃滅し、日本の海軍にほとんど終止符をあたえる大戦勝をあげた後、十二月十二日からルソン島のわが軍事施設を徹底的に爆撃して、マッカーサー軍の進攻を援助し、さらに第二次連続爆撃をくわえる作戦をもって、東方海上の燃料補給地点に集結中であった。マッケーン中将の機動三十八部隊も、また二十四隻の油槽船からなる大補給部隊も、前記の予約地点に向かって航行していた。

十二月十六日夜半から北北西の強風が連吹して波が高くなってきた。参謀長カーネー少将は、ある程度の台風が艦隊の東南方にあることを予知したが、もとより、風速や中心示度等について正確なる情報はなく、まして、それが稀有の大暴風であろうとは、夢にも予想しなかった。十二月十七日、明くれば曇天濛気多く、風はだんだんと速度を増すごとく、波のうねりと波高とは、長さと高さとをくわえていく。そこでハルゼー長官は、燃料補給地点を三回も変更して、少しでも平穏な海面をさがしもとめていた。しかし、天はかかる運動を許さなかった。

5　ハルゼー艦隊大損傷
米海軍の「友鶴」三隻におよぶ

十二月十八日、ハルゼー艦隊は、台風の海上に散乱した。燃料補給はもとより問題ではなく、戦艦と大空母と重巡を除くすべての軍艦――護送空母、軽巡、駆逐艦――は、単に生き抜くための死闘に全力をかたむける実情であった。

軽巡や駆逐艦の多くはレーダーが破損し、損舵装置が故障したばかりでなく、軍艦同士が会話するためのTBSラジオも動かなくなってしまった。こうなっては、本当に運を天にまかすほかはない。レーダーやラジオの保全されていた軍艦の方から、衝突回避の運動がいそがしく継続されて難をまぬかれるのに懸命であった。

午前八時四十分、空母ワスプは、左舷に救命筏が漂流して上に三人が乗っていることを報告した。重巡インデペンデンスの一水兵は、甲板に姿を出して、吹き飛ばされてしまったが、そんなことはあまりにも当然で、ニュースに値しない。戦艦ウィスコンシンの艦上機キング・フィッシャー一機は、十時ごろ、海中に吹き飛ばされたほどである。そのころの風速は百十カイリ、すなわち秒速約五十五メートルであり、伏している人間をもさらうほどである。

軽空母モンテレイ号の軍医は、多くの負傷者を報告している。急動揺で床に叩きつけられたための怪我である。電線が切れ、スパークから、また金属物の摩擦によって数隻が火災を起こし、その消防中に激しく転倒して負傷した者も少なくない。格納庫を持たない軍艦の搭載機は、つないだ鉄索が切られて海中に飛ばされたが（一部は甲板に叩きつけられて分解）、その数、合計百四十六機である。一大海空決戦においても、これだけの飛行機が墜とされることはめずらしい。もって猛威を察するにたる。

ついに駆逐艦が転覆した。午前十時七分に消息を絶ったのは、モナガン号（千五百トン）である。同艦は日本の真珠湾攻撃のさいから参戦し、ガダルカナルの諸戦闘をへてレイテ海戦まで戦った戦運万歳の艦であり、その乗組員の中には、バットル・スターの戦功章をおびた将兵が十二人もいたので有名であったが、天は彼の命脈を、一九四四年十二月十八日にかぎったもののごとく、覆没の第一艦となってしまったのは、敵ながら惜しかった。覆没直前の右舷への傾斜は七十度であった。

転覆した駆逐艦の第二号は、二千トンの新鋭艦スペンスであった。正午、猛威は頂点に達したもののごとく、スペンスは右舷に七十二度かたむいたまま容易に復原しない。電燈消滅し、注排水ポンプ作用せず(片舷は腹を空に向けているから注水口も水を吸わない)。しばらくにしてようやく起き上がり、そうしてふたたび右舷にかたむいたときは、おそらく七十五度を越していたであろう。一人の将校生存者グロウシュナス中尉は、偶然にも海中に放り出されて助かり、のちに情況を報告することができたのである。

転覆の第三番目は、これも同じく駆逐艦ハル号であった。ハルは古いが信頼性があり、それゆえにウルシー基地に派遣されて、艦隊の郵便物を搭載してもどったのだが、その中の一行李だけが、戦艦サウス・ダコタ号にかろうじて渡された以外は、同艦とともにことごとく海底に没してしまった。ハルゼー艦隊は八十五日にわたる海上行動――航程三万六千カイリ――に疲れていたうえに、将兵は故郷からの慰安の手紙に餓えていた。その通信を、全部、台風に奪い去られたのであるから、心の打撃は一隻の駆逐艦の喪失よりも、あるいは大きかったかも知れない。少数生存者中の若い将校マークス君にしたがえば、転覆寸前の傾斜は、艦橋の左側が水面に浸ったというから、おそらく八十度を越して、ついに復原し得なかったものと想像される。

右の三隻の転没によって、七百七十五名が溺死し、他の軍艦で十五名が死し、死者合計七百九十人、それにくわえて重傷者が八十余名、軽傷は無数という人的損害をこうむった。十二月十八日には、軽巡以下の乗組員はことごとく救命服をつけて働いていたのだが、駆逐艦スペンスから脱出した将兵は、秒速五十五メートル以上の大暴風と激浪のために、その救命服のバンドを切られて溺死したというのだからものすごい。

だから、船体にあたえた損害はまた莫大なものであった。軽空母モンテレイ号の損害明細表は、フルスキャップで九ページにのぼったという一事を見ても、船体各部や構造物でぶじなものはほとんどなかったことが察しられる。同艦を筆頭に、軽空母サン・ジャシント、カウペンス、カボット、ラングレーの五隻は、相当の長日子を要する根本的修理が要求され、その他に大修理を要した軍艦は、重巡マイアミ、ボルチモーア、護送空母ケープ・エスペランス、アンジオ、オルタマハ、駆逐艦エイルウィン、デューウェー、ブカナン、レッコックス、ベナーム、ドナルドソン、ダイソン、メルビン・ノウマンの十三隻を数え、ほかに軽修理を要するもの九隻にのぼった。司令長官ハルゼー提督、嘆じて言う。

「余はサボ島沖の海戦この方、このような大損害をこうむったのは初めてである」

と。すなわち、昭和十七年十月十一日、ハルゼー大将が機動部隊をひきいて、わが五藤中将の第六戦隊と初海戦を行ない、そのときはじめてレーダー射撃を実施して、夜戦の勝利をあげて以来、レイテ海戦にいたるまでの大小海戦十数合、そのいかなる損害よりも大なる損害を、十二月十八日の大台風によってこうむったのである。彼はよく日本人には勝ったが、天には勝てなかった。

6 天罰――日米同点
荒天航法は優るとも劣らぬ

戦争の最中ではあったが、査問委員会は厳粛に開かれた。そうして最大の過失は、台風の所在と針路とを正確に予知しえなかった艦隊司令長官と幕僚幹部にあると結論された。なかには日本艦隊を撃破した（レイテ海戦）後の気のゆるみを指摘した委員もあった。

しかし、証人に立った太平洋艦隊長官ニミッツ大将は、第三艦隊が、太平洋戦争中にとげた数多くの戦功を述べ、さらに、遭難の主たる理由は、同艦隊がマッカーサー軍の比島上陸戦を援護するために、ウルシー基地への当然の帰港補給を中止し（海上作戦すでに八十余日）、海上補給を強行した点にあることを説き、もって懲罰の不適用を主張した。

同時にニミッツ提督は、部下の将兵に対して、「台風の法則」をいっそう真剣に勉強するよう訓示する旨を約して、委員会を閉じたのであった。皮肉にも、それからわずか半年をへた一九四五年六月五日、同じような台風が、同じ第三艦隊を沖縄近海に襲い、同じような大損害をあたえ、ここに「第三艦隊事件の第二号」が発生したのである（詳細後述）。その損害中で特筆すべきは、重巡ピッツバーグ号が艦首を切断された事件である。わが第四艦隊事件で、十二隻の駆逐艦に発生した造艦技術上の惨劇が、米艦隊で一万トン重巡のうえに発生したことは、事態きわめて重大である。

第二回目の査問委員会において、合衆国艦隊長官キング大将は、「同一艦隊が、二回までも台風によって大被害をこうむったのは、艦隊首脳部に気象眼がとぼしい証拠であり、その海員道に欠くるところがあるをはなはだ遺憾とす」と喝破したが、前回と同じ理由で、罪人を出さずにすんだ。

さて、天は日米両海軍を公平にテストし、双方とも、「転覆」と「艦首切断」という落第の答案を出したが、その間、両海軍が、期せずして同じように油断し、同じ天罰をこうむった事実を語っておこう。

「軍艦は転覆するものではない」という造船官の信念は、まず「友鶴」によってくつがえされ、そうしてまた、米国の三駆逐艦によって葬られた。すでに書いたごとく、「友鶴」がくつがえされる前年に、「早蕨」の転覆があったが、わが海軍は、この天の警告を無視して罰せられた。それとまったく同じく、米国では一九四四年春に、駆逐艦ワーリントン号が北大西洋において巨浪のために転覆しているのだ。米海軍はこれを旧型駆逐艦のトップ・ヘビーの欠陥のほかに、操艦の不手際によるものとして、根本的研究を見送ってしまった。もちろん、戦争中で余裕がなかったことも、理由の一つではあったろうが、とにかく、この天の警告を無視して、ついに三艦覆没の惨果を招いた。日米の落第点数は相等しい。

また、米海軍の性能調査委員会の結論は、これも日本とまったく同じで、軽艦隊は新たにレーダーを装着し、かつ高角砲を搭載した結果、その重武装のために重点の上昇を来し、GM数値をちぢめて復原力を弱めたことを指摘している。そうしてその対策も、日本の委員会が決定した重油タンクやバラスト槽の搭載、注排水装置の改善以下、ほとんど同じような数項目が決定され、この点でも、日米同点と見て不公平ではなかった。ついでに荒天航法と訓練は？

わが方の第四艦隊事件で、昭和十年の九月二十六日午後五時半、大台風の中心が通過し去ったと見きわめるや、巡洋艦「大井」の艦長平岡大佐は、大声で命令した。「第一カッター降ろせッ」と。担当三上中尉以下十二名の水兵は愕然とした。波浪はいまだ五十フィート以上で、風速は二十メートルを越していた。気鋭の彼らも、ハイと即答はしたものの、これはあまりにも乱暴だ、殺人的命令ではないか、とたがいに顔を見合わせた。ところが、平岡艦長は、平然として説明して言う。

「こんないい訓練の機会は二度とないゾ。やって見イ。降ろすのが大仕事だが、降ろしてしまえば、カッターの方が駆逐艦よりも安全だ。俺は六十フィートの大波を何回も漕いだ。缶詰と酒を少し持っていって、『初雪』の連中に元気をつけてやれ。それから、艦首の切断具合を調べてこい。また『初雪』は本艦が曳航するのだから、艦尾に曳索をつける方式を見てこい」

と、平常どおりの口調であった。三上中尉らが任を果たして帰艦すると、「ご苦労だった。が、シーマンシップというのは、これを積みかさねてでき上がるんだヨ」と教えた。果然、「初雪」の曳航で、平岡大佐はシーマンシップの極意をしめした。平岡は二ノットの速力でひいた。副長以下は二ノットの牛の歩みに業をにやし、五、六ノットは大丈夫でしょうと艦長に訴えた。平岡の答えは教訓であった。「君たちの学問ではそう言うだろう。が、それは実際と合わない。『初雪』に、もし舵がきけば八ノットは走れる。舵もなく、まして尻からひくのだから、二ノット以上出したら、曳索は切れるに決まっている」と。三昼夜を要して青森湾に入った。後で力学的に計算したら、平岡の曳航法の正しいことがわかった。航海術と訓練では、日本は米国に優るとも劣らなかったようである。

7 全艦艇の心臓とまるか

「朝潮」のタービン破損事件

軍艦の転覆、軍艦の艦首飛脱という造艦の悲劇が、日米両海軍に同様に発生した興味を描いたが、筆を本筋にもどせばわが海軍は、引きつづいて、さらに深刻なる大試練に直面したのだ。極秘に付せられていた駆逐艦「朝潮」のタービン翼破損事件がそれであった。

九年に「友鶴」の事件が起こって、多数の軍艦に復原性強化の改造工事が実施され、ようやく工を終わって一安心という昭和十年九月、前記の第四艦隊事件が起こり、またもや多数の軍艦に強度拡充の大工事が行なわれ、大部分は十一年末に完了したが、なお数隻は昭和十三年までかかる見込み（艦橋を切りはなし、丸太で吊り上げ、その基底を強化した艦のごとき）の折柄、昭和十二年末にいたって、この原動力疑惑の大事件が発生したのだ。時しも一九三六年の危機といわれた国防死活の重大時期に、日本の全軍艦が動かなくなるような大疑問が発生したのである。

タービンは、いうまでもなく軍艦の主機関である。潜水艦その他軽艦艇にはディーゼル機関をつかうが、戦艦、空母、巡洋艦、駆逐艦（大部分）の主機関はタービンである。駆逐艦「朝潮」に発見されたタービンの欠陥は、あるいは日本海軍に死の宣告をあたえるかも知れなかった。「友鶴」は復原力の関係で、人体にたとえれば、安定を保つための足腰の問題であり、第四艦隊事件は強度の関係で、たとえば筋骨の問題であったが、「朝潮」事件はじつに心臓の問題であった。

高速航海試験中に、平常より振動が多く、音響にも変な感じがあるというので、こころみに調べてみたら、タービン翼の一本が折損していることが発見された。それがなにゆえに海軍の死活問題に発展するのか。

タービン機械は、幅二十ミリ、長さ十ミリ程度の翼が一軸に幾千本も植えつけてあり、それに蒸気が当たって回転するのだから、その中の一本や二本が折れても別に問題でないのが常識であろう。小さい事故として片づけても不思議ではない。しかるに、その一本の破損を、それが起こるべからざるところに起こったことを凝視したのが、若い機関少佐であった。彼は、この事故が、専門家の従来、考えたことのない重大なる原因によって発生したもので、見逃せば、全軍艦の動力故障を誘発する危険があることを警告した。

さきに若い造船少佐が、駆逐艦「叢雲」に発生した皺を見て、これを強度上の重大問題なりと認め、同型艦の演習参加を見合わせることを建言して黙殺された話を書いたが（第四艦隊事件）、今度の場合は、上層部も軽視しないで、すぐに「臨時機関調査会」がもうけられ、徹底的に原因究明と対策研究が開始された。

とにかく心臓部になにかの故障がある。同じ脈搏の結滞にも、単なる期外収縮と、もっと根本的原因から来るものとがあろう。後者による結滞であったら、やがて突発的に心筋梗塞とか狭心症とかを起こして即死する危険があろう。といって、心臓が悪いから動かないようにしているのでは、運動の選手にはなれない。軍艦は、人間ならば相撲の選手であり、かつマラソンの選手でもなければならない。彼の心臓は完全無欠でなければならぬ。いまごろ結滞の突発とは何事であろう。十年にわたって心臓の強さを自慢していた日本海軍だけに、それは本当に、心臓のとまるような驚きであった。

そもそも、タービンを軍艦の主機関に使ったのは、日本が明治三十八年、これを戦艦「安芸」に採用したのを世界の第一着手とするのだ。いわば、わが海軍のお家芸である。一九〇四、五年（日露戦争中）は、世界がタービン採否の問題でにぎわっていた年であった。明治三十八年にドイツの汽船カイゼル号はタービンをそなえて浮かび、米国はチェスター級軽巡（三千七百五十トン）にこれをこころみようとし、英国はド級艦第一号に装備するという情報があった。そのとき、すでにひそかに研究を進めていた日本は、カーチス式タービンの価値について確信を得るにいたったので、断然、これを起工中の新鋭主力艦「安芸」「河内」に採用するに決した。この一事が、世界のタービン採否の論争に終止符をうったのであった。

その時代には、わが海軍は各国から各様式のタービン機械を購入していたが、大正に入るや、それらの特徴を消化して日本流のものをつくり上げることに成功した。いわゆる艦本（艦本は艦政本部の略称）式タービンであって、その出力は何国にも負けないものとなった。このタービンの回転は速いほど高馬力が出るが、プロペラ回転の方は速すぎてはいけない。この大きい矛盾を解消するために、世界の技術官たちは営々苦心をかさね、日本もまたその競争に必勝を期して励んだ。

着想は減速装置であり、タービンの回転を、推進軸で減速し、プロペラをゆるくまわす方法であるが、このオール・ギアード・タービンを、はじめて大戦艦にすえつけたのも、日本をもって嚆矢とする。すなわち大正六年、駆逐艦「谷風」にこころみ、ただちに移して戦艦「長門」「陸奥」に採用した。その艦本式タービンにより、「長門」は公試速力二十六ノットという驚異的成功を見たのである（公表は二十三ノット）。主機関における相次ぐ先鞭は、大海軍の過ぎし自慢の一つであった。

8　タービン故障癒ゆ

二節振動共鳴の理論発見

すでにして、海軍の古い悩みはタービンの故障続出にあった。大正八年四月——日米海軍競争の真っ最中——快速軽巡「天龍」は、完成第一回の公試運転中に、タービン翼に折損を生じて問題を起こした。じつは、『朝潮』タービン翼事件」の警告は、このときにすでに発せられていたのだ。

種々対策を講じたが、確信のある根本的の解決に到達し得ないで彌縫された。一つにはタービンの故障は列国海軍共通の悩みであり、しかも彌縫してけっこう使っていくのが、また列国共通の現実でもあった。たとえば翼が三本折れても、その対面の翼が三本折れると、振動が平均して使用にさしつかえないといった具合で、そのまま平気で使っていく。一年後に開けて見たら、ある段落（段落の数は十ないし十二）の翼が全部飛んでしまって、丸坊主になっていたという物語もめずらしくなかった。少々の消化不良も、翌日はなおる。ときどき起こっても大したこともなく、つづけて飲んでいる間に、やがて胃潰瘍というような次第であろう。

だが、技術官は研究をけっして怠らなかった。機材が悪いか、工作が下手か、植込み法が不合理か、実験と基礎研究とをかさねて、大正末年にようやく難題を解決することができた。昭和に入って、艦本式タービンは、高速回転にともなう動翼故障を完全に克服し、日本の軍艦は、もう大丈夫ということになった。その後、多くの軍艦がつくられ、故障なく動き、速力では各艦種とも英米をぬいて意気軒昂、肩を組んで歓んでいたところへ、昭和十二年の大晦日、「朝潮」（最新大型駆逐艦）のタービン翼が飛んだという大事件が報告されてきたのだ。十三年の新年会も、たちまち飛んでしまった。臨時機関調査の委員会は、お通夜のように開かれた。陛下の御裁可を要する高等技術官の懲罰が行なわれた（これは少々あわてすぎたようだ）。

「陸奥」も、「赤城」も、「古鷹」も、「朝潮」と同じタービンで動いている。いや大部分の軍艦がそうだ。これを換装修理するには数年を要する。この世界の危機に、日本海軍の主要兵力がドックに入院してしまったら、英米の圧力は自動的にいっきょに数倍し、日本は日支事変にも、たちまちお辞儀をして引きさがるほかはなかろう。とうてい忍び得る筋ではあるまい。ところが、一方に、不思議なことには、同じタービンをそなえた軍艦が今日まで動き、現にゆうゆうと動いていることである。今後も、あるいは平気で動くかも知れない。しからば、あわてて切開手術をやるのは賢明でない。そこで三つの試験法を決定した。すなわち、第一は、代表艦を用いて十年分の高速航海を実施させてみること。それで大故障がなければ、戦争になっても三年や四年は動けるというのだ。そこで戦艦では「日向」、大巡では「最上」、駆逐艦では「初春」、水雷艇では「千鳥」と、いずれもクラスの第一艦を使って高速航海を続行させることにした。

第二は、張本人の「朝潮」と同型「山雲」を用い、速力の各階程における分類実地検査を行なった。

第三は広工廠に、世界最大の実物振動試験設備をつくり、翼の振動実体を数量的に検出する方法を実行した。出力四万馬力の振動を実験する大施設は、将来も世界に二度と現われないであろう。

発見！　しかも偉大なる発見。しかもそれは、まったく意外なところに発見された。駆逐艦「山雲」が、二十二ノットで走っているときに発生することがわかった。四十ノットの全速力時にも、三十二ノットの第二戦速時にも故障は生じない。つまり、ほぼ経済速力で走っているときにタービン翼の二節振動が生じ、それが他の振動と同調（または共鳴）して大振動を起こして自壊することがわかった。

判明すれば治療は簡単である。二節振動の生じないようにつくればいい。それは翼の長さ、幅、または形を変えればいい。想い起こす、造機界のジンクスに、「長さ百六十ミリ、幅十六ミリの翼をつくるな」というのがある。理屈はわからないが、その形の翼は、もっとも多く折損するという経験の教えであった。偶然にも、わが海軍の「朝潮」調査会は、その折損現象を理論の上に発見したのだ。「二節振動の共鳴」がそれであった。そうして二節振動は、この形において、ほとんど例外なく発生することを確認した。

　おもしろい話がある。昭和十九年末、海空軍はB29を撃墜する目的でジェット戦闘機「橘花」を設計した。ところが、ジェット・エンジン内の翼が折損し、機材や植えつけを、数ヵ月にわたり何回もやりなおしたが、ことごとく破損してしまった。その悩みが艦政本部につたわった。本部の技術官は、その話を聞いただけで診断を下した。二節振動の共鳴によると――。

　実地に検分すると、果たせるかな、その通りであって、手当の結果、たちまち簡単になおった。それは「ねノ二〇号」と称するジェット機関であったが、時すでに昭和二十年の初夏のころであり、資材的にも余裕なくして量産ができなかったのは惜しかった。

　前にもどって、「朝潮」事件の原因を日本が発見して間もないころ、イギリスの巨船クイン・メリー号が、タービンの故障を起こして長く船渠に入った。やはり、翼の破損によるもので、修理に時をついやした。やがて「二節振動の同調」という理論が確認された。引きつづいて列国海軍も、この理論を学び、おのおの翼形を研究したことと思われる。最近、日本で造った船のタービン翼の破損に悩んだのが現われた。調べてみると、幅十六ミリ、長さ百六十ミリであった。先人の教えを知らない生意気ざかりの造機者の罪であった。

　さて、「朝潮」事件は、原因が究明され、類型新艦のもの（少数）は、ただちに改造されて、心電図は十割の効を奏した。戦争で日本の軍艦はほとんど全部が沈んでしまったが、タービンの故障によるものは一隻もなかった。それは技術官たちの、亡びた後の寂しい誇りであった。

第十六章　戦艦「大和」

1　戦艦自由競争の第一艦

技術陣が答えた巨艦の自信

厳しい三大試練をへて、わが海軍は真に世界一流のものとなった。イギリスの有名なる軍令部長フィッシャー元帥の言葉に、「用兵家の作戦は、往々にして造船家の設計に制約されるものである」というのがある。用兵家が希望する戦術行動も、造船官が艦の設計上、無理だといえば、それに従っておのずから調節しなければならないという訓言である。かつて、ドレッドノート型戦艦を創造した名提督にしてこの言がある。英海軍のワン・マンとして支配的勢力を有していたフィッシャー卿も、船の安定と強度とに関して、造船官の主張を乗り超えることは固く戒めていた。これがシーマンシップの根底である。

重武装の無理を要求したわが軍令部が、はじめてフィッシャー提督の言に頭を下げたのは昭和九年の事件以後である。造船官にも大きい責任があったが、「友鶴」のような「無理の塊り」をつくらせた思想そのものに錯覚があったのだ。一年前にでき上がった同型艦「千鳥」の艇長は、損艦してつねに危険を切実に身に感じるので、わざわざ上京して軍令部に陳情したところ、かえって叱られてもどった。そうして間もなく「友鶴」事件を起こし、有為なる岩瀬與市艇長以下百名を殺した。まさにフィッシャー訓言の正反対をいったものである。岩瀬大尉以下の海軍葬を、いかに鄭重に執行したにしても、「千鳥」の艇長を叱りとばした参謀たちは、けっしてよい夢を見ることはできなかったはずである。

が、これらの事件で軍令部も覚醒し、いちおう要求はするが、譲歩もするという常道にもどった。一方に、造船官の方も、盲従にこり、平賀流の「ノー」を直言する立場を回復した。ロンドン条約の明暗両相の中、暗い陰惨な面は五ヵ年を要してようやく一掃され（勢力過大の面は残ったが）、明るい海軍に立ち返って第三次補充計画の検討が行なわれた。そのとき、すでに戦艦「大和」の設計は進みつつあった。

「大和」の基本設計が開始されたのは、早くも昭和九年十月であった。ロンドン条約がきれて無条約時代を迎える日——日本海軍は再条約を考慮しなかったようだ——建艦自由時代のトップを行くのが第三次補充計画、通称「マル三」計画であり、その中に戦艦二隻がふくまれた。その第一番艦が「大和」、第二番艦が「武蔵」であった。

「大和」については、設計主任福田啓二氏（のち中将）と、その補佐官松本喜太郎氏（のち大佐）の論文および著書をはじめ、いくたの文献があって、すでにひろく知られているから、筆者はこの世界的話題の巨艦の有名なる理由を大観し、超大戦艦の記者的描写をこころみることにとどめよう。思うに、「大和」はわが大海軍の兵術思想の最後の転換期において、わが造艦技術の最高水準を示し、そうして戦後の世界批判においても、戦艦としての「世界第一」を格づけられたものであるから、「大海軍を想う結論」は、その概要検討を省略するわけにはいかないのである。

前にも述べたように、わが民族の誇りとしての造艦は、軍令部の過大要求に制せられて不具の水雷艇「友鶴」を造り、また強度のあやしい駆逐艦「夕霧」型を造ったが、それはもっぱら、ロンドン条約以後の神経衰弱的所産であった。本流を大正時代にさかのぼれば、すでに各艦種について一流艦を生産しており、とくに戦艦「陸奥」が、ワシントン会議の脚光をあびたことは既述のとおりであり、大艦の建造は、幸いにして無傷の歴史を保持してきたのである。

とくに大正十年に設計された八・八艦隊の最新艦四隻は、満載排水量約五万三千トン、十八インチ砲八門、速力三十ノットの強力大戦艦であり、ワシントン会議がなかったら、大正十五年ごろには、すでに太平洋を圧していたかもしれないのである。

戦艦「大和」は、それから十七年をすぎて後につくられるのだから、考えようによっては、わが戦艦建造技術の課程における、自然の結晶とも見られるのである。昭和九年秋、軍令部が要求した新戦艦の要目は、砲力＝十八インチ砲八門以上、速力＝三十ノット以上、防御力＝三万メートルにて十八インチ砲弾に耐えること、航続力＝十八ノットにて約八千カイリ、という大綱のほかに、六インチ副砲十二門、飛行機四ないし五、六インチ高角砲十二門、二十五ミリ機銃四十梃前後、カタパルト二基という要求が付帯していた。問題は、この強大武装と剛重装備を、何万トンの排水量におさめて、バランスのととのった最強戦艦を具現するかにあった。

艦の大きさに厳しい制限さえなければ、軍令部の要請にこたえるのは易々たる業であった。

堅牢無比の不沈戦艦を十万トンの排水量で建造せよと注文されたら、昭和十年の造艦技術陣は、大して頭を傾けずにそれを引き受けたであろう。現に、基準排水量七万トン（満載八万五千トン？）ならば、軍艦のいわゆるバイタル・パート（艦の中央部で、甲板上は主砲や司令塔、下は機関や弾薬庫の部分）ばかりでなく、艦の前後部、すなわち浮力保持部面に対しても防御を工夫し（たとえば魚雷防御縦壁の設定等）、めちゃくちゃに打ち壊された状態――リッドルド・コンディション――においても、なお三十度前後の復原力を有する不沈戦艦をつくりうる確信を持っていた。

2　十八インチ巨砲の由来

パナマ運河を睨んで

巨砲十八インチ砲とその数とは、もちろん、主要なる論究の第一課題であった。十六インチ砲十門ないし十二門か、十八インチ砲八門ないし十門か、十分に得失論究の価値があった。十八インチ砲を採用して三連装の砲塔にすれば、その一基の重量が、大型駆逐艦一隻分にあたる。二千二百トンは確かだ。砲数を十門として、三連装二基と連装二基に配分すれば（平賀中将案）、その砲塔重量だけで、重巡「妙高」をのせるようなものだ。

十八インチ砲自体もまた、けっして簡単にできるはずがない。じつはその製作に成功するまでには、わが造兵官の不眠研究の長い年月がつまれていたのだ。起源は大正元年、「金剛」に十四インチ砲をつむとき（世界に先鞭）、造兵陣の選手はヴィッカース会社におもむいて造砲技術を学び、帰来、戦艦「伊勢」の十四インチ砲、「長門」の十六インチ砲をつくったが、ともに一回では成功せず、再三再四の試みの後にできあがった。だから、十八インチ砲のごときがソウやすやすとできるはずはない。果然、大正九年春、十九インチ砲をつくって試射するや、轟然一声、砲身が裂けて吹っ飛ぶという事件が起こった。

当時、軍令部は、八・八艦隊の最後の四艦には、十八インチ砲を搭載する希望であり、その砲身破裂後、ただちに査問委員会をひらいて研究をつづけているうちに、ワシントン会議で建艦中止になって紙上プランに終わった。が、谷村豊太郎（のち中将、慶大工学部長）や技師秦千代吉らはなお研究を放棄しなかった。下って昭和五年、将来にそなえてふたたび十八インチ砲と取り組むことになり、前記二人のほかに造兵の権威武藤中佐（のち少将）が主任として製作したが、試射すると砲身に亀裂が入った。そこで菱川中佐（のち中将）を仏瑞に派して新製法を研究させ、結局、オート・フレタージ（自緊法）の方式を導入して、ようやくこれを完成することができたのである。十六インチ砲と十八インチ砲とは、口径の差は二インチにすぎないが、威力、その他要目はつぎのような大差がある。

要目	十六インチ砲	十八インチ砲
砲弾の重量（キログラム）	一、〇二〇	一、四六〇
砲身の重量（トン）	一〇二	一六六
発射火薬の量（キログラム）	二一九	三三二
三万メートルにおける威力（メートル・トン）	三一、六五〇	四五、二〇〇

上表の次第だから、十八インチ砲の砲身が発射火薬の高大なるガス圧力にたえるためには、従来の鋼線方式（砲の内筒を鋼線で幾重にも捲く法）では役に立たなくなった。耐圧の限界は、十六インチ砲が止まりであるようだ。第一次大戦中、英国は巡戦

フューリアスに十八インチ砲二門を装備したが、それは砲身も短く、目的も独の海岸要塞を撃つためであったが、結果は不良ですぐに撤回してしまった。だから、戦艦の主砲として十八インチ砲を備えたのは、史上、「大和」「武蔵」をもって空前絶後とする（アメリカの一九四二年計画イリノイ級は十八インチ砲艦で、これもオート・フレタージ式製砲によったが、建造中止となった）。

さて、大砲について長く書いたが、それに劣らぬ問題は、かかる巨砲九門の斉射——一分間に十八発——震動にたえる船体の強度である。また防御甲鈑は、自分の主砲と同一の敵弾にたえるのが原則であるから、その重量は大したものになる。「大和」は、それらを何万トンにおさめようとしたか。

設計造艦の優劣は、この場合、艦の長さを極度に短縮することによって定まる。長いほど被弾面積がふえて、防御の重さを増し、いたずらに排水量を大ならしめる結果となる。もし前記の兵装を、六万トンにおさめることが可能なら、それは前人未踏、また後人の即接を許さない、天下の傑作であろう。

福田啓二大佐を基本設計主任とする二十余人の造艦技術陣は、全智を傾けて、ほぼ理想の排水量に漕ぎつけたのであった。第一次基本設計は、基準排水量六万一千三百四十トンでおさめることができたのである。

これより先、海軍省軍務局の方は、建造予算や水陸設備の関係から、新戦艦の排水量限度を五万トンにおさえることを要望し、主砲も十六インチ五十口径砲をもって十分に英米と対抗し得ると主張した。軍令部にも十六インチ砲十門でたりるとする一派があった。

が、無条約建艦に入って、アメリカが万一にも十八インチ砲を採用したらとり返しがつかない。安全をとるためには、日本が極秘裡に十八インチ砲を先鞭すべきだという議論の方が勝った。

同時に、積極的理由としては、十八インチ砲八門以上を搭載する戦艦は、パナマ運河の閘門を通過するのがいちじるしく困難である。閘門の幅は百十フィートであり、「長門」級戦艦メリーランドの艦幅は百八フィートであって、両側が一フィートずつしか空いていないのだ。通過するのに、文字どおり「すれすれ」である。四万二千トンのミズーリ号も、この閘門制約によって、艦幅百八フィートの細長い戦艦とならざるを得なかったのだ。

いま十八インチ砲八門以上を積めば、六万トンを越すこと疑いない。その大戦艦が艦幅を百八フィートとすることはもちろん不可能ではなかろうが、それは不当に細長い艦となって、防御力の適正を期しがたいことは明白である。速力の面では好都合であるが、戦艦の生命とする防御の面において不都合であっては、閘門はパスしても、戦争はパスしないであろう。

一九四〇年六月、軍令部長スターク大将は、「両洋艦隊案」を発表して、太平洋と大西洋に独立の大艦隊を配置する決意を示したが、いまだもってパナマ閘門を無視するまでの決心はなかった。

それなら、米国が容易につくり得ない大艦巨砲を一足さきに常備してしまうのが、質をもって量に対する戦略の第一であるという結論になり、あえて「大和」の建造を決意するにいたったのである(最近、アメリカは、空母艦幅の必須の増大にかんがみ、パナマ通航を断念した)。

「大和」の基本設計が確定するまでには、二十数種の設計比較をへて、約二十ヵ月の日子を要したのだ。

かくて、ようやく詳細設計に入ろうとする矢先、その主機関たるディーゼル機関の信頼度があやしいという問題が発生して、大事件となった（主機関の四軸のうち、二軸をディーゼルに設計してあった）。

ディーゼル機関が、完全に大能力を出せるならば、これに越したことはない。これもロンドン条約に鞭うたれた一例として、ディーゼル機関の改善研究も非常に進み、大力量の発生が可能となって、昭和十年には潜水母艦「大鯨」と、給油艦「剣埼」の主機関に採用され、わが造艦技術の錦上に華をそえたものと信じられた。それまで水上艦にディーゼルを専用したのは、第一次大戦後、ドイツの懐中戦艦ドイッチェランド型（一万トン）六隻のみであり、他国は依然、タービンの安定性に頼ってきたのだ。

「大和」がこれを使えば、それだけでも革命的の一面を誇るところであった。しかるに、二衝程複動式という日本自慢の新方式は、やがて、ご多分にもれない無理がたたったもののごとく、全力を出すと、肝腎のピストンが故障する騒ぎなぞが起こり、前記の潜水母艦「大鯨」では、出力が計画の六割もあやしく、そのうえに故障が続出して、大問題となった。

「大和」の機関設計は、断然、変更しなければならない羽目に陥ったのである。

ここにおいてか、倉皇として設計を変更し、主機関をタービン四基とし、航海には、ディーゼルを使わないことに決めた。ほかに原因もあったが、主としてこの理由で排水量は増大を余儀なくされ、結局、公試状態で六万九千百トン、満載七万二千八百トンの巨大艦となって出現したものである。

3 小さく見える巨艦

砲塔の低位に感嘆す

戦艦「大和」が、排水量概算七万トン、十八インチ巨砲九門、速力二十七ノット、航続七千カイリという数字で、その威力を表現されていることは、すでに知られる通りである。七万トン、十八インチ砲（四十六センチ）九門は世界に比類がなかったし、また、今後も生まれることはないが、その他の特徴として、「大和」「武蔵」が伝えられる誇りは、（イ）檣頭の測距儀の長さが「長門」級の十メートルに比して十五メートルであったこと、（ロ）探照燈（八基）の直径が「長門」級の百十センチに比して、百五十センチであったこと、（ハ）電源出力が四千八百キロワットにのぼり、たとえば八王子市の所要電力全量を供給してなお余裕があったこと（松本大佐著書）、等によって偉大さを示されていたが、じつは真の偉大さは、かえって外部から見えないところに秘蔵されていたのだ。第一は「大きく見えない」のが自慢であった。

海軍軍人（内外とも）が遠くから「大和」を見ると、大体四万五千トン以上ではないと判定した。「大和」と「信濃」は、呉と横須賀の造船ドック内で建造したが、「武蔵」は長崎の三菱で船台の上で造られ、それを遮蔽するために用いた棕梠縄が六百トン、一本に延ばせば東京、長崎を往復して、さらに京都まで達するという話で有名だが、それほど秘匿しても、スパイの眼をおおいきることはできず、アメリカには感づかれていたが、それでも同国の観

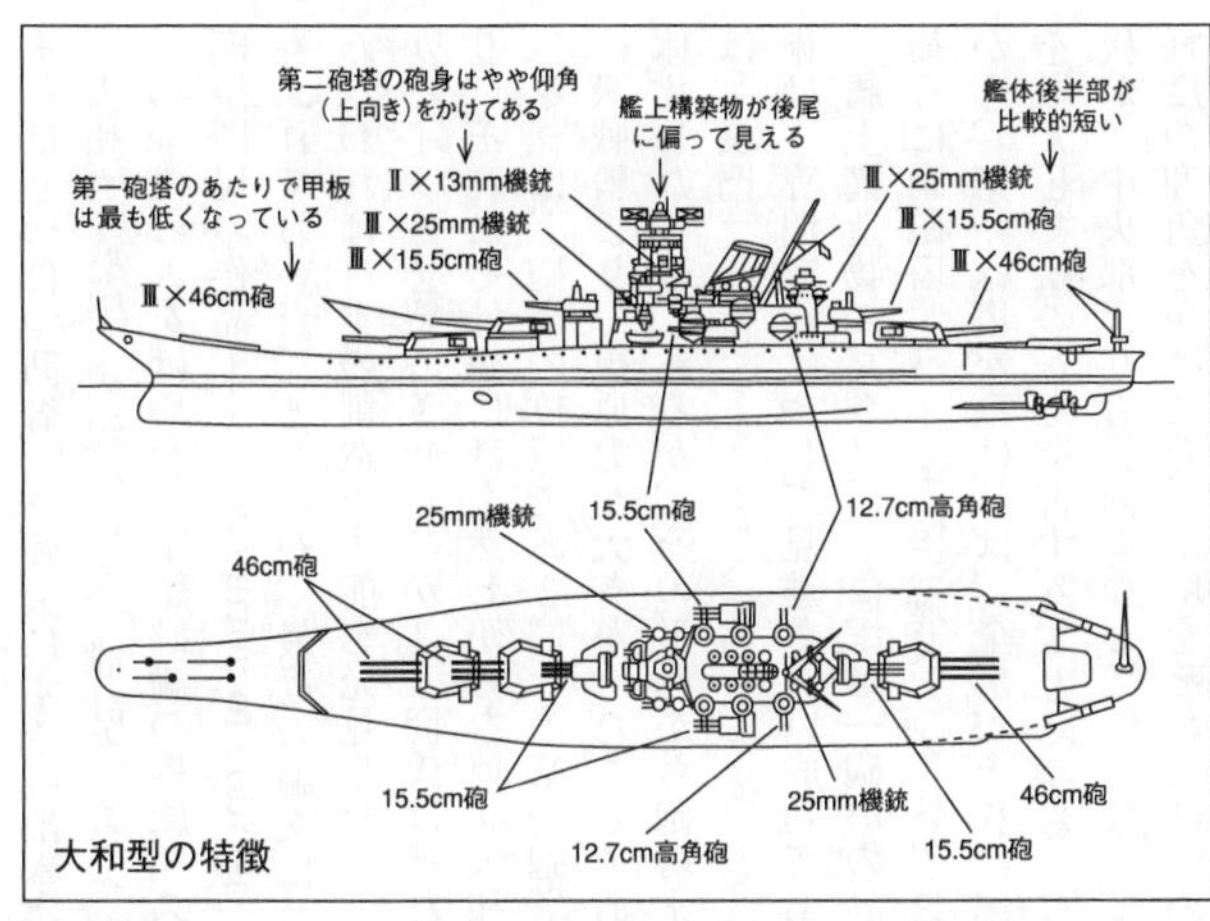

大和型の特徴

測では、「武蔵」は、「五万トンを超過する巨艦」という程度に見られていた。

現に、「武蔵」の進水後は、その前方に改装空母「大鷹」（春日丸――一万五千トンの汽船）を横たえて、だいたい隠せた程度であったから、見た眼には本当の大きさはわからなかった。事実、艦の長さは吃水線で二百五十六メートルであり、三万五千トンの戦艦「長門」のそれが二百二十二メートルであったのと対比すれば、非常に短躯の軍艦である。空母に比較すると、「赤城」や「翔鶴」とほぼ同じであって、編隊航進中を遠望すれば、すぐれて大きいという印象はぜんぜん起こらなかった。

それが、「大和」の大なる特徴であって、艦の長さをできるかぎりちぢめることが、設計者の骨を削った一重点であった。砲塔が前方に背負式（スーパー・ポーズ）二基である関係上、艦の前部が長くて後部が短く、人間にすれば足の短い格好である。だからスマートさはないが、それはじつは「防御」を強大にする戦艦本来の要求を充たす根底となっていたのだ。この「大和」「武蔵」の短軀こそ、設計者がひそかに鼻を高くしていたところなのである。

めったに人をほめない軍艦評論の権威オスカー・パークス氏が、従来わが造艦を概評して模倣国民の作品――"the nation of copyist"――の域を脱しないと言っていたことは、前にもふれておいた。ところが、最近の論文において、「戦艦『大和』の防御構造面において、われわれは日本の創造の才能を発見した」と述べている。これはよほどのことである。なにがパークスを感心させたのか？ 同氏はそれを指摘していないが、察するにつぎの三点であり、それこそ外観には全然わからない「大和」「武蔵」の特徴をなしていたものである。

第一は、砲塔の位置である。その第一砲塔が低位にあって重心が下降しており、外国の第一級戦艦よりも復原力が大きかったことであろう。これは「友鶴」の教訓をもっともよく具体化したものであるが、その艦底から砲塔までの距離――艦底から起算した砲塔の高さ――は「長門」「陸奥」とくらべて同一である。二倍に近い巨艦で、かくも砲塔を低くすえた技術は、専門家がけっして見逃さない成功である。

艦上構造物の高さは、一に、第一砲塔の高さによって定まる。その後段に第二砲塔、その後ろに副砲塔（六インチ砲三連装）、それから艦橋楼檣（十三階の高層建築）という順序であるから、第一砲塔が高ければ、全部がそれに準じて高くなり、合わせて重心の上昇と風圧面積を増大して艦の安定を害することになる。写真をよく見ると、「大和」は前部砲塔のある甲板が、中央部よりも斜面をなして低くなっており、さらに第二砲塔の主砲には、はじめから軽度の仰角をかけてその砲塔をそれだけ低めている。ここに、大なる苦心があった。すなわち自慢の第二点とするところである。

第三の自慢は、縦のキールが二列になっていたことだ。こういう技術の方面はくどくどしく書くだけ興味を削くようだが、天下「大和」だけしか持たなかった特異の構造については、簡単にでもふれておきたい。艦首から艦尾の底を一貫する龍骨は何人も知る船の脊椎であり、それに、「縦の龍骨」すなわちヴァーチカル・キール（隔壁）が、同じく一貫して一筋たてられるのが、構造の他の基底である。その縦の龍骨を、「大和」は二列に通してあったのだ。

これは七万トンで、十八インチ砲九門を斉射する無双の巨艦のために、設計者が創案したのだ。構想の基調としては、たとえば体重五十貫の肥満した大力士が、体重が二倍の百貫になった場合には、全体が平均二倍大になったのでは、足に弱点が生ずる。足は少なくとも二倍半の強度を持たないと、体重を支える安定率が不足すると算定したのだ（正確な計算は省くが）。巨船クイン・メリーの縦キールは一本であったが、「大和」はこれを二列すえて、いかなる激動にもたえる堅牢を自信したのであった。

4　強靭を誇った水中防御

米式魚雷と水中弾に備う

「大和」の第四の自慢は、艦底から甲板までの高さ（十八・九メートル）を、「陸奥」と大差ないほど低くして、しかも艦底を三重に防御したことである。言いかえれば、砲塔直下の火薬庫と艦底の間を、とくに三重にし、しかも全体の高さを短縮したことである。

火薬庫直下の艦底を三重にしたのは、じつはアメリカの魚雷にそなえたものである。米海軍はつとに「艦底起爆魚雷」を発案して、多大の期待をかけていたことを知り、とくにこれに対する防御を工夫したものであろう。

この方式の魚雷は、日本の海軍でもいちおう研究されていたが、確信を得る前に戦争になった。それよりも酸素魚雷の方がはるかに有力であると信じられたことも、研究に熱が入らなかった理由であったろうが、アメリカは、ドイツの磁気機雷からヒントを得て製作に成功し、試験に好成績をあげてこれを採用した。緒戦における米国の魚雷は、ほとんどこの制式であった。

理屈ははなはだいい。その魚雷が、敵艦の艦底約三メートル以内を通過すれば磁力によって爆発し、軍艦の最大弱点たる艦底を爆破し、多くの場合は火薬庫に誘爆を起こさせて、いっきょに大軍艦を両断してしまう。悪くいっても、艦底から大浸水を誘致すること、普通魚雷の比ではない。

ところが、理想と現実とが往々にしてくいちがう実例をアメリカは示した。米国の潜水艦は、緒戦にも日本の艦船を相当数雷撃したが、効果がはなはだ少なく、用兵側はこれを磁気魚雷の不良に帰し、造兵側は射撃法の失敗（深度過大）にありと認め、委員会において大論争を反復した後、結局は普通魚雷を使用することに方針を改めるにいたった。

あたかもスラバヤ沖海戦の第一期において、わが駆逐戦隊が自信満々で発射した酸素魚雷は、敵艦到達未前に爆発して大水柱を林立させるのみであった。調べると、信管をあまりに鋭敏にしたため、途中の木片や小魚にふれても爆発したわけだ。そこでその夜半、巡洋艦戦隊は信管を少しく遅鈍にして発射した結果、オランダ巡洋艦ジャバ、デ・ロイテル以下四隻を轟沈して、自らその偉力に驚いたのであった。アメリカは爆発未遂のゆえに、兵器そのものを変更したのである。

が、「大和」を造るときは、アメリカの「艦底起爆魚雷」はもっとも恐るべきものとして防御を策するのが当然であった。日本の造船官には、「初瀬」の爆沈が頭にしみて、昭和十二年までも、ハッキリと残っていた。「初瀬」は二回目の艦底触雷で一瞬にして轟沈した。由来、わが造船官は艦底にはとくに注意してきたが、しかし、そこに重鈑装をほどこすわけにはまいらない。艦が浮かないからだ。ところが、アメリカの着想は、機雷と同じ作用を魚雷によって実現しようというのだから大変だ。そこで、「大和」の設計者は、軽量にして、しかも爆発が火薬庫の誘爆を起こさないよう特別なる装備をほどこした。すなわち、艦底の三フィート六インチ上方に二重底を設け、そのまた上方約四フィートに三インチ甲鈑を装着し、その上に火薬庫をすえて、絶対にアメリカ魚雷の誘爆を防止する十分なる安全公算を確保したのであった。

この高い底の上に第一砲塔を低くすえたことが、あわせて第二の特徴をなすのである。つまり、底の高い容器の中に、「長門」や「陸奥」よりもはるか多量の弾丸と火薬とを積みこめるという設計が、第四の見えざる自慢になっていたわけだ。それは外形としては、艦幅の拡大に現われている。「大和」の甲板のもっとも広い部分は三十八・九メートルであって、世界の艦船中で最大であり（巨船クイン・メリー号は三十六・六メートル）、これを上から見た場合に、はじめてこの艦の大戦艦らしい太く逞しい姿が発見されるのであった。

第五の自慢は舷側防御である。外側の傾斜甲鈑（テーパード・アーマー）は、甲板部から水線下弾薬庫までが二百七十ミリで、それから順に薄く艦底部で九十ミリとなる（機関部の方は二百～七十五ミリ）。これでアメリカの側面から命中する魚雷を防御したのである。すなわち、その外板の外にはバルジが装着され、さらに内方には、防水縦壁が二重にもうけられて浸水を完全に防ぎ、その内側に弾薬庫や罐室があるのだから、側面は五層になっているわけだ。

この水線下防御法が、日本と米国とはいちじるしく違う。その他においては、新戦艦ワシントンと「大和」との着想すこぶる近似していたが、吃水線下の対魚雷防御で完全に対立した。戦後、来日して「大和」を研究した米国の造船官たちは、「大和」の水線下舷側甲鈑を無用の長物と認め、極端なる一人は、この甲鈑を薄く軽くしたら、「大和」は満点であった、とまで力説したものだ。

彼らの対魚雷方策は、水中の外側甲鈑を薄くする代わりに内部の魚雷防御壁を、三重、四重とし、薄い鋼板で空気の層や、燃料重油の層をつくる方が、はるかに有効であると主張するのである。たしかに、この爆発吸収の方式は有効であるが、じつは、彼が薄くてたりると考える水中側面に、日本は部厚い甲鈑を装備する必要を、機密実験によって知っていたのである。それは水中弾の意外に恐ろしい破壊力についてであった。

建造中であった「八・八艦隊」の四番艦戦艦「土佐」は、ワシントン条約によって廃棄されることになった。わが海軍は、大正十三年六月から年末にかけて、「土佐」を徹底的に破壊実験に利用した。その結果、はしなくも、水中弾の恐るべき威力が発見されたのである。

それまでは近距離射撃の砲弾は水面に落ちれば跳ね返り、いわゆるリコシェット弾（跳弾）となって目標艦の舷側をうつけれども、落角があって水中にもぐる砲弾は、水中でたちまち速度を減じ、水線下の舷側にはほとんど損害をあたえない。したがって舷側水線下の防御は、ただ魚雷に対してのみ考慮すればたりるというのが、造艦界の定説になっていた。

ところが、意外にも、「土佐」に対してこころみた遠距離からの十六インチ砲弾が、偶然にも二十五メートル前方で水に落ち（落角十七度）、反跳も減速もせずに、水線下十一フィートの側面に命中し、外板と水雷防御隔壁を貫徹して機関室を爆破するという驚異的威力を現わしたのである。

奇しくもそれは、二十年前の疑問を有力に解決するものであった。すなわち明治三十八年、二〇三高地から二十八サンチ砲で旅順港内の敵艦が撃沈した当時、水線下舷側に人穴をあけられて沈んでいた数隻は、まさしく至近落下の水中弾に基因したことが、あらためて回顧されたのである。

定説はくつがえされた。しかも極秘裡に。かくて「大和」の舷側防御甲鈑は魚雷のみならず、主砲の水中弾に対して、水線下までふかくそなえられたのだ。アメリカの技術官がそれを無用と主張したのは、米海軍では、いまだこの水中弾の新威力が判明していなかった証拠と思われる。

果たしてしからば、かりに太平洋上に両国主力艦隊の砲撃決戦が行なわれた場合、アメリカ艦隊は、水線下の防御不十分のために、意外なる打撃をこうむったことが十分に追想されるであろう。

さらに、これと平行して、日本は、水中弾道が正しく、かつ貫徹力のすぐれた砲弾を研究完成した。意外にも、尖頭弾ではない平頭弾（冠帽部は尖頭）であり、「九一式徹甲弾」の名によって内容を極秘にされていたものである。だれあらん、惜しいことをした、と、いまごろ無益の嘆声を発する者は――。

5 天下無類の砲塔操作

世界最強の水圧ポンプ

最後に、世間にはほとんど知られないことで、しかも「大和」「武蔵」の、おそらく最大の自慢と思われる一点について述べなければならない。

それは、有史最大最重の砲塔――一基二千二百余トン――を、あたかも己（おの）が手足を動かすように、かるがると、スムースに動かす動力の施設であった。

動力なぞは素人のおよそ注意しないところと思われるが、二千二百トンの大砲塔を、自由自在に旋回し、同時に十八インチ砲を左右上下に、愛煙家が莨（たばこ）を指で動かすように振りまわす「力」というものは、いかなる「力」であろうかを考えると恐ろしい。のみならず、その「力」は、同時に、弾薬の運搬から装塡までやってのけるのである。そもそも軍艦の一局部に、いかにしてかかる恐るべき力が賦与されたのであろうか。

もちろん、砲塔と巨砲は、「大和」の専売ではない。昔から、戦艦のそれは機力で操作されるに決まっているが、世界の常道は、これをレシプロ式機関によってきた。たとえば、戦艦「長門」は六百馬力のレシプロ・エンジン四基をもって操作し、米英の新鋭艦もほぼ同様であった。ところが、二千二百トンの砲塔、三連装の十八インチ砲を作動する力は幾何級数的に大である。これを「長門」のレシプロ六百馬力で動かすためには、機関が二十四基も必要になる計算であり、そのスペースは、軍艦の中に大きい工場を別につくるようなものである。そんな広い場所をとってしまったら、人間の住む部屋がなくなるであろう。

現われたのは、じつに六千馬力のタービン機関四基であった。世界最初の砲塔用タービンだ。その力は、戦艦「三笠」をらくに走らせてなお余力がある。まことに思いきった新着想であった。新着想といえば、十八インチ砲弾（重さ一トン半）を直立の姿勢で弾庫に格納して（他の戦艦は弾軸を水平に貯蔵し、水平のまま揚弾する）、垂直に引き揚げる新方式をも採用した。これにより、火薬（一発分は三百三十二キロ、すなわち米俵にして六俵分）と砲弾を、塔下十五メートルの弾火薬庫から揭げて装塡発射するまでの操作を、わずか三十秒から四十秒の間隔で実施することができた。十六インチ砲にくらべると口径は二インチだが、威力は一・六倍も高い。その九発が三十秒ごとに発射される威力は凄烈以上だ。どの見地からも、これを操作する砲塔と水圧ポンプとは驚異的なものであった。むべなるかな、アメリカ海軍の「大和」研究の最高技術官は調査の結果、感想を述べて、

「『大和』を造れと命じられれば、われわれもそれを造ったであろう。ただ十八インチ砲塔を旋回する水圧ポンプだけは確信が持てなかった。この点には正直に頭を下げる」

と直言した。これは、菱川万三郎中将の手柄の一つであるが、このタービン利用方式は、前年、戦艦「比叡」を改造するにさいし、造機の権威、中将渋谷隆太郎、同技師長井安弌ら

と、菱川、秦らの技術陣とが考究実施し、今後の大戦艦のために用意をすませておいたものであった。要するに、この大砲塔施設と超高力水圧ポンプとは、古来、人間が軍艦の上に構築した最高の技術であったこと疑いない。

以上、略説したような幾多のすぐれた特徴を満載して、昭和十六年十二月末、「大和」は出陣の姿をととのえた。僚艦「武蔵」は、旗艦設備その他の工事のために遅延して、半年の後に戦列にくわわった。もしも日本海軍みずからが世界にうちだした「航空主兵主義」の戦略革命――真珠湾とマレー沖で実演した――がなかったら、太平洋海上権力の争覇はいかなる結果を示したであろうか。おそらく、「大和」「武蔵」を主力戦隊の中心とする日本の艦隊は、三年か五年は不敗の優位を保持し得たのではなかろうか。

戦争の勝敗は、長期戦の後に、海上封鎖によって日本の敗北に終わったであろうこと、大自然の地理的条件が判定するようであるが――食糧と戦略物資の輸入杜絶により――しかもなお四、五年の海上戦闘は、二大戦艦の十八インチ砲が支配していたであろう。

昭和十二年、無条約時代に入って主力艦の建造が開始されたとき、すでに航空主兵主義の論議は、三国の海軍部内にひとしく抬頭していた。いな、その二、三年前から一部提督の間に主張されてはいたが、いまだもって大勢を動かすにはいたらなかった。大西瀧治郎が軍令部軍備課で「大和」反対論を疾呼したり、山本五十六が福田啓二に対し、「戦艦商売はまもなく失業するよ」と揶揄したのは、昭和十年の話であるが、二人はいまだ海軍を動かすまでの勢力にはなっていなかった。

米英も同様であり、その建艦の主方向は、日本の「大和」「武蔵」、米国のミズーリ、ウィスコンシン、英国のプリンス・オブ・ウェールズ、ジェリコーという戦艦建造の現実が示すとおりであった。それが、「空母中心主義」へと急転向を演じたのは、日本が真珠湾とマレー沖で、「血の実験」を演出し、戦艦中心主義の時代錯誤を天下に実証した後のことである。

6　宝の持ち腐れ

十八インチ砲をほとんど撃たずに沈む

日本海軍で空母主兵主義が話題になったのは、昭和七、八年ごろ、航空戦隊の司令官をつとめた提督たちによって主張されたのがはじめてである。が、どこの社会にも見られるように、自分の専門を過当に高く評価する傾向の一つとして笑殺されていた。海空軍の歴史があさく、その方面の出身者が海軍の要部を占めるにはいたらなかったことも一因であろう。たとえば、水雷戦隊専門の末次大将が中央要部を占めていたゆえに、潜水艦兵力量に重点をおいて争ったようなもので、軍艦の戦略配分には、ある程度、個人の主観が左右することはまぬかれない。大人物は別だが——。

一方に、航空母艦が防御脆弱であるという本質も、これを貧乏国の主力艦とすることを躊躇させた一大原因かも知れない。普通に考えれば、戦時喪失率ももっとも多いように思われる。戦艦の不沈性にくらべて、いかにも沈みやすい形だ。じつはその先制攻撃力と、直衛戦闘機による機動防御力とから見て、相当の自衛力はあるのだが、一見して弱いということが、責任をもって空母主力主義を断行する勇気を阻んだのであろう。

その点、日英米みな同様であった。だから、昭和十二年には、三国とも建造の重点を戦艦におき、昭和十六年末には、空母は日本が十、米英が八という実数で、日本が明らかに一歩を先んじていたくらいだ。ただ、欲をいえば、乏しきをおぎなうに先着をもってしたわが海軍の先輩に学び、みずから演じた真珠湾とマレー沖の戦術的先鞭を、いちはやく建艦政策の上に断行してほしかったと思うが、それは普通の頭脳には多きを求めすぎるものであろう。

転じて、「大和」「武蔵」が太平洋戦争において、いかなる戦闘を演じたかを一瞥しなければならない。前掲のいくたの特徴を証明する上に必要だからである。ところが、残念なことは、この二大戦艦は、その建造された目的のためには、一回も使われずに終わってしまったのである。

すなわち、英米の戦艦と相撃つ砲戦には、四年間を通じ、一回も出会わないで終わったのだ。米英の戦艦は、ワシントンやニュージャージー（米）も、「大和」「武蔵」との対抗には、一度も顔を出さないのだ。古賀長官は、「武蔵」に将旗をひるがえして、二回までもマーシャル群島方面に決戦をもとめて出撃したが、リー中将の戦艦戦隊は、いつも砲戦圏外遠く離脱して、十八インチ砲の猛撃を敬遠してしまった。マリアナ海戦またしかり。

かくして、せっかくの十八インチ砲——砲弾の重さ一トン半、射程東京、大船の距離で、十二インチ以上の鋼板を貫く——は、敵の戦艦に対して一発も放たれていない。わずかに昭和十九年十月二十五日、比島サマール島沖において、「大和」が敵の護衛空母群（商船改装）と遭遇し、牛刀をもって鶏肉の一片を裂いたのが、唯一の発砲記録となったにすぎない。自信満々の九一式徹甲弾、厚さ四百二十ミリの大砲塔、毎分二発を撃つ十八インチ巨砲——みな宝の持ち腐れになってしまった。敵は、そんな者を相手にしなかったのである。ということは、もし、航空主兵主義、空母中心主義の戦略が、開戦後、なお確立されなかったら、アメリカの主力艦隊群は、退いてばかりいるわけにはいかず、したがって、「大和」「武蔵」と取り組むのに、少なからず神経を悩ましたであろうことが想像されたのである。

そうして「大和」「武蔵」が戦った相手は全部、航空機であった。その爆弾と魚雷とであった。「大和」は昭和二十年四月、敗戦確定の遠からぬ見通しの下で、わが海軍の最後の「死花」の意味で出撃し、敵機延べ一千機と戦って激闘三時間あまりにして沈んだ。爆弾大小何十個、魚雷十五内外。これで沈まないのは軍艦でないというほどの被弾であった。しかも「大和」は、その前年十月、シブヤン海とサマール島沖において、三日間連続して空襲と戦い、最後の日には浸水、注水あわせて五千トンの水をのみながら、二十ノット以上の速力で根拠地に帰ったほどの剛強さを示した。

「武蔵」の最後は、すでに『連合艦隊の最後』の中で詳述した通りだが、「大和」とともにシブヤン海を東進中（昭和十九年十月二十四日）、午前十時四十分からの第一次空襲で魚雷二本、正午に一本、午後二時ごろの第三次空襲で三本、二時半に二本、三時十分からの第五次空襲で十一本、計十九本をうけ、奮闘じつに九時間ののちに浸水満艦、まったく浮力を失って横転（最後に爆発）沈没したものである。幾十の爆弾と至近弾とが、浸水を助けたこともあろう（その直後の研究会で、わが造船官は、「武蔵」の二倍の被害にたえ得る設計が可能であるという結論を得た）。いずれにしても、この長時間、十九本以上（事実は二十数本と推定されるが、被害記入の紙片に一枚の脱落があって、確数不明。十九本までは確実）の被雷にたえたのは、プリンス・オブ・ウェールズ号が七本の魚雷で沈んだのに比して、いちじるしく強靱であった。しかもなお、設計の不十分を指摘する声がある。果たして正しいであろうか。

7 「大和」を注文した思想

制空権下の海上決戦

「大和」「武蔵」の不沈性をさらに強化し、たとえば二十五本の魚雷、三十発の爆弾、五十発の至近弾にも沈まないような「超大和」の建造可能なり、という結論が、「武蔵」沈没直後の研究会で、一致承認された。それによると、

（イ）艦の中央主要部分以外の部分の防水区割をいっそう細分すること。艦の前後部は一魚雷浸水一千トンの計算であったのを、五、六百トン程度にする。

（ロ）同部分に魚雷防御縦壁をもうけること（縦壁よりも横壁として、浸水を二両舷に流す主張も有力であった）。昭和十八年暮れ、「大和」がトラック島付近で米潜に雷撃されたとき、外鈑と内側鋼板の間をささえる多数の横の鋼支柱が、衝撃によって内側板を突き破り、そこから多量の浸水を見た。「武蔵」の場合にもまぬかれなかったであろう。

（ハ）同部分の舷側あるいは内側に弾片防御甲鈑を装置すること。「武蔵」では、多数至近弾の破片が外舷を突き刺して浸水を増し、艦の傾斜を大きくした。

（ニ）注排水装置の性能を強化すること。

その他二、三の工夫もあったが、以上の改良によって、いちじるしく増大することが確信され、それに要する排水量の増加は一万トンと算定された。

ついでに、大空母「信濃」は四発の魚雷で沈んでしまったが、それは、(イ)防水区画の水密試験を行なわなかったこと(気密試験も)、(ロ)注排水装置の試験も未了であったこと、(ハ)乗員の訓練が未熟であったこと等によるもので、「大和」の同型艦として、本来、「あるべからざる現象」といわれる。水密試験だけでも最短一ヵ月を要するのを、無試験で飛び出したので、防水区画の所々に修理すべき点があった。その間隙から浸水がとまらなかったこと、ほぼ確実である。その他は説明を略するが(「武蔵」の乗員と「信濃」のそれを比較するのは、時代を無視するものであり、また可哀想でもあろう)、とにかく本来なら、三本や五本の魚雷で沈むはずはなかったのだ。

いま、排水量をさらに一万トン増加して、「大和」の不沈性を一倍強化することは可能であるという造船官の結論を略記したが、じつはそれらの造船官たちは、そう結論しながらも、心底の不満を消却することができなかったようだ。なんとなれば、そのような著大なる不沈性は、最初の注文と全然方角を異にするものだからである。

最初の注文とは何ぞや。曰く、(イ)魚雷を一発うけてもそのまま戦闘を継続し得ること、(ロ)魚雷二発を同一舷にうけても、応急注排水を了してただちに戦闘に参加し得ること、(ハ)その場合における艦の傾斜は五度以下に止めること、というのだ。「よろしい」というので、綿密なる設計下に構作され、そうして実戦において、はるかに注文以上の耐雷性を発揮したのであった。

すなわち、予想される最悪の場合が、魚雷二本を同一舷にうけることであった。実際に戦うや、二発や三発どころの騒ぎではない。「大和」十五、六本、「武蔵」は二十本。片舷に十本は間違いない。桁違いではないか。しかも、「武蔵」は横腹に一発、艦首に三発をこうむって、外鈑が折れ曲がっても、なお二十二ノットの艦隊速力をもって一時間以上航進したし、「大和」は、七発をうけたころも、なお二十七ノットの全速力をもって沖縄をめざして走っていたのだ。すなわち、魚雷に対する防御力が意外に強大であったといって、ご褒美をもらっていいほどの成績であった。

そもそも「大和」「武蔵」が直衛機も持たず、丸裸で敵の大空襲に長時間、直面するごとき戦闘形状は、両艦の設計当時には、冗談にものぼらなかったのだ。夢想もされていなかったのだ。

航空機が決戦に参加することはわかっていた。が、その空中戦は、戦場の制空権を得るために戦われるもので、そのつぎに、本式の戦艦同士の巨砲決戦によって勝負を定める前提として戦われる思想であった。いわゆる「制空権下の海上決戦」なるものがそれであった。

両軍相見ゆる(あいまみ)や、まず戦闘機が飛び立って猛烈なる空中戦を演じ、やがて敵機を掃蕩して戦場の上空を制圧する。そこで味方の観測機がゆうゆうと艦隊の上空に舞いあがり、水平線の彼方にある敵主力部隊の運動を捕捉して、味方旗艦に報告する。そうして、距離と敵針路が確認されて砲撃が開始されると、上空観測機は逐一、弾着を報告して命中弾の確保に協力する。

敵の観測機や偵察機は、わが戦闘機にくわれて、もはや空には敵機はない。そこで、敵艦隊が水平線上に接近して艦橋観測をこころみる段階となれば、われは主力艦の側面一帯に煙幕を展張して艦影を遮蔽し、そうして煙幕のはるか上空にわが観測機が舞い、敵を見ながら翼下の旗艦に連絡するという方寸である。

　これは盲目と目明きの戦争である。この戦さ、千に一つも負ける気づかいはあるまい。好都合もここにいたって極まるような戦法であり、それが、昭和三、四年ごろから奇しくも日米両海軍において、「制空権下の海上決戦」の名の下に、最良の戦術思想として尊重されるにいたったのである。「大和」は明らかにその思想の下に注文設計されたのであった。

8　全日本の国力結集
敵に見せばや魅惑の姿

　敵艦を雷爆撃する空軍戦法は、昭和三、四年ごろにはすでに発達の過程にあったが、しかし、戦術思想としては、いまだ「奇襲」の域を脱していなかった。両軍主力が海上で相打つ場合に、堂々と正面から雷爆撃を実施する決戦兵力としては、いまだ考慮されていなかった。

　戦場の空軍用兵は前述のごとく、敵の飛行機を撃墜して制空権を確保することに重点がおかれていた。昭和八、九年ごろにいたり、爆撃機や雷撃機の編隊が、主力艦隊の決戦場に進出して、「眼のある砲弾」を見舞う思想に発展しつつあったが、それでも、艦隊決戦の主兵はいぜんとして巨砲であった。つまり、前述の「制空権下の海上決戦」という兵術思想が、いまだに相当高い熱で燃えていた。

「大和」「武蔵」の設計は、この思想の影響下にすすめられたのである。航空主兵論は抬頭していたが、いまだ霞ヶ関を支配するまでにはいたらなかった。といって、その短見を非難するほど、空軍の進歩が決定的ともいえなかった。その証拠は、おなじ年代に、米国はワシントン級を、英国はジェリコー級を設計したところに明らかである。ただ、米英の両主力艦が、副砲を廃して、ことごとく対空高射砲をそなえたのに、「大和」が六インチ副砲十二門を装備して、得意であった点に、いくぶんの遅れを見た程度である（戦争の途中で副砲の半分を撤去し、高角砲と機銃を増設して、対空兵装を強化した）。

大観するに、三国ともまだ「大艦巨砲主義」を呼吸していたのだ。その主義の下で注文された戦艦としては、「大和」はじつに非の打ちどころがない軍艦であったと評しても決して過言ではないのである。はじめ日本家屋を注文し、後にいたって柱をコンクリートにしなかったのは、設計者の失敗であったというごとき批評は、どこでも通用しないだろう。

いな、大艦巨砲主義はその後も生きていたのだ。「大和」「武蔵」につぐ第四次補充計画の二大主力艦（軍令部の予定艦名は「紀伊」「尾張」）には、二十インチ巨砲を装備することに決定し、呉工廠は、すでにこれに取りかかっていた。軍令部の要求は、二十インチ砲八門以上、速力三十ノットであった。基準排水量八万五千トン、満載じつに十万トンにのぼる。そうしてその設計は不可能ではなく、今度は対空防御を強化して、不沈戦艦の文字どおりを実現しようとした。

いよいよ本設計の図を引こうとする前に、軍令部内に反省の声が起こった。十万トン一隻よりは、五万トン二隻の方が賢明ではないか。そうして、その場合の一隻は空母にする方が適切ではないか、というのだ。いかにも合理的のようだ。そうなると、これを支持する他のいくつかの有力な自重論が出る。曰く、水陸設備の限度、ドックの規模、船台進水難、瀬戸内海諸水道の幅、操艦の不自由、等々は、みな十万トンを過大とする説を援護した。

といって、二十インチ砲を八門以上として防御力をいっそう強化すれば、十万トンは覚悟しなければならない。妥協案として、二十インチ砲を六門に減ずれば、基準七万、満載八万トンの排水量で注文に応ずることができる。わが造艦技術は、いずれにも決定次第、正式に設計に着手しようと待ちかまえていたが、武装に関する論議が一決しないで——大勢は二十インチ砲六門に傾いていたようだが——遷延されている間に、戦争がはじまって中止となった。すなわち、「大艦巨砲主義」は、じつに昭和十六年まで生命を保っていたことが明らかである。現に当時の海軍砲術学校においては、対空射撃班が、研究訓練の重点を同班に置くことを要求したにもかかわらず、教頭は砲術の泰斗、猪口大佐（のち「武蔵」艦長。少将）で、依然として、水上射撃の本命を主張してゆずらなかった。省の方針もまたそこにあった。

さらに「大和」型の第三番艦「信濃」は、昭和十五年五月に起工され、開戦とともに工事を見あわせたが、それを空母に改造することは、じつは翌年のミッドウェー海戦直後であり、すなわち、真珠湾やマレーの戦訓にもかかわらず、なお半年の後まで、大艦巨砲主義が生きていたことを実証するのであった。

「大和」はこの主義を具現した最後、最強、最大の軍艦であった。制空権下の海上決戦で、敵の主力艦をつぎつぎと砲撃撃沈する目的をもってつくられた完全なる軍艦であった。たとえ制空権が対等で、水平線上遠く測距砲戦をまじえる場合にも、米英の最新戦艦と太刀打ちして、勝率確実なる軍艦であった。

しかしながら、敵の完全制空権の下で、しかも自由爆撃と任意雷撃とを、長時間にわたって一方的にこうむりながら、なお沈まない、というような海上の城壁ふうには設計されていなかったのだ――。そのためなら、十八インチ砲九門や二千トン砲塔三基なぞは、はじめから取りはらって、防御甲鈑だけを二重三重に張りめぐらしておけばよかった。と冷笑冗談するくらいのものである。

「大和」の基本設計にあたった人々は、いずれも、すぐれた二十何人かであり、その主任として、造船の福田、造兵の菱川、造機の渋谷という三中将のコンビは、めずらしい豪華版であった。いよいよ詳細設計に入って、約三百人の技術者が参加した。それらの人々も、いずれも各部門の経験者で、いわば、日本海軍の造船、造機、造兵陣を総動員して建造されたものである。そうしてその成果は、前記、米国技術高官の批評にも明らかなとおり、当代の一大傑作であったこと疑いない。

今日、「大和」をつくるとすれば、安く請け負って、一千五百億円以下ではできない。わが国防衛予算の全額を投じても足りない。それを日本は二隻つくり、さらにただちに一隻着手し（「信濃」）、なお二隻計画中であった。

富はその一部にすぎない。軍艦をつくりはじめてから七十年の苦心が「大和」に集結したのだ。日本の科学と技術とが、最高度に具現された民族の誇りであった。巡洋戦艦「筑波」をつくってから、ちょうど半世紀である。「摂津」「比叡」「扶桑」「長門」それから「古鷹」「翔鶴」――と、明治大正昭和の三代にわたる五十年の技術が集積されて「大和」に結実した。さかのぼって、明治二十七年、主力艦「橋立」の単装三十二センチ砲に血汗を流した先祖の苦心を、一砲百六十六トンの十八インチ砲三連装九門をもってこたえた技術陣は、記念碑をはずかしめなかった。兵器の根本は材料だ。十八インチ砲の砲身、巨弾の鋳鍛造、十六インチ甲鈑、数えれば製鋼技術陣の研鑽と腕前も大したものであった。

なお、「大和」の船殻建造に要した工数が、「長門」「陸奥」よりも少なく、一トンあたりにすれば半分以下ですんだという記録も、これまた、世界の造船界に類を見ない経済的生産であって、いわゆるプロダクション・テクニークの王座をしめる秘史であった。これは、「大和」の船殻工場主任少佐西島亮二（のち大佐）の天才がはたらいた結果であるが、「大和」にうちこんだ工員たちの意気ごみも、またその熟練も、よくそれに応えたことであろう。いずれも、造艦技術水準が世界の最高峰をきわめた結晶の輝く一面であった。

かくのごとくにして天下第一艦は、昭和十六年十二月十六日、その雄姿を瀬戸内海に浮かべた。緒戦ことごとく敵を連破して意気天を衝く大艦隊の真ン中に、この不沈戦艦がゆうゆうと現われたとき、昭和十七年の元旦、旭日を東天に拝した十万の将兵が、太平洋戦争の必勝を三唱したのは、あえて異とするにたらないであろう。

*

少しくセンセーショナルに言うならば、「大和」「武蔵」よ、どうして沈んだのか。君たちが沈んだとき、日本の海軍は沈んだ。海軍が沈んだとき、もう島帝国をまもる力は消え去ったのだ。

私は「大和」「武蔵」を、日本人としてほめすぎるのではないかという疑いをうけるかも知れない。しからば、ふたたび世界的軍艦評論家オスカー・パークス氏の「大和」批判の結論を掲げて、これに答えるであろう。

「『大和』はその排水量を最高度に利用して、信じがたいほどの威力をそなえる大戦艦を生んだが、不幸にして、用兵者がその使用目的を誤ったために、本来の目的には使われずに終わった。かくて英米十万の海上戦闘員は、その威容を見ることができず、わずかに限られたる少数の飛行機搭乗員のみが、それを見たにすぎなかった――」

第十七章　十二月八日を迎う

1　石油は足りたか

貯油六百万トン——二ヵ年分

戦艦「大和」は完成にちかづき、僚艦「武蔵」は進水を了し、三番艦「信濃」の工程も遅滞なく進捗し、米英から好んで挑戦するには、あまりにも手強い大海軍の威容がととのいつつあった。受動的意味において、無敵艦隊と呼んでも、かならずしも僭称ではなかったろう。ただ残れる問題が一つあった。石油である。「友鶴」「初雪」「朝潮」と続出した三つの難関を切り抜け、足腰も、骨組も、心臓も一流の強靱さが確保された。ところが、それらをやしなう肝腎の血液が問題であった。周知のごとく、日本の石油産出量は、国内所要総額の一割に満たず、海軍は動力燃料の全部を、海外からの輸入に依存していた。戦時、石油を断たれたら、無敵艦隊は立ち往生である。すなわち致命的弱点であったが、それはどういうふうに措置されたか。

日清戦争は国産燃料で戦われた。国産の粗炭で十分まにあった。煤煙天を焦がすのが、かえって勇ましさの表徴でさえあった（火夫の辛苦は別として）。

まもなく、早い点火、高いカロリー、無煙の三要素が、近代軍艦の必須の動力であることが確認され、それから英のカージフ炭輸入がはじまった。日露戦争中の大海戦は、みなカージフ炭で戦われた。これより先、英炭の価格は国産炭の二倍以上であり、かつ燃料の外国依存は戦時国防の大弱点であるから、どうしても国産炭を配合して煉炭を自給する方針の下に、明治三十七年四月、徳山（山口県）に海軍煉炭製造所を建設した。

煉炭の歴史は古く、明治十七年から戸畑の煉炭会社が海軍に売りこみ、十九年、有名な仏の造船大監ベルタンの忠告もあり、二十七年には大機関士武田秀雄（のち中将）をフランスに特派研究させたこともある。当時、第二の海軍国フランスには、カージフ炭のような優良炭が産しないので、煉炭によってカージフ炭と同じ性能を得るよう研究努力をつんだ。その関係から、この事業がフランスにおいてとくに進歩したのだ。日露戦争中、武田はふたたび仏国に行き、最新式の煉炭機を購入、バルチック艦隊をさけて南米経由で輸送、三十八年四月から作業を開始したのであった。

ところが、三年ほどして英のフィッシャー提督は、戦艦に石油燃料を採用して世界を驚かした。明治四十三年、日本は軍艦「八重山」を用いて試験したところ、果たせるかな、効率は石炭とは比較にならないことがわかり、ただちに炭油混焼の方式を採用することになった。

そうなると、たちまち石油が問題になった。ふたたび国産品と別れなければならない。せっかく煉炭製造所を起こして国産による自給自足の方策を確立した安心は、ふたたび燃料輸入の不安におきかえられた。が、燃料の戦時輸入はあくまでも禁物だ。そこで、石油を貯蔵することによって、戦時自給をまっとうしようという省議が一決し、徳山に給油部をもうけるとともに、大きいタンクをつくって、「有事備蓄」が開始された。かくて、「非常用タンク」に油の一ガロンが注がれたのは大正七年であった。

人も知る、太平洋戦争は、海軍の石油が何年つづくかによって和戦の方針を定めた。もし、それが半年しかもたないようであったら、軍がいかに青筋を立てようとも、絶対に開戦はできなかった。軍令部総長永野修身は、貯蓄量を約二ヵ年分と計算した。実際には消費量ははるかに予想を上まわり、六百万トンも、一ヵ年と少ししかもたなかったが、開戦前には、一年に三百万トンあれば十分と思っていたのだ。陸軍は二ヵ年あれば戦さは終わるだろうと想定した。いずれにしても、備蓄六百万トンは、これも世思未曾有の貯油だ。すなわち、国内生産額の二十年分にあたる。よくも蓄えたものである。そうしてその備蓄の第一滴は、じつに二十五年前に徳山のタンクに注がれて以来、毎年毎月、営々として節約貯蔵されてきた集積にほかならなかったのである。もちろん、昭和十一年以後のいわゆる国際危機以後は、貯蔵量を漸増したにはちがいないが、目立った輸入や蓄蔵は猜疑のもとであり、また予算が許されなかった。やはり、二十五年間にわたる備蓄が、六百万トンを積み上げたのである。

燃料所管当局が、いかに貯蔵に苦心したかは、局外には想像のつかない話が多い。彼らは軍令部とあらそい、艦隊とあらそって、後者が使いたいものを使わせず、予算以外は一ガロンの消費も認めず、吝嗇（りんしょく）の家主が小金を貯めるように、憎まれながら貯めたのである。

燃料当事者には、哲学と自負とが、一貫して保持されていた。戦時に燃料を自給するのは、自分たちの最高の責任であり、それは、平和時に戦いとらねばならない、と。また、艦をつくるのは艦政本部の仕事、戦術を練るのは艦隊の任務だが、艦を動かすのは俺たちの責任だ、という信念を一歩もまげなかった。

たとえば、大正十年から昭和五年までの十年間、艦隊に供給する石油は、「各艦八ノット速力で二十昼夜分」と決め、四年ごとにあった特別大演習時にかぎり五昼夜分を増配し、それ以上は、だれがなんといってもパイプの口をひらかなかった。いわば、戦争になってはじめて引き出せる無期間強制貯金のようなもので、耳に栓をしてただ貯める一方の方針を堅持した。

そのためにこんな悲劇もあった。大演習で両軍が攻防をかさねて最終の決戦日になったところが、多数の軍艦に石油がつきてしまい、ついに決戦演習を中止するの余儀なきにいたった。艦隊側は、「油屋の奴メ」と口惜しがったが、油屋さんの柳原博光や榎本隆一郎（ともにのち中将）の面々は、温顔せまらず、「本当の戦争だったら大変ですネ」と、ますます送油管の口を締めた。かくして貯めた六百万トンである。三年や五年で貯まったものではない。

戦後、敗将の一人が笑話した。「六百万トンも貯めたからこそ戦争になったのだ。戦争責任者は油屋の親爺だ」と――。

2　笑えぬ松根油の功

タンカー建造も大遺産

大正二年、わが主力艦戦列に一段階を画した巡洋戦艦「金剛」は、三十六個の炭油混焼罐をたいて、二十八ノットを走った。罐焚きに六百人を要したが、消費する油も増大し、さらに大正七年、快速軽巡「天龍」「龍田」が「重油専焼罐」を装備し、八年進水の戦艦「長門」がこれをそなえたころから、重油所要量は急カーブに上昇していった（駆逐艦では大正四年の「樺」級十隻が専焼罐を二個ずつすえつけた）。

消費と貯蔵とが急増したのに応じて、大正十年に燃料廠がもうけられ、研究、生産、貯蔵の部門が組織化され、かつ拡大された。海空軍用の油が急増していったことも、燃料行政を活発にする一大原因であったが、昭和七年になって、はしなくも一大障壁にぶつかった。「オクタン価とは何ぞや」の問題がこれであった。いまは円タクの諸君も知るオクタン価が、その字の意味もわからぬまま米英からもれてきた。油の性能の高低はイソオクタンによって定まる。その度合いをはかる呼称がオクタン価であることを知るまでに、一年近くの研究を要した。昭和九年、オクタン測定機を輸入して検分すると、日本の油はそれがはなはだ低い。そこで、オクタン価の高い油をとりよせて戦闘機で試験すると、速力が鷲と鴨ほどちがう。これは大変と一同、顔色を失った。

ただちにわが油のオクタン価を高める研究が、技術陣を総動員して開始された。航空機のエンジンは使用油のオクタン価に応じてつくられる。低オクタンの油を使うところには優良機は生まれない。海軍は必死となった。造艦は目に映るがオクタンは見えない。が、苦心努力は相譲（あいゆず）らなかった。かくていまも大船に残る旧海軍燃料研究所が、二千人の人員を有する世界一の規模となり、戦後、米軍に多くの示唆をあたえる諸発明をうんだのは、大海軍発達秘史の大きい一ページである。米国のごとく、多種類の油を大量に産する国では、低質油に加工して純化するような仕事はいらないから、この種の工業は発達しない。戦後、人船を見て、「石油の新境地」を発見し、大いに参考に供したわけである。同様に、生産設備としての四日市工場も、また世界的なものであった。

その苦心成果の一例をあぐれば、昭和十三年、早くも九十二オクタン価の良油をつくり、これによって、有名なる南京渡洋爆撃を実施したのである。

国産は、貯蔵に劣らぬ苦心の目標であったことはいうまでもない。真の自給自足には、石炭の液化ができればいい。もう一つの方法は、石炭をガス化して合成燃料をつくる、いわゆるフィッシャー法である。前者は満鉄と朝鮮の野口窒素がこれにあたり、後者は三井が担任して苦心をかさねた。もし藉すに年月をもってすれば、年産三百万トンは可能であるという見通しもあったが、かかる高度の化学工業的生産方式は国全体の化学水準が高まらないかぎり、量産の域に達することはできない。いくつかの最高級化学工場が、日産三トンとか五トンとかを生産し得る状態になったところで、太平洋戦争を迎えたのである（経済的には大赤字の生産）。

すでにして海軍の燃料当局は、極東、中近東、中南米、その他自己が権利を設定し得るあらゆる方面の油田を探査してついに得るところなく、帰り来って国産石炭からの製油と、輸入貯蔵の方式に専念した次第であるが、一方に台湾、樺太の油田開発にも力をそそいだことはいうまでもない。

台湾は成功しなかったが、三井、三菱、住友等の財閥からなる北晨会と協力して開発した北樺太油田（最初、宮本少佐単身踏査発見）は成功の途中にあり、戦前、二十数万トンまでのぼった。前記、渡洋爆撃用の九十二オクタン価のガソリンは、じつに樺太油をベースとして精製したことを一言しておこう。

満鉄の頁岩油も成功の中途にあった。このオイル・シェールは、潜水艦燃料に最適のセタン価が高く、この点で世界屈指の良油であり、戦争直前には年産三十万トンに達した。山本、松岡が満鉄首脳の時代、海軍から水谷中将を主任にむかえ、撫順の大資源を利用して実現したものだ。一方に朝鮮野口窒素のNA工場もまた、化学製油に新しい自信をもって発足したのであった。いまや、満州なく、朝鮮なく、北樺太なし。油の話はこのへんでやめよう。が、米英では想像もおよばない石油生産および加工法（水素添加法以下イソオクタン成分向上の方式――小川亨、横田俊雄、並河孝、江口孝ら諸博士の専念研究）の諸研究は、軍艦が全滅しても造船術が残ったように、戦後のわが化学工業生産に多くのものを残している。この関係において水谷光太郎（のち中将）や河瀬真（少将）の一貫した努力は、前記の武出、柳原、榎本の諸氏とともに忘れ得ない功労誌に残る。

人は松根油を嘲ってはいけない。年産三百万トン、三年分の松根油は、開始が遅くてまにあわず、終戦時に約二十万トンあった。石油枯渇の昭和二十年、二十一年、この全部がトロール船にあたえられ、餓えていた国民の食卓に魚を運んだことを記憶しておこう。これも、すでに立派な研究所があったからこそ、雑作なくつくり得たのであった。

油槽船もまた話題だ。開戦時、海軍は五十七万五千トンの油槽船を常備していた。性能改善につとめた結果、戦争直前には十八ノットの高速タンカーまでできていた。海軍の血を供給するため、戦時中に九十万六千トンのタンカーを急造したが、大部分は潜水艦の餌食となって、ついに艦隊を内地で養うことができなくなった。

これからただちに帰納される輸入商船護衛の大戦訓は別個の問題として、このタンカー建造の経験と技術とが、今日、世界多数国から日本へのタンカー注文となって、船台をにぎわしている事実を見逃してはならない。

話は横道に入ったが、さて、二十五年の苦心の集積が六百万トンの良質油貯蔵となり、まず二ヵ年近くは戦い得るという血液を保有して、昭和十六年十二月を迎えたのであった。

3　全軍の戦略展開

二百二十余隻の出陣

かくのごとくにして築き上げられた大海軍は、ついに世界の二大海軍国を相手として、真剣勝負を決める運命の日を迎えた。その運命の日、昭和十六年十二月八日、どの軍艦が、どの海面に展開していたかという実相を知ることは、スリルといわないまでも、少なくとも大海軍のなつかしい思い出には相違なかろう。

ひとり、日本では何十年の将来にも再現し得るかどうか、まったく想像のつかない（まずおぼつかない）威容であるとともに、世界海戦史においても、開戦の日にかかる大展開が実施されたのは空前であり、あるいは絶後であるかも知れないからである。

そこで、以下、これを表示しておく。

▼その一　主力部隊（司令長官・大将山本五十六）

任務＝全作戦支援

所在＝瀬戸内海柱島水道
艦名＝戦艦「長門」「陸奥」「伊勢」「日向」「扶桑」「山城」
　空母「鳳翔」「瑞鳳」
　軽巡「北上」「大井」
　駆逐「初春」「子ノ日」「初霜」「若葉」「有明」「夕暮」「白露」「曙」「三日月」「夕風」「帆風」
　特務船三

▼その二　機動部隊（司令長官・中将南雲忠一）
任務＝真珠湾在泊艦船および航空兵力攻撃
所在＝ハワイ・オアフ島北二百三十カイリ（十一月二十六日、エトロフ島単冠（ひとかっぷ）湾出撃）
艦名（任務別）
▽空襲隊＝空母「赤城」「加賀」「飛龍」「蒼龍」「翔鶴」「瑞鶴」
▽支援隊＝戦艦「比叡」「霧島」。重巡「利根」「筑摩」
▽警戒隊＝軽巡「阿武隈」。駆逐「浦風」「磯風」「浜風」「谷風」「霞」「霰」「陽炎」「不知火」「秋雲」
▽補給隊＝極東丸、国洋丸、健洋丸、神国丸、東邦丸、東栄丸、日本丸、あけぼの丸
▽哨戒隊＝潜水イ十九、イ二十一、イ二十三
▽ミッドウェー砲撃隊＝駆逐「漣」「潮」
▼その三　先遣部隊（司令長官・中将清水光美――巡洋艦「香取」――マーシャル群島クェ

ゼリン）
任務＝ハワイ方面敵艦隊監視邀撃
所在＝オアフ、モロカイ、カウアイ各島付近
艦名（任務別）
▽潜水部隊＝特潜母靖国丸。潜水艦イ九、イ十五、イ十七、イ二十五。特潜母さんとす丸。潜水艦イ一、イ二、イ三、イ四、イ五、イ六、イ七。潜母「大鯨」。潜水艦イ八、イ六十八、イ六十九、イ七十、イ七十一、イ七十二、イ七十三、イ七十四、イ七十五
▽特別攻撃隊＝潜水艦イ二十二、イ十八、イ二十、イ十六、イ二十四（各艦特殊潜航艇搭載）
▽要地偵察隊＝潜水艦イ十、イ二十六
▽補給隊＝隠戸（おんど）、東亜丸、新玉丸、第二天洋丸、浦上丸
▼その四　南方部隊（司令長官・中将近藤信竹）
（イ）主隊（長官直率）
任務＝南方全作戦の支援
所在＝プロコンドル南東百カイリ（十二月四日、馬公出撃）
艦名＝戦艦「金剛」「榛名」。重巡「愛宕」「高雄」。駆逐「嵐」「野分」「萩風」「舞風」「響」「暁」「大潮」「朝潮」「満潮」「荒潮」
（ロ）マライ部隊（司令長官・中将小沢治三郎）
任務＝船団護衛、上陸作戦支援、敵艦および空軍撃滅、警戒その他

所在＝コタバル沖、タイランド湾南方、カモー岬、アナンバス北方、カムラン湾、サンジャック沖

艦名（任務別）

▽主隊＝重巡「鳥海」。駆逐「狭霧」

▽護衛隊＝重巡「熊野」「鈴谷」「三隈」「最上」。軽巡「川内」。駆逐「白雲」「東雲」「叢雲」「綾波」「磯波」「敷波」「浦波」「夕霧」「朝霧」「天霧」「羽風」「初雪」「白雪」「吹雪」。巡洋「香椎」。海防「占守」

▽監視攻撃隊＝軽巡「鬼怒」「由良」。潜水艦イ五十三、イ五十四、イ五十五、イ五十六、イ五十七、イ五十八、イ五十九、イ六十、イ六十二、イ六十四、イ六十五、イ六十六、ロ三十三、ロ三十四、イ百二十一、イ百二十二。水雷「初鷹」。特務船十

▽航空隊＝第一および第二航空部隊（元山、美幌、鹿屋、高雄、台南の各航空隊の一部）。特務船四

（八）比島部隊（司令長官・中将高橋伊望）

任務＝アパリ、ピガン、バタン、レガスピー、ダバオ各基地急襲。敵空軍撃滅

所在＝前掲各地近海

艦名＝重巡「足柄」「摩耶」「那智」「羽黒」「妙高」。軽巡「球磨」「名取」「那珂」「長良」「神通」。各種母艦「龍驤」「千歳」「瑞穂」。駆逐「文月」「皐月」「長月」「水無月」「朝風」「松風」「春風」「旗風」「村雨」「五月雨」「春雨」「夕立」「朝雲」「峰雲」「夏雲」「山雲」「海風」「山風」「江風」「涼風」「雪風」「初風」「汐風」「太刀風」「天津風」「時

津風」「秋風」「夏潮」「早潮」「親潮」「黒潮」。水雷「千鳥」「初雁」「真鶴」「友鶴」「蒼鷹」。特務「厳島」「八重山」「明石」。特務船十五

航空隊＝東港、第一、第三、鹿屋、台南、高雄各隊の一部

▼その五　南洋部隊（司令長官・中将井上成美――巡洋艦「鹿島」――トラック島）

任務＝グアム、ウェーキ、ギルバート攻略。マーシャル、トラック、パラオ、サイパン防衛

所在＝前掲基地近海

艦名＝重巡「青葉」「衣笠」「加古」「古鷹」。潜母「迅鯨」。軽巡「天龍」「龍田」「夕張」。特務艦「沖島」「常磐」「神威」「津軽」「石廊」「知床」「鶴見」。駆逐「夕凪」「朝凪」「追風」「疾風」「睦月」「如月」「彌生」「望月」「夕月」「菊月」「卯月」「朧」。特務船六十八。潜水艦ロ六十、ロ六十一、ロ六十二、ロ六十三、ロ六十四、ロ六十五、ロ六十六、ロ六十七、ロ六十八

▼その六　北方部隊（司令長官・中将細萱戊子郎）

任務＝小笠原方面防衛（在同方面）

艦名＝軽巡「木曾」「多摩」。水雷「鷺」「鳩」。特務船十二、父島航空隊

▼その七　支那方面部隊（司令官長・大将古賀峯一）

任務＝支那全面警備および香港攻略支援（在同方面）

艦名＝旧大巡「出雲」「磐手」。軽巡「五十鈴」。砲艦「宇治」「安宅」「勢多」「堅田」「比良」「保津」「嵯峨」「熱海」「伏見」「二見」「隅田」。駆逐「電」「雷」。特務「橋立」。水

雷「鵲」「鶇」「雉」「雁」「鴻」「隼」。特務船十二（注）「駒橋」以下特務艦八、「野風」以下駆逐艦十四、ロ五十七以下潜水艦四は鎮守府に残った。

かくのごとく、大海軍のほとんど全艦は、東はハワイオアフ島から、南はマレー半島までの五千カイリ海面に展開し、十二月八日の夜明け、あるいはすでに戦い、あるいはまさに砲口をひらこうと待ちかまえていた。この一糸みだれぬ陣営の前に、さすがの二大海軍国も、しばらく対抗の術を失ったことは周知の通りである。

4　艦隊全滅と海上遮断

大戦備は肩すかしを食った

「大日本帝国」の時代、その蓄積の最大なるものの一つ。その誇りの最高なるものの一つ。世界第三位の海軍。いな戦闘能力においては、砲力的に、機動的に、戦術的に、世界第一位を争った大海軍は、前述の兵力をもって太平洋戦争にのぞんだ。

昭和十七年元旦、日本の海軍は、明白に世界第一位に昇進していた。その輝く事実は、判定ではなくて数字の証明であった。アメリカは戦艦五隻を失い、二隻を重傷、イギリスもまた戦艦二隻以下を失ったのに反し、日本は世界最強の戦艦「大和」を戦列にくわえて、兵力の大勢は明らかに一変したのである（そんなときもあったのだ）。

しかしながら、戦争長期にわたれば話は別だ。緒戦の堂々たる戦略展開も、月日を経ればほころびることはわかっていた。が、戦争がはじまってしまっては、もはや致し方がなかった。思うに、三大海軍国のどの一国でも、他の二国の連合に勝てる数理はない。アメリカ海軍といえども、日英の両海軍に挟撃されたら必敗したであろう。まして生産力の劣った日本が、究極において海上権を失うことは、数のまぬかれないところであった。しかしながら、あの大海軍が、表の数字のように惨敗するとは、何人(なんぴと)も予想しなかったであろう。

	開戦時	戦時建造	合計	終戦作戦可能
戦艦	一〇	二	一二	〇
空母	一〇	一五	二五	一
重巡	一八	〇	一八	〇
軽巡	二三	六	二九	二
駆逐	一一一	六三	一七四	二八
潜水	六四	一二六	一九〇	九
特務	一四	三	一七	二
計	二五〇	二一五	四六五	四二

（注の一）表中、空母一、巡洋一、潜水八は拿捕による増加。

（注二）このほかに繋留中の老朽潜水艦四十一、小型海防艦八十（戦時百六十八つくる。多く木造）、掃海、駆潜等の小艇三百八（大部分木造。戦時四百四十四つくった）が残った。

遺憾ながら全滅といわざるを得ない。戦艦「長門」と空母「葛城」は、一ヵ月程度の修理で使えたが、要修理艦として作戦可能外においた。「八雲」は備砲を撤去しており、「鹿島」はあまりに老朽であったから、完全に戦えた軍艦は、駆逐、潜水をのぞけば、巡洋艦「酒匂」と特務艦「箕面」のただ二隻だけといって過言でない。いままで十六章にわたって書きつらねた「鍛えられた大海軍」が、かくまでに亡びるとは不思議でさえある。どうして、そんなに沈んだのであろうか。

史上多くの戦争において、海軍が全滅した記録は、弘安四年、蒙古艦船の覆滅以外には、これも、日本海軍が樹立した「日本海海戦」におけるバルチック艦隊撃滅だけである。もっとも正確な意味では、日本海海戦を唯一の決戦撃滅記録といってさしつかえない。

かかる海戦勝のレコード保持者が、今度は逆に沈められる側のレコードをつくったのだから、天道の皮肉これに過ぐるものはない。ただ、従来の海上殲滅戦は一つの戦場で記録されたのに反し、わが大海軍の全滅は、三年有半にわたって沈められたものの集計であるところに相違がある。しかし、なにゆえにかくまで沈んだかの疑いは一つであろうから、その由来を略記しておこう。

第一は、読者も周知されるごとく、戦闘形式が一変して、大艦隊の巨砲決戦から、航空各戦隊の空襲戦に変貌したことである。戦艦群が対峙して主砲相撃つ海戦は、ついに一回も起こらずにすんでしまった。

それはワシントン会議後二十年のわが猛訓練が肩透しをくったことであった。戦術、造艦、造機、造兵また同じである。

つねに英米の主砲よりも一インチ、あるいは二インチの口径を先駆した巨砲は、その撃場を失った。英の巡戦タイガーが十三インチ半砲を誇ったときに、わが「金剛」は十四インチ砲を先着した。米英主力艦が十五インチ砲を決定したときには、「長門」は十六インチ砲をそなえた。両国が十六インチ砲を採用したときに、「大和」は十八インチ砲を装備した。

この先着は、「速力」の点においても同様であった。併航戦における隊首擁圧の戦法――

伊東・東郷の戦訓――を実施するため、米英の主力艦よりも二ノットの高速を秘めたその伝統の苦心も水の泡となった。

日本海軍はまた、世界無比の高圧酸素魚雷を成就した。その威力は、米英のそれに少なくとも三倍した。日本はまた主力艦隊の決戦場において、これを活用する戦術を練っていた。実現されたら敵は驚倒したであろう。あるいは惨敗したであろう。また日本は、艦隊用潜水艦を常備訓練していた。敵主力の渡洋進航を洋上に邀撃するばかりでなく、決戦場においても、得意の酸素魚雷（二万メートルなら五十ノットの速力で無航跡で走る）をもって有力に参戦するはずであった。

惜しいかな、また皮肉にも、敵は日本の期待した前記の形においては、一回も進航してこなかった。巨砲と魚雷の到達する七倍～十倍の射程外に陣して、航空機の爆弾と魚雷による随時攻撃を反復し、ときにたくみに潜水艦を使って奇襲した。かくてわが戦艦、重巡、空母はおおむね、その戦法によって落命した。原因つぎのごとし。

	飛行機の雷撃	潜水艦の雷撃	潜水飛行合撃	潜水軍艦合撃	軍艦砲撃	軍艦の事故
戦艦（一二）	五	一	一	二	二	一
空母（二五）	一六	七	一	○	○	○
巡洋（四七）	二三	一六	○	二	四	○
没因計	四三	二四	二	四	六	一

すなわち、飛行機と潜水艦の奇襲雷爆撃によって、沈没または破損したものが八十七パーセントを占めている。いわば備えのもっとも弱いところを衝かれたかたちである（一方、島国が海上輸送を断たれた致命傷の戦訓は、あまりにも有名である）。

5　立派に戦った
沖縄特攻は勝利の一歩手前

大海軍がついに亡びたことは事実であるが、しかしながらあれほどの海軍が、そうやすやすと沈み去ったわけではあるまい。そうだ。彼は十分に戦って、相手に手痛い代償をはらわせた後に、国とともに力尽きて倒れたのである。

筆者はすでに『連合艦隊の最後』を草したときにも述べたが、かさねてわが海軍が敵を「完全に撃沈した」数字を見ておこう。

戦艦四（米二、英二）、空母十（米九、英一）、重巡九（米七、英二）、軽巡六（米三、蘭二、英一）、駆逐六十五（米五十七、蘭七、英二）、潜水五十七（米五十二、蘭五）、その他三十六（各種母艦、砲艦等）、計百八十七（大破をふくまず）。

（注）大破をくわえると二百隻をこえる。真珠湾で沈めた戦艦中、復旧した四隻は含まない。

また、潜水艦以上の六艦種で、日本の方が完全に撃沈されたのは三百三十八隻であるが、敵を深海に屠った数は百五十一隻であるから、「完全撃沈」率は、じつに四十四・六パーセントに達するのである。敗れたりといえども、善戦の記録は歴然として残り、わが大海軍が、世界一流のものとして、長い間、米英チームの唯一の強敵であったことは、史実の上に判然と証明されたのである。

もしそれ損傷をあたえた隻数にいたっては、「数百隻」と称して決して過大ではない。アメリカ海軍省が最近、調査完成して公表した第二次大戦中の世界軍艦損害表のなかから、"U. S. naval vessels damaged"——損害をこうむった米国軍艦——の項を見ると、わが海軍のあたえたる打撃は、前掲の「完全撃沈」以外にも甚大なものがあった。

それらの全部を紹介する紙幅はないが、もっとも感激を誘う一例は、沖縄の海空戦において示した神風特攻の痛撃であって、それは、わが軍からは確認ができなかったものが、戦後十年にしてはじめてアメリカ側から正確に発表され、敵は「退却」の一歩手前まで痛撃された真相が明らかになった。

この戦闘記は他にゆずる。神風特攻は三月二十六日、戦艦ネバダに命中したのにはじまり、六月二十日（牛島軍司令官自刃の日）をもって切り上げとなった。

その間、沖縄戦で米海軍のうけた損害は、喪失三十六、損傷三百六十八の多きに達した。じつに驚くべき数字であり、その中には六月五日の大暴風、特攻回避のための衝突、擱坐によるもの二百隻以上であるが、現実に特攻機の命中をうけて損害をこうむった軍艦は、つぎのごとく公表されている。

戦艦十隻＝ネバダ、ウェスト・ヴァージニア、メリーランド、ミズーリ、アイダホ、テネシー、ニューメキシコ、ミシシッピー、ニューヨーク、ペンシルヴァニア。空母九隻＝エンタープライズ、エセックス、ハンコック、パサデナ、サンジャシント、バンカー・ヒル、ウエーキ・アイランド、イントレピッド、サンガモン。重巡三隻＝インディアナポリス、ペンサコラ、ウィチタ。軽巡二隻＝バーミンガム、バターン。駆逐百十八隻（艦名略）。その他四十隻（艦名略）。計＝百八十二隻（うち沈没十三）。

損失まことに甚大である。重損傷艦はウルシーの基地にもどして修理したが、軽傷は工作船と慶良間列島内の泊地で応急手当をほどこした。その泊地が満員で入れなくなった。機動部隊長官スプルーアンス中将は、ニミッツ長官に電報して、神風自殺機による損害のたえがたきを訴え、全空軍を動員して、九州と台湾の航空基地を粉砕すべきを要請した。四月十五、十六日の二日にわたるミッチャー空母艦隊による九州大空襲はその返答である。

神風特攻は、なおやまない。そこで五月十三日、同二十四日、ミッチャー艦隊は、さらに激しく九州の基地を空襲したが、神風特攻は、なおつづいた。沖縄の米海軍は、物質上の損傷にくわうるに、はかり知れない精神上の打撃をこうむった。すなわち、将兵が休息の時間を奪われて、艦隊が神経衰弱的症状に陥ったのである。不安と不満とは多くの将兵たちを襲った。よって六月二日、同八日、今度はマッケーン中将の機動部隊をもって九州の各基地に大空襲をかけ、特攻隊を根絶やしにしようとこころみた。日本も大損害をうけて、残存機はいちじるしく減少した。

ここに興奮に値する後日物語がある。それは神風隊の執拗にして果敢なる決死の反復攻撃により、米海軍はほとんど困憊の極に達し、六月上旬、ついに退却論が勢いを占めるにいたった一事である。すなわち艦隊の幕僚は、「神風特攻がなお数日もつづいて衰えない場合には、米艦隊はいったん包囲をといて退却し、再挙の方法を考慮すべし」という説に傾いたのである。

惜しみてもなおあまりある「勝利寸前」の秘話であるが、それなら、わが攻撃力はどうであったか。

6　神風機と学徒の愛国心

米国各大学の学徒慰霊碑

もって瞑すべき痛撃を米艦隊にあたえた神風特攻が、さらに四、五回反復し得たならば、敵艦隊は退却したであろうという大戦勝の夢は惜しくも霧消した。この三ヵ月の間に、わが海空軍が基地および戦場で失った航空機の総数は七千八百三十機に達し（米軍発表）、本土決戦用の約三千機を残してほとんど空になってしまった！

アメリカ空軍の公表によれば、四月五日から六月二十一日（事実は六月十日）までの間に、神風機の大編隊来襲は十回、千四百六十五機、小編隊来襲は三百五機、単独来襲は一千機を超えたであろうという。かかる猛攻も、機数が不足し、燃料の払底と搭乗員の不足もかさなって、ついに「敵の大海軍退却す」という楽隊入りの本物のニュースを、数日の差で逸し去る結果となった。

しょせんは原子爆弾とソ連の不意討ちによって敗戦をまぬかれなかったが、沖縄で敵艦隊を撃攘し、連勝のアメリカ海軍にストップを命ずることができたら、同じ悲惨の戦中にも無限の慰めはあったろう。勝てるところまでいって、ついに力が尽きて敗れることは、多くの戦争につきもののようだ。沖縄は、そのもっとも顕著なる史例であった。

なお、あの猛攻が、敵の艦艇を傷つけること百八十二隻という驚異的数字をあげながら、完全撃沈は駆逐艦十一、特務二という少数に終わったのは、ついでに一顧の値があろう。第一の原因は、特攻開始時（四月六日）からすでに十分の機数がなく、緒戦に大編隊の連日攻撃ができなかった戦略上の欠陥と、第二には、神風機の特攻突入が大部分（ほとんど全部）が、敵艦の甲板をめがけたという戦術上の遺憾にもとづくものである。

第一は、国力漸衰の是非もなし。第二はどうであろうか。これも是非なき次第かも知れない。そもそも、神風特攻の起源が、爆弾を抱いて敵艦に体当たりするところに発している。操縦の練度が低下して、雷撃や爆撃の正攻法が見込み薄になった結果として採用された非常手段であるから、敵の甲板めがけて落下するのが、当時の特攻隊戦士にとっては精いっぱいの技術であったろう。

それが、戦艦十、空母十、重巡二、軽巡二、駆逐艦以下百五十八隻の上に命中自爆したのであったが、艦上からの一発の爆弾では軍艦は容易に沈まない。落下の場所によっては相当の損害をあたえるけれども、大きい軍艦ほど致命傷にはいたらない。もしも一発で沈め得るものであったら、沖縄戦争は明らかに日本の大勝に終わっていたはずである。

一発で撃沈するためには、上からではなく、横から舷側に体当たりを敢行し、さらに有効なのは、二、三メートル横の水面から吃水線下に雷装をもって突入することであろうが、それも後からまわる智恵で、当時はただ、一途に甲板をめがけたにすぎなかった。

もっとも、そうした戦術は、大海軍の発達史上においては夢にも考案されたことはないし、また、特攻自体が文字どおり自殺戦法で、戦術の常道からは否認される方式であり、ただ祖国を護るため大切な生命をなげうった若人の愛国心を、後世の物語にとどめる以外、その戦術を戦訓として学ぶ理由はない。「戦訓」としては、くりかえして言うが、祖国の危機を救おうとして敢然として死に赴いた尊い犠牲心である。われわれは、いかなる理由があっても、この若い人々を忘れては相済まない。筆者が、かさねて沖縄戦の特攻戦果を紹介し、命中した艦の名を掲げたのは、あと四、五回の続攻によって敵艦隊を撃退し得たところまで奮闘した大戦果を、敵側の公刊戦史によって確かめ、その輝かしい史実を墓前に報告することを、国民の義務であると考えたからである。

昭和十八年秋の学徒応召により、ペンを捨てて戦線におもむき、あえて特攻を志願した予備学生の士官は何千という数である。おそらくは、すべての学徒士官が愛国の純情に燃えて国難に挺身したであろう。その中の六百三十八名が特攻機とともに散華したのであった。その魂は、終局においてむくいられなかったけれども、戦勝の寸前まで敵を追いつめた史実は、永く日本歴史の中に残されねばならない。

今日の教育と思想の下においても、さすがにそれらの愛国者を軽んずることは許されまい。いわゆる民主主義を日本の教育に注射したアメリカはどうであったか。アメリカが学徒応召を実施したのは、日本より一年半も前であり、政府の要望に応じて、ただちに六十の大学が起ち上がり、数千の学徒がもっぱら空軍に入隊して、対日空軍戦略の一翼をになったのである。それらの大学は、今日わが国に簇生したものとは異なり、各州や大都市の有名なものばかりであり、毎年、適齢学徒を空軍に送って、終戦までに総数は何万を算した。日本海空軍は、この報を知ってすぐにならおうとしたが、東條首相は尚早と考え、岡野文相は絶対反対というのでお流れとなり、ついに一年半をへて、大後手をうって実施されたのであった。

民主主義の本山において、学徒は勇んで国難に赴いた。そうして戦死した人々は、各大学において、いずれも慰霊碑の下に永えに祭られている。日本の大学ではどうなっているであろうか。ついでに聞いておきたいものだ。

なお、これに関連して付記しておくことは、神戸の近江一郎氏が、終戦直後から五年間にわたり、全国を僧装行脚して特攻二千五百二十五人の遺族を訪問、読経して英霊を祀り、一千八百二十家族をまわったところで体力つき、昭和二十六年、京都で歿したことだ。南洋で個人貿易を営んでいた海軍傾倒の篤志家だ。近江君は、彼は戦後、民間の特攻であった。終戦一年の交通事情を回顧すれば一倍頭が下がる。人がヤミをやるときに、もちろん家をかえりみるいとまもなく、またその財的余裕も乏しかった。無償で読経行脚をしたのだ。困っていた遺族に対しては、これも裕かでない寺本少将たちが協力応援したという話だ。民族精神なお活けるの感あるをもって、ここに特記する次第である。

7　責任感の結晶

商船学校出身士官の健闘

応召した学徒は、国のために本気で命を投げ出した。特攻を志願して、六百三十八名が死んでいった。米英の学徒で応召戦歿した者も多数であるが、日本の学徒は、それにくらべて寸毫も遜色がなかった。彼らは立派に民族の美しい精神を世界に示した。

海兵出身の若い士官も、またよく戦った。一死奉公はその本来の使命ではあるが、還らぬ特攻は使命以上のものであった。七百六十九人の若い士官が、特攻機を枕に散華した（その中で少佐は三名、他はみな大尉から少尉の若人）。

特攻戦以前においても、海軍戦死者の大多数は飛行機乗りであった。戦術の性質上、当然の結果であり、それだけ責任感と覚悟とを強く要請され、そうして若い将校たちは、よくそれに応えたものであった。

戦争のはじまるはるか以前の昭和二年、水上機母艦「能登呂」の分隊長黒井明中尉が、荒天の演習中に、済州島沖で発動機故障のため不時着水し、おりから通りかかった香取丸の救助実施に対し、「機体に故障がないからこれを曳航されたく、機を捨てて身柄のみを救われることは遺憾ながら固辞せざるを得ない」と答えて——そのとき風速二十五メートル、暗夜高浪、曳航不能——翌未明まで機を守って頑張り通した話は、海空軍将校の責任感の鑑（かがみ）として伝えられ、したがって、昭和八年、同大尉が「愛宕」の分隊長で、同じような行動の後についに殉職したときは、全国の新聞に大きく報道されたものであった。

かかる責任感と覚悟とは、その後、年とともにひろく培養され、戦争になった場合の九死一生観は、若い航空士官の間に通念化された。というよりも、生還は期すべきものでないという観念が、微塵も自棄的言動をともなわずに確立されていった。

こんな嘘のような、悲しくもまた勇ましい話がある。いよいよ戦争となって、出陣を前に、許婚の令嬢と華燭の典を上げた一人の大尉があった。霞ヶ浦航空隊の若い教官岩下豊君で、大尉任官と同時に結婚する親もと間の約束にしたがい、入籍して石丸と改姓した。兵学校を恩賜で卒業した秀才、新婦は故郷の名家の令嬢であった。

数ヵ月の後、君は艦爆の搭乗将校（「瑞鶴」の分隊長）として出陣し、昭和十七年十月末、サンタクルーズ島北方海上で戦死した。遺書が航空隊司令官に託されていた。開封すると、大要つぎのように書かれていた。

「約束どおり結婚の式は挙げましたが、自分は戦死を覚悟していましたし、したがって若い未亡人をつくるに忍びませんし、また万一、心を引かれてはなりませんので、肉体上の結婚は致さずに出征しました。彼女は完全な処女であります。どうぞ自分の弟に嫁ぎ得るようお骨折り下さい」

剛気の司令官も感きわまって泣き、幕僚一同みな涙を拳で拭った。岩下大尉は「忠臣蔵」の大石主税のように散った。二十八歳の青年が、戦さの門出に、このような強い自制と、高い配慮とを示したことは、殉国精神の最高の発露としてのみ、はじめて解釈し得るところである。国に対すると、人に対すると、彼の愛は一つであった。

もとより君の場合は、ある点で例外に属する。むしろ超人的という批評が適切でもあろう。が、彼が予科練の教官として散った。学生の全部から敬慕され、同時に、海鷲の一群を率いる雄々しい指揮官として、上官からふかく信頼されていた人格は、また海軍をはなれては語れないものであった。彼の本質的の美しさは、海軍兵学校の教育と、その後四ヵ年の海軍生活によって磨かれ、かくて超人的佳話を残すこととものなったのである（次項参照）。

学徒や正規海軍士官の犠牲的奮戦物語のかたわらに、われわれは、世間から隠れがちで、しかも同じように国に殉じた商船学校出身の予備士官が多数存在することを注意しなければならない。

たとえば、緒戦連勝中の十七年一月九日、ダバオ南方沖で上陸戦支援警戒中に敵潜に撃たれた特設砲艦咸興丸の艦長佐野口保一君（予備少佐）の場合は如何。同艦は第一砲艦隊四隻中の一艦として（僚艦は妙見丸、慶興丸、武昌丸）戦闘中に撃沈されたが、佐野口少佐は、全員を避難させて、単身、艦橋にとどまり、従容として艦と運命を共にした。その壮烈なる最後をたたえて、参謀長宇垣纒中将は、とくに自分の日記（『戦藻録』）に認めている。

が、これは顕例の一つであって、後にそれに類する予備士官（商船出身者への特別の呼称）の犠牲的活動は、正規士官に即接するものであった。彼らは特設艦の大部分のほかに、海防艦、輸送艦等のほとんどすべてを操艦したほか、戦艦、空母等に乗って重要な配備につき、また戦争中期からは、巡洋艦の航海長や運用長をつとめた者も多く、戦歿者の数はむろん千を単位とするものであろう。さらに、日本が失った九百余万トンの商船は、もとより、それ以外の商船校出身士官の生命と不可分のものであった。

この長期にわたる海上戦において、彼らが艦船両面の運営上に示したシーマンシップは、大海軍が「よく戦った」誉れの一半をになうものであって、日本の「船乗り」の名に高く値することを特記しておく。

8　人的素質もととのう

「海軍はいいところであった」の回想

「海軍はいいところであった」というのが海軍を去った人々の合言葉であることは、注目すべき現象である。大佐どまりで予備役に落とされた連中から、海軍の悪口を聞いたことは、筆者の知るかぎりにおいては絶無であった。馘になった者が、後までその会社をほめるのは、よほどいい会社であるに相違ないのである。

自分を馘にした会社に対して不満を語るのは、まず普通のことのようである。語らないのは、人間ができている証拠であろう。とすれば、海軍には、「できている人間」ばかりいたことになるが、一概にそうもいえない。未熟の年寄りもいたようだが、平均して良質であったことは間違いなかろう。

二、三の原因が明らかである。その一つは、海兵の教育であり、また海大の再教育もあずかって力があったようだ。海軍大学校の卒業生に対する校長の訓示の中には、つねにつぎのような言葉があった。

「諸君は本校において、戦略戦術の奥義を学んだ。が、それだけに厳に戒心を要することは、それは敵に対して通用するもので、味方に対して行なえば背徳になる一事である。それは、いわゆる謀略と称するもので、敵を陥れるための手段工夫である。それを仲間の交際に応用したら、諸君は人間の道にはずれることになる。そこで端的にいえば、個人の生活交友においては、本校で学んだ学問の反対のことをやればよろしい」

これは、秋山真之中将が校長であったころから伝えられるものである。海大卒業者は、かならず提督に昇進して上層に立つ。右の心得をもって導くとすれば、そこに友情を生じ、和を結び、おのずから海軍を「いいところにした」ことであろう。

原因の第二は、人事の公平にあったと思われる。「閥」がなかった点をあげねばならない。これに対して、かならず反対論が起こるであろう。「薩の海軍」は有名なる藩閥の見本であり、鹿児島出身にあらざれば将官にはなれぬという不満の声が、一時、海軍に充満していたではないかと。

まことにその通りであった。一時は「長の陸軍」と併称されて軍人閥の標本とされた。事実、第一次海相西郷従道、軍令部長樺山資紀、伊東祐亨、第二次海相山本権兵衛。さかのぼって川村純義、仁礼景範（海軍卿時代）、日露戦時の東郷、上村両長官、および井上、柴山、鮫島、片岡、日高、伊集院の各大将は、ことごとく鹿児島出身であった。「おいどん」にあらざれば提督にあらずといった勢いである。

が、その時代は海軍建設の第一期に属するところで、ひろく人材を求める組織が未完成の時代であった。その完成を見た日露戦争以後においては、野間口、山本（英輔）二人をのぞけば、ほとんど大将は見当たらないという逆現象を呈した。海兵および海大出の実力者が要職を占めることになったからである。

すでにして東郷平八郎（薩）の参謀長は、第一期が島村速雄（高知）で、第二期が加藤友三郎（広島）であった。さらに掘り下げると、第一期、すなわち旅順口を舞台とする作戦には、攻城守塁の頭脳にひいでた島村を任命し、第二期、すなわちバルチック艦隊を相手とする作戦には、外見きわめて消極にして、じつは無類の胆を有する決戦の適材加藤を選んだ。上村彦之丞（薩）の参謀たちも、第一期は加藤、第二期には藤井較一（岡山）、佐藤鉄太郎（山形）たちであった。そうして、これらの人たちは、一に山本権兵衛の詮衡にもとづいた。すなわち薩摩の大御所は、国家の大事にあたって、鹿児島を見ないでひろく全国を見たのである。

そのころ、少将や佐官級で連合艦隊の幕僚を希求した薩摩の人々も多かったが、山本は、一顧もあたえずに人材選任の所信を断行し、一時は、山本に対する故郷の評判が悪化したが、彼はそれを鼻の先であしらった。「人事の公平」はこのときにはじまり、その後、「薩の海軍」の声は怒濤の彼方に完全に没した。

加藤友三郎が中心に坐して以後、鈴木、岡田、加藤（寛）、谷口、高橋、小林、大角、野村、山梨、末次、米内、山本（五）、古賀、豊田、小沢にいたる長官級は、ことごとく薩摩の人ではなかった。一に海兵、海大の学歴と、その後の実情によって大将に位したもので、少将退役者も、その当然性を認めて諦観したのであった。むしろ、学校成績を過重視して、薩摩の豪放果断なる資質に席をふさいだ損失さえ指摘し得るであろう。

第三に、人事局の審査は厳正綿密をきわめた。毎年、査察官が艦隊に出張して詳しい調査を行なった。幸いにして軍艦は一つの家庭である。艦長から水兵にいたるまで、一つ家に起居するのだから、各人の特徴も欠点もハッキリとわかる。遊泳術は通用しない。一回演習をやってみれば、ある士官が勇敢であるか臆病であるかもほぼ判明する。

いわばガラス張りの一室で仕事をしているようなものだ。その成績が詳細に考査表に記入されて、進級や任官の基礎材料となり、その人事局自体も、ガラス張りの中で仕事をするのだから、不公平の行なわれる余地はない。それが人事に対する信頼を生み、移動や進退を欣諾する風を生じ、おのずから海軍を永く故郷としてなつかしむ伝統をなしたものと思われる。

欠陥を求むれば、むしろ温情の厚きにすぎるくらいのものであったろう。とくに戦争の最中に、その温情主義が不変であったことは、作戦の活発を欠くような結果をさえ残した。

アメリカ海軍は、同一作戦を反復する場合には、ほとんど例外なく司令官を交替し、一種の競争によって、新しい戦果をもとめようとした。沖縄の苦戦中、九州の基地空襲に現われた機動部隊は、最初はミッチャー中将、つぎにクラーク少将、第三回はシャーマン少将、第四、五、六回はミッチャー中将、第七、第八回はマッケーン中将といった具合に、人と勢いとを新たにして攻撃を反復している。

これにくらべると、ミッドウェー海戦で惨敗し、日米海戦勝敗の分岐点をつくったほどの南雲長官と草鹿参謀長とを、その後も引きつづいて機動部隊の長官と参謀長に残したごときは、他に適材がなかったわけではなく、一に再挙名誉回復の機会をあたえてやろうという温情に出たもので、少なくとも、米英の戦争人事には、決して見られない異例であったろう。これを小にしては、南京渡洋爆撃のとき三千メートルから投弾した一大尉があり（爆撃高度令は千五百メートル）、同僚から「三千メートル居士」とうしろ指をさされておりながら、即時左遷はかわいそうだといって、しばらく在隊させ、仲間から温情過多の不満ごうごうたるにおよんで転任させたような例もある（じつはその日、密雲全空をおおうて降下をさまたげられた事情があり、かならずしも当人の臆病によるものではなかったことが後でわかった）。温情はとにかく、人事の公平と権謀術数の否定が基底をなし、ロンドン会議時の例外はあったが、原則として人に和あり、統制あり、大観して、「大海軍」の人的素質も十分に保持されていた。

第十八章　誇りを残して

1　戦略戦術は引き分け

海空軍の勝利と追撃不足

人と、艦と、武器と、訓練とにおいて、世界の一流まで築き上げた大海軍の実体は、ほぼ書いてみたつもりだ。詳しくは限りがないが、骨組はすでに大要了解されたことと思う。それなら、それらを一体として運用する戦法においては、米英に比して優劣いずれであったろうか。

黄海、威海衛、旅順口、日本海の戦勝記は、すでに詳述した。太平洋戦争の諸海戦については、すでに『連合艦隊の最後』の中で、各個に評論したから、ここでくりかえす必要はなかろう。ただ、総括的に大観すれば、「甲乙ナシ」という結論に到達するようである。日米英の三大海軍は、個々の海戦に置いて、おのおの、あるいは成功し、あるいは失敗している。あるときは周到であり、あるときは不用意であった。一戦場で完勝をとげたかと思えば、他の戦場では完敗を喫した。数うれば五分五分である。

奇襲作戦のカテゴリーからみれば、真珠湾戦は有史以来の成功である。三千カイリを忍び寄った航法、敵の水上主力部隊の一時的全滅、しかして、わが全艦ぶじ帰国、という戦果は、将来もおそらく追随を許さないものであろう。その偉勲をたてた航空戦隊の主力が、半年の後に、ミッドウェー海戦で全滅しようとは（「瑞鶴」「翔鶴」不参加）、秘報を聞いてわが耳を疑った痛敗である。ここで日米海戦は一勝一敗、決勝戦は二年後に行なわれることになった。この二大海戦においても、両海軍は、おのおの「完勝」を逸している。もう一歩踏みこめば、パーフェクト・バットルを記録し得るところを、勝利に安んじて長蛇を逸している。

真珠湾の場合。第一次攻撃（二波）で、敵主力をほとんど撃滅した成功を見たので、第二次攻撃を行なわず、長居は無用とばかりにさっさと帰途についた。第二航戦の司令官山口多聞は、この絶好無二の機会に第二次攻撃を敢行するのが当然であると考えて、攻撃隊を準備して待っていたのに、長官は、初定の「撃って逃げる奇襲の常軌」をそのまま踏んで、急ぎ戦場を離脱したのであった。もし山口少将の説にしたがって、第二次攻撃を敵の燃料貯蔵庫（地上の大タンク）と艦船修理工廠に指向していたら、米海軍の復興はさらにはるかに遅れ、奇襲の戦果は満点だったにちがいない。当時の情況では、われは大犠牲をはらわずに、敵の施設を徹底的に破壊し得たのだった。

もう一つの遺憾は、十二月六日に空母レキシントンおよびエンタープライズが出航して不在なることを確かめていたにかかわらず（七日の情報）、攻撃の前後にこれを捜索しなかったことだ。もし索敵飛行を実施していたら、当時、ハワイの二百カイリ圏内を単独航行中であった空母エンタープライズを捕捉しえたに相違なく、さらに九日午後六時、ミッドウェー南方六百カイリにあった空母レキシントンをも血祭りに上げ得たことはほぼ確実である。いっきょにして、戦艦四隻撃沈、同四隻大破、巡洋以下十余隻大破、飛行機四百六十二機撃破という大戦果は、もとより空前の大勝利にまちがいない。ただ、もう一息おせば宗勝となったのを逸したのが惜しいことも間違いない。

ところが、今度は逆に、米海軍がミッドウェー海戦で、わが精鋭空母四隻を撃沈する大戦果をあげ、立派に真珠湾の仇を討って歓躍したのは当然であったろうが、すでに日本の空軍が全滅した後、なぜに空からの追撃を断行しなかったかの大疑問は、戦史評論の上では、わが真珠湾、過早引き揚げと同様に追究されるところであろう。

六月五日の一戦に、日本は、空母の全部（「赤城」「加賀」「蒼龍」「飛龍」）を失ったのに対し、米国はヨークタウン、ホーネット、エンタープライズの三艦のうち、ヨークタウンが友永隊の決死攻撃で撃沈されただけで、他の二隻は健在であった。ここに米日海空軍の兵力比は十対零となった。

わが連合艦隊の有力幕僚は、主力戦隊をもって敵の空母撃滅に突進すべきを力説したが、空軍を識る山本長官はこれをしりぞけ、作戦目的放棄、全軍避退を下令し、同時にミッドウェー砲撃に前進中の第七戦隊（重巡四隻）に対しても、急遽、反転を命じた。敵の海空軍の脅威はまさに迫っていた。反転退避中に、重巡「三隈」は、敵の艦上機で撃沈された。もう一歩追撃されたら、重巡「熊野」も「鈴谷」も助からなかったであろうし、衝突大破して減速退却中の「最上」はもちろん生還しなかったろう。

それよりも、山本の主力部隊も、空中追撃によって相当の被害をうけたに相違ない。敵は戦闘機二十七、攻撃機三十、偵察機十八搭載の空母二隻を持っていた。何割かは損傷していたろうが、なおわが連合艦隊に自由雷撃を見舞うだけの実力と機会とを保有していたのだ。それを見逃してハワイに凱旋したのは、すなわち百尺の長蛇を逸したものである。

2　索敵不足の好取組

ミッドウェーとレイテ海戦

索敵不十分は日本海軍の戦術上の黒星と公定されている。索敵を至当に行なっていたら、四大空母をミッドウェーに失うことは、絶対になかったのだ。その空母の兵力は四対三。そうして、当時のわが航空将兵の技量をもってすれば、四つに取り組んで勝算は日本にあったはずだ。現に、三大空母炎上中、残った一隻の「飛龍」から決死の復仇に飛びたった小林隊（戦闘六、艦爆十八）と、最後の一撃に飛び上がった友永隊（戦闘六、雷撃十）とが、空母ヨークタウンを撃沈した晴れ業から考えても、その数倍の戦闘力を誇有した南雲艦隊が、敵の空母部隊を撃滅し得たであろうことは、少しもうぬぼれや負け惜しみの妄言ではない。

山本は、ミッドウェーを「占領」すれば、それが囮となって敵空母（真珠湾で討ちもらした）が付近に出現する回数もしぜんと増加し、したがって、これを捕捉撃滅する機会が生ずるに相違ないと考えた。よって島の占領に、その日の作戦重点をおいた。ところが、占領をまたず、占領戦の最中に彼らは早くも出現した。本来なら天佑である。わが空母は、全力ただちにこれに殺到すべきであった。

これよりさき、敵がわが出動を予知した証拠は十分に読めていたはずだから、近海に敵の空母を捜索することは、戦術のイロハとして実施せねばならなかった。ところが、その実施が不十分で（心の驕りは根本原因）、敵空母来襲の情報はいちじるしく遅れた。本来なら二段、三段に索敵機を飛ばすべきところを、わずか一段しか実施せず、しかも故障のため発進遅延せるものあり、「利根」の水偵機が敵空母を発見したのは、じつにその帰路においてであった。運命すでに危うし。そこで大慌てでふたたび全攻撃機の武器の再転装に着手し、それがようやく終わろうとするとき、敵機の爆弾が落ちてきたのだ。艦上の飛行機たちまち炎上、魚雷と爆弾の自爆となり、三艦みるまに火達磨となってしまったのだ。敗因は明らかである。一には索敵の粗略に起因するのであった。

それなら、米海軍はどうであったかといえば、まず太平洋艦隊長官キンメル提督が、真珠湾の索敵不十分のゆえに、軍法会議に付されて閉門を仰せつかったことは有名であるが、第二に、レイテ海戦におけるハルゼー提督の索敵粗漏も、また永く戦史から消えない事件となっている。

昭和十九年十月二十四日、直衛機を持たない栗田艦隊は、比島中部シブヤン海を東進中に米空軍の自由雷爆撃にあい、「武蔵」の沈没をはじめ、大きい損害をこうむり、いったん後退して西に航すること一時間、その後、空襲の絶えたのを見さだめ、ふたたび艦隊を東方に反転して、難関サン・ベルナルディノ海峡を突破し、二十五日、レイテ湾に向かう体勢をととのえた。

日本艦隊にサン・ベル海峡を許さないことは、米国陸海軍のレイテ戦略における重大目標であった。ハルゼー提督はその任を引き受け、いったんはそれを果たしたかに見えた。すなわち、搭載機をもって栗田艦隊を空襲すること反復五回、ついに栗田の西方への退却を余儀なくさせたのであった(二十四日午後三時五十五分)。日本艦隊の退脚後も、敵の一機は約三十分くらい接触を保っていたが、やがて飛び去って姿を見せなくなった。そこで栗田は、敵が安心して空襲を中止した隙を狙い、五時十五分、突如、艦首をめぐらして夜間、海峡を突破し、未明、比島の東海岸に進出し、サマール島沖にスプラーグ少将の護衛空母群を撃ちながら、レイテ湾へと南下したのであった。

この索敵の不十分と兵力配備の過失とは、ハルゼーの黒星である。二十四日午後、さらに一時間も接触機を栗田艦隊の頭上に飛ばしていたら、栗田の反転突進は確認されて、海峡の東岸に迎撃の陣を張りえたに相違ない。その夜、空母インデペンデンスの夜間索敵機は、栗田の東進を発見してハルゼー長官に急報したが、そのときは、全艦隊がすでに小沢めがけて全速北進中であり、栗田の海峡突破を阻止するのに間に合わなかったのである。もしも栗田が情報に誤らないでレイテ湾に突入していたら、このハルゼーの索敵不足は、米軍に大混乱を起こさせたことであろう。

3　兵術と勇戦あいゆずらず

「日本海軍の名誉を揚げよ」

真珠湾とミッドウェーで一勝一敗の日米海軍は、ソロモンで相対した。一ヵ年半にわたる消耗戦で日没引き分けとなったが、体力の疲労は日本の上にいちじるしく、戦術はついに物量におよばず、智謀はついに生産力に敵しない形相が歴然と現われてきた。開戦の当初から自明の理であった長期生産戦争におけるアメリカの優越は、刻々と昭和十九年の時をきざんでいった。そこで日本は、すみやかに最後の決戦を希求した。敵もまた、決戦の自信を得て、それをもとめた。かくて、一勝一敗後の本格的決勝戦が、昭和十九年六月十九日に戦われることになった。マリアナ（サイパン島沖）海戦これである。

本決戦を批判するアメリカの軍事評論は、日本海軍がその兵術思想において、いささかも米海軍に劣らなかったが、集中兵力の不足と、兵員の未熟およびレーダーの不備とが勝敗を決定的にした、と言っている。それは、量と術との関係を決戦の上に証明したものでもあった。

軍艦の数では、アメリカが百五十四隻で日本が四十八隻であった。わが比率三十一パーセントである。決戦兵器であった航空機においても、アメリカは一千四百九十六機で日本は四百五十機、すなわち三十パーセントである。七十パーセントで戦う戦闘定則を三十パーセントで戦ったのであるから、これは負ける方が本当である。六割では勝てないと、あれほど執拗に表明し、二十年の間つづいて争ってきたものが、六割どころか、その半分の三割に落ちてしまっては、勝敗の数は、小学生の算術でも明答し得るところであった。

「日本海軍の名誉をあげよ」という激励の信号に対し、「大いに名誉をあげん」と答えた伊東祐亨長官（日清戦争出陣に際し）の海軍精神は、日輪ようやく傾く五十年後の秋の日にも、なお夕焼けの陽光を雲間に投げていた。日本の海軍は不名誉な戦さをしてはならなかった。問題を残した栗田中将のレイテ湾頭反転にしても、「敵の機動部隊撃滅」という全将兵の要望と艦隊目的の理想とにとらわれて転針したもので、敵を恐れて退いたものとは、まったく本質を異にする。すなわちレイテ湾に向かって進航中、すぐ北東百カイリに敵の機動部隊ありと誤認し（その電報の出所いまだに不明。筆者は敵の発した偽電と思う）、わざわざその強敵に向かって反転したのだから、生命の見地からすればむしろ愚鈍である。

利功な方法は、無心でレイテに直進し、午後四時半ごろに湾口に達し、一両時間砲撃した後、スリガオ海峡からミンダナオ海を通って帰ることであった。そうすれば損害もはるかに軽くてすんだであろう。ゆえに、批判されるのはその作戦運動の是非であって、戦う勇気の問題ではないのである。

栗田よりもさらにわかりやすく、その勇気と戦略とを顕示したのは、例の「囮艦隊」の司令長官小沢治三郎である。

昭和十九年秋、小沢はマリアナ敗戦後の空母艦隊を収拾して、呉で再建の猛訓練中であった。そこへ台湾沖の航空戦を指揮していた豊田大将（連合艦隊長官）からの要請により、押し問答の結果、「今後、機動艦隊はふたたび戦争には使わない」という約束の下に、小沢は、空母搭載機中の優秀なもののほとんど全部を台湾に飛ばせてしまい、事実上、戦力を持たない空母艦隊を残すことになった。ところが、わずか一ヵ月にして、レイテ海戦参加の命令が下った。小沢は嚇怒した。が、日本海軍の最後の一戦とあれば引っ込んでいるわけにはいかない。小沢は、残品と新補充機とを全部かきあつめて、全力わずか百八機（米空母の一隻分）をもって出撃したのだ。

それは小さい勇気だ。大勇はみずから囮をかって出たことだ。豊田案は、小沢をして栗田とともにレイテ湾に突ッ込ませることであった。しかるに小沢は、「それはかえって栗田の邪魔になる。俺は、ハルゼー艦隊（米空母主力）を北方に誘致して、その飛行機を吸いとり、栗田の突進を助けてやろう」と。かくてわが身を自由に撃たせて、敵を主戦場から分断することに成功したのだ。アメリカの提督連は、率直にこの作戦を高く評価し、そうしてその勇気を激賞している。

同じくレイテ海戦における西村祥治（中将）の勇気については、『連合艦隊の最後』において詳しく述べた通りだ。また同海戦で、同じくスリガオ海峡に突入した志摩清英（中将）の艦隊についても、志摩が本来の任務（軍隊護送）にあきたらず、海軍最後の一戦に際し、ぜひともレイテ湾突入戦への参加を要請した事実を無視してはならない。勇ましく艦と共に沈んでいった三大巨艦の艦長——「武蔵」の猪口、「大和」の有賀、「信濃」の阿部各少将や、西村とともにレイテ湾頭に消えた「山城」の篠田、「扶桑」の坂。あるいは特攻体当りの見本の第一撃を演じた台湾の有馬少将らの物語。

さらに特攻の産みの親と自任した大西中将の最期や、また九州の特攻基地長官宇垣纒中将が終戦と聞いた一瞬、身をもって一機、沖縄の敵陣に飛び去った光景は、すでに海戦史の前稿に述べた通りで、いずれも、軍人らしさを代弁する数個の例にすぎない。

元帥二、大将五、中将五十六、少将二百五十二合わせて、三百十五名の将官が死んだ戦争には、わが海軍の伝統や、わが武士道や、わが民族の美しさを、永く後代に語り伝うべき多くの史話があるはずだが、紙幅すでに尽きた。筆者はそれをその道の文人に引きつぐほかはない。第六艦隊（潜水艦）長官高木中将は、マリアナ決戦にあたり、幕僚の諫止を排除し、みずから潜水艦二十一隻を直率してサイパンに赴き、陥落と同時に自刃した。呉が司令部であり、そこから指揮するのが常法であったのを、「サイパンこそ生命線だ」と一言して出陣した。進んで死に赴いたものである。

遡って(さかのぼって)ミッドウェー海戦には、還らぬ三人の名提督があった。勇将山口多聞は、その一人であった。敵の爆弾は雨下して、ついに最後の一艦「飛龍」を火につつんだ。鎮火の見込みなく、駆逐艦「夕雲」と「風雲」とが乗員を収容したが、山口司令官は降りて来ない。副長が迎えに行く。「俺か? 俺が生き残ってだれに顔を合わせるというのだ。冗談を言うナ」と、平素の訓話を躬行した。かたわらに、艦長加来止男(航空の権威)の従容自若たる姿があった。

「蒼龍」艦長柳本柳作大佐の場合は凄絶無比、いまも後輩の間に話題を断たない。責任感と厳格の家元で通っていた大佐(のち少将)は、艦橋が燃えているのに降りてこない。副長は艦長の決意を察していたので、腕力すぐれた信号長を派して、最後に拉致するほかはないと考えた。

信号長が火焔をくぐって艦長を抱こうと近寄ると、たちまち、「邪魔をするなッ」と一喝、甲板に突き落とされてしまった。ようやくにして起き上がって仰げば、火はすでに艦長の胸と軍帽とに燃え移って、柳本大佐は紅炎の中に、軍刀を胸先に捧げて仁王立ちにそびえていた。信号長は、驚愕と尊厳とに身ぶるいし、いける不動明王の像を眼底に刻まれながら、ようやく最後の退避についた。

日本の海軍は勇敢に戦った。上下とも心を一にして——。

4　戦時生産の跡

艦艇八百三十七、飛行機三万二千を造る

兵器生産の優劣が勝敗を決定したことは前にもふれておいたが、しかしながら、兵器の生産についても、日本は、今日からかえりみると、「よくも造った」と思われるほど造った。戦艦二、航空母艦十四、巡洋艦五、駆逐艦六十三、潜水艦百十八、水上機母艦二、海防艦百七十三、敷設艦一、特務艦二十五。その合計三百九十三隻に達したのである。それらの排水量合計は約八十五万トンであり開戦時の百五十四隻、百六万トンに対比すれば、「よく造った」ことが了解されるであろう。さらに艦籍にある他の小さい艇、すなわち水雷、掃海、哨戒、駆逐の四種と、同特務艇との新造数は四百四十四隻にのぼるから、戦時建造の総数はじつに八百三十七隻を算したのである。

こころみに、日露戦争中の建艦にくらべると、生産力の増大はまったく比較にならない。後半に「筑波」「生駒」を竣工したけれども、戦争に参加のできた新造艦艇は　水雷艇九隻（百三十トンおよび八十トン級）と、駆逐艦二隻（三百七十トン級。完成近きもの七隻）であった。すなわち、小さい艦艇を十一隻というのにくらべると、八百余隻は驚くべき大発展の数字であった。米英を除いて、これだけの建艦能力を持った国はなく、やはり一流海軍国の土台は高く築かれていたのだ。海軍の四大工廠のほかに、民間の鋼鉄艦建造設備を有する十八社と、木造艇専門の十六社、合計三十八社の船台からつくり出されたのだ。鉄その他の原料

が自由であったら、造艦能力はさらに大いに発揮されたであろう。

そのうえに飛行機を造った。日露戦争は終始、砲弾製造に追われて作戦を制限されたほどであったが、太平洋戦争では爆薬を十分に造ったうえに飛行機を大量に生産した。昭和十六年十二月八日、日本海空軍は、戦闘六百六十、攻撃五百七十、偵察二百七十、哨戒十、輸送四十五、飛行艇五十五、練習五百十、その合計二千百二十機を持って戦争に入った。かつてソロモン消耗戦を書いたときに述べたように、航空機は消耗品中の最高級かつ最重要のもので、その補充力が勝敗の有力なる一因となったが、この点についても日本は相当の生産を戦っている。予算年度別に得喪の数字を掲げておこう。

年度	生産数	消耗数	年度始現有数
十六年	九八一	七八五	
十七年	四、四四三	二、九〇八	二、三一六
十八年	九、九五二	六、三〇〇	三、八五一
十九年	一四、一六二	一〇、三三〇	七、五〇三
二十年	二、八四〇	五、九六二	八、二一二
計	三二、三七八	二六、二八五	

（注）二十年四月一日には一万一千三百四十四機あり、八千二百十二機は八月十五日の残高である。年度は四月一日から翌年三月末日までの一年。

要するに、戦争三年九カ月の間に、海軍だけで三万二千余機を生産したのは、一大記録であるといってさしつかえなかろう。

最後の年には、アルミニウムの不足にくわえて、B29の空襲あり、生産は急カーブで下降し、近代戦争は、この一事によって継続不可能となりつつあった。終戦直前、八千二百機の中から練習機三千七百を差し引いた四千五百余が特攻に立ち向かったとしても、後はつづかなかった。まさに海上を断たれた島帝国がたどる運命であったが、それにしても、年産一万四千機のピークは、世界の戦時生産中のベスト・ファイブには入る。

それらの機の性能は、米海軍のものに比肩した。前述のように、ジェット・エンジンの攻撃機「橘花」も遅ればせに成就して、これから量産というときに終戦を迎え、B29撃墜用の「秋水」も同じ運命に陥った。B29は、だいたい七千メートルの高度で侵入してきた。わが海空軍の防御戦闘機「紫電改」がこれに達するには七分三十秒を要したので、タイミングが合わない。そこで苦心研究の末に、二分三十秒で到達し得る「秋水」を完成し、三十ミリ機銃二門を装備して必墜の確信を得たときは、すでに遅かったのであった。

この「秋水」はスパイされていた。二分〜三分で八千メートルを上昇する大型機銃つきの戦闘機が完成したら、B29の東京空襲が不可能になるというのが、サイパン基地の話題になっていた。米国戦略空軍の将校たちは、進駐後、まず「秋水」の図面を見て、「これだ」と顔を見合わせて笑った。三万二千余機の生産とともに、一流機をつくり、またつくりつつあった事実は明らかである。

小さい島帝国。よくもあの大海軍を築き上げたものだと、回顧の情にたえないが、また戦争中に、よくもこれだけの生産をつづけ得たものだと驚くほかはない。もとよりアメリカの大生産力にはおよぶべくもなく、それゆえに善戦むなしく潰えたが、しかし、世界の公平な歴史は、そのとき、この島にすんでいた民族に、「大」の字を冠することを拒まないであろう。

5 神風むなしく吹く

沖縄戦は勝利一歩前に潰ゆ

世界海戦史の上に、いまもなお「史上空前の大海空戦――The Greatest Sea-Air Battle in History――」と呼ばれている沖縄戦闘（三月二十五日～六月二十一日）は、ようやく終わりに近づきつつあった。五月二十四、五日のミッチャー空襲と、六月二、三日のマッケーン空襲とは、さなきだに漸減して行く神風特攻機のうえに大きい打撃をあたえた。

沖縄を失えば、島帝国の国防は終止符をうたれるのを信じたわが海軍は、この一戦に最後の血の一滴まで流そうとしていた。戦艦「大和」さえも、あえて死地に追いやったほどであった。本土決戦なるものは、島国の国防を識る者とっては、しょせん勝利の戦略ではなかった。

沖縄の死活的重要性は、現にアメリカが昭和三十一年の今日も実証している。我が海軍が、この一戦に神風特攻を惜しみなく投入した理由も、おのずから明らかであろう。その特攻が、機と燃料の漸減により、五月十五日ごろをピークとして日々に勢いを失い、前記の四回にわたる九州基地爆撃の結果、六月に入っては機影寥々、米艦隊ようやく愁眉をひらくにいたったとき、はしなくも、天が代わって彼を討つという大現象が発生した。六月九日の大台風これである。六月四日夜半、南南東の風なまぬるく、低気圧の北上を予知したが、明くれば秒速四十メートル以上と思われる大暴風の急襲に、大艦隊は辞退の暇なく、つぎのような損傷艦を出す騒ぎとなった。（昭和三十年五月、米海軍公表）。

戦艦四隻＝マサチューセッツ、アラバマ、インジアナ、ミズーリ。空母二隻＝ホーネット、ベニングトン。軽空母二隻＝ベロウ・ウッド、サンジャシント。護空母四隻＝アッツ、ブーゲンビル、サラモア、ウィンダム・ベー。重巡三隻＝ピッツバーグ、ボルチモア、クインシー。軽巡四隻＝デトロイト、アトランタ、ダルース、サンジュアン。駆逐十四隻（艦名略）。その他十二隻（同）。

　これらの損害は、ハルゼー長官自身が査問委員会で陳述したように、「太平洋戦争中のいかなる一大海戦にも起こり得ないほどの惨害」であった。こころみに問う、この大台風が四月中旬～五月上旬の特攻さかんなりし時期に起こったならどうであったか。そのころ、米艦隊は神風特攻のために物心両面に大打撃をこうむり、艦隊のいちじ退却論が有力になりつつあった際であるから、おそらくは大艦隊の退却となり、久しぶりで、日本大勝利の号外ニュースを聞くことができたであろう。

　さらに十九年十二月の大台風（駆逐三隻転覆、二十数隻入渠修理）が二カ月前に起こっていたら、レイテ海戦は、日本の大勝利に終わっていたであろう。古老嘆じて曰く、

「ああ、神風の致るや何ぞ遅かりし」

　かえりみるに、日本は過去において「神風」に救われること二回の歴史を持つ。文永十一年（一二七四年）と弘安四年（一二八一年）の対支国防戦争であり、ともに壱岐、対馬を奪われ、博多湾中心の海陸決戦中に、大台風が敵（国号元。いわゆる蒙古軍）の軍船を覆滅することによって勝ったのであった。

とくに後者の場合は、軍船三千五百隻、兵十万、武器も戦術もすぐれていたから、名にしおう九州男児、少弐、大友、菊池、島津、秋月らの連合特攻軍も、果たして彼を阻止し得るや否や。全国憂い、帝は神宮に祈禱、北条幕府は兵馬の総動員令を下して困難に赴くとき、閏七月一日、稀有の大台風が博多湾を襲い、軍船のほとんど全部を壊滅し、甲冑を身につけていた兵勇の九割九分を溺死させ、橋頭堡に上陸戦闘中の敵は、わが軍の反撃に全滅し去ったのであった。

天皇の神宮祈禱が嘉納され、皇祖がこの風を賜わったという意味で、弘安四年七月の大台風を「神風」と呼び伝え、対米戦の特攻に、この名を藉りたことは説明するまでもない。掛け値のない「聖戦」に対して天が台風をめぐんだ、というのは、俗にいう担ぎ屋の説であろうか。

外国にも同じ例がある。大スペイン帝国がイギリスを併呑すべく、有名なるインビンシブル・アルマダ（無敵艦隊）を遠征させた一五八八年、九年の英西戦争である。この海戦において、スペインの大艦隊は、稀有の大台風に襲われること前後三回におよび、兵力の多くを失って敗退した。英軍の猛将ドレークの奮戦もあったが、スペインの敗因は、もっぱら大台風にあった。

英国の戦勝記念メダルは、正直にそれを刻んで今日に残している。曰く、"Flavit Deus et dissipati sunt"「神は風を送って彼らを吹き飛ばしたまう」

西王フィリップはあきらめきれず、七年後の一五九六年に遠征を再興したが、またもや有名なフィニステル沖の大台風にあって艦隊の大半を失い、さすがの王も、これを神の命令と感じて、永久に野望を放棄したのであった。

日本と英国と、国防戦の歴史に符節を合わせるような相似点を有するのは不思議である。思うに、大国の野望による侵略に対し、小さい島帝国が、断乎として独立の聖戦に起ち上がったとき、神はその国の上に勝利の天運をめぐんだもののごとくである。

6　その名、海外に残る

民族の過去の誇りを担うて

元寇の戦役では、「神風」が二回とも日本を救い、太平洋戦争では、それが二回ともむなしく吹き去ったのは、いかなる因果であろう。

「天佑を保全し云々」と、かならず冒頭に大書されたわが宣戦詔勅の「天佑」は、日清日露の両役では、諸戦には均等（日本の真珠湾肉薄、米の空母出港は二つながら天佑）であったが、その後はほとんど米英の側にあって、日本は見放されたかたちとなった。弘安四年から明治三十八年までの七百二十余年、つねに日本の独立を助けた「神明の加護」なるものは、昭和十七年を一期として、遠く日本を去ってしまった。「聖戦」と呼んだ言葉は昔と変わらなかったが、大東亜の「聖戦」は、そこに内在する分子の中に、いくらかの不純をふくんでいなかったろうか。戦争原因の論議は、本文の圏外にある。非は双方にある。日本だけが悪いのでは決してない。程度の問題だ。が、日本がみずから省みるとすれば、発展の限界線を満州大陸における利権および勢圏にとどめ、あるいは一歩を進めて満州建国のあたりにおき、ここに、容易に侵しがたい大海軍の威力を背景として、国防の地理的外輪をしけば万全であったろう。満州建国については有名なスチムソン抗議あり、日本も国際連盟を脱退して一時は危機を呼んだが、その後まがりなりにも、治まって限界線は安定したのだ。日露戦争は、日本が発展線を北支から南方に延伸したところに、国際紛擾が起こった。「独立」のためにこのうえ退くことができなくなって、はじめて戦争を決意した。その場合、「勝てそうだから戦争する」とか、「負けそうだから退く」というような「計算」は第二、第三の考慮でしかなかった。百戦必敗なら臥薪嘗胆にもどるが、相当の抵抗力を持つかぎり、国の独立のために起ったのだ。

太平洋戦争は少し違う。その決定には、「海軍は勝つ見込みがあるか?」「海軍は何年戦えるか?」という「計算」が支配的要素であった。もとより重要事ではあるが、それだけで和戦を決するのは、根本の筋が違うであろう。

戦争にも「道」がある。国の名誉と独立が失われようとするとき、民族をあげて困難に赴くのは「聖戦」である。その戦うや計算は二のつぎだ。これに反して、和戦の決定にもっぱら「算盤」をはじくのは、道をはずれて、一歩を商売に踏みこむの譏りをまぬかれない。日本は、無意識の間に踏み迷った形跡はなかったであろうか。少なくとも一つの大研究問題であろう。

転じて、日本の海上国防は、英米を味方として成功した歴史を持ち、そこに一種の伝統があり、また因縁とも見るべき関係があった。日露戦争に英米の援助がなかったら、結果はどうなっていたかを回想すればもっとも簡単にわかろう。そもそもまた、わが大海軍は基本を英米にもとめた。東郷から山本にいたる主将の多くは、英米で勉強した。近藤から福田にいたる造船官は、その基本をグリニッチ大学で鍛えられた。造兵、造機も同じだ。潜水艦しかり、海空軍またしかり。彼は恩師であり、われは高弟であった。のちに高弟大いに長じて、恩師と説を争うにいたるは大いに可なり、ただ争いの極、拳を振って殴るのは、一つ先に殴られた後の方が、ものの順序であったようである。かかる場合には機先を制することはできないし、したがって、緒戦に連勝するわけにはいかない。しかも、殴られて起つ国民の、本心からの総蹶起こそ、強大なる抵抗力を形成したであろう。

米国を、想定敵国として建艦を磨いたことは、なんの不思議もない。それを地理的想定敵国という。第一次大戦前、墺と伊とは、同盟国でありながら、たがいにアドリア海をはさんで想敵建艦した。いな、米英さえも、相手を想定敵国として兵力の整備を競ったのであった（一九二一年から三〇年までのパリチー論争は有名だった）。

明治四十四年、日本がアメリカを想定敵国と内定したのは「地理的」であった。「戦争」の気構えとはまったく別個の観念である。日本の大陸における勢力範囲に挑戦する国があると仮定すれば、陸上ではロシア（後ソ連）、海上ではアメリカのほかは考えられないので、その万一を想定して備えをたてたものである。だから、アメリカが、太平洋を横ぎって侵略したときに、はじめて起ち上がるようにすべての計画がつくられていたにすぎない。いずれにしても、大海軍を、その用ゆべからざる「時」と「処」とに用いたことは間違いない。現に海軍当局自身が、用いたくないものを、いやいやながら用いざるを得なかった事実が、切々としてこれを語る。あるいは米英にたいする国民的反感は、数年にわたって作為され、ついに不抜の勢いを成してしまった。ここにいたっては、海軍の独力をもってはこの大勢を如何ともすることができなかったという説も成立する。しかし、それが不本意であった事実は争われないであろう。

が、いまになって論議してもはじまらない。また嘆いても仕方がない。ただ、わずかに慰めるところは、その余儀なく用いた後においても、究極は惨敗をまぬかれなかったが、個々の戦闘においては、立派に米英と太刀打ちし、よく三大海軍の名を辱かしめなかったことである。

長く戦えば敗けることとは、事前に明白なことであった。そうして、戦争が長くなることも、知者は知っていたが、軍は読みきれなかった。ここに、大戦略（グランド・ストラテジー）の過誤があった。国の科学水準が米英に比して低位にあったことが、勝敗の大きい原因であった。低位にあったなかで、海軍は最高の水準を保ち、造船以下技術の各部門において世界に迫り、一部ではこれを抜いて、「造艦日本」の域にさえ達した。しかも、資源的に生産的に不可越の制約があったのにくわえ、国の科学水準のいま一段の高さを欠いた憾みはおおうべくもない。たとえば最大の決戦兵器であった「電波兵器」が、米英において、いずれも民間の発明によった一事を見てもわかる。戦後、一人の米提督は、「あの少量の石油で、よくも訓練ができたものだ」と驚いた。東郷は、「訓練に制限なし」といったが、元帥は油の大制限は知らなかった。もっと訓練用の油があったら、さらに腕を上げて、はるかに善戦していたであろう。

が、油だけではなく、すべてに乏しかった日本が、あれだけの立派な海軍――艦と人と技量――を半世紀の間に築き上げたことは、いくたびかくりかえすように、民族の誇りを最も鮮明に描くものである。それは、日本人がつくった以外の何物でもないからである。戦後、アメリカを旅した海将たちは、随所で、戦前と変わらぬ尊敬をもって迎えられ、そこで、俄然、在りし日の己（おの）が大海軍を回想するの情にたえないという。

付　小海軍の現況と将来

「三三艦隊」を提唱する理由

米英とならんで世界の海を三分し、一回戦だけを戦えば世界最強であったかもしれない日本海軍は、昭和二十年をもって、完全に零となってしまった。特務艦一隻（「宗谷」）、海防艦五隻、掃海艇数十隻（五十トン級木造）が許されて残ったが、それは海上保安庁の所有で、海軍のものではなかった。それよりも、海軍というものがなかったのだ。それが再生したのは、朝鮮事変の結果であり、その名も海上自衛隊と呼ばれて今日にいたった。

実体は海軍であるが、海軍と呼ぶにはあまりに小さきに失する。外国に対して、日本を守ることができないように思われるからだ。艦は小さいながら新式のものであり、将兵の質も立派に希望が持てるし、また造艦造砲ならば、福田（「大和」の設計者）や、牧野や、菱川（十八インチ砲設計者）およびその高弟たちがなお健在である。造船所も生きている。だから、国民が海軍を再建しようと思えば、それは十分に可能である。ただ、いまは、その心が死んでいるにすぎない。

思うに、いまのわが海軍は、ネービーという世界の定義に合致しない。だれに対して、なにを守るのか、そのためにどれだけの艦を常備するのか、その「海軍目的」の線から遠くはずれている。不十分ではあっても、一つの目標に向かってすすむ針路が確立しておれば、小なりといえども意義があるが、それがハッキリしないような現状は、日本国のために痛恨事であるというほかはない。

たとえば、日本が専守防御を戦略とし、海上に進攻撃作戦をとらないと決定した場合、わが海軍は、日本国民の生存必需品の輸入確保のため、海上護送戦を目標として充実訓練するというなら意味がある。老記者には真実がわからないが、多分、そのあたりの目標と想定して、それなら、いまの海軍がなにほどの役に立つのか。

わが輸入船団を撃つのは、敵の爆弾と魚雷が主であろうから、海上自衛隊が、駆逐艇の建造につとめているのは結構だが、それだけでは、九牛の一毛にやや優る程度にすぎない。防衛艦――駆逐艦はもとより役には立つが、それも、頭がなくて尻尾だけあるようなものだ。なにより肝腎なのは、「軽空母」と「防空巡洋艦」をそなえることだ。

船団の導入に絶対欠かせないのは、洋上索敵と、対潜および対空の措置だ。一万トンの空母を近代的に武装して、太平洋と南シナ海とに出動させることは、海軍の姿としても最少限のものである。また、高角砲とミサイルを装備した五千トン級の軽巡洋艦を、両洋の主要船団につけることも不可欠のはずだ。とすれば、軽空母二隻、軽巡二隻は、日本海軍の主力として、最低限保有しなければならないし、また、日本財政の背景において不可能でない計画であろう。

筆者はかりに、これを「二二艦隊」と呼ぶ。かえりみるに、わが建艦の歴史は、日清戦争で六四艦隊、日露戦時に六六艦隊、大正に入ってから八四艦隊、八八艦隊と発展した。その躍進時代は昔の夢であるが、「二二艦隊」くらいなら、新日本海軍のスタートとして過重にすぎることはあるまい。

明治五年に海軍が創設された当時は、軍艦十四隻（外洋航海可能九隻）、合計一万三千八百トンしかなかった。それが半世紀の後には、二百余隻、百万トンという世界的規模に拡大された。これも一場の夢物語に類するであろうが、将来、日本が富み、日本人が不変の日本民族であるとすれば、半世紀後の海軍は、どのような無敵艦隊を再生するか不明であるが、いま、産みの苦しみの中にある日本海軍に、さしあたり「二二艦隊」を保有させる程度ならば、海国日本の代議士や国民大衆も納得していいのではなかろうか。

国防費を総予算の十パーセント弱しかつかわないのは世界最低であるが（中立国スイスは三十九パーセント支出している）、急に心がけを直そうといっても空論に終わろう。「大海軍を想う」てここにいたった著者は、前記の小さい願望を提唱して筆を擱く。

単行本　昭和五十六年十二月　光人社刊

NF文庫

大海軍を想う　新装版

二〇一八年七月二十四日　第一刷発行

著　者　伊藤正徳

発行者　皆川豪志

発行所　株式会社　潮書房光人新社

〒100-8077　東京都千代田区大手町一-七-二

電話／〇三-六二八一-九八九一㈹

印刷・製本　凸版印刷株式会社

定価はカバーに表示してあります

乱丁・落丁のものはお取りかえ致します。本文は中性紙を使用

ISBN978-4-7698-3080-1　C0195

http://www.kojinsha.co.jp

NF文庫

刊行のことば

第二次世界大戦の戦火が熄(や)んで五〇年――その間、小社は夥しい数の戦争の記録を渉猟し、発掘し、常に公正なる立場を貫いて書誌とし、大方の絶讃を博して今日に及ぶが、その源は、散華された世代への熱き思い入れであり、同時に、その記録を誌して平和の礎とし、後世に伝えんとするにある。

小社の出版物は、戦記、伝記、文学、エッセイ、写真集、その他、すでに一、〇〇〇点を越え、加えて戦後五〇年になんなんとするを契機として、「光人社ＮＦ（ノンフィクション）文庫」を創刊して、読者諸賢の熱烈要望におこたえする次第である。人生のバイブルとして、心弱きときの活性の糧(かて)として、散華の世代からの感動の肉声に、あなたもぜひ、耳を傾けて下さい。